KB245749

정보
시스템
감리사
기출문제

정보
시스템
감리사
임호진 · 박봉구 지음
기출문제

해설집 **2**편

IT
Leaders
Club

세리기술사들이 제시하는
실전 수험서 시리즈

이담 Books

정보시스템감리사
기출문제 해설집 ❷

머리말

제**74**회 정보관리기술사/수석감리원 임호진

　　이 책은 지금까지 출제된 정보시스템감리사 기출문제 및 기출문제에 대한 상세한 해설을 제시한다. 어떤 시험이건 기출문제가 중요하다. 하지만 기출문제는 항상 다음 시험에 그대로 출제되지는 않는다. 즉, 기출문제를 알고 출제된 문제에 해당되는 분야를 넓게 보아야 다음 시험에 대비할 수가 있다.

　　이 책은 그러한 것을 제시할 것이다. 전 기출문제에 대한 상세한 해설로 기출문제 중심의 정보시스템감리사 학습을 하게 될 것이다.

◆ 정보처리기술사 관련 세리 기술사 핵심 커뮤니티
www.seirigisulsa.com
www.seri.org/forum/gisulsa
◆ 정보시스템감리사 관련 세리 감리사 핵심 커뮤니티
www.serigamrisa.com
◆ 정보시스템감리사 학습 도중에 궁금한 점이 있으면 언제든 연락 바랍니다
(limhojin@lycos.co.kr 및 limhojin123@paran.com, HP: 010 − 9043 − 5223)

　　이 책은 정말 힘든 작업이었다. 모든 문제에 대한 풀이집을 만드는 것이 정말 길고 외로운 작업이다. 그렇게 만든 것이기 때문에 보다 많은 열정과 마음이 포함되어 있다. 이 책의 내용을 정확히 이해한다면 저자는 이 책만으로 정보시스템감리사 시험에 합격이 가능하다고 생각한다.

　　이 책을 통하여 꼭 합격의 영광이 있기를 진심으로 바랍니다.

정보보관리기술사/수석감리원 박봉구

흔히들 기술사 시험과 정보시스템감리사 시험을 비교하곤 합니다. 그래서 주관식 시험인 기술사 시험보다는 감리사 시험이 더욱 쉬울 거라는 인식을 할 수 있습니다.
그러나 막상 시험준비를 하고 문제를 접해 보면 그러한 생각들은 바뀔 수 있습니다.
또한 기술사 자격증을 가진 사람들 중 감리사에 도전하는 사람들이 의외로 많지만 실제로 합격하는 사람은 그리 많지 않습니다.

이유는 기획 능력과 전반의 이해가 있으면 자신의 답안을 만들 수 있는 주관식 시험과는 달리 객관식으로 치러지는 감리사 시험은 정확하고 깊은 수준의 지식이 없으면 선택하기 어려운 유형의 문제들로 구성되어 있기 때문입니다. 또 한 가지 어려운 점은 짧은 시간 내에 전체 문제를 파악하고 정답을 선택하여 마킹까지 해야 하는 특성상 문제를 푸는 기술이 습득되지 않으면 좋은 결과를 얻기 어렵다는 것입니다.
이러한 특성을 가진 감리사 시험을 대비하기 위해서는 나름의 접근 전략을 가지고 있어야 합니다.

첫째. 효과적인 학습범위를 잡기 위한 기출문제 분석이 선행되어야 합니다.
감리사 시험은 명확하게 감리 및 사업관리, 소프트웨어 공학, 데이터베이스, 시스템 구조, 보안이라는 5개의 과목으로 나뉘어져 있지만 실제 이를 보면 IT 전반의 모든 지식이라 해도 과언이 아닙니다.
또한 출제 문제의 깊이를 보면 일반적인 지식뿐 아니라 세부적인 지식까지도 묻고 있으므로 학습의 범위를 잡기가 매우 어렵습니다. 이러한 환경에서 효과적인 학습 방향과 수험자의 감을 잡기 위해서는 기존에 출제되었던 문제들을 정확히 파악하고 유사 문제를 예견해 보는 학습이 필수적입니다. 이번에 출판되는 기출문제 풀이집은 학습자의 이러한 과정을 도울 수 있도록 구성되어 있습니다.

둘째. 학습의 범위와 감을 가졌다면 이를 기반으로 한 기본기 위주의 폭넓은 범위의 학습이 필요합니다. 범위가 넓은 시험일수록 단편적인 지식 위주의 학습으로는 좋은 결과를 기대하기는 어렵습니다. 즉 기본이 되는 지식의 뼈대를 충실히 다지고 그 기본을 토대로 응용적인 문제를 유추·풀이해 내는 학습법이 중요합니다. 이러한 뼈대를 구축하는 작업은 전 범위의 조망으로부터 시작하여 본인이 정리한 지식을 바탕으로 살을 붙여가는 방식으로 그 깊이와 넓이를 점차 확대해 나가야 합니다.

셋째. 유사한 모의 문제 풀이를 반복하여야 합니다. 본인이 학습한 지식을 기반으로 한 문제를 풀어보면 학습 때와는 또 다른 느낌으로 다가올 수 있습니다. 그러므로 가급적 많은 문제를 접하고 빠른 시간에 대응하는 훈련을 많이 해야 합니다.

마지막으로는 공부하는 습관과 자세에 관한 이야기입니다. 일반적으로 기술사를 준비하는 사람에 비해서 감리사 시험을 준비하는 사람들의 학습에 임하는 각오나 패턴이 느슨한 경우가 많습니다. 이유는 여러 가지가 있겠지만 단체 학습을 위한 스터디 그룹 등의 활동을 활성화할 수 없는 점과 객관식 시험에서 오는 방심 등이 그 원인일 수 있습니다. 하지만 앞에서도 언급했듯이 방대한 범위의 시험에서의 성공을 위해서는 최소 6개월 이상의 학습 계획을 수립하여 단계적인 실천을 해나가고 하루도 쉬지 않겠다는 각오를 가지고 임할 필요가 있습니다. 가능하면 같이 공부하는 사람들끼리 온·오프라인 연계활동을 꾸준히 하여 긴장감을 유지하는 것도 장시간 준비하는 시험의 특성상 중요한 성공요인일 수 있습니다.

모든 일이 그렇지만 실행하지 않으면 공허한 잔소리일 뿐입니다. 이 책과 함께 범위를 잡는 일부터 시작하여 정보시스템 감리사 합격이라는 성과를 얻기 위한 구체적인 실천을 시작하시기 바랍니다. 여러분들의 학습에 작은 보탬이 되기를 기원하면서…….

목차

제8회 정보시스템감리사 기출문제 해설

제9회 정보시스템감리사 기출문제 해설집

제10회 정보시스템감리사 기출문제 해설

정보시스템감리사 Final Check

정보시스템감리사 교육정보

저자 소개
임호진

(現) SPE 기술사 컨설팅 CEO, 서울산업대 박사 수료
(前) LIG시스템/한국IBM SCS 차장, 동양종합금융증권 과장
74회 정보관리기술사, 수석감리원, PMP, ITIL,
MCSE, OCP, 투자상담사, 교원자격
메일 limhojin@lycos.co.kr 전화 010 - 9043 - 5223

경력
- IBM: 건강보험 심사 평가원 차세대 DW 구축 컨설팅
- 동양종합금융증권: 차세대 금융시스템(ISP/EA/SOA), 홈 트레이딩 시스템,
  고객접점 CRM, 온라인 경영정보시스템 외 다수
- 일본 NTT Data, NTT DoCoMo CTI 프로젝트
- 토지개발공사, 소방방재청 외 다수 감리

강의
- 정보처리기술사 수검전략, 경영, 소프트웨어공학, 데이터베이스, 네트워크,
  컴퓨터 구조, 보안 등 전부분 강의(4년)
- 삼성전자: 소프트웨어 분석설계 강의
- 비트컴퓨터: 소프트웨어 공학 강의
- 행자부: IT 프로페셔널, IT 최신 기술 강의
- 현대정보기술: IT 최신기술 특강

저서
- 정보시스템감리사 합격전략서
- 정보처리기술사를 위한 IT 산업 정보시스템
- 정보처리기술사 합격전략서 1부, 2부
- 정보처리기술사 핵심문제 해설집(1편, 2편, 3편)
- 정보처리기술사 기출문제 해설집
- 정보처리기술사 수검전략(세리 기술사회에서 추천하는)
- 정보처리기술사 디지털 데이터 매니지먼트
- 정보처리기술사 보안 3.0
- 정보처리기술사 데이터베이스 3.0
- 제86회 정보처리기술사 기출문제 해설집
- 제87회 정보처리기술사 기출문제 해설집
- Advanced Oracle Database 활용과 튜닝
- 고성능 데이터베이스 구축 방법론
- CEO의 관점으로 IT를 바라보자
- FP를 활용한 소프트웨어 비용산정 기접
- IT 투자평가 프로세스

논문
- 추계 IT 서비스 학회: 금융권 EA기반의 SA 구축
- 대한 산업공학회: 금융권 MMDB 구축 사례

수상
- 총기 전산화 시스템 구축으로 사단장 표창
- MMDB 구축 사례 공모전 대상

저자 소개

박봉구

(現) 현대오토에버 시스템즈 금융사업팀 차장
86회 정보관리 기술사
CFPS, 수석감리원, PMP

경력
- 현대카드 심사 시스템 리뉴얼 구축 PM
- 현대카드/캐피탈 단기채권 시스템 구축 PM
- 현대카드/캐피탈 콜센터 시스템 구축 PM
- 에쓰오일 BI 프로젝트 PM
- 현대자동차 기획 BOM 구축 PM
- 현대 엠코 도면 관리 시스템 구축 PM
- KT ERP, MDM 시스템 구축
- 한국전력 신 판매시스템 구축 등

논문
- 정보 시스템 개발 프로젝트에서의 범위관리 활동이 프로젝트 성과에 미치는 영향연구(2009, IT서비스학회지)

강의
- 감리개론, 사업관리(세리감리사회, 2009~2011)
- Data Base개론(세리기술사회, 2008~2011)
- TOC 기반의 프로젝트 관리(SW 공학센터, 2010)

정 · 보 · 시 · 스 · 템 · 감 · 리 · 사
기 · 출 · 문 · 제 · 해 · 설 · 집

제8회
정보시스템감리사
기출문제 해설

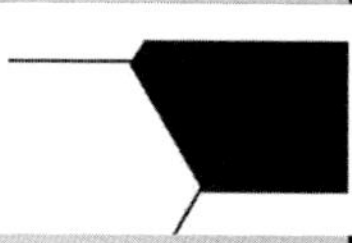

		난이도	중

정보시스템 감리기준(정통부고시 제2006-42호)에서 정의된 다음 용어에 대한 설명 중 틀린 것은?

문제 1

① 감리 발주기관이라 함은 정보시스템 감리를 요청하는 기관을 말한다.
② 피감리인이라 함은 발주기관의 요청에 의해 감리의 대상이 되는 정보시스템을 계획·구축·운영하는 자를 말한다.
③ 감리법인이라 함은 감리업무를 수행하기 위하여 한국정보 사회진흥원에 등록한 법인을 말한다.
④ 상근감리원이라 함은 감리원 중 동시에 2개 이상의 감리법인에 소속되지 아니하며, 해당 감리법인에 상시 근무하는 자를 말한다.

카테고리	관리>감리용어	난이도	중
		답	③

[문제풀이]
- 정보시스템 감리법인은 정보통신장관에게 등록한 법인을 의미한다
- <u>2008년부터 정보통신부는 행정안전부로 변경되었다</u>

[정보시스템 감리기준 제2조: 용어정리]

[정보통신부 고시 제2006- 42호]
제2조(용어의 정의) 이 기준에서 사용하는 용어의 정의는 다음 각 호와 같다.

1. "감리"라 함은 감리 발주기관 및 피감리인의 이해관계로부터 독립된 자가 정보시스템의 효율성을 향상시키고 안전성을 확보하기 위하여 제3자적 관점에서 정보시스템의 구축 및 운영에 관한 사항을 종합적으로 점검하고 문제점을 개선하도록 하는 것을 말한다.
2. "감리법인"이라 함은 법 제12조 제1항에 따라 정보통신부장관에게 등록한 법인을 말한다. 다만, 법 제11조 제3항에 따라 감리를 수행하는 기관도 감리법인으로 본다.
3. "발주기관"이라 함은 법 제11조에 따라 정보시스템 감리를 요청하는 기관을 말한다.
4. "피감리인"이라 함은 발주기관의 요청에 의해 감리의 대상이 되는 정보시스템을 계획·구축·운영하는 자를 말한다.
5. "감리원"이라 함은 법 제14조 제2항에 따라 정보통신부 장관에게 감리원증을 교부받은 자를 말한다.
6. "상근감리원"이라 함은 제5호의 감리원 중 동시에 2 이상의 감리법인에 소속되지 아니하며, 해당 감리법인에 상시 근무하는 자를 말한다.
7. "총괄감리원"이라 함은 상근감리원 중 수석감리원으로서 당해 감리에 투입되는 감리원의 의견 조정 등 감리업무를 지휘하는 자를 말한다.

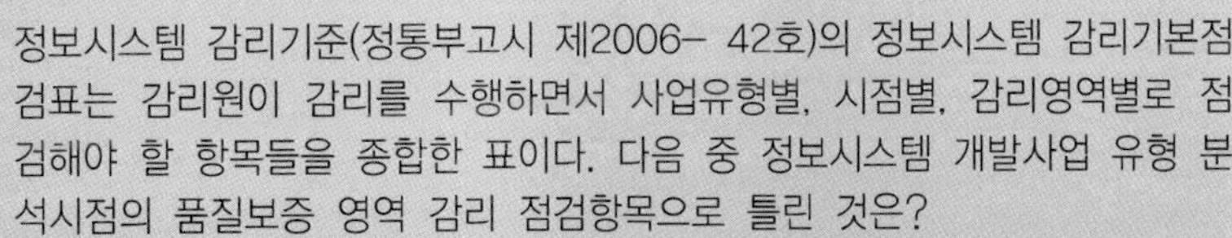

문제 2	정보시스템 감리기준(정통부고시 제2006– 42호)의 정보시스템 감리기본점검표는 감리원이 감리를 수행하면서 사업유형별, 시점별, 감리영역별로 점검해야 할 항목들을 종합한 표이다. 다음 중 정보시스템 개발사업 유형 분석시점의 품질보증 영역 감리 점검항목으로 틀린 것은? ① 방법론 및 절차/표준의 수립 여부 ② 시스템 전환 전략을 적정하게 수립하였는지 여부 ③ 품질보증활동 계획을 적정하게 수립하였는지 여부 ④ 사용자 요구사항 및 관련 산출물 간의 추적성, 일관성

카테고리	관리>감리기본점검표	난이도	중
		답	②

[문제풀이]

– 시스템 전환 전략은 품질 보증영역에 해당되지 않는다.

[품질보증 영역]

감리시점	개 요	기본 점검항목
분석	사업 추진을 위한 방법론,절차, 표준, 품질보증계획을 수립하고 이에 따라 관련 산출물을 적정하게 작성하였는지 점검	1. 업 목표의 수립 여부 2. 방법론 및 절차/표준의 수립 여부 3. 반복계획을 적정하게 수립하였는지 여부 4. 품질보증활동 계획을 적정하게 수립하였는지 여부 5. 총괄시험 계획을 적정하게 수립하였는지 여부 6. 방법론 및 절차/표준의 준수 여부 7. 품질보증활동을 적정하게 수행하였는지 여부 8. 사용자 요구사항 및 관련 산출물 간의 추적성, 일관성
설계	기 수립된 방법론, 절차, 표준, 품질보증계획에 의거하여 각 활동을 수행하고 있으며 관련 산출물을 적정하게 작성하였는지 점검	1. 방법론 및 절차/표준의 준수 여부 2. 이전단계 반복에 대한 평가 및 다음단계 반복계획 수립이 적정한지 여부 3. 품질보증활동을 적정하게 수행하였는지 여부 4. 사용자 요구사항 및 관련 산출물 간의 추적성, 일관성 5. 시스템 전환 전략을 적정하게 수립하였는지 여부
구현	기 수립된 방법론, 절차, 표준, 품질보증계획에 의거하여 각 활동을 수행하고 있으며 관련 산출물을 적정하게 작성하였는지 점검	1. 방법론 및 절차/표준의 준수 여부 2. 이전단계 반복에 대한 평가 및 다음단계 반복계획 수립이 적정한지 여부 3. 품질보증활동을 적정하게 수행하였는지 여부 4. 사용자 요구사항 및 관련 산출물 간의 추적성, 일관성

감리시점	개 요	기본 점검항목
시험	기 수립된 방법론, 절차, 표준, 품질보증계획에 의거하여 각 활동을 수행하고 있으며 관련 산출물을 적정하게 작성하였는지 확인하고 초기 사업의 목표달성 여부, 교육계획 등의 적정성을 점검	1. 방법론 및 절차/표준의 준수 여부 2. 이전단계 반복에 대한 평가 및 다음단계 반복계획 수립이 적정한지 여부 3. 품질보증활동을 적정하게 수행하였는지 여부 4. 사용자 요구사항 및 관련 산출물 간의 추적성, 일관성 5. 사업목표의 달성 여부 6. 교육계획을 적정하게 수립하였는지 여부
전개	사업을 마감하고, 구축된 시스템을 운영환경으로 이관하기 위한 준비와 각종 절차 및 계획을 적정하게 수행하였는지 점검	1. 방법론 및 절차/표준의 준수 여부 2. 사용자 교육을 적정하게 실시하였는지 여부 3. 인수 운영조직을 적정하게 구성하였는지 여부

| 문제 3 | 「정보시스템의 효율적 도입 및 운영 등에 관한 법률 시행령」 제12조에서 규정하고 있는 감리업무의 절차가 순서대로 나열된 것은?

㉮ 감리계약의 체결
㉯ 감리 착수회의 실시
㉰ 감리 조치 결과의 확인 및 통보
㉱ 감리 종료회의 실시
㉲ 감리시행 및 감리보고서의 작성
㉳ 감리계획의 수립
㉴ 감리보고서의 통보

① ㉮-㉳-㉯-㉲-㉴-㉰-㉱
② ㉮-㉳-㉯-㉲-㉱-㉴-㉰
③ ㉳-㉮-㉯-㉲-㉴-㉱-㉰
④ ㉳-㉮-㉯-㉲-㉰-㉱-㉴ |

카테고리	관리>감리업무	난이도	중
		답	②

[문제풀이]

- 감리업무절차는 감리계약 체결 이후에 감리 착수회수를 수행하고 현장 감리를 수행한다. 현장 감리를 통해서 감리 보고서를 작성하고 종료 회의를 수행한다.
- 종료회의 완료 이후 개발기관은 의무적으로 시정조치를 수행하며 감리회사는 1회에 한해서 의무적으로 시정조치에 대한 조치결과 확인을 수행한다.

[정보시스템 감리 업무절차]

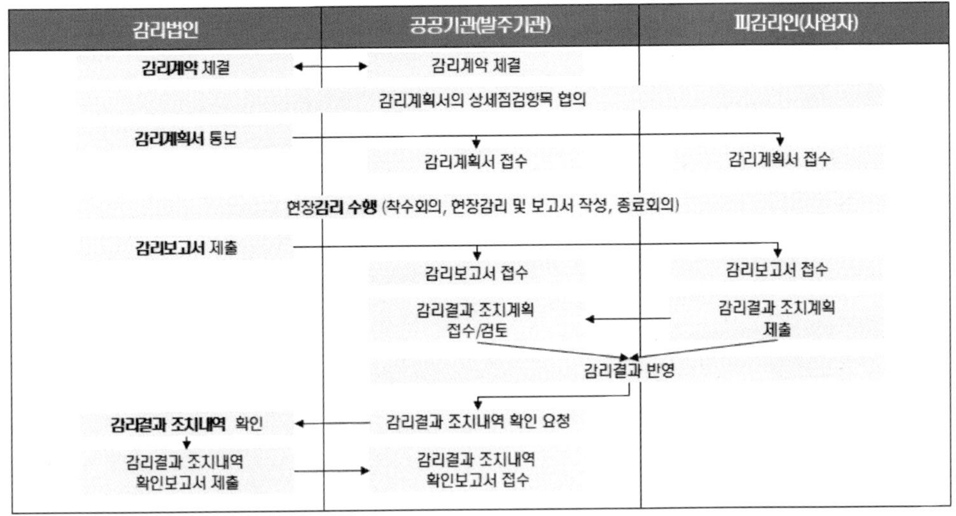

1. 감리계약의 체결
2. 감리계획의 수립
3. 감리 착수회의 실시
4. 감리시행 및 감리보고서의 작성
5. 감리 종료회의 실시
6. 감리보고서의 통보
7. 감리 조치 결과의 확인 및 통보

문제 **4**	정보시스템 감리기준(정통부고시 제2006-42호) 제8조의 규정에 따라 감리보고서에 반드시 포함해야 할 사항이 올바르게 묶인 것은? ㉮ 감리업무 수행일지 ㉯ 감리계획 ㉰ 감리대상 사업의 개요 ㉱ 감리결과 조치내역 확인 결과 ㉲ 감리영역별 종합의견 및 평가 ㉳ 감리영역별 개선권고사항 ① ㉮-㉯-㉰-㉳ ② ㉯-㉰-㉲-㉳ ③ ㉯-㉰-㉱-㉲ ④ ㉮-㉯-㉲-㉳

카테고리	감리〉감리보고서	난이도	중
		답	②

[문제풀이]

[정보시스템 감리보고서 포함사항]

1. 총괄감리원 및 투입 감리원 목록 및 서명
2. 감리 착수회의를 통하여 최종 확정된 감리계획
3. 감리대상 사업의 개요
4. 감리영역별 종합의견 및 평가
5. 감리영역별 개선권고사항 및 개선권고 사항별 개선권고유형과 중요도
6. 감리영역별 상세점검항목 검토결과 및 세부 개선권고사항 내용
7. 기타 권고사항

<table>
<tr><td rowspan="2">문제 5</td><td>감리원이 사업관리 영역을 점검한 결과 사업의 성공적인 완수에 중대한 문제점이 발견되었고, 사업추진 전략이나 계획된 자원의 정비가 선행되어야만 사업목표의 달성이 가능한 상태임이 판명되었다. 정보시스템 감리기준 제8조에 따르면 이 영역의 평가는 무엇인가?

① 적정
② 보통
③ 미흡
④ 부적정</td></tr>
</table>

카테고리	감리>감리평가	난이도	중
		답	③

[문제풀이]

[정보시스템 감리기준 제8조 제7항]

7. 기타 권고사항
  1. **적정**: 사업의 성공적인 완수에 영향을 미칠 수 있는 문제점이 발견되지 않았으며, 사업목표 달성이 충분한 상태
  2. **보통**: 사업의 성공적인 완수에 영향을 미칠 수 있는 문제점이 발견되었으나 사업 추진전략이나 계획된 자원 내에서 개선할 수 있어 사업목표 달성이 가능한 상태
  3. **미흡**: 사업의 성공적인 완수에 영향을 미칠 수 있는 중대한 문제점이 발견되었고, 사업 추진전략이나 계획된 자원의 정비가 선행되어야만 사업목표 달성이 가능한 상태
  4. **부적정**: 사업의 성공적인 완수에 영향을 미칠 수 있는 중대한 문제점이 발견되었고, 사업 추진전략이나 계획된 자원 내에서 개선할 수 없어 사업목표 달성이 불가능한 상태

문제 6	다음은 정보시스템 감리기준(정통부고시 제2006-42호) 제8조 감리보고서 작성 관련사항이다. 현장 감리시행에서 발견된 문제점 중 해당 사업의 목표를 달성하기 위해서는 반드시 개선해야 할 사항이라고 판단되는 경우 감리보고서 작성 시 다음 중 어떤 개선권고유형을 제시해야 하는가? ① 긴급 ② 필수 ③ 협의 ④ 권고

카테고리	감리>감리평가	난이도	중
		답	②

[문제풀이]

[정보시스템 감리기준: 개선권고유형]

1. **필수**: 발견된 문제점 중 사업목표를 달성하기 위하여 반드시 개선해야 할 사항
2. **협의**: 발견된 문제점 또는 발생 가능성이 큰 문제점 중 발주기관과 피감리인이 상호 협의를 거쳐 반영 여부를 결정할 수 있는 사항
3. **권고**: 감리의 대상범위를 벗어나지만 사업목표 달성에 도움이 되는 사항

문제 7	「정보시스템의 효율적 도입 및 운영 등에 관한 법률」에 따르면, 정보시스템의 특성 또는 사업의 규모가 일정기준에 해당하는 경우, 공공부문의 정보시스템 감리를 의무화하고 있다. 이에 시행령 제11조 제1항에서 규정하고 있는 감리 실시대상 정보시스템 특성 기준에 맞는 것은?(2개 선택) ① 대국민 서비스를 위한 행정업무 또는 민원업무 처리용으로 사용하는 경우 ② 국방·외교·안보 등 국가안전보장과 관련된 경우 ③ 다수의 공공기관이 공동으로 구축 또는 사용하는 경우 ④ 사생활 보호와 관련된 경우

카테고리	감리>감리대상	난이도	중
		답	①, ③

[문제풀이]

[정보시스템 감리대상]

제11조(정보시스템 감리의 대상) ① 법 제11조 제1항에서 대통령령이 정하는 기준이라 함은 다음 각 호의 어느 하나에 해당되는 경우를 말한다.
1. 정보시스템의 특성이 다음 각 목 중 어느 하나에 해당되는 경우. 다만, 총 사업비 1억원 미만의 소규모 사업으로서 감리의 비용 대비 효과가 낮다고 공공기관의 장이 인정하는 경우를 제외한다.
가. 대국민 서비스를 위한 행정업무 또는 민원업무 처리용으로 사용하는 경우
나. 다수의 공공기관이 공동으로 구축 또는 사용하는 경우
다. 공공기관간의 연계 또는 정보의 공동이용이 필요한 경우
라. 그 밖에 감리를 시행할 필요가 있다고 해당공공기관의 장이 인정하는 경우
2. 정보시스템 구축사업으로서 사업비(총 사업비 중에서 하드웨어·소프트웨어의 단순한 구입비용을 제외한 금액을 말한다)가 5억원 이상인 경우
3. 정보기술아키텍처 또는 정보화전략계획의 수립, 정보시스템의 운영·유지보수 등을 위한 사업으로서 감리시행이 필요하다고 해당 공공기관의 장이 인정하는 경우
② 법 제11조 제3항에서 대통령령이 정하는 정보라 함은 다음 각 호의 어느 하나에 해당하는 정보를 말한다.
1. 국방·외교·안보 등 국가 안전보장에 관련된 정보
2. 사생활보호와 관련된 개인정보
3. 그 밖에 기밀유지 또는 공신력확보의 필요성이 높다고 공공기관의 장이 인정하는 정보
③ 법 제11조 제3항에 따라 공공기관의 장이 감리를 하게 할 수 있는 기관을 정하려는 때에는 제13조에서 정하는 감리법인 등록기준에 따른 기술능력 및 재정능력을 갖춘 기관으로 정하여야 한다.

문제 8	「정보시스템의 효율적 도입 및 운영 등에 관한 법률 시행령」 제12조에서 정하고 있는 감리법인의 업무 범위가 아닌 것은? ① 사업 목표의 달성 및 요구사항의 충족에 대한 검토·확인 ② 감리대상 사업의 추진 타당성 및 사업비용의 적정성 ③ 감리 분야별 정보시스템의 구축 활동 및 산출물 품질에 대한 검토·확인 ④ 정보시스템의 효율성 및 안전성 검토 등에 관하여 감리기준에서 정하는 사항의 검토

카테고리	감리>업무범위	난이도	중
		답	②

[문제풀이]

– 감리법인의 의무에는 사업 추진 타당성 및 사업비용의 적정성은 해당되지 않는다.

[「정보시스템의 효율적 도입 및 운영 등에 관한 법률 시행령」제12조]

제12조(감리법인의 업무범위 등) ①법 제11조 제6항에 따른 감리법인의 업무범위는 다음 각 호와 같다.
1. 사업 목표의 달성 및 요구사항의 충족 여부에 대한 검토·확인
2. 사업관리·품질보증·응용시스템·데이터베이스·시스템 구조 및 보안 등 감리분야별 정보시스템의 구축활동 및 산출물의 품질에 대한 검토·확인
3. 관련 규정 및 지침 등의 준수 여부의 확인
4. 그 밖에 정보시스템의 효율성 및 안전성 검토 등에 관하여 감리기준(법 제11조제4항에 따른 감리기준을 말한다. 이하 같다)에서 정하는 사항

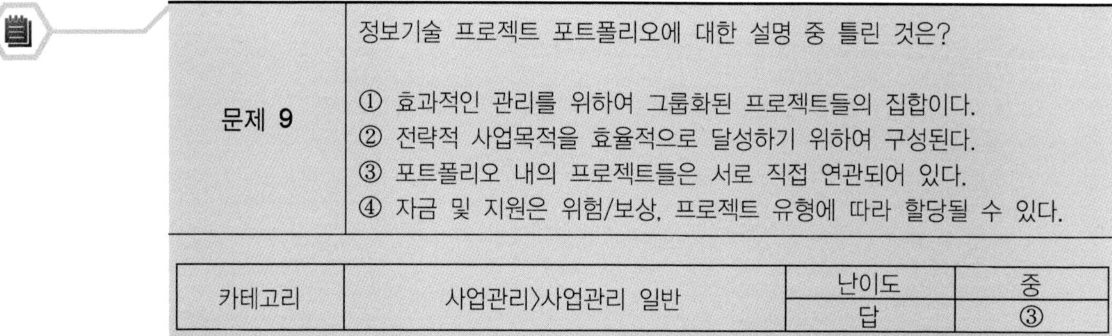

문제 9	정보기술 프로젝트 포트폴리오에 대한 설명 중 틀린 것은? ① 효과적인 관리를 위하여 그룹화된 프로젝트들의 집합이다. ② 전략적 사업목적을 효율적으로 달성하기 위하여 구성된다. ③ 포트폴리오 내의 프로젝트들은 서로 직접 연관되어 있다. ④ 자금 및 지원은 위험/보상, 프로젝트 유형에 따라 할당될 수 있다.

카테고리	사업관리>사업관리 일반	난이도	중
		답	③

[문제풀이]

– 프로젝트 포트폴리오와 프로젝트 간은 직접적으로 연관된 관계보다는 간접적으로 연관되어 있다. 프로젝트 포트폴리오는 프로젝트나 프로그램을 조직의 전략을 지원하기 위해서 전사적으로 관리하는 활동이며 궁극적인 목적은 조직의 전략을 달성할 수 있도록 지원하는 것이다.
– 프로그램은 관련된 개별 프로젝트의 그룹이다.

[포트폴리오, 프로그램, 프로젝트 관계]

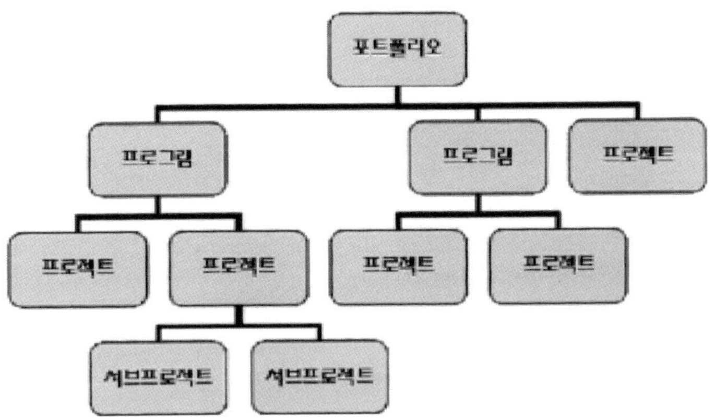

문제 10	프로젝트관리 전문조직(PMO: Project Management Office)에 대한 설명 중 가장 거리가 먼 것은? ① 프로젝트를 중앙집중식으로 관리하는 조직이다. ② 각 프로젝트의 계획, 우선순위 부여, 실행을 조정한다. ③ 프로젝트를 조직 또는 고객의 업무 목적에 정렬시킨다. ④ PMO가 관리하는 프로젝트들은 서로 긴밀하게 관련되어 있다.		
카테고리	사업관리>사업관리 일반	난이도	중
		답	④

[문제풀이]
- PMO가 관리하는 프로젝트들은 느슨한 연결을 가진다.

[PMO의 개념]

- 정보화 사업 전 또는 동시에 발주자와 별도 계약을 맺어 해당 정보화 사업을 발주자의 입장에서 관리해 주는 조직
- 체계적인 사업관리체계 구축과 발생 가능한 위험요소들에 대한 효과적인 관리 및 통제, 지원을 통해 정보화 사업의 성공적인 추진을 지원하는 조직
- 프로젝트를 성공을 위해서 조직의 프로그램과 프로젝트 포트폴리오를 총체적으로 관리하는 조직

[PMO 조직구성의 유형]

구분	유형	특징
역할 측면	Repository 형	– 단순 프로젝트 목록 및 진척상황 공유, 취합 및 보고
	Coach 형	– 공통방법론/SW도구 사용 전파, 의사소통중계(프로젝트팀 간)
	Manager 형	– 중앙집중식, 의사결정관여, PM Pool 역할
인력 구성 측면	발주자 중심	– 비즈니스 이해도 향상 장점, 감리조직과 연계
	수주자 중심	– 개발사 비용/일정/위험관리 가능, PJT환경 이해도 높음
	혼합 형태	– Hybrid 형태, 감리+현업+IT개발사 등 역할분담

[PMO의 역할]

– 프로젝트 관리 원칙 수립 및 프로젝트 관리 프로세스 표준화
– 프로젝트 현황에 대한 모니터링 및 체계적인 보고체계 구축, 정보공유
– 방법론 및 도구 개발, 교육 및 전파
– 프로젝트 포트폴리오 관리 및 위험관리 체계 수립
– 산출물에 대한 Quality 확보
– 프로젝트 수행시 문제해결: Technical Support

문제 11	정상적으로는 순차적으로 수행되는 여러 단계 또는 여러 활동을 동시에 병행하여 수행함으로써 프로젝트 범위는 영향을 주지 않고 프로젝트 일정을 단축시키는 기법은 다음 중 어느 것인가? ① 크래싱(Crashing) ② 고속 트래킹(Fast Tracking) ③ 자원 레벨링(Resource Leveling) ④ 임계경로 방법(Critical Path Method)

카테고리	사업관리>일정관리	난이도	중
		답	②

[프로젝트 일정단축 기법]

일정단축 기법	내용
크래싱 (Crashing)	– 자원을 추가적으로 투입하여, 일정 단출 (이때 비용이 발생하므로 반드시 고객사전 승인 필요) – Critiacl Path를 우선 파악, 투입되는 추가인력을 Critical Path상에 추가 – 비용대비 효과가 높은 액티비티에 우선 투입, 자원 투입 시에는 한 단위씩 투입
고속 트래킹 (Fast Tracking)	– 작업의 전후관계를 병행 수행, FS(Finish To Start) 등 조정, 재작업 통한 작업기간 증가 요인 내포 – Critical Path 변경으로 인하여 위험이 높은 일정단축 방법
자원 레벨링 (Resource Leveling)	– 특정기간에 과부하된 자원제약 사항 해결, 해당 과부하 기간에 수행되는 액티비티를 다른 기간으로 이동 – 시행착오에 의한 경험적 방법(Heuristic, Rule of Thumb)

문제 12	프로젝트 활동의 수행 기간이 낙관적인 경우는 8일, 비관적인 경우는 24일, 가장 확률이 높은 경우는 10일로 예측되었다. PERT 기법에 의한 이 활동의 완료기간 예측치는 얼마인가? ① 9일 ② 10일 ③ 11일 ④ 12일

카테고리	사업관리>일정관리	난이도	중
		답	④

[문제풀이]
– 프로젝트 일정 추정 기법에는 PERT와 CPM이 존재한다.

[PERT 산정방법]

평균	{비관치+(4*보통치)+낙관치}/6
표준편차	(비관치−낙관치)/6

– {8+(4*10)+24}/6=12이다.

[PERT와 CPM의 차이점]

비교항목	CPM	PERT
적용대상	– 경험적 교훈이 있는 경우 – 불확실성이 적은 경우	– 경험적 교훈이 없는 경우 – 불확실성이 높은 경우
특징	– 한 가지 추정치 사용	– 3가지 추정치 사용
위험요소	– 충분한 경험이 뒷받침되지 못하면 정확도가 낮음.	– 주관적 판단에 의해 정확도가 왜곡될 수 있음
적용사례	– 듀퐁 화학공장 프로젝트	– 미 해군 미사일개발 PJT

문제 13	서면 질문과 무기명 응답, 그리고 응답 결과분석 및 배포 과정을 반복함으로써 주어진 문제에 대한 전문가의 합의를 이끌어내는 위험 식별 기법은? ① 인터뷰 ② 델파이 기법 ③ 브레인스토밍 ④ SWOT 분석

카테고리	사업관리>위험관리	난이도	중
		답	②

[문제풀이]

– 델파이(Delphi)는 여러 전문가들의 의견을 반복적으로 중재자가 익명으로 수렴하여 의사결정의 합의를 도출하는 기법으로 정성적 위험분석 기법 중에 하나이다.

[델파이 기법의 특징]

– 중재자를 통해서 전문가들의 의견을 수렴하는 익명성의 특징
– 전문가 집단에서 일어나는 의사결정
– 반복적인 의견 수렴으로 합의를 도출하는 과정

<table>
<tr><td rowspan="2">문제 14</td><td>다음 중 프로젝트 속성으로서 상호 간에 상충관계(Trade-off)를 가지며, 품질에 영향을 미치는 3중 제약(Triple Constraints)이 아닌 것은?</td></tr>
<tr><td>① 리스크
② 일정
③ 범위
④ 원가</td></tr>
</table>

카테고리	사업관리>사업관리일반	난이도	중
		답	①

[문제풀이]

- 3중 제약(Triple Constraints): 프로젝트의 범위 증가는 추가 일정을 유발하고 일정의 증가는 전체 비용을 증대한다. 이러한 관계에서 프로젝트 관리자는 일정과 비용을 준수하려고 노력할 것이다. 즉, 결과적으로 소프트웨어 품질을 저하시키는 요인이 된다.

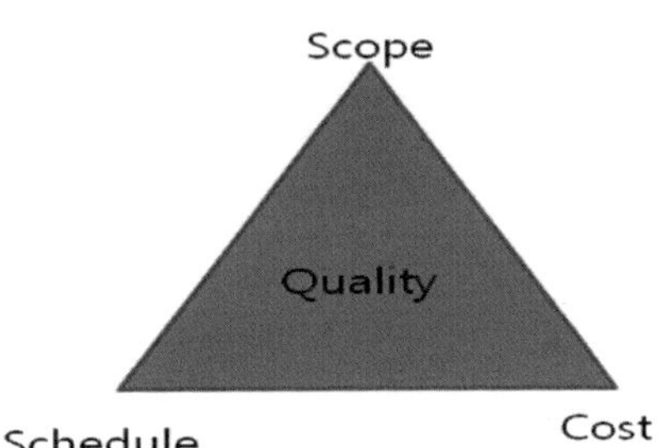

<table>
<tr><td rowspan="2">문제 15</td><td>다음 중 활동의 결과 또는 산출물 등을 근거로 계량화된 기반을 통하여 각 활동의 진척률(Progress)을 산출하는 방법은?</td></tr>
<tr><td>① 0/100퍼센트 규칙(0/100 Percent Rule)
② 산출물 완료율 법칙(Product Complete Rule)
③ 50/50 법칙(50/50 Rule)
④ 퍼센트 완료율 규칙(Percent Complete Rule)</td></tr>
</table>

카테고리	사업관리>원가관리	난이도	중
		답	④

[문제풀이]

[프로젝트 진척률 평가방식]

진척률	내용
50/50Rule	– 활동 시작 시 성과를 50% 인정하고 활동 완료 시 나머지 50% 성과 추가 인정
0/100Rule	– 활동 종료 전까지는 성과를 0% 인정하고 활동 완료 시 100% 인정(Product Complete Rule)
Product Complete Rule	– 측정시점까지의 완료율로 진척률 평가(0/100Rule과 동일)
Progress Complete Rule	– 활동 결과 또는 산출물 등을 근거로 계량화된 진척률을 산출(완료율로 진척률 평가)

문제 16	조직화(Organizing)는 프로젝트 목표를 달성하기 위하여 팀원들이 가장 효과적으로 협력할 수 있도록 팀원들의 업무내용을 구체화하고 또 그 직무수행에 필요한 권한과 책임을 명확하게 정의하는 과정이다. 조직화의 과정으로 맞는 것은? ① 직무설계 → 팀구조 설계 → 충원 ② 충원 → 팀구조 설계 → 직무설계 ③ 팀구조 설계 → 충원 → 직무설계 ④ 직무설계 → 충원 → 팀구조 설계

카테고리	사업관리>인적자원관리	난이도	중
		답	①

[문제풀이]
- 조직화 단계는 기업에 필요한 직무를 설계하고 각 직무 수행에 필요한 팀 조직을 설계하며 마지막으로 필요한 팀원을 충원하는 단계로 이루어진다.
- 즉, 조직화 단계는 직무설계 → 팀 구조 설계 → 충원단계로 이루어진다.

| 문제 17 | 다음 중 프로젝트 관리자의 역할과 가장 거리가 먼 것은?

① 팀원들의 기술적 문제 해결
② 팀원들의 동기부여 및 역량 향상
③ 사용자 및 이해관계자들과의 충분한 의사소통
④ 프로젝트 계획의 입안 및 실시와 평가 |

카테고리	사업관리>인적자원관리	난이도	중
		답	①

[문제풀이]

– 프로젝트 관리자의 주요 역할: 효과적인 참여 인력 관리, 명확한 비전 유지, 스폰서 및 상위 권한자와 협상, 요구 자원 식별 및 관리, 예산 관리, 작업진행 관리, 프로젝트 활동의 프레임워크 제공, 활동 조정, 갈등 중재, Milestone 설치, 프로젝트 목표 달성 등이 있다.

| 문제 18 | '홍길동' 씨는 진행 중인 프로젝트의 새로운 관리자로 임명되었다. 정기적으로 프로젝트 현황회의를 개최하고, 또한 각종 현황 보고서를 작성하여 배포하려 한다. 이러한 활동을 수행하기 위해서는 어떤 문서를 참고하여야 하는가?

① 성과 보고 절차서
② 기록 관리 시스템
③ 의사소통관리 계획
④ 프로젝트 Charter |

카테고리	사업관리>의사소통관리	난이도	중
		답	③

[문제풀이]

– 의사소통계획서는 정보를 배포 및 공유에 대한 계획을 포함하고 있다.
– 의사소통 관리는 프로젝트 정보를 시기 적절하게 생성, 수집, 배포, 보관, 수정 및 최종적으로 처분하는 데 필요한 모든 프로세스를 포함한다.

영역	착수	계획	실행	모니터링/통제	종료
인적자원관리		의사소통계획	정보배포	성과보고 이해관계자 관리	

영역	내용
의사소통계획	– 프로젝트 이해관계자의 의사소통 요구 및 정보 결정 – 산출물: 의사소통 계획서
정보배포	– 프로젝트 이해관계자가 필요한 정보를 시기 적절하게 사용 가능하도록 함 – 산출물: 변경된 OPA, 변경요청서
성과보고	– 성과 정보수집 및 배포, 현황보고, 진행측정 및 예측치 포함 – 산출물: 성과보고서, 예측치, 변경요청, 권고된 시정조치, 변경된 OPA
이해관계자 관리	– 프로젝트 이해관계자의 요구사항에 부합하기 위한 의사소통관리 및 문제해결 – 산출물: 해결된 이슈, 승인된 변경요청, 승인된 시정조치

문제 19	프로젝트 추적(Project Tracking) 활동으로서 적합하지 않은 것은? ① 활동 추적(Activity Tracking) ② 품질척도 추적(Quality Metrics Tracking) ③ 결함 추적(Defect Tracking) ④ 문제점 추적(Issue Tracking)

카테고리	사업관리>사업관리일반	난이도	중
		답	②

[문제풀이]

[Project Tracking]

Project Tacking	설명
Activity Tacking	– WBS를 기반으로 정의된 TASK에 가용 자원을 할당하고 TASK의 실행을 추적함
Defect Tracking	– 프로젝트 수행에서 발견된 결함을 공식적인 OPEN, CLOSE를 통해서 해소할 때까지 추적함
Issue Tracking	– 프로젝트 수행에서 도출된 이슈에 대해서 공식적인 OPEN, CLOSE를 통해서 해결 시까지 추적함

<table>
<tr><td rowspan="2">문제 20</td><td>형상관리 메커니즘에 포함되지 않는 것은?

① 버전 통제
② 변경 요청 추적
③ 검토 프로시저
④ 접근 통제</td></tr>
</table>

카테고리	사업관리>사업관리일반	난이도	중
		답	③

[문제풀이]

- 형상관리 시스템은 버전통제, 변경 요청 추적, 산출물 변경의 전파, 산출물 공유, 산출물의 무결성 유지, 접근권한 통제 등의 기능을 수행한다.
- 형상관리는 SDLC 전주기에 걸쳐 SW형상의 일관성과 무결성을 체계적으로 관리하여, SW형상의 가시성을 높이고, SW자산에 대한 통제를 수행하여 SW품질을 높이는 일체의 활동을 말한다.

[형상관리의 주요 대상]

형상식별	SW의 형상을 식별하고 관리번호 부여
형상통제	SW형상 변경요청에 대하여 검토, 분석 후 형상변경 수행
형상감사	SW형상 변경에 대한 무결성, 완전성을 검증 및 검토
형상기록	SW형상내역, SW형상 변경 이력에 대한 결과를 기록

<table>
<tr><td rowspan="2">문제 21</td><td>통계적 소프트웨어 품질보증과 관계가 없는 것은?

① 소프트웨어 결함 정보를 수집하고 분류한다.
② 품질비용이 낮은 결함부터 먼저 해결한다.
③ 우선순위가 높은 중요한 결함을 먼저 해결한다.
④ 파레토 원칙에 따라 20%에 해당하는 중요한 결함원인을 식별한다</td></tr>
</table>

카테고리	사업관리>품질관리	난이도	중
		답	②

[문제풀이]
– 품질비용은 품질계획 수립 시 적정수준의 품질을 확보하기 위해서 수행하는 활동에 투입되는 비용으로 품질계획 수립, 품질보증, 품질통제 활동비용을 의미한다.
– 품질비용은 낮아도 우선순위가 높은 것을 해결해야 한다

[품질비용의 종류]

종류	설명	사례
예방비용 (Prevention Cost)	– 결합을 예방하기 위한 비용	– 교육, 품질계획 – 설계검토, 공정관리 비용
평가비용 (Appraisal Cost)	– 규격만족을 확인하기 위해서 제품품질을 측정하고 평가하는 비용	– 감리, 완제품 검사 – ISO 획득 비용
내부 실패비용 (Internal Failure Cost)	– 고객에게 배달되기 전에 오류를 수정하거나 실패를 진단하는 비용	– 폐기처분, 재작업 – 재검사, 작업중단 비용
외부 실패비용 (External Failure Cost)	– 고객에게 배달된 후에 제품이나 서비스를 수정하는 데 드는 비용	– 반품, 제품책임 – 클레임처리, 보증 수수료 – 호감상실 비용

> **Column 등급과 품질의 차이**
>
> ✓ 등급과 품질 : low quality 는 문제이지만 low grade는 문제라고 할 수 없다.
> ex) 메모장은 일반 word processing package보다 grade는 낮지만 quality는 높다.

[품질관리 프로세스]

품질관리	개요	주요 산출물	도구 및 기법
품질기획	프로젝트 관련 품질 표준 식별 및 표준 충족 방법 결정	– 품질관리계획 – 품질 척도 – 품질 점검 목록 – 프로세스 개선 계획 – 품질 기준선 – 프로젝트 관리계획(갱신)	– 원가–편익 분석 – 벤치마킹 – 실험 설계법(Design of Experiment; DOE)
품질보증	프로젝트의 품질 요구 사항을 충족하는 데 필요한 모든 프로세스들이 계획된 품질관리 계획에 의거 실행되도록 통제	– 변경요청 – (권고된) 시정조치 – 조직 프로세스 자산(갱신) – 프로젝트관리계획(갱신)	– 품질기획의 도구 및 기법 – 품질 감사 – 프로세스 분석 – 품질통제의 도구 및 기법

품질통제	특정 프로젝트 결과를 감시하여, 품질 표준 준수를 판단하고 성과 미달의 원인을 제거	– 품질통제 측정 – (확정된) 결함수정 – 품질 기준선	– 인과관계도(Fishbone-Diagram) – Control Chart – Flow Chart – Histogram – Pareto Chart – Run Chart – Scatter Chart – Statistical Sampling – Inspection – Defect Repair Review

문제 22	보험에 가입하는 것은 어떤 위험 대응 방안인가? ① 완화(Mitigate) ② 전가(Transfer) ③ 수용(Accept) ④ 회피(Avoid)		
카테고리	사업관리>품질관리	난이도 / 답	중 / ②

[문제풀이]

[위험대응 방법]

주요 대상	내용
회피(Avoidance)	위험이 발생하지 않도록 하는 행위(위협제거, 기술변경)
전가(Transfer)	위험대응의 책임을 제 3자에게 전가(보험, 이행보증, 외주처리, 실행보증금)
완화(Mitigate)	불리한 리스크를 허용 가능한 한계까지 낮추는 행위(테스트 실시, 직원교육)
수용(Accept)	경미한 위험일 경우는 그대로 감수함(대처방안 수립, 예비비)

<table>
<tr><td rowspan="2">문제 23</td><td>다음 중 작업분할구조(WBS)에 대한 설명이 아닌 것은?</td></tr>
<tr><td>① 작업분할구조는 관리 가능한 수준까지 계층 구조로 분할한다.
② 작업분할구조는 이해관계자들의 기대와 영향을 분석 가능하게 한다.
③ 작업분할구조의 최하위 수준을 작업패키지(Work Package)라고 부른다.
④ 작업분할구조를 통해 원가와 일정이 추적될 수 있다.</td></tr>
</table>

카테고리	사업관리〉범위관리	난이도	중
		답	②

문제풀이]

- WBS의 프로젝트 목적을 달성하기 위하여 처리해야 할 업무 집합을 산출물 관점에서 계층적으로 구조화하여 작성한 문서로 WBS에 명시한 항목만으로 프로젝트의 범위를 표현할 수 있다.

[WBS의 목적]

- 업무단위 세분화, 업무계획 가시성, 프로젝트 작업 표준화
- 인력, 일정배분 근거, 비용산정 근거

[WBS의 특징]

특징	설명
세분화	프로젝트 수행인원이 보통 1∼2주 안에 처리할 수 있는 단위로 업무 세분화
진척 관리	프로젝트 수행인원에 대한 업무 진척관리 도구로 활용 가능
선후관계 정의	각 WBS별 선/후 및 의존성, 연관관계의 파악이 가능하며, 영역 정의 가능

[WBS의 구성]

Task	- 업무 특성을 고려하여 분류한 단위 업무 - 대상범위 외에는 요약기술
Activity	- 책임성, 적임성 고려 Task를 분류 - 자원 및 작업배정의 기준
Network	- 작업 간 선후관계(FF, FS, SF, SS) 및 연관관계 - LEAD TIME, LAG TIME, DEAD LINE
Work Package	- Activity를 분리한 WBS의 최소단위 - 단 하나의 자원배정, 일정, 원가의 측정단위

[WBS의 유형]

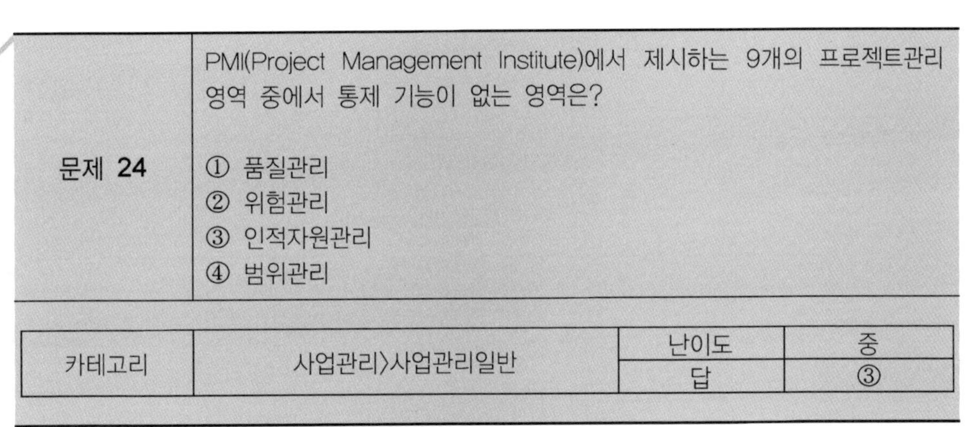

기능전개형	소프트웨어 개발 프로세스형
종합정보시스템 / 총무 · 자재 · 생산 / 인사 · 급여	(표 참조)
– 업무기능을 세분화 – 80시간 정도로 분할(2주 단위)	– s/w개발 프로세스형: 생명주기 각각에 입력, 출력, 절차기술

소프트웨어 개발 프로세스형 표:

WBS No.	W.P Description	절차/Task	InPut	OutPut
1.1♪1	요구사항 파악	…	…	…

문제 24	PMI(Project Management Institute)에서 제시하는 9개의 프로젝트관리 영역 중에서 통제 기능이 없는 영역은? ① 품질관리 ② 위험관리 ③ 인적자원관리 ④ 범위관리

카테고리	사업관리>사업관리일반	난이도	중
		답	③

[문제풀이]

– 프로젝관리 영역에서 통제 기능은 범위, 일정, 원가, 품질, 위험 부분에 대해서만 존재한다. 하지만 아래의 표와 같이 최근 2009년, PMI 관리 영역은 모든 부분에 대해서 통제 영역이 존재한다.

[프로젝트 관리영역]

영역	착수	계획	실행	모니터링/통제	종료
통합관리	·프로젝트헌장 개발 ·예비범위기술서	·프로젝트 관리계획 개발	·프로젝트실행 지시 및 관리	·프로젝트 작업감시 및 통제 ·통합변경통제	·프로젝트 종료
범위관리		·범위 계획 ·범위 정의 ·WBS 작성		·범위검증 ·범위통제	
일정관리		·활동정의 ·활동순서 배열 ·활동별 자원산정 ·활동별 기간산정 ·일정개발		·일정통제	
원가관리		·원가산정 ·원가 예산 책정		·원가통제	
품질관리		·품질계획	·품질보증	·품질통제	
인적자원		·인적자원계획	·프로젝트 팀확보 ·프로젝트 팀개발	·프로젝트 팀관리	
의사소통		·의사소통계획	·정보배포	·성과보고 ·이해관계자 정리	
위험관리		·위험 관리계획 ·위험 식별 ·정성적 위험분석 ·정량적 위험분석 ·위험 대응계획		·위험 모니터링/통제	
조달관리		·구매 및 획득계획 ·계약 체결 계획	·제안서 제출 요청 ·공급자 선정	·행정종료	·계약종료

문제 25	정보시스템 프로젝트의 각종 산출물에 대해 식별성 및 추적성을 확보하고 유지·관리하기 위해 수행되는 관리활동은? ① 범위관리(Scope Management) ② 위험관리(Risk Management) ③ 형상관리(Configuration Management) ④ 통합관리(Integration Management)

카테고리	사업관리>법무관리	난이도	중
		답	③

[문제풀이]

– 형상관리는 프로젝트 산출물에 대해서 식별성, 추적성, 무결성을 지원하는 관리적인 활동이다.

소프트웨어 공학

문제 26	서브시스템을 모듈로 분해하는 전략으로 객체지향 분해와 기능지향 파이프라이닝(Function–Oriented Pipelining)을 들 수 있다. 기능지향 파이프라이닝의 특징 중 틀린 것은? ① 입력 데이터를 받아 출력을 내는 일련의 과정. 즉 변환(Transform)이 재사용될 수 있다. ② 오퍼레이션의 순서에 관한 정보를 포함하지 않는다. ③ 대개 새로운 변환을 첨가하여 시스템을 진화시키는 것이 쉽다. ④ 병행 시스템이나 순차 시스템으로 구현하는 것이 간단하다.

카테고리	소프트웨어공학〉개발방법론〉분석/설계	난이도	중
		답	②

[문제풀이]
- 기능지향 파이프라이닝은 기능 중심으로 입력받은 데이터를 출력 데이터로 만드는 기능 모듈을 중심으로 분해한다.

[기능지향 파이프라이닝의 특징]

- 입력을 출력으로 변환하는 기능모듈로 분해
- 순차적 흐름에 따른 변환
- 파이프라이닝 모델에서는 병렬로 구현 가능

[기능지향 파이프라이닝의 장점과 단점]

장점	단점
- 변환 재사용 - 입력과 출력관점(직관성) - 시스템 진화가 쉬움 - 병행 및 순차 시스템 구현이 쉬움	- 변환에 대한 공통적인 이동양식 필요함

문제 27	요구사항을 기술하는 다양한 방법들 가운데 병렬로 일어나는 동작들과 그에 따라 상태가 변경되는 이벤트 집합을 표현하는 방법으로서, 병렬 처리 요구사항 표현에 가장 적합한 방법은 무엇인가? ① 의사결정 테이블(Decision Table) ② 페트리 네트(Petri Net) ③ 전이 테이블(Transition Table) ④ 정형 명세 언어(Formal Specification Language)

카테고리	소프트웨어공학〉개발방법론〉분석/설계	난이도	중
		답	②

[문제풀이]

- 페트리 네트는 독일 카를 페트리가 고안한 것으로 다양한 상황을 모형화 하는 데 유용한 수단이며, 양분형 유향 그래프로 표시되고, 두 형태의 노드의 위치와 전이라고 한다.
- 병렬로 일어나는 동작들을 표현하기 적합한 것은 페트리 네트 형태이다.

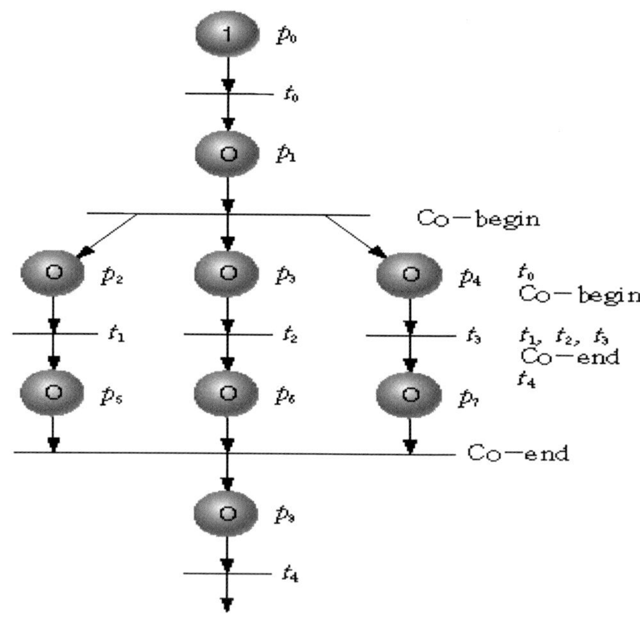

- 전이 테이블은 상태 전이 함수를 표 형태로 나타낸 것으로 열 방향에 상태를 행 방향에 입력을 잡고 그 i행 j열 요소는 i번째의 상태로 j번째 입력이 들어갔을 때 다음에 전이될 앞으로의 상태를 표시한다.

– 정형명세 언어: 수학 및 논리학에 기반을 둔 방법으로 하드웨어, 소프트웨어 시스템을
  명세화하거나 검증하는 것을 의미한다. 수학적 기호를 사용하여 시스템 명세를 작성, 검
  증할 특성도 논리로 기술하여 시스템이 특성을 만족하는지 수학적 성질을 이용하여 검
  증하므로 자연언어가 내포하는 불확실성을 줄인다.

[정형명세 언어의 종류]

종류	설명
Z	– 집합론, 논리, 모델기반 명세기법 – 모든 특성을 스키마 안에 순서대로 기술하여 모듈화 및 재사용성이 우수함, 이해가 어려움
State chart	– 상태 전이 다이어그램에 Hierarchy, Concurrency, Communication개념 도입 – Hierarchy: 계층구조를 표현 – Concurrency: State들 간에 병렬성 제공 – Communication: 컴포넌트 간에 Broadcasting을 통해서 정보를 주고받으며 진행
Petri– Net	– 동시발생 구성요소를 갖는 이산사건 시스템을 모델링하고 실행하는 시작적 도구
ACSR	– Time, Resource, Priority, Concurrency 등의 실시간 시스템에 필요한 여러 개념 포함 – 프로세스를 비교하기 위한 개념을 제공하고 설계명세가 요구명세를 만족하는지 확인 가능

– 의사결정 테이블은 구조적 분석 방법의 전형적인 도구이다(의사결정 트리).

문제 28	다음은 어떤 개발 방법에 대한 설명인가? 소프트웨어를 정형적으로 명세화하고, 여러 증분으로 나누어 별도로 개발하고 검증하되 신뢰성을 결정하기 위해 통계적으로 시행한다. 개발된 소프트웨어를 엄격한 검사를 이용하여 정적으로 검사함으로써 시스템 컴포넌트의 단위 시험을 대체할 수 있다. ① 클린룸(Clean Room) 개발 방법 ② 테스트 주도 개발 방법 ③ 프로토타이핑(Prototyping) 개발 방법 ④ 컴포넌트 기반 소프트웨어 개발 방법

카테고리	소프트웨어공학〉개발방법론	난이도	중
		답	①

[문제풀이]

– 클린룸 모형은 점증적인 생명주기 모형의 개선된 모델로 시스템 전체기능을 증가분으로
  분할하고 반복적인 개발 및 사용자 피드백을 통해 증가분 소프트웨어를 개발시스템 추
  가하는 생명주기 모형이다.

– 코드의 증가분을 정확하게 설계하고 초기 단계부터 정확성을 검증하여 결함자체를 예방하는 데 목적이 있다.
– 분석 및 설계 단계의 엄격성, 수학에 기반을 둔 정확성 증명, 정형적 검증을 강조한다.

[클린룸의 박스 기반 명세]

유형	구성요소	특징
블랙박스	입력 → 블랙박스 → 출력	– 명세를 입력으로부터 출력을 얻기 위한 기능을 간략하게 추상적인 블랙박스로 표현 – 데이터 흐름 중심으로 데이터변환 기능 기술
상태박스	– 블랙박스 상세화 구조 – 내부기능 블랙박스화, 내부상태, 내부 데이터로 구성	– 내부에서 사용하는 데이터 변환을 수행하는 기능을 다시 한 번 블랙박스로 기술 가능 – 블랙박스 입출력과 상태박스는 매칭
클리어박스	– 상태박스 상세화 구조 – 블랙박스 제어흐름 추가	– 내부 블랙박스 표현과 블랙박수 간의 제어흐름 및 시간적 의존관계 기술 – 최종 상세화 단계 블랙박스는 기존 컴포넌트로 한정

문제 29	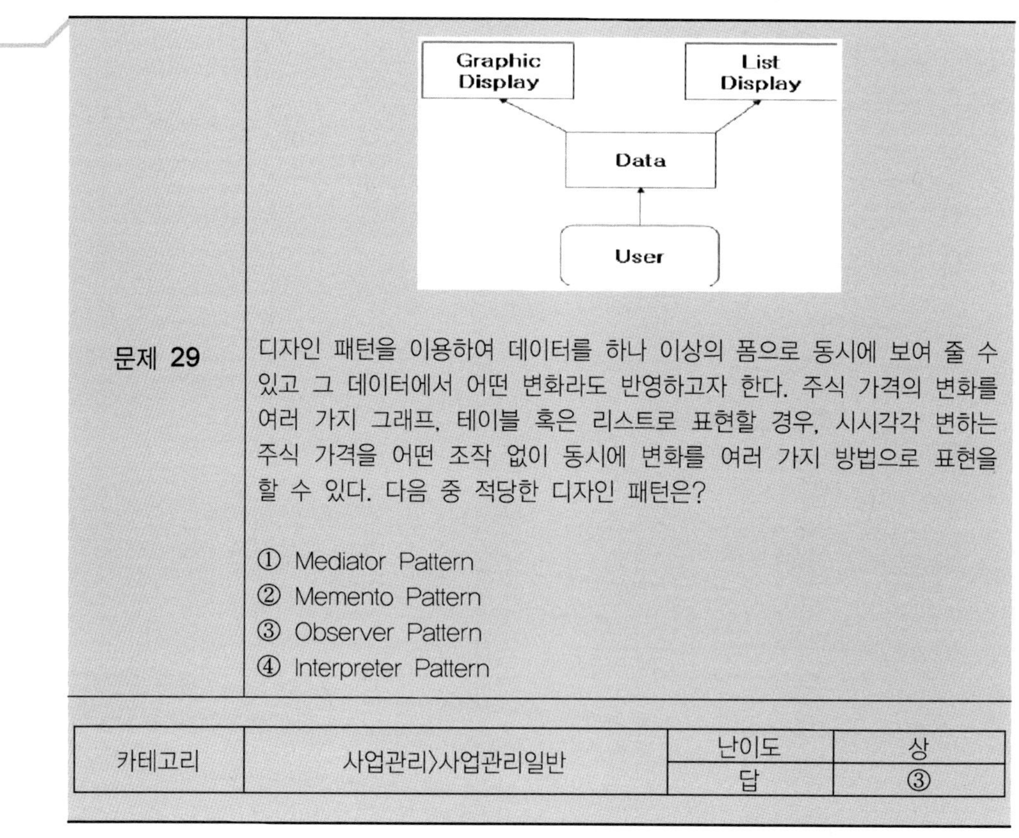 디자인 패턴을 이용하여 데이터를 하나 이상의 폼으로 동시에 보여 줄 수 있고 그 데이터에서 어떤 변화라도 반영하고자 한다. 주식 가격의 변화를 여러 가지 그래프, 테이블 혹은 리스트로 표현할 경우, 시시각각 변하는 주식 가격을 어떤 조작 없이 동시에 변화를 여러 가지 방법으로 표현을 할 수 있다. 다음 중 적당한 디자인 패턴은? ① Mediator Pattern ② Memento Pattern ③ Observer Pattern ④ Interpreter Pattern

카테고리	사업관리>사업관리일반	난이도	상
		답	③

[문제풀이]
- 디자인 패턴은 소프트웨어 엔지니어의 경험으로 설계 시에 활용할 수 있는 여러 가지 설계 사상을 의미한다.
- 디자인 패턴을 활용하면 패턴의 재사용, 공통 레퍼런스 제공, 분석 및 설계에 대한 추상적인 관점 제공이 가능하다.

[디자인 패턴의 분류]

분류	목적	패턴
구조패턴	기존 객체연결	Façade, Adapter, Bridge, Decorator
행위패턴	변화하는 행위를 제공	Strategy, Template Method
생성패턴	객체생성 혹은 인스턴스화	Abstract Factory, Factory
분리패턴	객체를 서로 분리	Observer

[주요 패턴의 특징]

패턴	설명
Façade	- 서브 시스템의 복잡한 인터페이스를 단순화된 통합 인터페이스 제공 - 클라이언트와 구현 클래스 간의 종속성 감소
Adapter	- 어떤 클래스의 Interface를 클라이언트 Interface에 맞도록 변환 - Interface 때문에 사용 불가능했던 클래스들의 연동 역할
Bridge	- 기능 클래스 계층과 구현 클래스 계층 사이의 다리 역할 - 클래스 계층분리, 각각 클래스 계층을 독립적으로 확장 가능
Decorator	- 객체에 기본기능 외에 추가적인 기능을 동적으로 첨부 - 서브 클래스에게 기능확장 허용, 내용은 변경하지 않고 기능 추가
Strategy	- 다양한 알고리즘군 정의, 각각 캡슐화 하여 호환성 지원 - 클라이언트와 상관없이 독립적으로 알고리즘 변화 가능
Factory	- 객체 생성을 위한 인터페이스를 정의, 인스턴스화할 객체에 대한 세부 결정은 서브 클래스가 내리게 함
Observer	- 한 객체의 상태 변경 시 해당 객체에 의존적인 모든 객체가 자동 수정되도록 함 - 객체들 간의 1:N 의존관계를 정의

문제 **30**	RUP(Rational Unified Process) 과정에서 프로젝트 계획, 시스템을 위한 아키텍처 프레임워크 확립, 문제영역의 이해 등이 완결된 이후 이행해야 하는 단계는? ① 도입(Inception) ② 구축(Construction) ③ 정련(Elaboration) ④ 전이(Transition)

카테고리	사업관리〉사업관리일반	난이도	중
		답	②

[문제풀이]

- RUP는 객체지향개발방법론으로 반복형/점증형 모델을 근간으로 한다. 반복형/점증형이란 소프트웨어를 개발할 때 각 개발사이클을 반복하고 점증형은 소프트웨어를 버전을 추가하듯이 개발하는 방법론을 의미한다.

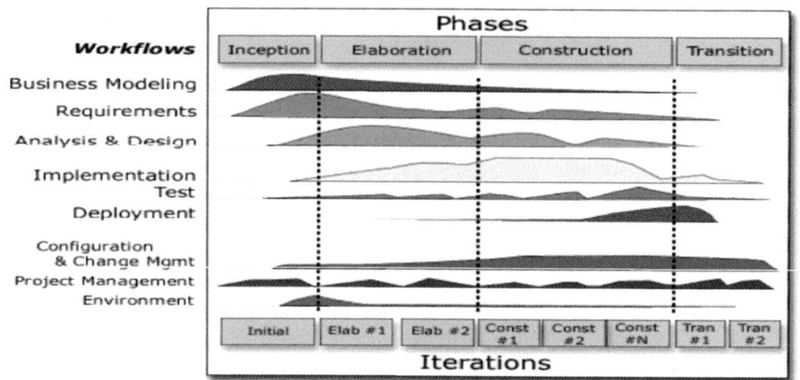

- RUP는 위의 그림처럼 2차원 구조로 되어 있다. 즉 Workflow와 Phase로 구성된다. Workflow는 RUP의 개발 프로세스와 관리영역을 의미하고 4가지 Phase는 각 단계의 반복을 의미한다.
- 여기서 반복형은 4가지 Phase로 분류되며 그것이 도입, 구축, 정련, 전이 단계로 나누어진 것이다.

[RUP 4 Phase]

- 도입: 프로젝트 비전, 범위, 초기 요구사항 분석
- 정련: 분석에 대한 상세설계로 아키텍처 수립과 세부설계를 진행
- 구축: 소프트웨어를 개발
- 전이: 배포, 사용자 교육, 다음 반복 준비

문제 31	다음 중 IFPUG(International Function Point Users Group)에서 정의한 기능점수 측정 유형이 아닌 것은? ① 개발 프로젝트 기능점수 측정 ② 개선 프로젝트 기능점수 측정 ③ 서비스 프로젝트 기능점수 측정 ④ 애플리케이션 기능점수 측정		
카테고리	소프트웨어공학>개발방법론	난이도	중
		답	③

[문제풀이]
- 기능점수(Function Point)는 사용자 관점에서 소프트웨어의 규모를 정량적으로 측정하는 방법이다.
- FP의 소프트웨어 규모 측정방법은 소프트웨어의 유형을 결정하고 소프트웨어의 범위와 경계를 식별, 데이터 기능점수, 트랜잭션 기능점수를 통해서 미조정 기능점수를 계산 후에 조정인자를 반영하여 최종 규모를 확정한다.

[FP 산정절차]

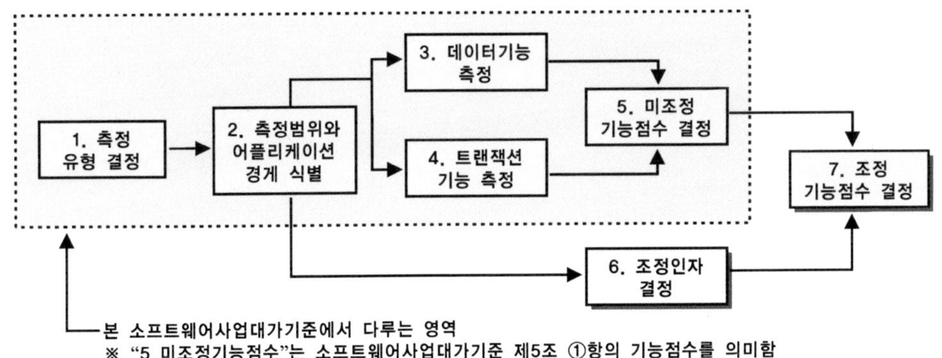

가. 소프트웨어 유형결정
- 개발: 프로젝트 완료시점 산정
- 개선: 유지보수 중에 변경된 부분 산정
- 애플리케이션: 현 시점, Baseline

나. 범위와 경계식별
- 산정할 기능점수에서 어디가 외부이고 내부인지를 결정
- 즉, 시스템 간의 경계, 화면 경계 등을 결정

다. 데이터 기능점수
- ILF/EIF를 식별하고 DET/RET 식별
- ILF: 경계 내에서 유지(입력, 수정, 삭제)되는 데이터
- EIF: 경계 밖에서 참조(조회)되는 데이터
- DET: 사용자 관점에서 비반복적인 필드
- RET: ILF/EIF 내에 있는 서브집합

라. 트랜잭션 기능점수
- EI/EO/EQ를 식별하고 DET/FTR 식별
- EI: 애플리케이션 경계 밖에서 안으로 들어오는 데이터(입력/수정/삭제기능)
- EO/EQ: 애플리케이션 경계 밖으로 참조(조회)되는 데이터(단, EO는 비즈니스 로직, 파
  생 데이터를 생성)

마. 미조정 기능점수
- 데이터 기능점수와 트랜잭션 기능점수 합산

바. 최종 기능점수
- 미조정 기능점수에 조정인자(14개의 영향도)를 적용하여 미조정 기능점수를 ±35% 변
  화를 줌

문제 32	다음 개발환경에 가장 적합한 개발기법은? 가능한 한 짧은 시간 내에 소프트웨어를 개발하고자 하며, 개발자들은 상호 간 개발하는 과정에서 다른 작업자의 작업을 확인하는 페어 프로그래밍(Pair Programming), 지속적인 통합(Continuous Integration), 단순 설계(Simple Design), 소규모 릴리즈(Small Releases), 점진적 계획(Incremental Planning) 등에 익숙해 있으며 개발과정에서 리펙토링(Refactoring)을 수행할 수 있다고 한다. 모든 요구사항들을 위한 시나리오 카드가 준비되어 있으며 또한 고객의 요구사항을 직접적으로 그리고 신속히 반영하기 위해 고객을 참여시키고자 한다. ① 프로토타입(Prototype) 모형 ② 폭포수(Waterfall) 모형 ③ XP(Extreme Programming) ④ CBD(Component- based Development)

카테고리	소프트웨어공학>소프트웨어 개발방법론	난이도	중
		답	③

[문제풀이]

- XP는 테스트 중심의 개발방법으로 빠르게 소프트웨어를 개발하고 사용자에게 Feedback 하기 위한 경량화된 개발방법이다.
- XP가 Pair Programming, Continuous releases, Incremental Planning과 Refactoring 을 강조하는 이유는 XP는 코딩에 대한 소유권을 인정하지 않고 소프트웨어를 반복적/ 점증적으로 개발하며 방법론 자체가 개발자 중심의 방법론이기 때문이다.

[XP의 4가지 가치]

의사소통(Communication)	고객, 개발자, 관리자들 간의 의사소통이 원활해야 함
단순성(Simplicity)	설계를 단순하고 명확하도록 유지
피드백(Feedback)	첫날부터 S/W를 테스팅하여 피드백을 얻음
용기(Courage)	가능한 한 빨리 변경된 사항을 반영하여 고객에게 인도한다는 정신

[XP의 12가지 실천항목]

- Simple Design: 가장 단순하며 정확히 작동하는 Design
- Small Design: 고객이 원하는 기능 중심으로 짧은 시간 내 릴리즈
- Refactoring: 기능에 변화 없이 코드 수정을 통해 디자인 개선
- Pair Programming: 두 명이 한 프로그램 개발(오류 감소, 생산성 향상)
- Testing: 테스트 주도(TDD), 테스트를 통한 고객 검증, 승인
- On-Site Customer: 고객의 팀 합류, 의사 결정 지원
- Continuous Integration: 지속적인 통합으로 개발의 불일치 최소화
- 메타포(Metaphor): 문장형태로 시스템아키텍처 기술, 고객과 개발자 간의 의사소통 언어
- 기타: 작은 배포, 스토리카드에 의한 계획수립, 코드공동소유, 코딩표준, 주당 40시간

[XP의 개발절차]

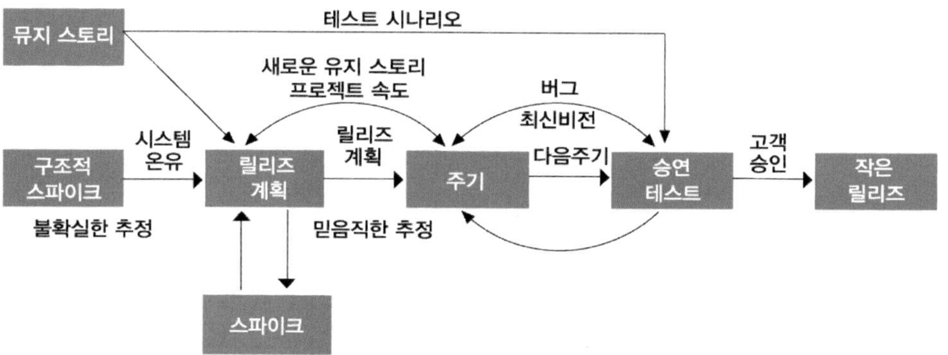

[XP 개발절차 세부내용]

유저스토리	- UML의 유스케이스와 같은 목적, 고객이 필요한 것이 무엇인지를 기술 → 인수테스트 시 사용 - 배포 계획에 대한 시간 계산에 사용되기도 하며 요구사항 문서를 대신하여 사용도 가능
스파이크	- 잠재적인 솔루션들을 고려하기 위해 작성하는 간단한 프로그램 - 사용자 스토리의 신뢰성을 증대시키거나 기술적인 문제의 위험을 줄이고자 하는 데 목적
배포계획	- 전체 프로젝트에 대한 배포 계획을 생성 - 의사결정을 모든 규칙을 포함하며, 그 규칙에 의해서 프로젝트를 수행하기 위한 방법들을 정의
반복	- 반복적 개발에서는 민첩함을 중요하게 여김, 1~3주 정도로 나누고 반복들을 균형적으로 유지 - 반복은 프로세스의 평가와 계획을 단순하고 신뢰성 있게 만드는 핵심 항목 → 반복 계획 미팅 - 즉각적인 계획과 실행은 사용자 요구 사항들의 변경에 쉽게 대처하기 위한 전략
인수 테스트	- 고객은 제대로 작동하는 시스템을 보면서 진척사항을 확인하고, 직접 명세한 테스트를 통과했는지 파악
작은 배포	- 작은 배포는 XP 주기의 마지막 단계, 소규모로 빈번하게 배포하면 고객에게 여러가지 이득을 조기 제공 - 프로그램은 빠른 피드백을 제공 받음

<table>
<tr><td rowspan="2">문제 33</td><td colspan="3">ITGI(Information Technology Governance Institute)의 IT 거버넌스 프레임워크(IT Governance Framework) 중 IT 성과관리(IT Performance Management)는 IT의 가치를 측정하여 비즈니스 성과에 IT가 기여하는 정도를 측정하고, 문제점 및 취약점을 파악하여 지속적인 개선활동을 수행함으로써 IT성과를 극대화한다는 것이 목적이다. 다음 중 IT성과관리 범위에 해당하지 않는 것은?

① 성과지표 체계 구축
② 성과영역 정의
③ 재무적 성과 평가 산정 방법론 정의
④ 내부 통제 프레임워크 정의</td></tr>
<tr><td></td><td></td><td></td></tr>
</table>

카테고리	IT 산업정보>IT전략 컨설팅	난이도	중
		답	④

[문제풀이]

- 이 문제는 이미 문제에 답이 있다. 즉, 성과를 측정한다고 했으므로 "KPI(Key Performance Indicator)를 정의하겠다."라는 이야기이다.
- 즉, IT Governance에 대한 성과측정 KPI 정의는 당연히 성과지표체계, 성과영역, 산정 방법을 정의해야 할 것이다.
- 내부 통제 프레임워크는 IT Governance 구성의 한 요소는 될 수 있지만, IT Governance 의 성과관리는 될 수 없다.

[IT Governance의 개념]

- IT Governance의 등 기업의 전략과 목표를 달성하기 위해 비즈니스와 IT의 연계 강화
- IT투자 및 위험관리
- 효과적 IT자원관리를 할 수 있는 IT부문의 통제 및 관리체계

[IT Governance Framework]

프레임워크	주요 특징
IT 거버넌스 모델 (가트너)	– 원칙, 메커니즘, 프로세스의 3가지 요소로 구성 – IT거버넌스 모델을 조직에 적합한 최적화 주장
IT 거버넌스 프레임워크(ITGI)	– 전략적 연계, 성과측정, 자원관리, 위험관리, 가치전달 5가지 주요 영역으로 구분
COBiT(ITGI)	– IT거버넌스를 실행하고 현재 수준의 진단을 통해 IT통제를 개선하기 위해 사용되는 국제적으로 수용되는 IT거버넌스 프레임워크 – 계획 및 조직, 도입 및 구축, 운영 및 지원, 모니터링
의사결정 프레임워크 (MIT 슬론)	– 효과적인 IT거버넌스 운영 및 설계를 위해 의사결정주체, 메커니즘, 5가지 핵심 IT의사 결정에 중점

[IT Governance의 구성요소]

구성요소	주요 기대효과	관련 기술
전략적 연계	경영/사업/기술 전략의 연계를 통한 최적의 의사결정 방향 제시	ITA/EA
가치전달	전략적 비즈니스 목표달성을 위한 개별 비즈니스 프로세스의 최적화	ERP, CRM, SCM, BPM, IT Compliance
위험관리	재해복구 및 비즈니스의 연속성 확보를 위한 전사적 위험관리	DRS, BCP, ERM
자원관리	비즈니스 요구사항에 신속히 대응하기 위한 IT자원 활용의 극대화	ITAM, CMM
성과측정	무형자산의 가치를 포함한 IT ROI 평가	BSC, IT ROI

문제 34	CASE 시스템의 일반적인 구성요소 중 존재하는 시스템에 대한 프로그램 구조, 자료모델, 구조도, 자료사전 같은 설계명세서를 생성해 주는 도구는? ① 재공학(Reengineering) 도구 ② 설계분석기 ③ 다이어그램 작성 도구 ④ 원형화 도구

카테고리	소프트웨어 공학>개발방법론	난이도	중
		답	①

[문제풀이]
– 재공학은 기존에 만들어진 시스템을 역공학해서 다시 순공학을 통하여 개선하는 프로세
  스를 의미한다.

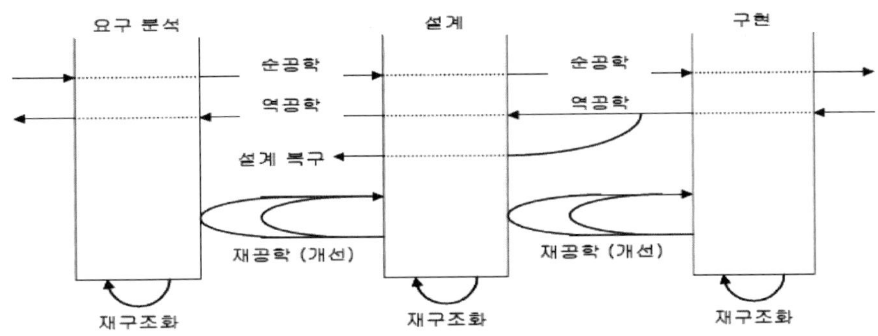

– 재공학: 이미 구축된 시스템에 대해서 역공학을 수행하고 재구조화를 통하여 개선하면
  서 순공학을 실시
– 역공학: 구축된 시스템으로 설계 → 분석 문서를 도출하는 프로세스
– 재사용: 소프트웨어를 재사용할 수 있는 단위로 구성

문제 35	컴포넌트 시험 중 인터페이스 시험에서 발견할 수 있는 오류의 유형에는 인터페이스 오용, 인터페이스 오해, 타이밍 오류가 있다. 다음 중 오류 유형에 대한 설명으로 틀린 것은? ① 인터페이스 오용: 호출하는 컴포넌트가 다른 컴포넌트를 호출할 때 인터페이스를 잘못 사용하는 경우에 발생 ② 인터페이스 오용: 전달되는 매개변수들의 형이 잘못된 경우나 매개변수들의 순서나 개수가 틀린 경우 발생 ③ 인터페이스 오해: 실시간 시스템에서 공유 메모리나 메시지 전달 인터페이스를 사용할 때 발생 ④ 인터페이스 오해: 정렬되지 않은 배열을 가지고 이진 탐색 루틴을 호출하는 경우 발생

카테고리	소프트웨어 공학>개발방법론	난이도	중
		답	③

[문제풀이]
– 복잡한 시스템들 간에 발생하는 오류를 인터페이스 오류라고 하고 인터페이스 오류에는
  인터페이스 오용, 인터페이스 오해, 시간적 에러가 존재한다.

[인터페이스 오류]

가. 인터페이스 오용(Interface Misuse)
– 인터페이스의 전달 매개변수 및 순서가 잘못된 경우

나. 인터페이스 오해(Interface Misunderstanding)
– 인터페이스 명세에 맞지 않게 사용
– 호출된 컴포넌트가 오동작이 발생

다. 시간적 에러(Timing Errors)
– 실시간 시스템에서 메시지 전달 인터페이스를 사용할 때 발생

문제 36	다음을 위해 적합한 작업은 무엇인가? 소프트웨어의 설계를 개선하고, 소프트웨어에 대한 이해를 증진하며, 개발 속도를 높이기 위해 필드를 한 클래스에서 다른 클래스로 옮기거나 메소드의 특정 코드를 추출하여 다른 메소드로 만드는 등 코드를 더 구조화시킨다. 단, 외부 동작은 바뀌지 않으면서 내부구조만 개선되어야 한다 ① Refixing ② Refactoring ③ Remaking ④ Reengineering

카테고리	소프트웨어 공학〉개발방법론	난이도	중
		답	②

[문제풀이]

– 소프트웨어의 외부기능은 변경되지 않고 소프트웨어의 생산성 향상을 위해서 수하는 작
  업이 Refactoring이다. Refactoring은 소프트웨어 복잡도를 줄여서 가독성과 변경 용이
  성을 증대하고 불합리적인 처리를 개선하는 작업이다.

[Refactoring 기법]

– Extract Method: 코드의 목적을 잘 나타내는 메소드 이름 정의
– Extract Class: 한 클래스가 두 클래스의 기능을 하는 경우 분리
– Move Method: 클래스와 메소드가 관련성 있게 새로운 메소드를 만듦
– Replace Temp With Query: 임시변수를 참조하는 것을 모두 메소드 호출로 변경
– Remove Method: 메소드 이름을 목적에 맞게 수정
– Full Up Field: 두 서비스 클래스가 동일한 필드를 가진다면 그 필드를 수퍼클래스로 이동
– Encapsulation Field: Pbulic Field가 있는 경우 Private으로 만들어 접근자 제공

| 문제 37 | 요구 공학(Requirement Engineering) 프로세스의 첫 단계인 타당성 조사 (Feasibility Study)에 대한 설명으로 틀린 것은?

① 시스템이 조직의 전체 목표에 부합하는지에 대한 평가가 이루어진다.
② 타당성 조사 보고서가 작성된다.
③ 프로토타이핑과 구조적 분석 방법이 사용된다.
④ 현재의 기술과 주어진 예산과 일정 내에서 개발될 수 있는가에 대한 평가가 이루어진다. |

카테고리	소프트웨어 공학>개발방법론	난이도	중
		답	③

[문제풀이]

– 프로토타이핑은 요구사항 분석단계에서 모호한 요구사항에 대해서 프로토타입을 통해
  고객에게 검증하여 명확하게 하기 위해서 하는 작업이다.

<table>
<tr><td rowspan="2">문제 38</td><td colspan="2">다음은 ISO 9126의 소프트웨어 특성에 대한 설명이다. 각 특성의 정의를 올바르게 짝지은 것은?

가. 사용자의 기능변경 필요성을 만족시키기 위히여 소프트웨어를 진화시키는 것이 가능해야 한다.
나. 소프트웨어가 자원을 쓸데없이 낭비하지 않아야 한다.
다. 소프트웨어는 적절한 사용자 인터페이스와 문서를 가지고 있어야 한다.

① 가. 유지보수성, 나. 효율성, 다. 사용성
② 가. 유지보수성, 나. 효율성, 다. 이식성
③ 가. 기능성, 나. 이식성, 다. 사용성
④ 가. 기능성, 나. 효율성, 다. 이식성</td></tr>
<tr><td></td><td></td></tr>
<tr><td>카테고리</td><td>소프트웨어 공학〉개발방법론</td><td>난이도 / 답</td></tr>
</table>

카테고리	소프트웨어 공학〉개발방법론	난이도	중
		답	①

[문제풀이]

- ISO 9126은 소프트웨어 품질특성을 정의하고 품질평가의 매트릭스를 정의한 표준과 사용자 관점에서 본 소프트웨어 품질특성에 대한 표준을 말한다.
- 사용자, 평가자, 시험관 개발자 모두에게 소프트웨어 제품의 품질을 평가하기 위한 매트릭스를 제공한다.
- 소프트웨어를 객관적이고 계량적으로 평가하기 위한 기본 틀이다.

[ISO 9126의 구성]

구분	분류	내용
ISO 9126-1	주특성과 부특성	- 소프트웨어 품질 특성과 Metrics - 주특성(6), 부특성(21)
ISO 9126-2	External Metrics	- SW 사용될 때의 외부적 성질 표현 - 시험/운영 단계에서 측정 - 사용자와 관리자의 관점
ISO 9126-3	Internal Metrics	- 설계/코드와 관련된 SW 내부 속성을 측정 - 설계/코딩 중인 SW 적용 - 개발자와 설계자 관점, ISO 12119로 IT기술 - 패키지의 품질요구사항 시험

[ISO 9126의 품질특성]

주 특성	내용	부 특성
기능성	소프트웨어가 특정 조건에서 사용될 때, 명시된 요구와 내재된 요구를 만족하는 기능을 만족하는 기능을 제공하는 소프트웨어 제품의 능력	적절성, 적밀성, 상호운용성, 준수성, 보안성
신뢰성	소프트웨어가 규정된 조건에서 사용될 때 규정된 성능수준을 유지하거나 사용자로 하여금 오류를 방지할 수 있도록 하는 소프트웨어 제품의 능력	성숙성, 회복성, 결함허용성, 유용성
사용성	소프트웨어가 규정된 조건에서 사용될 때, 사용자에 의해 이해되고, 학습되며 선호될 수 있게 하는 소프트웨어 제품의 능력	이해성, 학습성, 운용성
효율성	규정된 조건에서 사용되는 자원의 양에 따라 요구된 성능을 제공하는 소프트웨어 제품의 능력	시간행동, 자원이용
유지보수성	소프트웨어 제품을 변경할 수 잇는 능력, 변경에는 운영환경과 요구사항 및 기능적 사상에 따름 소프트웨어의 수정, 개선 혹은 개작 등이 포함	분석성, 변경성, 안정성, 시험성
이식성	다양한 환경에서 운영될 수 있는 소프트웨어 제품의 능력	적응성, 설치성, 병행 존재성, 적합성, 대체성

문제 39	소프트웨어 개발노력을 추정하기 위한 다음 COCOMO 모델의 설명 중 틀 린 것은? ① Intermediate 모델은 영향을 미치는 15개 요인들을 고려한다. ② Basic 모델은 프로젝트 크기와 유형을 제외하고는 프로젝트에 영향을 미치는 요인들을 고려하지 않는다. ③ Intermediate 모델은 개발할 제품, 컴퓨터, 개인, 프로젝트의 특성을 고려한다. ④ Basic 모델은 개발의 노력(effort)에 대한 함수가 아니다.

카테고리	소프트웨어 공학>개발방법론	난이도	중
		답	④

[문제풀이]

- COCOMO는 소프트웨어의 규모와는 관계없이 오직 LoC를 산정하여 소프트웨어 특성에 3단계로 분류하여 비용승수를 가산하여 비용을 산정하는 방법이다.
- COCOMO는 구조적 및 정보공학 방법론의 비용승수를 포함하여 COCOMO II는 객체지향 및 CBD 방법론에 대한 비용승수를 포함한다.

[COCOMO의 특징]

- 개발에 필요한 MM의 관계를 과거 수행한 프로젝트의 경험에 의거하여 산출
- 다양한 성격의 SW개발 프로젝트에 대하여 세가지 유형 구분하고 프로그램 규모, 소요인원/원산식 산출

- COCOMO 유형은 다음과 같이 분류된다.
1) Basic 모델: 산정 단순, 프로젝트에 영향을 미치는 요인 제외, LOC
2) Intermediate 모델: 제품, 하드웨어, 개발구성원 특성을 고려한 비용승수, LOC+비용승수
3) Detailed COCOMO: 개발 단계별 비용승수, 즉 LOC+개발단계별 비용승수

문제 40

다음은 병원의 "진료 예약시스템"에 대한 기능 요구사항 명세서이다. 이를 통해 작성된 유스케이스 다이어그램으로 적합한 것은?

[시나리오]
A 병원은 환자들의 진료를 보다 원활히 하기 위해서 진료 예약시스템을 개발하기로 하였다. 환자들은 진료를 받기 전에 예약을 할 수 있으며, 당일에는 예약을 할 수 없다. 예약한 환자들 가운데 사정상 진료받기 어려운 경우에는 예약을 취소할 수 있으며, 로그인 상태에서 자신의 예약정보를 조회할 수도 있다. 환자가 예약 관련 업무를 수행하기 위해서는 반드시 로그인이 되어 있어야 한다. 경우에 따라서는 간호사가 환자 대신에 예약 관련 업무를 수행할 수도 있다. 의사는 환자를 진료하면서 환자의 진료 정보를 시스템에 기록하고, 처방전을 작성한다. 진료가 끝나면, 간호사는 처방전을 환자에게 제공하고, 환자에게 진료비를 청구한다. 환자는 수납이 끝나면 다음 진료를 예약한다.

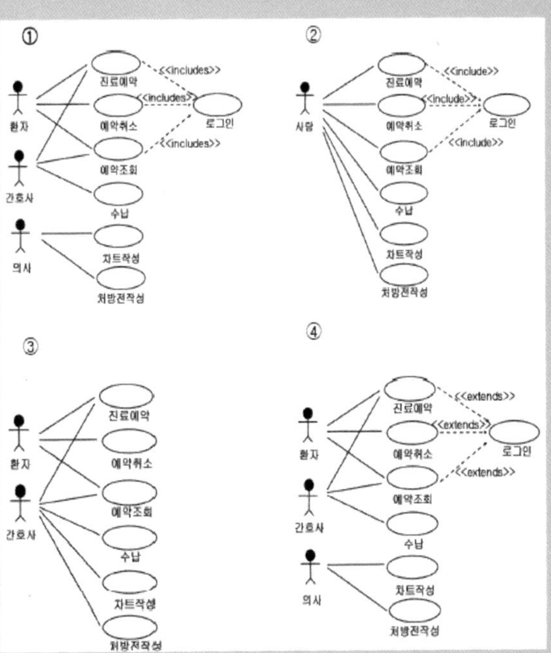

카테고리	소프트웨어 공학>개발방법론	난이도	중
		답	①

[문제풀이]

- Actor: 유즈케이스를 실행하는 사람 혹은 시스템
- Use Case: 시스템에서 해야 할 기능
- 스테레오 타입: 모델러가 정의하여 사용할 수 있는 타입(단, Include, Extends, Boundary, Entity, Control 등은 예약되어 있다.)
- Use Case 구조화: Use Case 간에 Include, Extend 관계를 설정하는 것을 Use Case 구조화라고 한다.
- Include: 여러 개의 Use Case가 가지고 있는 공통된 기능을 다른 Use Case를 도출한다.

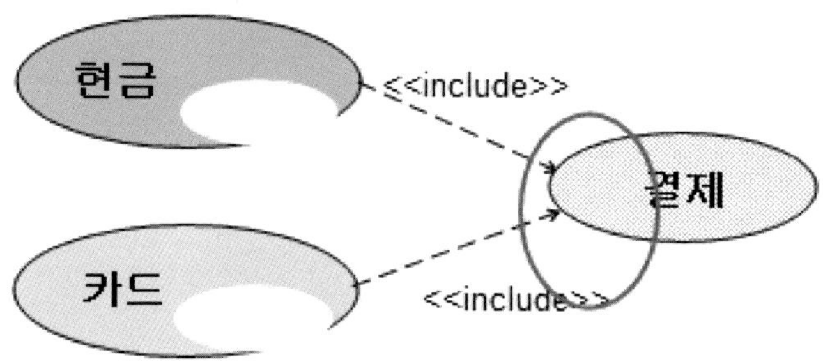

- 결제처리에서 현금결제이면 현금 Use Case를, 카드결제이면 카드 Use Case를 실행한다.
- Extend: 특정한 조건에 만족하면 수행되는 Use Case를 표현한다.

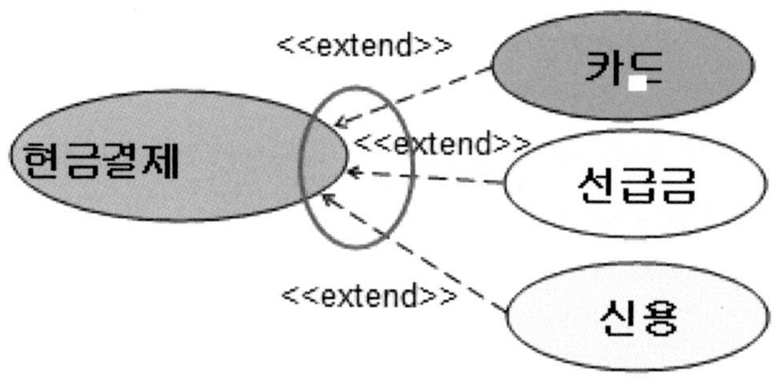

- 예를 들어, Extend는 카드 결제인 경우만 카드 Use Case를 실행한다.

문제 41	ATAM(Architecture Trade– off Analysis Method) 기법 중에서 시스템이 만족시켜야 할 품질 속성을 식별하고 각 속성들에 우선순위를 부여하는 데 주로 사용되는 것은 다음 중 무엇인가? ① Quality Attribute Scenario ② Sensitive Point ③ Business Driver ④ Quality Attribute Tree

카테고리	소프트웨어 공학>개발방법론	난이도	중
		답	④

[문제풀이]

- Quality Attribute Tree = Utility Tree이고 품질속성, 시나리오, 난이도, 중요도를 분석하는 과정에서 사용된다.
- ATAM(Architecture Tradeoff Analysis Method)는 아키텍처가 목표로 하는 품질을 어느 정도 만족하는지, 트레이드 오프가 있는지 파악한다.
- 아키텍처 차원의 업무목표와 시스템 차원의 업무목표를 도출한다.
- 도출된 업무목표를 달성할 수 있는지 평가하기 위해 이해관계자가 참여한다.

[소프트웨어 아키텍처 평가모델]

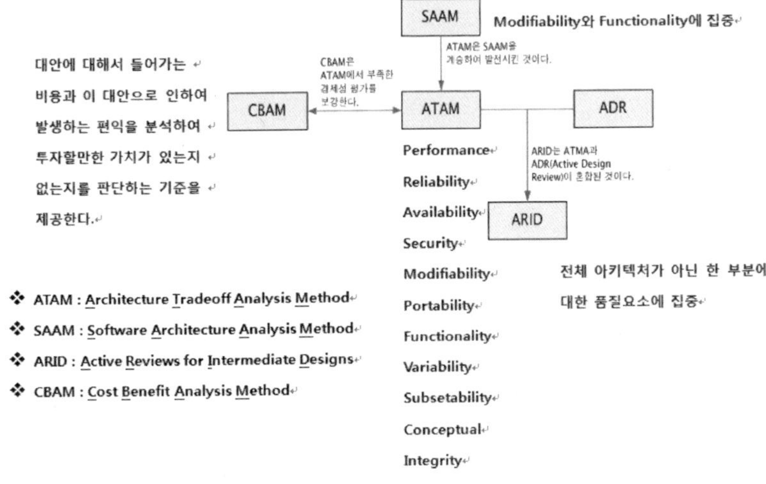

유형	내용 및 기법
ATAM	− 아키텍처가 품질속성을 만족시키는지 판단 및 품질속성들이 이해상충관계(Trade−off)까지 평가, 잘 정의된 분석 및 평가 절차, 레거시 시스템의 아키텍처 평가도 가능
ADR	− SW아키텍처 구성요소 간 응집도 평가
SAAM	− Modifiability와 Functionality에 집중 − 평가용이: 평가 경험이 없는 조직에서도 활용 가능
ARID	− 전체 아키텍처가 아닌 특정 부분에 대한 품질요소에 집중

문제 42	미국 카네기멜론대학의 소프트웨어 공학 연구소는 조직의 능력을 평가하는 방법으로 CMM(Capacity Maturity Model)을 거쳐 CMMI(CMM Integration)를 제안하였다. CMMI는 단계적 표현과 연속적 표현으로 구분된다. 다음 중 CMMI의 단계적 표현 모델을 권장하기에 가장 적합한 상황은? ① 조직을 위한 분명한 개선 경로가 필요한 경우 ② 조직의 필요와 요구사항에 따라 개선하기 위한 프로세스 영역을 선택하는 경우 ③ 성숙도 평가가 단일 값이 아닌 각 프로세스나 프로세스 그룹에 대한 성숙도 평가 값들의 집합으로 표현되기를 원할 경우 ④ 고객 대면 프로세스 개선에 관심을 갖고 적용하고자 하는 경우		

카테고리	소프트웨어 공학>개발방법론	난이도	중
		답	①

[문제풀이]

− CMMI는 기존 CMM과 달리 2가지 모델을 제시한다. Staged 모델은 기존 SW−CMM과 동일하게 조직전체에 대한 성숙도 인증을 제시하고 Continuous 모델은 PA별로 인증을 받을 수 있는 능력모델을 제시한다.

− CMMI는 1991년 미 국방부의 요청에 의해 카네기 멜론 대학 SEI가 개발하고 2002년부터 사용하고 있는 소프트웨어, 시스템 개발 조직의 프로세스 성숙도 평가 모델

[CMMI의 종류]

종류	적용분야(Discipline)	특징
SW-CMM (Software CMM)	소프트웨어 개발 조직	SW 개발 프로세스 성숙도 측정, 개선
P-CMM (People CMM)	소프트웨어 개발 조직	인적자원의 능력수준 향상목적
SE-CMM (System Engineering CMM)	시스템 엔지니어링	SE-CMM→EIA→SECAM+EIA→SECM→CMMI에 중요한 역할
SA-CMM (Software Acquisition CMM)	소프트웨어의 구매, 조달, 획득	SW 획득 과정의 능력 개선 목표
IPD-CMM (Integrated Product Development CMM)	각각 진행되는 프로젝트 간의 협동과 통합 제품개발에 적용	SECM과 마찬가지로 CMMI에 통합됨

[CMMI의 모델]

구분	Continuous	Staged
평가	프로세스 영역별 성숙도 수준	조직차원의 성숙도 수준
적용	단일 PA 또는 특정 PA 선정	조직의 성숙도 수준별 PA
성숙도	CL(Capability Level)	ML(Maturity Level)
개념도	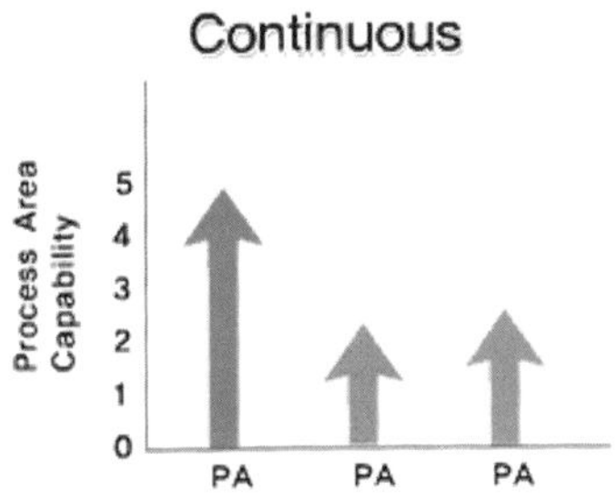 *PA: Process Attribute	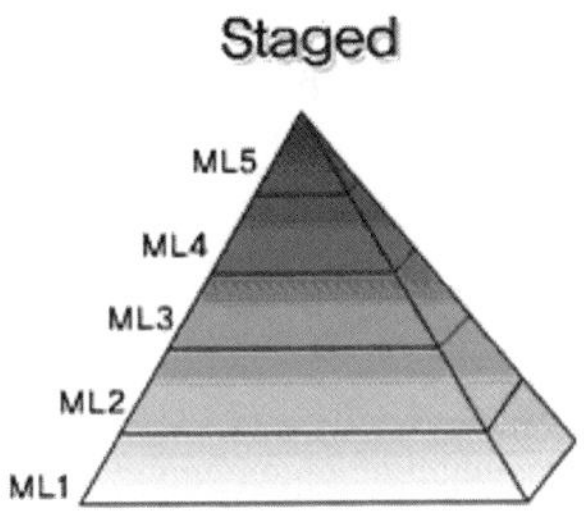

<table>
<tr><td rowspan="2">문제 43</td><td>프로그램의 외부명세에 근거하여 모듈의 입력값과 결과값을 확인하면서 소프트웨어의 결함을 발견하고 품질을 확보하는 시험에서 수행하는 작업은?(2개 선택)</td></tr>
<tr><td>① 다중조건 범위커버
② 경계값 분석
③ 원인-결과 그래프
④ 베이스 라인 확인</td></tr>
</table>

카테고리	소프트웨어 공학>개발방법론	난이도	중
		답	②, ③

[문제풀이]

- 소프트웨어 테스트 기법은 모듈의 내부구조를 테스트하는 화이트박스 테스트와 모듈 내부구조가 아니라 '기능 중심/IO 중심/Data 중심'으로 테스트하는 블랙박스 테스트가 존재한다
- 블랙박스 기법으로는 원인결과 그래프, 경계값, 균등분할, 오류예측 기법 등이 존재하고 화이트 박스 테스트 기법은 구조, 루프 테스트 등이 존재한다.

[블랙박스 테스트 종류]

구분	내용
동등분할기법	- 다양한 입력조건의 TEST 사례들을선정하여 TEST - 예: 1~100 범위에서 x<0, 0, x, 100, x>100으로 테스트
경계값분석기법	- 경계값을 기준으로 결과의 정확성을 TEST - 예: 1~100 범위에서 x=0, x=100, x=-1, x=200 등으로 테스트
원인, 결과 그래프기법	- 입력값이 출력 값에 미치는 영향을 그래프로 표현하여 오류 검출
오류예측 기법	- 간과할 수 있는 오류들을 감각 및 경험으로 검출하는 기법 - 예: 입력값 없이 확인

	어떤 개발업체에서 다수의 모듈로 구성되어 있는 소프트웨어를 개발하고 있다. 모듈별 상호작용이 많고 한 모듈의 실행과정 혹은 결과가 다른 모듈에 크게 영향을 미친다고 한다. 각 모듈별로 개발 완료 후에 모듈 통합과정에서 적당한 시험은?
문제 44	① 회귀시험(Regression Testing) ② 회복시험(Recovery Testing) ③ 스트레스시험(Stress testing) ④ 알파시험(Alpha Testing)

카테고리	소프트웨어 공학〉개발방법론	난이도	중
		답	①

[문제풀이]

- 회귀 테스트는 통합 테스트 단계에서 프로그램 수정 이후에 수정된 내용에 대해서 테스트를 다시 수행하는 방법이다.

	다음 중 팩토리 패턴(Factory Pattern)을 적용하는 이유로 적절한 것은?
문제 45	① 구체적인 클래스들을 명시하지 않고, 관련되거나 의존적인 객체를 생성하는 오직 하나의 인터페이스를 제공한다. ② 서로 다른 표현 방법을 가진 복잡한 객체를 생성하는 데 같은 생성과정을 쓸 수 있도록 생성방법과 표현방법을 분리해 준다. ③ 하나의 클래스가 오직 하나의 실체를 갖도록 하고 전역에서 그것을 접근할 수 있게 한다. ④ 하나의 클래스의 인터페이스를 다른 클래스가 원하는 형태로 바꿔준다.

카테고리	소프트웨어 공학〉개발방법론	난이도	중
		답	②

[문제풀이]

[주요 패턴의 특징]

패턴	설명
Façade	– 서브 시스템의 복잡한 인터페이스를 단순화된 통합 인터페이스 제공 – 클라이언트와 구현 클래스 간의 종속성 감소
Adapter	– 어떤 클래스의 Interface를 클라이언트 Interface에 맞도록 변환 – Interface 때문에 사용 불가능했던 클래스들의 연동 역할
Bridge	– 기능 클래스 계층과 구현 클래스 계층 사이의 다리 역할 – 클래스 계층분리, 각각 클래스 계층을 독립적으로 확장 가능
Decorator	– 객체에 기본기능 외에 추가적인 기능을 동적으로 첨부 – 서브 클래스에게 기능확장 허용. 내용은 변경하지 않고 기능 추가
Strategy	– 다양한 알고리즘군 정의, 각각 캡슐화하여 호환성 지원 – 클라이언트와 상관없이 독립적으로 알고리즘 변화 가능
Factory	– 객체 생성을 위한 인터페이스를 정의, 인스턴스화 할 객체에 대한 세부 결정은 서브 클래스가 내리게 함
Observer	– 한 객체의 상태 변경 시 해당 객체에 의존적인 모든 객체가 자동 수정되도록 함 – 객체들 간의 1:N 의존관계를 정의

문제 46	다음은 UML의 한 다이어그램에 대한 설명이다. 무엇에 대한 설명인가? 시스템의 동적인 모습을 나타내는 이 다이어그램은 사건에 따라 순차적으로 발생하는 한 객체의 상태변화를 표현한다. ① 스테이트차트(Statechart) 다이어그램 ② 협력(Collaboration) 다이어그램 ③ 액티비티(Activity) 다이어그램 ④ 컴포넌트(Component) 다이어그램

카테고리	소프트웨어 공학>개발방법론	난이도	중
		답	①

[문제풀이]

– 사건, 즉 클래스의 상태에 따라 표현을 하는 것은 Statechart라고 하고, 메시지에 따라 표현을 하는 것을 Collaboration 다이어그램, 시간의 흐름에 따라 클래스를 표현한 것을 Sequence 다이어그램이라고 한다.

[상태 다이어그램(Statechart Diagram)]
– 한 객체의 상태 변화를 다이어그램으로 표현
– 메시지 송수신 또는 어떤 이벤트 발생에 따른 변화

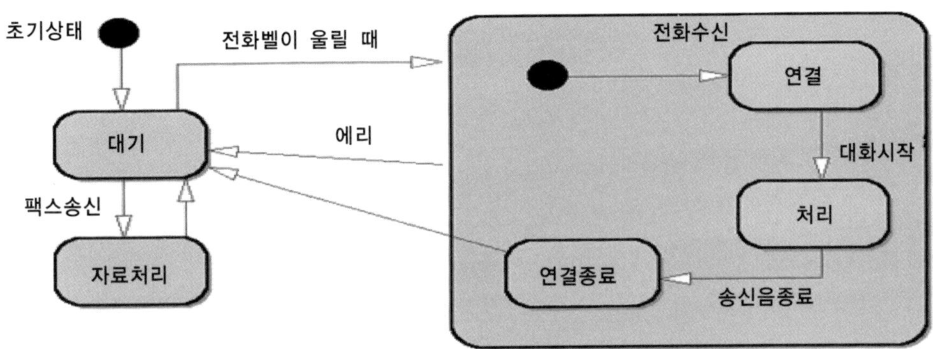

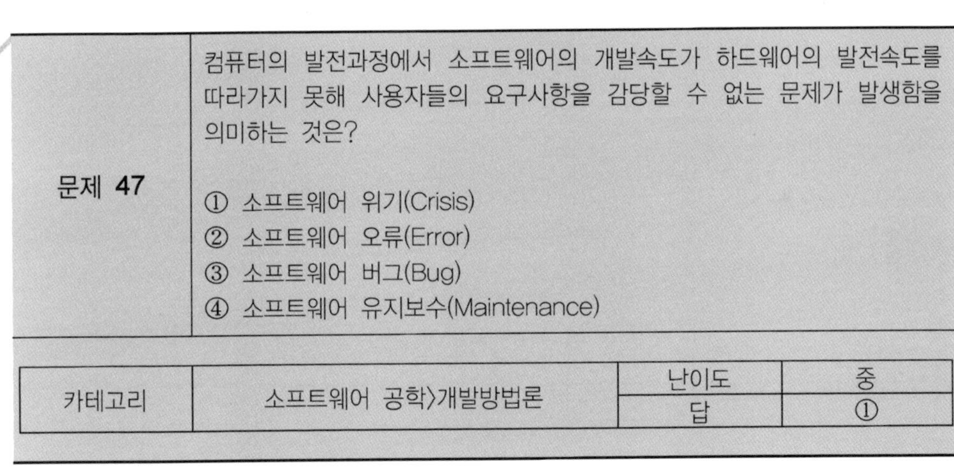

문제 47	컴퓨터의 발전과정에서 소프트웨어의 개발속도가 하드웨어의 발전속도를 따라가지 못해 사용자들의 요구사항을 감당할 수 없는 문제가 발생함을 의미하는 것은? ① 소프트웨어 위기(Crisis) ② 소프트웨어 오류(Error) ③ 소프트웨어 버그(Bug) ④ 소프트웨어 유지보수(Maintenance)

카테고리	소프트웨어 공학〉개발방법론	난이도	중
		답	①

[문제풀이]
– 소프트웨어 비용이 하드웨어 비용을 초과하고 품질 저하, 일정지연, 생산성 저하현상이 발생한 것을 소프트웨어 위기라고 한다.
– 이러한 소프트웨어 위기를 해결하기 위해서 소프트웨어 공학이 탄생한 것이다.

<table>
<tr><td rowspan="7">문제 48</td><td colspan="2">UML로 표현된 아래 다이어그램의 설명 중 틀린 것은?</td></tr>
<tr><td colspan="2">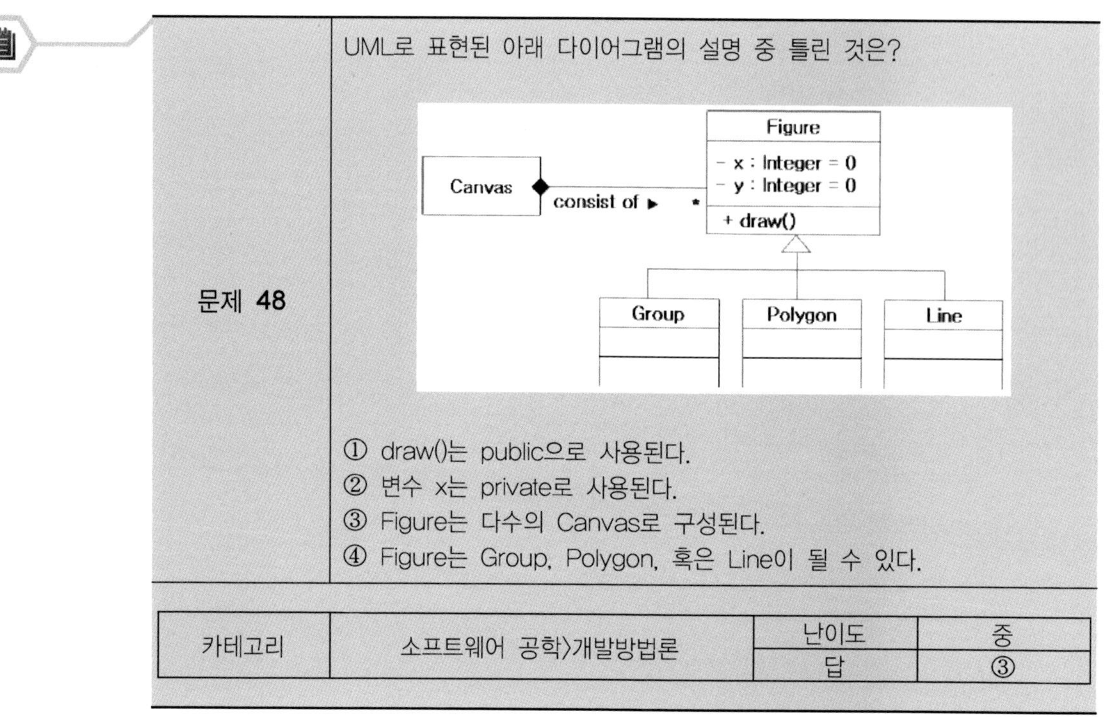</td></tr>
<tr><td colspan="2">① draw()는 public으로 사용된다.
② 변수 x는 private로 사용된다.
③ Figure는 다수의 Canvas로 구성된다.
④ Figure는 Group, Polygon, 혹은 Line이 될 수 있다.</td></tr>
</table>

카테고리	소프트웨어 공학>개발방법론	난이도	중
		답	③

[문제풀이]

− 위의 다이어그램에서 *는 배열을 의미, 즉 Canvas는 다수의 Figure로 구성된다.

− 또한 접근권한 표시는 −: Private, +: Public, #: Protected를 의미한다.

[UML의 4가지 관계]

종류	내용	특징
의존	두 사물 간의 의미적인 관계로 독립사물의 변화가 종속사물에 영향을 주는 관계	┈┈┈┈>
연관	구조적 관계로 객체 간의 연결을 나타냄	0 .. 1 * Employer Employee
일반화	객체를 특수화된 요소의 객체로 치환할 수 있는 관계(Child/Parent)	─────▷
실체화	한쪽 분류자는 다른 쪽 분류자가 수행하기로 되어 있는 계약	┈┈┈┈▷

[Class Diagram]

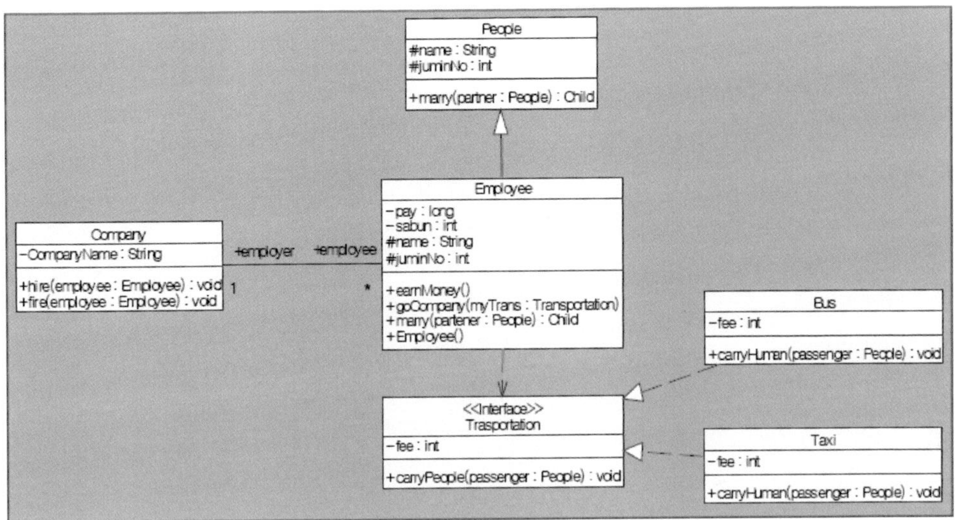

[소스코드 변환]

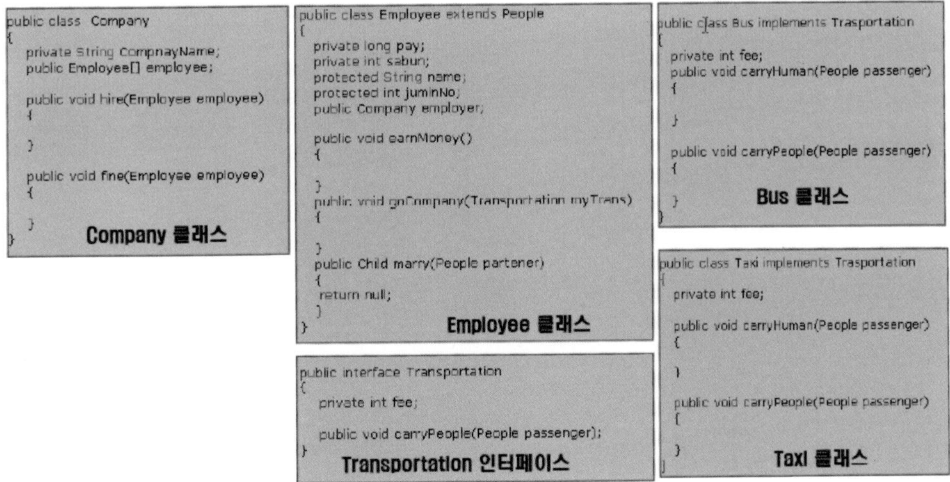

문제 49	다음은 소프트웨어 유지 보수 작업의 단계이다. 순서에 알맞게 나열된 것은? 가. 변경 요구 분석 나. 소프트웨어의 이해 다. 회귀시험 라. 변경 및 효과 예측 ① 가-나-다-라 ② 나-다-라-가 ③ 나-가-라-다 ④ 나-라-다-가

카테고리	소프트웨어 공학>개발방법론	난이도	중
		답	③

[문제풀이]

- 회귀 테스트는 소프트웨어를 변경하고 변경한 내용에 대해서 테스트를 수행한다.

데이터베이스

문제 50	인덱스에 관한 설명 중 맞는 것은? ① 기본 인덱스(Primary Index)에 중복된 키값들이 나타날 수 있다. ② 기본 인덱스에 널 값(Null Value)들이 나타날 수 없다. ③ 보조 인덱스(Secondary Index)에는 고유한 키값들만 나타날 수 있다. ④ 자주 변경되는 어트리뷰트는 인덱스를 정의할 좋은 후보이다.

카테고리	데이터베이스>모델링>물리적 모델링	난이도	중
		답	②

[문제풀이]
- 데이터베이스에서 기본 키(Primary Key)는 3가지 특성을 가진다.

[기본 키 특징]

- 최소성: NULL 값을 가질 수 없다.
- 유일성: 중복되는 값을 가질 수 없다.
- 대표성: 테이블 혹은 엔티티를 대표한다. 이것은 기본 키는 다른 컬럼을 함수적으로 종속시킨다(완전 함수 종속성).

문제 51	뷰 실체화(View Materialization)에 대한 설명으로 틀린 것은? ① 뷰에 대한 질의 처리 시간이 빠르다. ② 기본 테이블이 갱신되었을 때 변경된 내용이 뷰에 반영되어야 한다. ③ 뷰를 미리 계산하여 물리적으로 저장한다. ④ 뷰에 대한 질의를 기본 테이블에 대한 질의로 수정한다.

카테고리	데이터베이스>모델링>물리적 모델링	난이도	중
		답	④

[문제풀이]
- 뷰 실체화는 오라클 데이터베이스 버전 8 이상에서 처음으로 등장한 것으로 기본 뷰는 데이터베이스 딕셔너리에 뷰와 관련한 SQL문만 저장하여 실제 SQL를 수행할 때는 딕셔너리의 SQL를 참조해서 실행했다.
- 뷰 실체화는 뷰 자체가 데이터를 가지고 있어서 마치 테이블과 비슷하게 느껴진다. 하지만 뷰에 대한 데이터 적용을 DBMS가 자동으로 해주기 때문에 편리성 및 속도가 증대되었다.

문제 52	디스크에서 원하는 데이터 블록(Block)을 찾아서 주 기억장치의 버퍼(Buffer)로 가져오는 데 소요되는 전체 시간은 다음의 시간들을 합한 시간이다. – 탐구시간(Seek Time: s) – 회전지연 시간(Rotational Delay Time: r) – 전송 시간(Transfer Time: t) 위의 시간들 중 오래 걸리는 순서대로 나열한 것은? ① s 〉 t 〉 r ② s 〉 r 〉 t ③ r 〉 s 〉 t ④ r 〉 t 〉 s

카테고리	컴퓨터 구조〉디스크 구조	난이도	중
		답	②

[문제풀이]

- 탐구시간: 액세스 암이 트랙에 도착하는 데 걸리는 시간
- 회전지연시간: 디스크에서 트랙이 회전하여 원하는 블록을 찾는 데 걸리는 시간
- 전송시간: 데이터 전송이 시작된 후부터 완료 때까지의 시간
- 위의 문제에서 오래 걸리는 순서는 탐구시간 (Seek Time)은 트랙까지 걸리는 시간, 회전지연시간(Latency Time) 그리고 전송시간 (Transfer Time)이다.

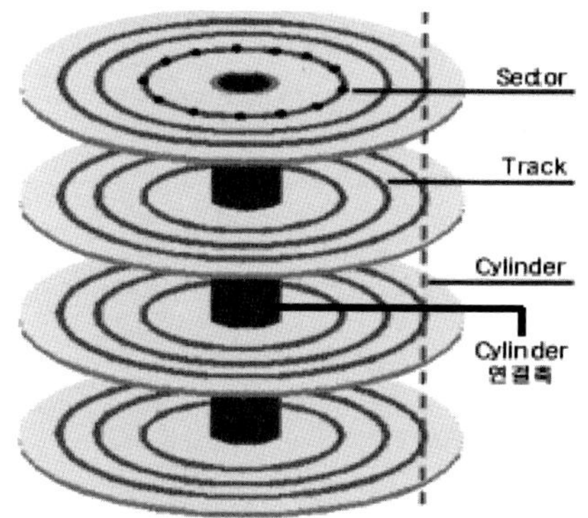

문제 53	다음의 설명들을 만족시키는 스키마로 맞는 것은? – 데이터 웨어하우스를 구축할 때 사용된다. – 사실(Fact) 테이블과 차원(Dimension) 테이블로 구성된다. – 차원 테이블은 정규화를 하여 작은 테이블들로 구성된다. ① 스타(Star) 스키마 ② 스노우플레이크(Snowflake) 스키마 ③ 사실 군집(Fact Constellation) ④ 객체지향(Object–Oriented) 스키마

카테고리	데이터베이스>활용>데이터 웨어하우스	난이도	중
		답	②

[문제풀이]

– 데이터 웨어하우스에 대한 데이터베이스 모델링은 크게 두 가지로 분류된다.

1) ER 모델: ER 모델은 전사적 데이터 웨어하우스 구축 시에 사용되며 계정계 시스템의 ER 모델을 정제과정을 거쳐서 데이터 웨어하우스에 적제되는 모델링

2) 다차원 모델: 다차원 모델은 OLAP과 같은 분석 툴에서 사용하기 위해서 사용되며 다시 스타 스키마, 스노우플레이크, 데이터 캐시라는 3가지 유형으로 분류된다.

– 스타 스키마는 Fact 테이블과 Dimension 테이블로 분류되며 Fact 테이블은 분석하고자 하는 데이터와 Dimension 테이블의 기본키, 그리고 날짜 데이터로 이루어진다. 즉, 일자별 매출이라는 테이블이라면 Fact 테이블의 기본키는 일자이고 컬럼은 매출금액이 될 것이다. 여기에서 영업사원 마스터 테이블과 릴레이션이 발생하면 Fact 테이블은 기본키가 영업사원 마스터 테이블의 기본키인 사원코드+일자가 조합된 조합 기본키로 이루어지고 매출액 컬럼을 유지한다. 여기에서 분석하고자 하는 관점이 되는 영업사원 마스터 테이블이 Dimension 테이블이 되는 것이다.

[스타 스키마]

- 스노우플레이크는 스타 스키마와 동일하며 Dimension 테이블의 컬럼(기본키 제외) 부분에 대해서 제3정규화를 수행하는 것이다. 제3정규화는 컬럼 간의 종속성을 제거하는 것이다. 즉, 컬럼 내에서(기본 키 제외) 고객코드와 고객명이라는 컬럼이 있다면 이것을 다시 고객 마스터 테이블로 분류하라는 것이다.
- 데이터 캐시: 데이터 캐시는 MOLAP이라는 분석 툴에서 사용하는 것이며 이것은 미리 데이터를 중복해서 계산한 뒤에 계산된 테이블을 메모리에 적재한 후에 수행하는 것이다. 이것은 기존 ER 모델과는 다르며 MOLAP이라는 툴에 접근할 수 있는 구조로 데이터를 만드는 것이다.

[스타 스키마와 스노우플레이크 차이점]

비교항목	스타 스키마	스노우플레이크
장점	– Join이 적음 – 조회 성능이 우수 – 모델이 간단	– 제3정규화를 통한 데이터 중복이 적음 – 테이블 크기가 작음
단점	– 중복이 많음 – 많은 요약이 필요	– 조인으로 인한 성능저하 – 복잡도 증대

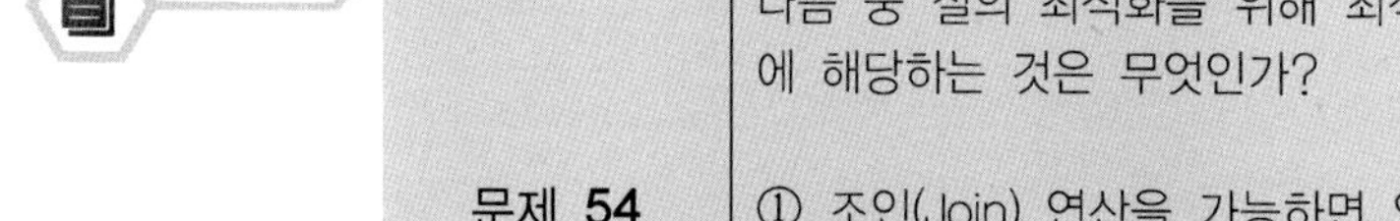

문제 54	다음 중 질의 최적화를 위해 최적기들이 사용하는 경험적 방법(Heuristic)에 해당하는 것은 무엇인가? ① 조인(Join) 연산을 가능하면 일찍 수행한다. ② 선택(Selection) 연산을 가능하면 늦게 수행한다. ③ 추출(Projection) 연산을 가능하면 일찍 수행한다. ④ 자연 조인(Natural Join) 연산을 가능하면 일찍 수행한다.

카테고리	데이터베이스>데이터베이스 구조>관계형	난이도	중
		답	③

[문제풀이]

- 카디션 프로덕트: 두 릴레이션의 튜플 간에 모든 조합을 취하는 연산
- 프로젝션 연산: 릴레이션으로부터 어떤 속성들을 선택하고 나머지는 버리는 연산
- 셀렉션 연산: 릴레이션에서 선택조건을 만족하는 튜플들의 집합을 선택하는 데 사용하는 연산
- 조인연산: 두 릴레이션으로부터 관련된 튜플들을 결합하여 하나의 튜플을 만드는 연산

문제 55	데이터마이닝 태스크를 크게 2가지로 보면, 예측 태스크(Predictive Task)와 서술 태스크(Descriptive Task)로 나뉜다. 분류분석(Classification)과 군집분석(Clustering)은 각기 어느 태스크에 속하는가? ① 분류분석과 군집분석은 모두 예측 태스크이다. ② 분류분석과 군집분석은 모두 서술 태스크이다. ③ 분류분석은 서술 태스크이고, 군집분석은 예측 태스크이다. ④ 분류분석은 예측 태스크이고, 군집분석은 서술 태스크이다.

카테고리	데이터베이스〉활용〉데이터 웨어하우스	난이도	중
		답	④

[문제풀이]

- 데이터마이닝은 대용량 데이터로부터 데이터 추출/정제/적재하여 고객에게 의사결정을 지원하는 지식발견 프로세스이다.
- 고객은 이미 발견하지 못한 사실 혹은 패턴을 파악하여 의사결정에 활용한다.
- 데이터 마이닝의 분류

1) 예측기법: 이미 알려진 데이터 사용해서 분석 수행, 분류화, 의사결정나무, 신경망 기법
2) 서술기법: 결과가 알려지지 않은 데이터를 활용하여 분석 수행, 연관성 분석, 군집분석

[데이터 마이닝 기법]

마이닝 기법	설명	특징
의사결정나무 (Decision Tree)	– 과거 수집된 레코드를 분석하여 이들 사이에 존재하는 패턴. 즉, 분류별 특성을 속성조합으로 나타내는 나무형태	– 이해가 쉽고 설명력이 강함 – 예: 우수고객분석
신경망 (Neural Network)	– 인간두뇌 세포를 모방하여 반복적인 학습을 통하여 모형을 만드는 기법 – 많이 활용되며 입력층, 은닉층, 출력층으로 분류	– 예측이 우수 – 설명력과 이해가 어려움 – 예: 연체자 예측
연관성 분석 (Association)	– 데이터 간의 종속관계를 찾아내서 분석 – 독립변수와 종속변수 간의 관계	– 예: 맥주와 기저귀
군집화(Clustering)	– 유사한 특성을 지진 데이터를 그룹화 – K-means 알고리즘(거리기반)	– 예: 지점 개설

<table>
<tr><td rowspan="2">문제 56</td><td colspan="2">분산 데이터베이스에 저장된 릴레이션이 중복될 때 얻어지는 장점으로 틀린 것은?</td></tr>
<tr><td colspan="2">① 릴레이션 갱신 시 성능 증대
② 읽기 전용 트랜잭션의 가용성 증가
③ 사이트 간의 데이터 이동 최소화
④ 사이트 고장 시 질의 처리 원활</td></tr>
<tr><td>카테고리</td><td>데이터베이스〉데이터베이스 구조〉분산DB</td></tr>
</table>

카테고리	데이터베이스〉데이터베이스 구조〉분산DB	난이도	중
		답	①

[문제풀이]

- 분산 데이터베이스는 릴레이션이 중복되어 있으므로 갱신 시에 여러 릴레이션에 대한 갱신이 필요하며 그것은 갱신의 속도를 저하시킨다.
- 분산 데이터베이스는 네트워크로 연결된 데이터베이스를 의미하며 분산 데이터베이스의 핵심은 투명성이다.
- 물리적으로 떨어진 데이터베이스를 네트워크를 사용하여 논리적으로 연결된 단일 데이터베이스 이미지를 보여주고 분리된 작업처리를 수행하는 데이터베이스를 이야기한다.

[분산 데이터베이스 투명성의 종류]

투명성	설명
분할 투명성	- 하나의 릴레이션이 여러 단편으로 분할되어 각 단편의 사본이 여러 시스템에 저장되어 있음을 인식할 필요가 없음
위치 투명성	- 고객이 사용하려는 데이터의 저장장소를 명시 할 필요가 없음 - 위치에 관계없이 동일한 명령을 사용하여 데이터에 접근
지역사상 투명성	- 지역 DBMS와 물리적 데이터베이스 사이의 사상이 보장됨에 따라 각 지역 시스템 이름과 무관한 이름이 사용
중복 투명성	- 데이터베이스 객체가 여러 시스템에 중복되어 존재해도 고객과는 무관하게 데이터 일관성이 유지
장애 투명성	- 데이터베이스가 분산되어 있는 각 지역의 시스템이나 통신망에 이상이 발생해도 데이터 무결성 보장
병행 투명성	- 여러 고객의 애플리케이션이 동시에 분산 데이터베이스에 대한 트랜잭션을 수행하는 경우에도 결과에 이상이 없음

문제 57	데이터베이스에서 데이터의 빠른 검색을 위해 해싱(Hashing)을 사용한다. 해싱을 효율적으로 사용하기 위해서는 해시함수(Hash Function)를 잘 선택해야 한다. 아래 데이터를 대상으로 할 때 가장 효율적인 해시함수를 순서대로 나열한 것은?

- 데이터 테이블

key	product_id	type_id	data
1	12	1	aa
2	12	2	aa
3	14	13	cc
4	13	4	dd

- 해쉬함수

```
가.  h(x) = product_id % 10 + type_id % 2
나.  h(x) = product_id + type_id
다.  h(x) = product_id * 2 + type_id % 4
```

① 가 〉 나 〉 다
② 가 〉 다 〉 나
③ 다 = 나 〉 가
④ 나 〉 가 = 다

카테고리	데이터베이스〉모델링〉물리적 모델링	난이도	중
		답	④

[문제풀이]
- 해시함수는 다음과 같은 특징을 가지고 있다
1) One-Way Function
2) 임의의 길이 입력값에 대해서 고정길이 출력 발생
3) 입력 값이 동일하면 항상 동일한 출력 발생
- 해시함수는 데이터베이스 검색 시에 인덱스로 사용되고 전자서명에서 무결성 검증방법으로 사용된다.
- 위의 문제는 해시함수 3개 중에서 충돌이 가장 적게 나는 것을 찾는 것이다. 즉, (가)번의 해시함수에 Key값 1을 넣어보면 12% 10 + 1% 2이므로 3이 된다.
- 이렇게 (가)번 해시함수 Key값 1, 2, 3, 4를 넣으면 3, 2, 5, 3이 나오게 된다.
- 즉, (가)번의 해시함수는 동일값 3이 2번 나와서 1회 충돌하게 된다.
- 이렇게 (나), (다)의 해시함수를 계산하면 (나)는 충돌이 없고 (다)도 1회 충돌이 발생하여 (가)=(다)가 된다.

문제 58	데이터베이스 설계 시 키가 아닌 속성에 대하여 널 값(Null Value)을 갖는 것을 방지하는 방법은 어느 것인가? ① UNIQUE 제약을 사용한다. ② PRIMARY KEY 제약을 사용한다. ③ NOT NULL 제약을 사용한다. ④ CHECK 제약을 사용한다.		
카테고리	데이터베이스>구축>SQL	난이도	중
		답	③

[문제풀이]

– 키 값이라는 뜻은 기본 키(Primary Key)를 의미한다. 기본 키는 기본적으로 최소성과 유일성을 만족하는 키로, 최소성이라는 것은 NULL 값을 허용하지 않는다.
– 그러므로 기본 키는 NOT NULL 제약을 사용할 필요가 없다.
– 지문상 SQL DML문 명령
1) UNIQUE: 동일한 값이 중복되어서 컬럼에 입력되는 것을 제약
2) NOT NULL: 컬럼에 NULL값 입력을 제약
3) CHECK: 데이터 입력/수정/삭제 시에 조건을 검사

문제 59	다음 문장 중의 값이 널값 SQL column1(Null Value)인 경우를 찾아내는 문장은? ① SELECT * FROM myTable WHERE column1 is null ② SELECT * FROM myTable WHERE column1 = null ③ SELECT * FROM myTable WHERE column1 EQUALS null ④ SELECT * FROM myTable WHERE column1 NOT null		
카테고리	데이터베이스>구축>SQL	난이도	하
		답	①

[문제풀이]

– SELECT문에서 NULL값을 조회하기 위해서는 is null 구문을 사용하며 NULL값이 아닌 것을 검색하기 위해서는 'is not null' 구문을 사용한다.

<table>
<tr><td rowspan="2">문제 60</td><td>다음 릴레이션 R(A, B, C, D, E)의 키가 될 수 없는 것은?

A → BC, CD → E, B → D, E → A

① E
② BC
③ A
④ B</td></tr>
</table>

카테고리	데이베이스〉모델링〉논리적 모델링	난이도	상
		답	④

[문제풀이]

- 함수적 종송성에 의해 키속성에 대해서는 모든 속성이 결정될 수 있어야 한다. A → BC를 종속하므로 분해규칙에 의해서 A → B, A → C를 결정한다.
- B → D이므로 이행규칙으로 A → D를 결정한다. CD → E이므로 AD → E이다.
- 결국 A → E이다. A를 알면 다른 속성이 다 결정된다. 따라서 A를 결정하는 항목은 모두 키가 될 수 있다. E는 E → A이고, BC →의 경우 B → D에 의해 E를 종속한다. 다시 E는 A를 그래서 키가 될 수 있다. B는 D를 결정하므로 키가 될 수 없다.
- 위의 문제 데이터베이스 키 도출방법에 대한 문제이다. 즉, 함수적 종속성을 분석하여 (종속성: 독립변수 X가 종속변수 Y를 지배) 릴레이션의 키를 결정하는 방법을 묻고 있는 것이다.
- 키의 정의는 데이터베이스 모델링 과정에서 정규화 과정에서 수행하며 정규화 과정 중에서는 제1정규화 시에 수행하는 것이다.
- '제1정규화는 키(기본 키)가 모든 컬럼을 함수적으로 종속해야 한다'라는 조건이고 위의 문제에서는 키가 될 수 없는 것을 찾는 것이다.
- 데이터베이스 키 도출 과정은 데이터 컬럼의 값에 대한 유일성을 검사하고 그다음 최소성을 확인하여 수퍼키를 결정한다.
- 수퍼키가 결정이 되면 수퍼키 중에서 완전 함수 종속성인 것을 선택하여 최종 기본 키를 결정하는 과정이다

[데이터베이스 키 도출과정]

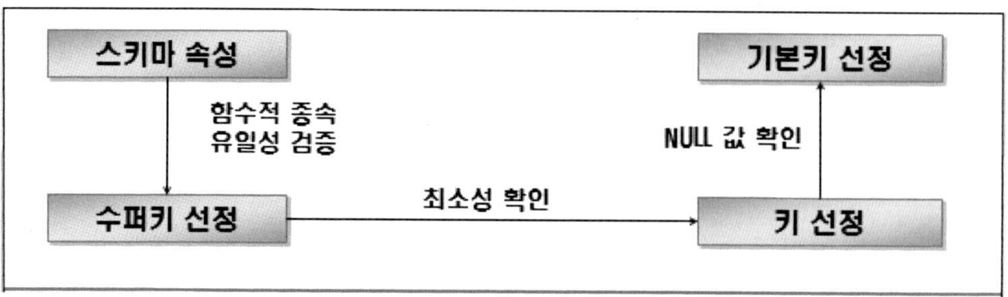

- 완전 함수 종속성이라는 수퍼키 중에서 다른 컬럼으로 부터 종속되지 않는 키를 뜻한다.
- 이러한 키 도출 과정에서 추론규칙을 활용하며 추론규칙은 다음과 같다.

[데이터베이스 키 도출을 위한 추론규칙: 암스트롱 공리]

추론규칙	설명
재귀성 규칙	X ⊇ Y이면 X → Y
부가성 규칙	X → Y이면 XZ → YZ
이행성 규칙	X → Y이고 Y → Z이면 X → Z
분해 규칙	X → YZ이면 X → Y
합집합 규칙	X → Y이고 X → 이면 X → YZ
의사이행성 규칙	X → Y이고 WY → Z이면 WX → Z

문제 61	객체지향 데이터베이스에 관한 설명 중 틀린 것은? ① 상속을 사용할 수 있다. ② 스키마와 별도로 연산자를 설계한다. ③ 관련된 객체들의 OID를 값으로 가진다. ④ 단방향 또는 양방향으로 참조 관계를 선언할 수 있다.

카테고리	데이터베이스>데이터베이스 구조>객체DB	난이도	중
		답	②

[문제풀이]
- 객체지향 데이터베이스는 객체지향의 캡슐화 특성을 그대로 데이터베이스 구조로 변환할 수 있고 참조할 수 있는 데이터베이스를 의미한다.
- 즉, 객체지향에서 사용하는 클래스를 그대로 데이터베이스에서 관리할 수가 있다.
- 클래스가 데이터베이스 구조가 될 때는 각 클래스를 식별할 수 있는 ObJect ID가 부여

되고 클래스 간의 단방향 혹은 양방향 참조가 가능하며 상속을 정의할 수 있다.

문제 62	〈age, salary, name〉의 세 어트리뷰트에 대해 정의된 복합 인덱스가 있다. 다음 질의 조건 중에서 이 인덱스가 효율적으로 활용될 수 없는 것은? ① SELECT age, salary, name FROM employee 　　WHERE age=30 and salary=1500000; ② SELECT salary, name FROM employee 　　WHERE age=30 and salary=1500000 and name="홍길동"; ③ SELECT age, salary FROM employee 　　WHERE salary=1500000 and name="홍길동"; ④ SELECT age, salary, name FROM employee 　　WHERE age=30;

카테고리	데이터베이스〉구축〉SQL	난이도	중
		답	③

[문제풀이]
- 위의 문제는 인덱스의 순서와 SQL문 튜닝에 대해서 묻고 있는 것이다.
- 우선 조합 인덱스에서 인덱스를 수행 시에 인덱스가 조합된 순서로 조회 조건을 선정해야 한다.
- 위의 예문은 age, salary, name의 순으로 인덱스를 만들었으므로 위의 순서로 조회조건을 정의하면 된다. 단, age를 조건으로 하고 바로 name에 조건을 걸면 조합 인덱스를 사용할 수가 없게 된다.

문제 63	DBMS에서 릴레이션 어트리뷰트 인덱스 데이터베이스 사용자 등에 관한 정보가 저장되는 곳은? ① 트랜잭션 ② 데이터 사전 ③ ER 다이어그램 ④ 응용 프로그램

카테고리	데이터베이스〉데이터베이스 구조〉아키텍처	난이도	중
		답	②

[문제풀이]

– 데이터 사전은 DBMS가 데이터베이스 관리를 위해서 필요한 정보를 저장하는 것으로 현재 사용자 정보, 권한, OBJECT(TABLE, PROCEDURE, TRIGGER) 등의 정보를 관리하고 사용자 트랜잭션이 DBMS를 사용할 때 DBMS가 내부적으로 참조하는 정보이다.
– DBA 및 응용 프로그래머는 데이터 사전을 직접 조회해서 현재 연결 중인 사용자 정보, 사용한 SQL문, 테이블 등의 정보를 직접 참조도 가능하고 데이터 사전은 SYSTEM Tablespace라는 논리적인 구조에 저장되고 관리된다.

| 문제 64 | 아래의 ER 다이어그램을 관계 데이터베이스 스키마로 사상하려고 한다. R1, R2, R3, R4는 엔티티 타입, HAS는 관계 타입, R2는 약한 엔티티 타입이다. R2를 릴레이션으로 올바르게 사상한 것은? |

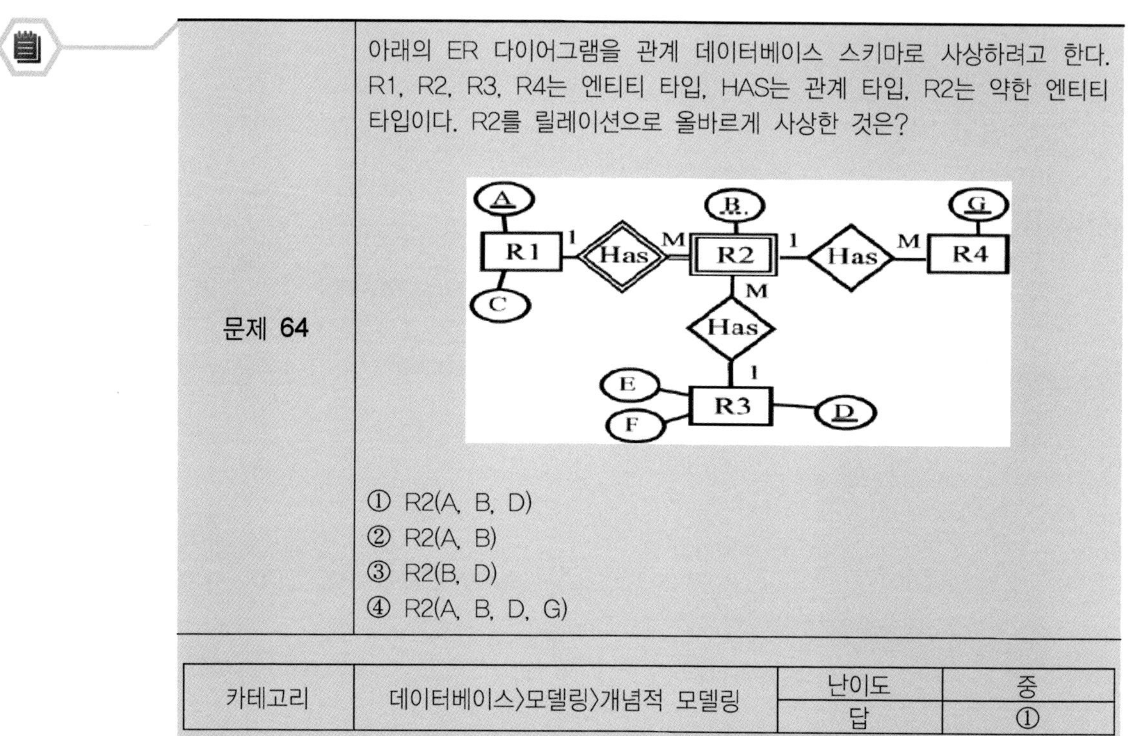

① R2(A, B, D)
② R2(A, B)
③ R2(B, D)
④ R2(A, B, D, G)

카테고리	데이터베이스>모델링>개념적 모델링	난이도	중
		답	①

[문제풀이]

– 약한 타입이라는 것은 ID 종속이 아니라는 것이다. 즉, 약한 타입은 다른 엔티티와의 관계에서 관계되는 어트리뷰트가 다른 엔티티의 결정자로써의 역할을 수행하지 않는다. 반대로 결정자의 역할을 수행하는 것은 ID 종속개체라고 하며, 이러한 것은 강한 타입이라고 한다.

	릴레이션 R(A, B, C, D, E)의 인스턴스가 아래와 같다. 다음 중 함수 종속성이 성립하는 것은 무엇인가?

A	B	C	D	E
1	2	3	4	5
1	4	3	4	5
1	2	4	4	1

문제 65

(가) AB → C (나) B → D (다) DE → A

① (가)만 성립
② (나)만 성립
③ (가)와 (다)만 성립
④ (나)와 (다)만 성립

카테고리	데이터베이스>모델링>논리적 모델링	난이도	중
		답	④

[문제풀이]

– AB → C 부분은 데이터를 보면 1/2일 때 C가 3이나 4이다. 이것은 함수적 종속은 성립한다.

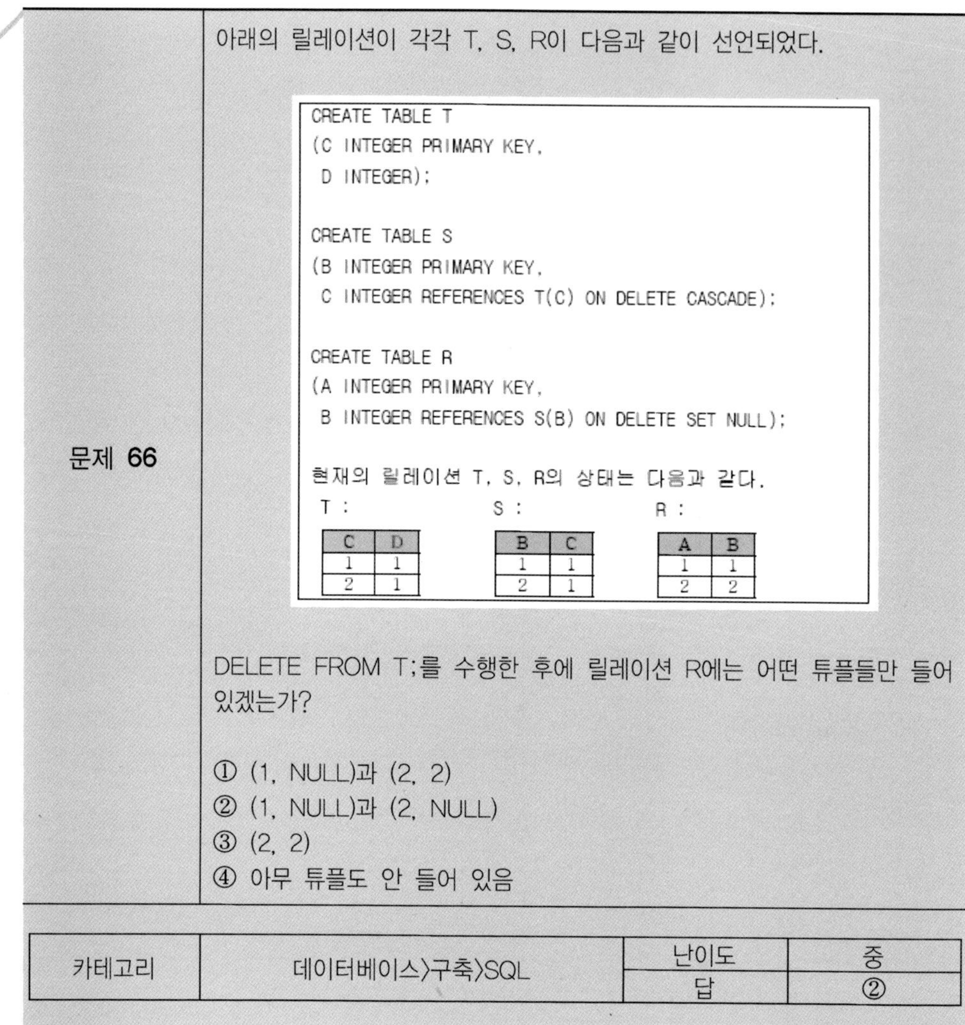


```
CREATE TABLE T
(C INTEGER PRIMARY KEY,
 D INTEGER);

CREATE TABLE S
(B INTEGER PRIMARY KEY,
 C INTEGER REFERENCES T(C) ON DELETE CASCADE);

CREATE TABLE R
(A INTEGER PRIMARY KEY,
 B INTEGER REFERENCES S(B) ON DELETE SET NULL);
```


T :

C	D
1	1
2	1

S :

B	C
1	1
2	1

R :

A	B
1	1
2	2

DELETE FROM T;를 수행한 후에 릴레이션 R에는 어떤 튜플들만 들어 있겠는가?

① (1, NULL)과 (2, 2)
② (1, NULL)과 (2, NULL)
③ (2, 2)
④ 아무 튜플도 안 들어 있음

카테고리	데이터베이스>구축>SQL	난이도	중
		답	②

문제 66

[문제풀이]

– 테이블 T와 테이블 S는 C컬럼을 사용하여 DELETE CASCADE 옵션이 설정되어 있다 이것은 테이블 T를 삭제할 때 테이블 S도 같이 삭제되는 옵션이고 이러한 옵션 기본 키와 외래 키 관계에서 흔히 사용하는 옵션이다. 그리고 테이블 S와 테이블 R은 DELETE SET NULL 옵션이 설정되어 있고, 이것은 삭제 후에 해당 값을 NULL값으로 설정하라는 것이다.

<table>
<tr><td rowspan="2">문제 67</td><td>B+– 트리 인덱스와 비트맵 인덱스를 비교한 아래의 설명 중 틀린 것은?(2개 선택)

① 일반적으로 B+– 트리 인덱스가 비트맵 인덱스보다 작다.
② 소량의 데이터를 읽을 때는 비트맵 인덱스가 유리하고, 대량의 데이터를 읽을 때는 B+– 트리 인덱스가 유리하다.
③ B+– 트리 인덱스는 OLTP에 적합하고, 비트맵 인덱스는 의사결정시스템에 적합하다.
④ 비트맵 인덱스는 OR 연산 처리시 B+– 트리 인덱스보다 더 유리하다.</td></tr>
</table>

카테고리	데이터베이스>모델링>물리적 모델링	난이도	중
		답	①, ②

[문제풀이]

- B트리 인덱스는 일반적인 OLTP 시스템에서 흔히 사용하는 구조로 인덱스 키 값을 저장할 때 트리의 Balance를 유지시키는 형태의 트리이다. B트리 인덱스는 일반적으로 트리의 Balance를 유지하기 위해서 분할과 재배치라는 문제점을 가지고 있으며 분할과 재배치는 트리의 균형을 유지하기 위해서 트리의 노드가 분할되거나 트리를 다시 구성하는 재배치 과정이다.
- 그리고 OLTP 데이터에서 대용량의 키 값을 저장하고 소량의 데이터를 조회할 때는 B트리가 유리하다. 하지만 데이터 조회 시에 대량의 데이터가 조회되는 경우는 비트맵 트리가 유리하다.
- 비트맵 트리는 0값으로 해당 데이터가 존재하면 1로 플래그를 설정하여 데이터 웨어하우스와 같은 곳에서 대량 데이터를 조회해서 집계 데이터를 만들 때 유리하다. 하지만 비트맵 인덱스는 플래그를 설정하기 위해서 입력/수정/삭제 시에 성능저하 요인이 발생한다. 그러므로 비트맵 인덱스를 OLTP에서 사용하지 않는다.

[인덱스의 종류]

종류	설명
순차 인덱스	– 일반적인 단일 인덱스, 조합 인덱스
해시 인덱스	– 해시함수를 통하여 해시 테이블에서 인덱스 키 값을 조회
비트맵 인덱스	– 0 또는 1 값을 사용하여 해당 데이터가 존재하는 비트를 저장 – 일반적으로 데이터 웨어하우스에서 대량의 데이터 조회 시 사용
클러스터	– 인덱스 키 값을 물리적으로 정렬하여 저장하는 클러스터 인덱스 키를 활용하여 순차탐색 시에 고성능 – 물리적으로 정렬하여 저장하기 때문에 입력/수정/삭제가 많은 테이블의 경우 성능이 저하됨.

<table>
<tr><td rowspan="2">문제 68</td><td colspan="2">다음은 시스템 붕괴 때의 로그 레코드들을(Crash) 나타낸다.
즉시 갱신과 점진적인 로그(Immediate Update with Incremental Log)를 사용하는 회복 기법이 성공적으로 수행되었을 때 A, B, D의 최종 값은 얼마인가?

〈T1, write, D, 50, 20 로그 레코드는 트랜잭션 T1이 D의 값을 50에서 20으로 갱신했음을 뜻한다.</td></tr>
</table>

```
<start_transaction, T1>
    <T1, write, D, 50, 20>
        <commit, T1>
        <checkpoint>
<start_transaction, T4>
    <T4, write, B, 20, 15>
    <T4, write, A, 30, 20>
        <commit, T4>
<start_transaction, T2>
    <T2, write, B, 15, 12>
<start_transaction, T3>
    <T3, write, A, 20, 30>
    <T2, write, D, 20, 25>
        <------- 시스템 붕괴
```

① A=30, B=12, D=25
② A=20, B=15, D=20
③ A=30, B=20, D=50
④ A=30, B=15, D=25

카테고리	데이터베이스〉기본구조〉장애와 복구	난이도	중
		답	②

[문제풀이]

- 데이터베이스 복구 기법은 두 가지로 분류된다. 로그기반 복구 기법과 그림자 페이지 복구기법이다.
1) 로그기반 복구 기법: 변경된 내용을 로그 파일에 저장하여 복구하는 기법
2) 그림자 페이지: 현재 테이블을 그림자 페이지로 복사하고 현재 테이블을 사용하여 변경을 수행한 후에 복구 시에 현재 테이블 폐기하고 그림자 테이블을 현재 테이블로 대처
- 로그기반 복구 방법은 다시 3가지 기법으로 분류된다.
1) 지연갱신(Deferred Modification): 트랜잭션에서 변경한 내용을 로그파일에 기록하고 트랜잭션 종료 시에 데이터 파일에 저장

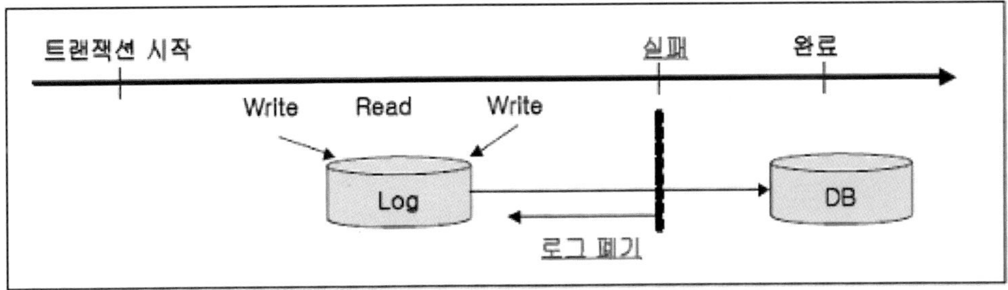

* REDO만 실행하여 복구

2) 즉시갱신(Immediate Modification): 트랜잭션에서 변경된 데이터를 로그파일과 데이터 파일에 즉시 저장

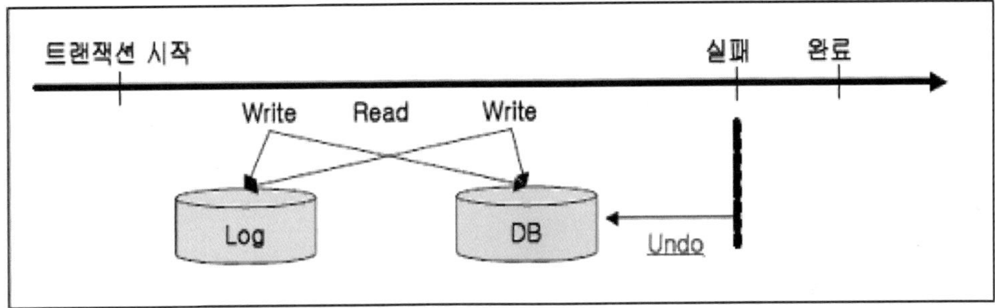

* REDO, UNDO를 실행하여 복구

3) 검사점(Check Point): 트랜잭션 변경 시에 로그파일에만 기록하고 Check Point 발생 시에 로그파일의 내용을 데이터 파일에 기록, 일반적인 상용 데이터베이스 관리 시스템이 사용하는 기법으로 Check Point는 일정한 Time Interval이 지나면 발생하거나 버퍼 캐시메모리가 가득 찬 경우 발생

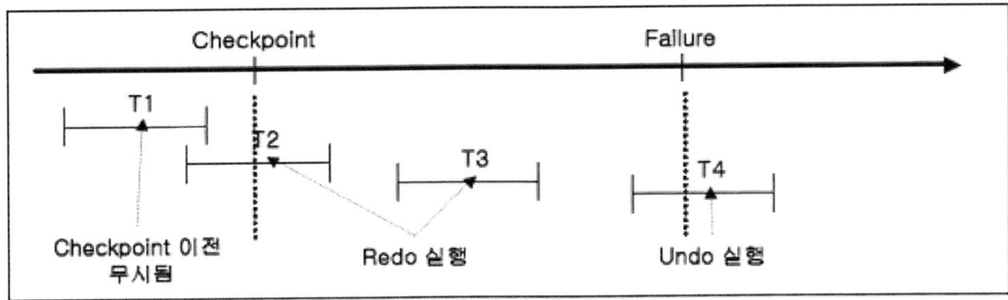

* REDO, UNDO를 실행하여 복구

<table>
<tr><td rowspan="2">문제 69</td><td colspan="2">데이터베이스 시스템의 성능 튜닝에 관한 설명 중 가장 거리가 먼 것은?

① 하드웨어에 관해 수행하여 CPU, 디스크, 메모리 등을 증설한다.
② 버퍼 크기, 체크 포인트 주기 등 매개변수들을 조정한다.
③ 조인 연산은 질의 처리에서 가장 시간이 많이 소요되는 연산 중 하나이므로, 성능이 나쁜 질의들을 중점적으로 분석한다.
④ 배치 작업과 온라인 작업을 동시에 수행하여 시스템의 활용도를 높인다.</td></tr>
</table>

카테고리	데이터베이스>기본구조>장애와 복구	난이도	중
		답	④

[문제풀이]

- 데이터베이스 튜닝 시에 CPU, 디스크, 메모리 증설을 통하여 서버의 성능을 향상시킬 수 있으며 버퍼 캐시의 크기를 증대하여 메모리 내에서 데이터를 검색할 수 있는 HIT 율을 증대할 수 있다.
- Check Point는 Check Point가 발생하는 빈도 수를 조절하여 너무 빈번한 Check Point를 예방하여 메모리의 내용을 디스크에 기록하는 성능저하를 예방할 수가 있다.
- 또한 SQL 튜닝을 통하여 잘못된 조인 및 Range Scan의 범위을 줄이고 인덱스를 활용하여 FULL TABLE SCAN을 예방하여 성능을 향상시킬 수가 있다.

[데이터베이스 튜닝의 목표]

목표	설명
처리능력	- 작업 수행 소용시간대 수행되는 작업량 - 시스템 전체 리소스 측정, 평가, 도구 활용
처리시간	- 작업이 완료되는 데 소요되는 시간 - 병렬처리, FULL TABLE SCAN 제거, 파티션 활용
응답시간	- 입력 후 시스템이 응답할 때까지의 시간 - Access Path 단축, 부분 범위처리
적재시간	- 정기적, 비정기적 데이터 적재 작업 수행시간 - Direct Load 사용, 병렬 적재처리, 디스크 IO 분산

[데이터베이스 튜닝의 절차]

목표	설명
설계튜닝	– 정규화, 반정규화, 엔티티 통합 및 분할을 통해서 모델 튜닝
애플리케이션 튜닝	– SQL 규칙, Range Scan, Index 등의 SQL 튜닝
논리적 구조 튜닝	– 집중적인 트랜잭션에 대한 데이터베이스 구조변경
DBMS 메모리 튜닝	– 메모리 히트율을 향상시켜 디스크 IO의 최소화
물리적 구조 튜닝	– 데이터 파일 및 로그 파일 분산 파일 분산
자원 경합 튜닝	– 데이터베이스 자원에 대한 경합 최소화
운영체제 튜닝	– CPU, 메모리, 디스크의 운영체제 레벨에서 튜닝
하드웨어 튜닝	– 하드웨어 확장을 통한 시스템 성능개선

문제 70	아래와 같은 테이블에 대해서 데이터 마이닝을 수행하여 연관규칙을 찾았다. 우유 → 주스의 지지도(Support)와 신뢰도(Confidence)가 각각 얼마인가?

트랜잭션-id	구매한 상품
101	우유, 빵, 주스
792	우유, 주스
1130	우유, 계란
1735	빵, 과자, 커피

① 지지도: 25%, 신뢰도: 50%
② 지지도: 50%, 신뢰도: 25%
③ 지지도: 50%, 신뢰도: 67%
④ 지지도: 67%, 신뢰도: 50%

카테고리	데이터베이스>활용>데이터 웨어하우스	난이도	중
		답	③

[문제풀이]

$$- \text{Support} = \frac{(X \cap Y)을\ 포함하는\ 트랜잭션\ 개수}{전체\ 트랜잭션\ 개수}$$

$$- \text{Confidence} = \frac{(X \cap Y)을\ 포함하는\ 트랜잭션\ 개수}{전체를\ 포함하는\ 트랜잭션\ 개수}$$

$X \Rightarrow Y$ [support, confidence]
$X \subset I, Y \subset I$
X : (전제 조건부),
Y : (결과부),
I : (물품들의 집합)

문제 71	영화, 관객, 제작사에 관한 다음과 같은 ER 모델을 관계 데이터베이스 스키마로 사상했을 때 몇 개의 릴레이션을 생성하는 것이 가장 적합한가? 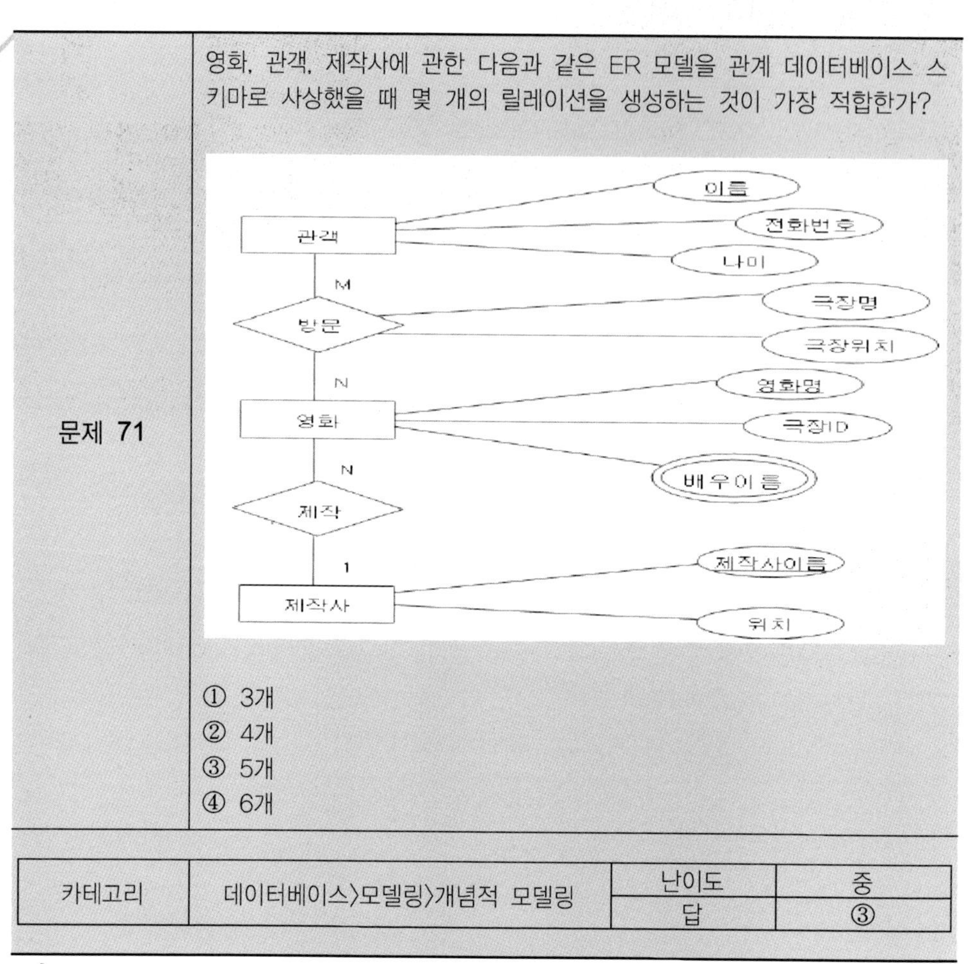 ① 3개 ② 4개 ③ 5개 ④ 6개		

카테고리	데이터베이스>모델링>개념적 모델링	난이도	중
		답	③

[문제풀이]

[ER 모델을 관계 데이터베이스 스키마로 변환하는 방법]

---

1) 엔티티는 테이블로 변환한다.
2) 다대다 관계일 경우 교차 엔티티로서 추가 테이블을 통하여 다대다 관계를 해소한다.
3) 다치 어트리뷰트의 경유는 별도의 테이블이 생성된다.

– 위의 문제는 엔티티 3개, 교차 엔티티 1개, 다차 엔티티 1개가 생성되어 총 5개의 테이블이 생성된다.

| 문제 72 | 다음은 XML 문서이다.

```
<bank-2>
    <customer customer_id="C100" accounts="A-401">
        <customer_name>Joe          </customer_name>
        <customer_street> Monroe  </customer_street>
        <customer_city>      Madison</customer_city>
    </customer>
    <customer customer_id="C102" accounts="A-401 A-402">
        <customer_name> Mary       </customer_name>
        <customer_street> Erin          </customer_street>
        <customer_city>      Newark </customer_city>
    </customer>
</bank-2>
```

위의 XML 문서에 대한 아래 Xpath 처리 결과는 무엇인가?

Xpath : /bank- 2/customer/customer_name/text()

① 〈customer_name〉Joe 〈/customer_name〉
   〈customer_name〉 Mary 〈/customer_name〉
② 〈customer_name〉 Joe 〈/customer_name〉
③ Joe
④ Joe
⑤ Mary |

| 카테고리 | 데이터베이스〉응용〉XML DB | 난이도 | 중 |
| | | 답 | ④ |

[문제풀이]

– XPATH는 XML 문서에서 특정부분의 위치를 검색하기 위해서 사용하는 언어로서 문서
를 노드로 표현환 결과는 트리 형태를 갖는다.

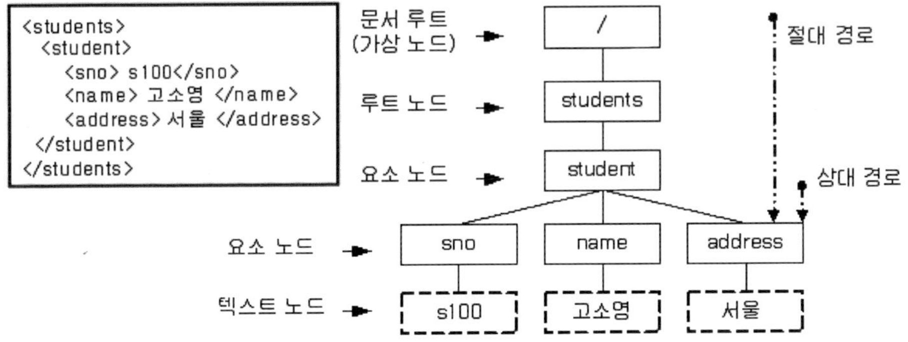

- XPATH의 경로표현

axes :: nodetest [predicate]
① 축 　② 노드 테스트 　③ 서술

1) 축: 위치단계와 문맥 노드에 의해 선택된 노드 간 관계, 문서, 일부분이 존재하는 방향
2) 노드 테스트: 위치단계에서 선택된 노드들의 타입과 이름을 표현, 찾을 내용에 해당되는 노드 이름
3) 서술: 조건 표현, 위치단계에서 선택 된 노드집합에서 조건에 맞는 노드만 반환하기 위해 사용

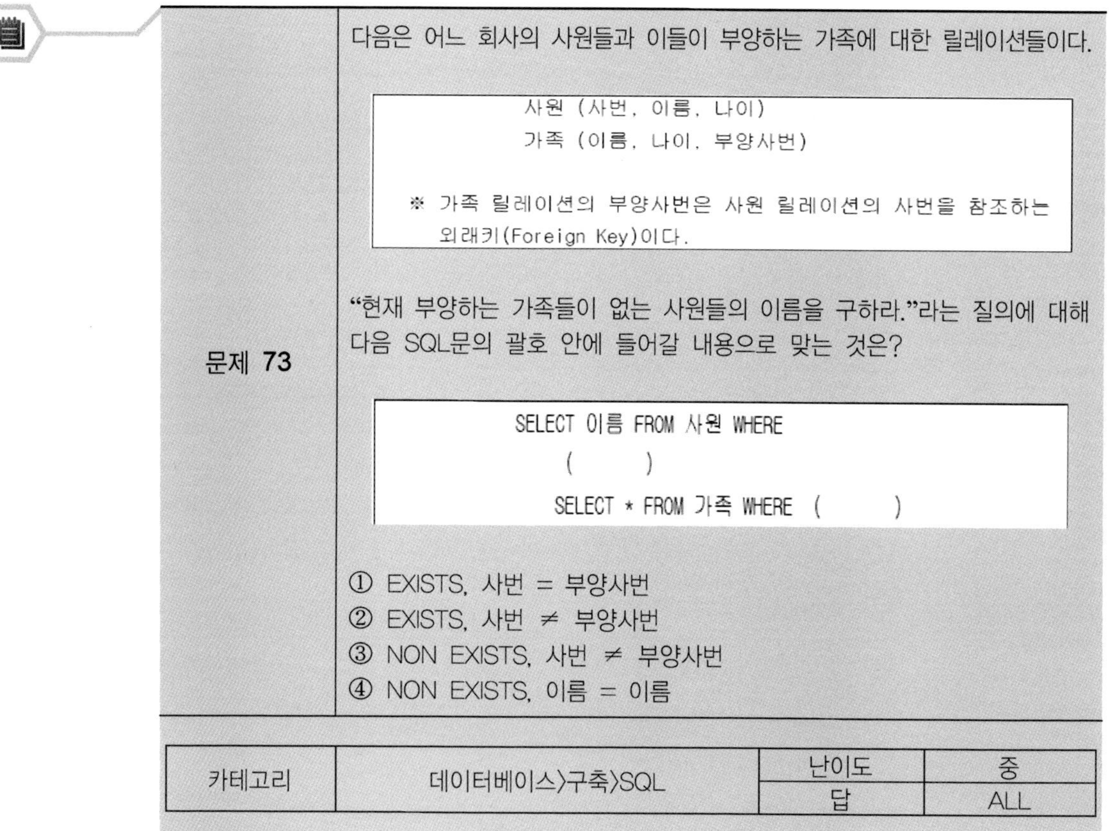

문제 73	다음은 어느 회사의 사원들과 이들이 부양하는 가족에 대한 릴레이션들이다.

사원 (사번, 이름, 나이)

가족 (이름, 나이, 부양사번)

※ 가족 릴레이션의 부양사번은 사원 릴레이션의 사번을 참조하는 외래키(Foreign Key)이다.

"현재 부양하는 가족들이 없는 사원들의 이름을 구하라."라는 질의에 대해 다음 SQL문의 괄호 안에 들어갈 내용으로 맞는 것은?

```
SELECT 이름 FROM 사원 WHERE
       (     )
SELECT * FROM 가족 WHERE (      )
```

① EXISTS, 사번 = 부양사번
② EXISTS, 사번 ≠ 부양사번
③ NON EXISTS, 사번 ≠ 부양사번
④ NON EXISTS, 이름 = 이름

카테고리	데이터베이스>구축>SQL	난이도	중
		답	ALL

[문제풀이]

– 본 문제는 문제오류로 모든 답이 정답처리되었다.

- 위의 문제의 답은 (NO EXISTS), (사원. 사번 = 가족. 부양사번)이 되어야 한다.

<table>
<tr><td rowspan="2">문제 74</td><td colspan="2">다음 두 개의 트랜잭션들에 대해 충돌 직렬 가능(Conflict Serializable)
하지 않은 스케줄은 어느 것인가?

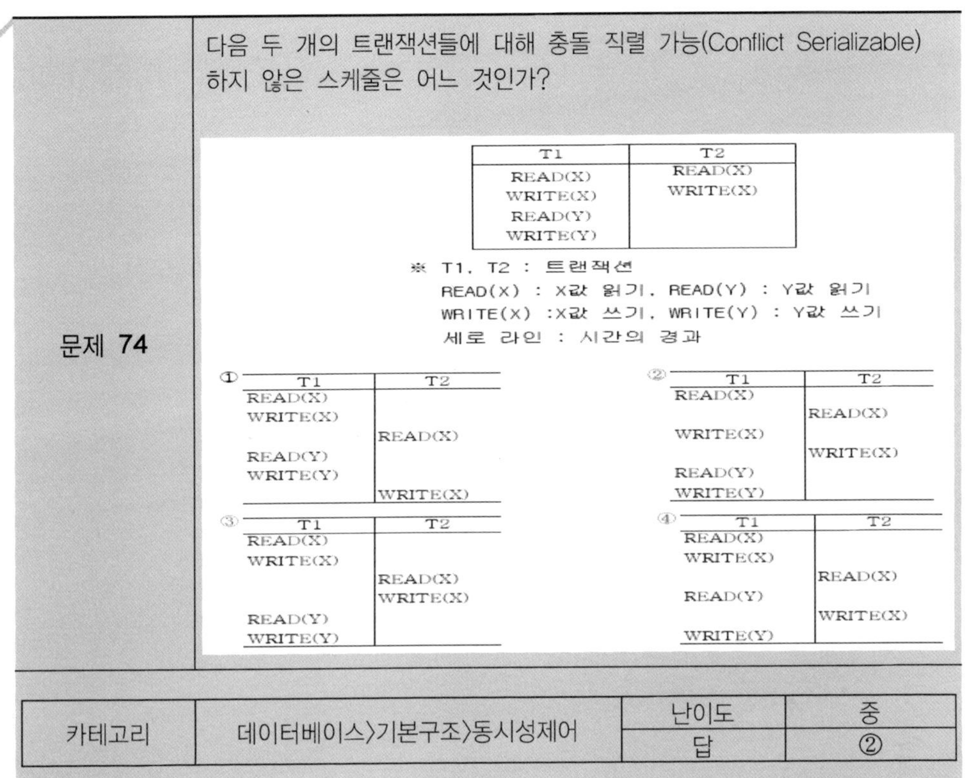</td></tr>
<tr><td>카테고리</td><td>데이터베이스>기본구조>동시성제어</td></tr>
</table>

카테고리	데이터베이스>기본구조>동시성제어	난이도	중
		답	②

[문제풀이]

- 동시성 제어: 데이터베이스의 공유 때문에 발생하는 병렬 트랜잭션에 대해서 직렬성을 보장하는 방법을 말한다.
- 동시성 제어의 필요성

1) 모순성 문제(Inconsistency)

트랜잭션 1(T1)	트랜잭션 2(T2)	트랜잭션 1번과 2번이 수행됨(T1, T2)
Read A	Read A(100) A=A-50 Write A	T2이 A에 100을 읽어들임 A에서 50을 빼고 저장함 T1도 A를 읽어들임. 그러나 A의 값은 초기값 100이 아닌 50이 됨
Read B(100)	Read B(100)	T2도 B를 읽어들임 T1도 B를 읽어들임
	B=B+50	T2는 B에 50을 더함
S=A+B	Write(B) Commit	T1은 B=A+B 수행. T1은 100+100이 S의 값이 되기를 기대하나 S=50+150임 T2는 B를 저장후 트랜잭션 완료 B는 150이 저장됨
Write(s) Commit		T1는 S를 저장 후 트랜잭션 완료 S는 200이 저장됨
T1예상: A=100 　　　　B=100 　　　　S=200	T2예상: A-50 　　　　B-150	최종 A=50, B=150, S=200

2) 취소문제(Rollback)

트랜잭션 1(T1)	트랜잭션 2(T2)	트랜잭션 1번과 2번이 수행됨(T1, T2)
T1 Read A(100) T1 Update(+100)		T1이 A에 100을 읽어들 임 T1은 A에 100을 더해서 200이 됨
	T2 Read A	T2는 A에 100을 기대하지만 200이 읽어짐
	T2 Update(+100)	T2는 A에 100을 더해서 200을 기대 A는 300이 됨
Rollback		T1 Update(+100)연산 취소 그러면 제일 처음의 값 100으로 돌아감
T1예상:100	T2예상:200	최종 A는 100이 됨

3) 갱신손실(Lost Update)

트랜잭션 1(T1)	트랜잭션 2(T2)	트랜잭션 1번과 2번이 수행됨(T1, T2)
T1 Read A(100)		T1이 A에 100을 읽어들 임
	T2 Read A(100)	T2도 A에 100을 읽어들 임
T1 Update(+100)		T1은 A에 100을 더해서 200을 기대함
	T2 Update(+200)	T2은 A에 200을 더해서 200을 기대함
T1예상:200	T2예상:300	최종 A는 400이 됨

[동시성 제어 기법]

기법	설명
Locking	− 데이터베이스 사용 시에 Lock과 Unlock을 통해서 접근 혹은 수정, 삭제 불가 제어
Timestamp	− 트랜잭션에게 수행된 순서를 기준으로 수행하는 방법으로 System Clock 및 Logical Counter 활용
Validation	− 트랜잭션이 어떤 검증도 하지 않고 종료 시에 일괄적으로 검증

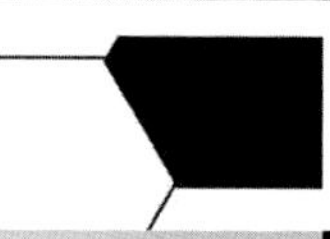

문제 75	웹 2.0 등과 관련하여 대화식 웹 어플리케이션의 제작을 위해 다양한 기술 조합을 이용하는 웹 개발 기술인 AJAX(Asynchronous Java Script and XML)에 대한 설명으로 가장 거리가 먼 것은? ① 데이터 표현 정보를 위해 HTML과 CSS를 사용한다. ② 동적인 화면 출력 및 표시 정보와의 상호작용을 위해 DOM, Java Script를 사용한다. ③ 웹서버와 비동기적으로 데이터를 교환하고 조작하기 위해 XML을 사용한다. ④ 빠른 속도와 강력한 기능을 제공하지만, 클라이언트에 자바 가상머신을 설치해야 하는 문제가 있다.

카테고리	시스템 구조〉컴퓨팅 플랫폼〉웹	난이도	중
		답	④

[문제풀이]

- AJAX는 동기 방식을 이용하여 구조적 데이터로 서버와 통신하며 Javascript로 제어하는 기술이다.

[**AJAX**의 장단점]

장점	단점
- 페이지 이동 없이 고속으로 화면 전환 가능 - 서버 처리를 기다리지 않고, 비동기 요청 - 수신 데이터량을 줄일 수 있고, 클라이언트에게 처리를 위임할 수 있음	- AJAX를 쓸 수 없는 브라우저 - HTTP 클라이언트의 기능이 한정 - 페이지 이동 없는 통신에 따른 보안상 문제 - 지원하는 Charater Set이 한정 - 디버깅의 어려움 - 요청 남발 시 역으로 서버부하 증가

[**AJAX**의 요소기술]

요소기술	설명
HTML/CSS	표준기반의 데이터 표현
DOM	동적, 상호작용적 화면 출력
XML/XSLT	데이터 교환 및 조작
XMLHttpRequest	비동기적 데이터 획득
Java Script	전체 스크립트 수행

[AJAX 동작방법]

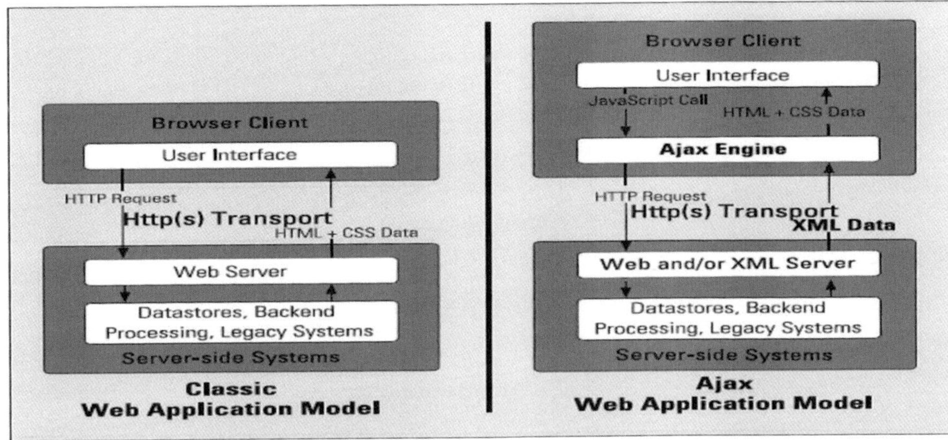

- HTML/XHTML과 CSS를 사용한 표준기반의 프리젠테이션
- XML과 XSTL를 사용한 웹 서버와 비동기적 데이터 검색
- XMLHttpRequest 이용 웹 서버 내부의 비동기 데이터 교환
- 동적 디스플레이 및 표시정보와의 사용작용을 위한 DOM 사용

문제 76	다음은 RDF(Resource Description Framework)에 대하여 설명하고 있다. 틀린 것은? ① 특정자원에 대한 메타데이터를 기술하고 교환하기 위한 XML기반 프레임워크로 W3C에서 제안한 표준이다. ② RDF는 메타데이터를 위한 표준으로서 웹 자원(사이트 혹은 페이지)을 기술하는 데 사용된다. ③ RDF스펙은 모델(Model), 구문(Syntax), 스키마(Schema)로 나뉘어진다. ④ 객체(Object)−속성(Attribute)−값(Value)의 구조로 속성중심이 아닌 객체중심의 구조를 가진다.

카테고리	시스템 구조>컴퓨팅 플랫폼>웹	난이도	중
		답	④

[문제풀이]

- RDF는 W3C에서 메타데이터 간의 상호운영성을 위해서 제안된 프레임워크이다.

[RDF 특징]

- 구문 독립성: 타 데이터 간의 어의적 차이 인정
- 표현 내용이 간단: 메타데이터의 작성, 검색이 용이
- 자원 표현을 위한 모델 제시: 자원, 속성유형, 속성값
- XML기반의 구문 사용으로 자원의 표현 내용을 자유롭게 확장 가능

[RDF 구조]

- 데이터 모델: Resource, Property, Value
- Syntax: EBNF 표현. 직렬화 문법, 축약 문법
- Namespace: 동일한 용어에 의한 혼돈을 피하기 위해 XML Namespace 사용
- Schema: RDF문장에서 사용되는 용어 정의, 의미 부여

- RDF의 기본구조는 속성을 중심으로 되어 있고 Resource, Property, Value로 구성된다.

[RDF 데이터 모델]

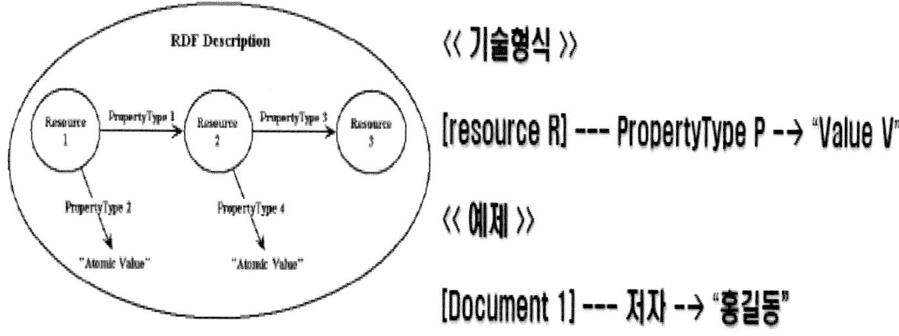

[RDF와 XML Schema의 차이점]

구분	XML Schema	RDF Schema
구조	- XML 문서 구조기술	- 문서 구조에 대한 의미서술
모델	- Tree 지향 모델 - 문서 구조 정의 모델	- 속성 중점구조 - 객체관계 정의 모델
해설	- 문법 해석	- 의미 해석

<table>
<tr><td rowspan="2">문제 77</td><td>다음 닷넷(.NET)과 J2EE(Java2 Enterprise Edition)를 비교한 설명 중 틀린 것은?</td></tr>
<tr><td>① 닷넷은 인터프리터로 CLR을 사용하며, J2EE는 JRE를 사용한다.
② 닷넷은 다양한 운영환경을 지원하며, J2EE는 다양한 언어를 지원한다.
③ 닷넷은 분산프로토콜로 SOAP을 사용하며, J2EE는 RMI를 사용한다.
④ 닷넷은 동적 페이지를 위해 ASP를 사용하며, J2EE는 JSP를 사용한다.</td></tr>
</table>

카테고리	시스템 구조〉컴퓨팅 플랫폼〉분산 컴퓨팅	난이도	중
		답	②

[문제풀이]

- 닷넷은 Window 환경을 기반으로 개발할 수 있는 프레임워크이고 다양한 언어를 통해서 개발이 가능하다. 하지만 J2EE는 운영체제에 독립적인 환경을 지원해서 UNIX, Window와 같은 다양한 운영체제에서 JVM(Java Virtual Machine)을 설치하고 실행이 가능하다. 하지만 J2EE는 JAVA 언어를 통해서만 개발이 가능하다.
- 닷넷의 다양한 언어는 닷넷 프레임워크에서 Common Language Specification Layer에서 VB, C++, C#, Jscript, J#과 같은 다양한 언어로 개발이 가능하다.

[J2EE와 .NET의 차이점]

비교항목	J2EE	.NET
분산 프로토콜	– RMI, IIOP	– DCOM, SOAP
분산 객체모듈	– EJB	– COM+
Naming and Directory Service	– JNDI	– ADSI
개발툴	– JDK	– Visual Studio
분산 트랜젝션	– JTS/JTA	– MS– DTC
DB	– JDBC	– ADO.NET, ODBC
장점	– OS 이식성 좋음 – Unix지원	– Windows플랫폼으로 개발언어가 다양 – 높은 실행 효율
단점	– Java만 지원 – GUI가 복잡한 경우, 처리 어려움 – 실행효율성 낮음	– OS 플랫폼 제약(운영환경 제약)

<table>
<tr><td rowspan="2">문제 78</td><td colspan="3">정보 저장의 고가용성을 향상시키기 위하여 만들어진 RAID 기술에서 사용하고 있지 않은 기술은?</td></tr>
<tr><td colspan="3">① Mirroring
② Disk Partitioning
③ Virtual Disk Block
④ Dedicated Parity Disk</td></tr>
<tr><td>카테고리</td><td>시스템 구조>고가용성>스토리지</td><td>난이도</td><td>중</td></tr>
<tr><td></td><td></td><td>답</td><td>②</td></tr>
</table>

[문제풀이]

- Disk Partitioning은 디스크를 활용도에 따라 나누는 기술이다.

[RAID]

RAID	설명	Parity	특징	개념도
RAID 0	Data Stripping	없음	장애에 취약함	RAID 0
RAID 1	Mirroring	없음	Fault Tolerance 지원 안 함	RAID 1
RAID 3	Parity	Dedicated Parity	단일 Parity Bit	RAID 3
RAID 4	Parity	Dedicated Parity	Block Level Parity	RAID 4

RAID	설명	Parity	특징	개념도
RAID 5	Parity	Distributed Parity	1개 디스크 Fail시에 RAID 유지	 RAID 5
RAID 6	Parity	Distributed Parity	Parity Set을 2개 유지 (2개 Fail시에 RAID 유지)	RAID 6

문제 79	IT서비스관리(ITSM)는 서비스지원프로세스(Service Support Process)와 서비스공급프로세스(Service Delivery Process)로 크게 구분할 수 있다. 다음 중 서비스지원프로세스에 해당하는 것은?(2개 선택) ① 가용성 관리 ② 구성관리 ③ 장애관리 ④ 용량관리

카테고리	시스템 구조 및 보안〉ITIL	난이도	중
		답	②, ③

[문제풀이]

– ITIL은 Service Support와 Service Delivery로 구성된다(ITIL 2.0 기준).

[Service Support와 Service Delivery]

– Service Support: IT 서비스 품질을 확보하기 위하여 운영조직에 대한 Best Practice
– Service Delivery: IT 전략관점에서 서비스 품질을 유지하기 위한 중장기적인 Planning

[Service Support와 Service Delivery의 세부 구성요소]

영역	프로세스 명	기능 및 목적
서비스 제공	서비스 수준관리 (Service Level)	– 고객의 비즈니스 목표 달성 및 만족도 증가를 위하여 IT서비스 수준에 대한 합의, 모니터링, 보고, 서비스개선 활동 등과 같은 반복적인 SLM 프로세스를 통하여 IT 서비스 품질을 개선 유지(Point of Contact)
	재무 관리 (Financial)	– IT자산/자원 효율적 비용사용을 위한 관리(Budgeting, Accounting, Charging)
	용량 관리 (Capacity)	– 현재와 미래의 비즈니스 요구 사항에 부합하는 IT 자원의 성능과 용량을 비용 효율적으로 만족시키기 위함(비즈니스 용량, 서비스 용량, 자원 용량)
	가용성 관리 (Availability)	– 최적의 비용으로 고객의 비즈니스 목표 달성을 위한 가용성 수준을 유지하기 위한 지원 조직, 서비스 및 IT 인프라의 Capability를 최적화
	IT 서비스연속성 관리 (IT ServiceContinuity)	– IT 서비스의 연속성을 저해하는 상황발생 시 동의된 시간 및 범위 내에서 IT 서비스의 복구 및 연속성을 보장
서비스 지원	서비스 데스크 기능 (Service Desk)	– 고객과 IT서비스관리 사이의 중앙 단일접점 기능, 인시던트/서비스요청 처리, 변경, 장애, 릴리스, SLM 등의 활동을 위한 인터페이스 제공
	인시던트 관리 (Incident)	– 정상적인 서비스운영의 신속한 복구와 IT운영에 대한 부정적 영향 최소화
	문제 관리 (Problem)	– IT인프라 에러에 의해 발생된 인시던트와 문제의 부정적 영향을 최소화하고 에러 관련 인시스던트 재발방지 – 문제관리: 근본원인을 찾고 에러제거 활동
	변경 관리 (Change)	– 변경 관련 인시던트 영향을 최소화하고 일상 운영을 개선하기 위한 모든 변경을 신속, 효율적으로 처리하기 위해 표준화된 방법 및 절차를 사용
	릴리즈 관리 (Release)	– 전체적인 IT서비스 변경을 고려, 릴리즈의 기술적인 면과 비기술적인 면이 함께 고려되는지 확인하는 기능
	형상 관리 (Config)	– 통제 범위에 속하는 모든 IT 구성 요소에 대한 확인, 기록 및 리포트 기능

문제 80	범정부 기술참조모델(TRM)에서 정보시스템을 구성하는 네 가지 영역 중 플랫폼 및 기반구조에 속하지 않는 세부항목은? ① 데이터베이스 ② 네트워크 ③ 시스템 관리 ④ 보안

카테고리	시스템 구조 및 보안〉ITA/EA	난이도	중
		답	④

[문제풀이]
- TRM은 Technical Reference Model로 ITA/EA 구축 시에 참조할 수 있는 기술 참조
  모델을 의미한다. ITA/EA의 참조 모델은 BRM, SRM, PRM, TRM, DRM으로 구성된다.

[Reference Model의 목적]

- 업무영역 내의 프로세스 표준화, 단순화, 프로세스 통합 기회 식별
- 표준활용 촉진, IT 자원의 효과적인 운영, 정보기술 투자의 투자성과 극대화
- 정보기술 자원의 수평적, 수직적 통합
- 전사적 공유 및 통합 촉진

[범정부 Reference Model]

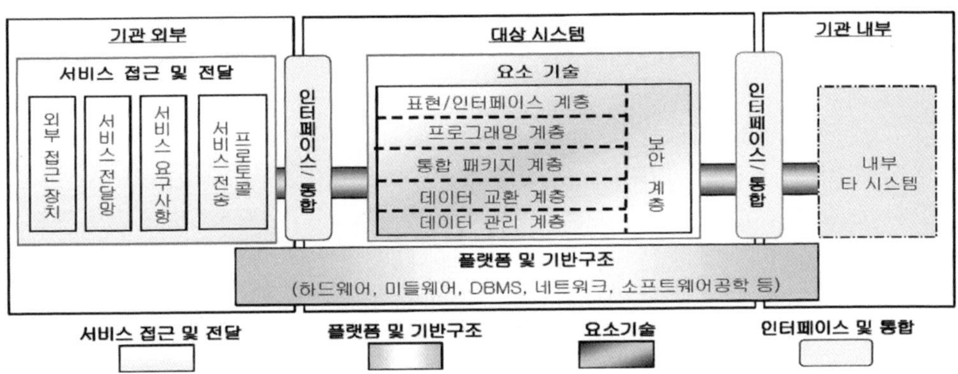

Reference Model	설명
PRM	- Performance Reference Model - 정보화 성과의 측정을 위한 항목과 지표, 방법 정의
BRM	- Business Reference Model - 업무 아키텍처 기준, 아키텍처 대상 기관의 사업 혹은 업무 등을 전체적으로 분류하고 정의
SRM	- Service Reference Model - 응용 아키텍처 기준, 응용 서비스 기능을 분류 및 정의
DRM	- Data Reference Model - 데이터 아키텍처 기준, 기관 간에 교환되는 주요 데이터 요소를 분석하고 이를 정의, 표준화
TRM	- Technical Reference Model - 기술 아키텍처 기준, 정보기술을 분류, 식별

문제 81	다음 SOAP(Simple Object Access Protocol)에 대한 설명 중 틀린 것은? ① 애플리케이션은 느슨하게 결합된(Loosely-Coupled) 메시지 기반의 아키텍처로 구축된다. ② 애플리케이션 간 통신은 동기식(예: 요청-응답)과 비동기식(예: 문서)의 두 가지 모드로 이루어져 있다. ③ SOAP 프로토콜은 보장된 메시지 전달이나 메시지 수준의 QoS를 제공한다. ④ 전송 수준(Transport Level)과 메시지 수준(Message Level)이 분리되어 있다.

카테고리	시스템 구조〉컴퓨팅 플랫폼〉분산 컴퓨팅	난이도	중
		답	③

[문제풀이]

- SOAP은 HTTP, HTTPS, SMTP 등을 사용하여 XML 기반의 메시지를 컴퓨터 네트워크상에서 교환하는 형태의 프로토콜이다. SOAP은 Loosely Coupled 구조의 웹 서비스의 메시지를 전달하며 XML을 근간으로 헤더와 바디로 구성되어 있다.

[SOAP의 구성요소]

주요 기능	설명
HTTP Header	HTTP Header에 SOAP임을 정의
SOAP Envelop	SOAP 메세지의 시작 표시
SOAP Header	메시지의 부가적 정보 표현
SOAP Body	XML 메소드 호출/호출결과, 에러값

[SOAP의 장단점]

장점	단점
- 방화벽 쉽게 통과(HTTP) - XML사용 구조화될 수 있음. - 호환성 우수(SMTFSTP, FTP) - 보안적용이 용이(SSL) - 경량이어서 처리용이	- TEXT 문장형식, Overhead(Packet 길이) - XML문서의 Parsing 필요 - 보안메커니즘의 미완성(SSL 사용 중이나) - 툴킷 간의 호환성 부족 - 메시지 재전송 기능 없음 - 여러 서버에 동시에 요청 안 됨

[SOAP의 전송방식]

- Transport Level에서는 HTTP, HTTPS, SMTP 등
- Message Level에서는 SOAP Envelope(SOAP Header, SOAP Body)

<table>
<tr><td rowspan="2">문제 82</td><td>다음 XML 스키마에 대한 설명 중 틀린 것은?

① 복합형(Complex Type) 데이터형 정의를 사용할 수 있어 관계형 데이터베이스와의 연동이 쉽다.
② 스키마 표현법으로 EBNF(Extended Backus Naur Form)을 갖고 있어서 XML 데이터 구조를 정의하는 데 적합하다.
③ 다른 스키마 안에 있는 일부 내용을 재사용할 수 있는 등 확장성이 뛰어나다.
④ 내용 검증을 위한 방법으로 검사패턴을 정규식(Regular Expression)으로도 표현할 수 있다.</td></tr>
</table>

카테고리	시스템 구조〉컴퓨팅 플랫폼〉분산 컴퓨팅	난이도	중
		답	②

[문제풀이]
- EBNF는 XML의 구조를 정의하기 위해서 사용하는 DTD에서 사용한다. DTD는 XML 표준에 포함되지 않고 XML 구조를 정의하기 위한 XML 표준은 XML Schema이다.

[DTD의 개념]

- XML 문서의 구조와 컨텐츠를 정의하고 문서의 구조를 명시적으로 선언하는 파일
- Valid 문서: DTD에 정의된 문법과 구조화 규칙 및 그 이외의 추가적인 규칙들을 따르는 Well-formed 문서

[XML Schema의 개념]

- DTD를 대체하기 위해 개발된 문서를 좀 더 쉽게 처리할 수 있게 하는 데이터형(Data Type) 만들기를 제공하는 스펙(W3C 표준)

[XML Schema의 특징]

- 기존 DTD보다 복잡한 타입 선언이 가능하고 **새로운 데이터형을 생성하여 사용할 수 있음**(데이터형 지원)
- 스키마 문서 안에 Schema Location 지시자를 이용하여 또 다른 스키마 문서를 포함할 수 있음(**복잡구조정의 지원**)
- XMLSchema는 Name Space를 지원함

* Namespace: XML 문서 타입으로부터 엘리먼트를 뽑아내어 다른 문서와 결합시킬 때, 여러 개의 문서를 동시에 처리하고 있을 때, 엘리먼트를 구별할 수 있는 추상적인 존재

[XML Schema와 DTD의 차이점]

구분	XML Schema	DTD
작성 문법	XML 1.0을 만족	EBNF+pseudo XML
구조	복잡함	상대적으로 간결함
Name Space 지원	지원함(문서 내 다수 사용 가능)	지원하지 못함(문서 내 단일)
DOM 지원	XML이므로 DOM 지원 및 이용 가능	못함
동적 스키마 지원	가능(런타임 시 선택, 상호작용의 결과로 변경될 수 있음)	불가능(DTD는 실제로 읽기만 가능)
데이터 형	확장적인 데이터형	매우 제한적인 데이터형
확장성	완전히 객체 지향적인 확장성	문자열 치환을 통해 확장됨
개방성	개방적, 폐쇄적 수정 가능한 콘텐츠 모델	폐쇄적 구조

문제 83	재해복구를 위한, 전략수립을 위해서는 업무영향분석(BIA: Business Impact Analysis)이 수행되어야 한다. 업무영향분석의 절차를 바르게 나열한 것은? A. 주요 업무프로세스 식별 B. 재해유형 및 가능성 식별 C. 업무 중요성 및 복구대상 업무의 범위설정 D. 재해시 업무프로세스 중단에 따른 손실평가 E. 주요 업무 프로세스별 복구목표시간 설정 ① A-B-C-D-E ② A-B-C-E-D ③ A-C-B-D-E ④ A-B-D-C-E

카테고리	시스템구조>IT 관리>BCP & DRS	난이도	중
		답	④

[문제풀이]

- BCP(Business Continuity Planning)은 재해 발생 시에 재해대처를 위한 방법을 제시한다.
- BCP는 수행 시에 업무 프로세스를 먼저 식별해서 Critical Business와 Non-Critical Business를 구분하고 재해발생 유형 및 가능성을 분석한다.
- 그다음으로 각 업무별 재해 발생 시에 피해정도를 분석하고 재해 시에 복구대상업무 범위를 정의한다.
- 마지막으로 업무 프로세스별 목표 복구시간을 설정한다.

[일반적인 **BCP**의 절차]

절차	설명
프로젝트 착수	– BCP 관리 대상 범위 규정 – BCP위원회 설립(조정, 통합 업무)
BIA	– Business Impact Analysis(업무영향분석) – 주요 업무프로세스를 식별하고, 우선순위 규정 – 재해 시 업무 프로세스중단에 따른 비용을 산정 – 업무 프로세스별 시간 산정 및 목표시간 확정
BCP 수립	– 개략적 BCP 전략수립, 문서화 – 상세계획 수립(세부적인 DRP 수립 포함)
승인, 구현 테스트, 유지 보수	– BCP계획 승인, 대응책 구현 – 업무 프로세스 변경 시 BCP도 변경 사항 반영 – 주기적, 비주기적 테스트 일정

문제 84	J2EE EJB(Enterprise JavaBeans) 스펙에서 나오는 세션 빈(Session Bean)에 대한 다음 설명 중 맞는 것은? ① 세션 빈은 오직 하나의 클라이언트 또는 사용자에게 제공된다. ② 세션 빈은 컨테이너의 실행이 중단되어도 상태를 유지한다. ③ 세션 빈은 트랜잭션(Transaction)을 인식하지 못한다. ④ 세션 빈은 영구객체(Persistence Object)이다.

카테고리	시스템 구조>컴퓨팅 플랫폼>분산 컴퓨팅	난이도	중
		답	①

[문제풀이]

– EJB는 분산환경하에서 애플리케이션을 개발, 배포, 실행하는 것들에 대한 아키텍처를 의미한다.
– EJB Session Bean은 오직 하나의 클라이언트 또는 사용자에게 제공된다.

[**EJB 유형**]

구분	Session Bean	Entity Bean
목적	– 클라이언트와의 Interface	– 데이터의 속성 및 메소드
특징	– 클라이언트 대신 업무 수행 – 하나의 클라이언트만 보유 – 클라이언트 종료 시 세션 종료	– 영구적 저장소에 존재 – 여러 클라이언트에 의해 공유 – 엔티티 상태로 DB에 영속
종류	– Stateless, Stateful	– CMP, BMP

| 문제 85 | 다음 JAVA 기반의 RMI(Remote Method Invocation)의 원격 객체에 대한 가비지 콜렉션(Garbage Collection) 기능에 대하여 설명한 것 중 틀린 것은?

① 객체 참조자의 참조 카운트를 이용하여 분산 구조에서도 가비지 콜렉션이 가능하도록 한다.
② 참조 카운트가 0이 되는 순간 해당 객체가 가비지 콜렉터를 호출해야 한다.
③ 객체에 대한 로컬 혹은 원격 참조가 더 이상 없을 때 가비지 콜렉션 대상이 된다.
④ 가비지 콜렉션을 위하여 RMI 시스템은 자바 가상머신의 식별자까지 추적, 관리한다. |

카테고리	시스템 구조>컴퓨팅 플랫폼>분산 컴퓨팅	난이도	중
		답	②

[문제풀이]

- JAVA RMI는 Remote Object에 대한 Garbage Collection과 Local Object Garbage Collection을 자동으로 수행한다.
- Reference Counting Garbage Collection은 Remote Object가 그 어떤 Client로부터도 Reference를 더 이상 되지 않는 순간 Local JAVA Virtual Machine의 Garbage Collector에게 Garbage Collection을 의뢰한다.
- RMI Object가 다른 머신의 모든 Client로부터 Reference가 없어도 서버 내의 Local Reference가 존재해 있으면 Garbage Collection이 일어나지 않는다.
- Garbage Collection은 참조 카운트가 0 이상이어야만 호출된다.

| 문제 86 | 고가용성(HA: High Availability) 클러스터에 대한 설명으로 거리가 먼 것은?

① 시스템 장애가 없는 단일 노드 방식의 고신뢰성 컴퓨터 시스템이다.
② SAN을 통한 다중 네트워크 연결과 데이터 스토리지를 포함한다.
③ 서비스 연속성이 요구되는 중요 데이터베이스, 비즈니스 응용, 고객서비스 등에 적용되고 있다.
④ 클러스터의 노드 상태를 감시하는 Heartbeat 사설망으로 연결된다 |

카테고리	시스템 구조>고가용성	난이도	중
		답	①

[문제풀이]
– HA는 단일 노드 방식의 시스템이 아니다.

[HA의 개념]

– HA는 작은 관점으로는 OS Disk Mirroring에서 크게는 시스템 이중화까지 기업의 중요 업무의 중단을 최소
화하는 기능
– 2대 이상의 시스템을 하나의 클러스터로 묶어서 한 시스템의 장애 발생 시 최소한의 서비스 중단을 위해 클
러스터 내의 다른 시스템이 신속하게 서비스를 Take Over(Failover)하는 기능

[HA 유형]

유형	설명
Hot-Standby	평상시 백업 시스템을 구성하여 대기상태로 있다가 가동 서비스를 담당하는 서버 장애시 자원을 Take Over하는 방식
Mutual Take Over	두 서버가 각각의 고유한 가동 서비스를 수행하다가, 한 서버가 장애가 발생되면 상대방의 자원을 Take Over하는 방식
Concurrent Access	여러 시스템이 동시에 업무를 나누어 병렬처리하는 방식으로, 한 시스템 장애 시 다른 시스템으로 Take Over 하는 방식

문제 87	서비스 지향 아키텍처(Service-Oriented Architecture)가 추구하는 목표로 가장 거리가 먼 것은? ① 플랫폼 간의 상호운영성(Interoperability) ② 밀접한 연결(Tightly Coupling) ③ 기존에 존재하는 시스템의 재사용성(Reusability) ④ 기존 서비스를 이용하여 새로운 서비스를 생성할 수 있는 능력(Composability)		
카테고리	사업관리>사업관리일반	난이도	중
		답	②

[문제풀이]
– 밀결합 연결은 인터페이스가 표준화되지 않고 플랫폼 종속적이라는 것으로 대표적으로
EAI(Enterprise Application Integration)이 있다.
– SOA는 비즈니스 프로세스를 중심으로 재사용되고 공유될 수 있는 서비스를 도출하여
서비스 지향 IT 아키텍처를 지원한다.

[SOA 장점]

- 재사용: 서비스 단위로 서비스 Block을 구성하여 재사용하여 새로운 서비스를 지원할 수 있게 조립 가능하다.
- 통합: 이질적인 시스템을 연동하기 위해서 표준 인터페이스를 지원하는 웹서비스를 통하여 구현될 수 있으며 근본적으로 SOA Loosely Coupling을 지원한다.
- 확장성: 서비스 오케스트레이션 작성을 통하여 여러 서비스를 조립해서 신규 서비스를 생성할 수 있다.

[SOA의 특징]

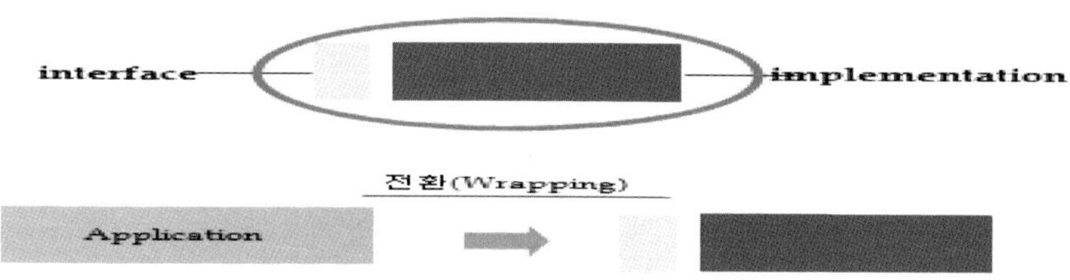

- Software Component
1) 비즈니스 로직단위, 개방형 표준, 플랫폼 독립성
2) IT 환경에 독립적으로 독립적으로 실행될 수 있는 단위
- Interface와 Implementation 분리: 서비스 호출 시에 interface 정보만을 사용하여 호출

| 문제 88 | 시스템 용량 산정 시 고려할 사항 중 가장 거리가 먼 것은?

① 응용시스템 동시 사용자수
② 최번시(Peak Time) 데이터 발생량
③ 성능 및 가용성 관련 요구사항
④ 응용프로그램 개발 언어 |

카테고리	시스템 구조 및 보안〉용량 산정	난이도	중
		답	④

[시스템 용량산정]

가. CPU 용량 산정
- tpmC = 동시사용자수 * 기본 tpmC 보정 * Peak Time부하보정 * DB크기보정 * 애플리케이션구조보정
  * 애플리케이션부하보정 * 네트워크보정 * 클러스터보정 * 시스템 여유율 * 시스템 아키텍처 구조 보정
- OPS = 동시사용자수 * 사용자당Operation수 * 애플리케이션 인터페이스부하보정 * Peak Time부하보정
  * 시스템여유율 * 시스템아키텍처구조보정

나. 메모리 용량산정
- 메모리 = {시스템 영역 + (사용자당 필요 메모리 * 사용자 수)} * 버퍼 캐시 보정 * 시스템 여유율)

다. 디스크 용량산정
- 시스템 디스크 = (시스템운영체제영역 + 응용프로그램영역 + SWAP영역) * 시스템 디스크 여유율
- 데이터 디스크 = {(데이터영역 + 백업영역) * RAID 여유율} * 데이터디스크 여유율

[시스템 타입별 용량산정

구분	OLTP/Batch	WEB SERVER APPLICATION	WAS
성능기준	TPC–C	SPEC WEB 99	SPEC JBB2000
매트릭스	tpmC	Operations per Second	Operations per Second

문제 89	다음 설명에 해당하는 것은? - 모든 사물에 전자태그를 부착하여 사물과 환경을 인식하고, 네트워크를 통해 실시간 정보를 구축·활용토록 하는 것 ① 유비쿼터스 센서 네트워크(USN, Ubiquitous Sensor Network) ② 광대역통합망(BcN, Broadband convergence Network) ③ 가상사설망(VPN, Virtual Private Network) ④ 콘텐츠 전송 네트워크(CDN, Contents Delivery Network)

카테고리	시스템 구조>컴퓨팅 플랫폼>USN	난이도	중
		답	①

[문제풀이]
- USN은 모든 사물(환경, 교통, 물건 등)에 Tag를 부착하고 ZigBee와 같은 WPAN(Wireless
  Personal Area Network) 기술을 통하여 환경, 교통 등의 모든 사물 정보를 실시간으

로 수집하고 향후 Tag Control이라는 중앙 통제를 목표로 하는 네트워크 기술
1) RFID: 각 주파수 대역별 RF(Radio Frequency) 신호를 사용하여 객체들을 식별하는 비접촉 인식기술
2) USN: 모든 사물에 태그와 센서로부터 사물 및 환경정보를 감지, 저장, 가공, 전달하여 인간 생활에 폭 넓게 활용하는 네트워크(U-City에서 중점적으로 추진)

[USN 요소기술]

요소기술	설명	세부기술
센서 네트워크	– 센서를 초소형 무선장치에 접목하여 센서들 간의 네트워크킹으로 정보획득, 처리, 활용하는 네트워크 시스템 – USN 산업 조기 활성화 및 관련 USN 서비스(스마트 빌딩 등) 제공기반 기술	– 센서 – 센서네트워크 노드 – 센서네트워킹 – 보안기술
USN 플랫폼	– 대량의 센싱 데이터를 통합처리하며 센서 네트워크를 유지 및 관리 – USN 응용 서비스에 적용하기 위한 기술	– 센서정보통합관리 – 상황인식 – 개방형 상호 운영, 보안
USN 응용	– USN을 실생활 및 산업전반에 효율적으로 적용하기 위한 서비스 모델링, 코드, 디렉토리 서비스 체계, 멀티모달 인터렉션, 보안 기술	– 식별체계 – 디렉토리 서비스 체계 – 멀티모달 인터랙션

[USN의 추진방향]

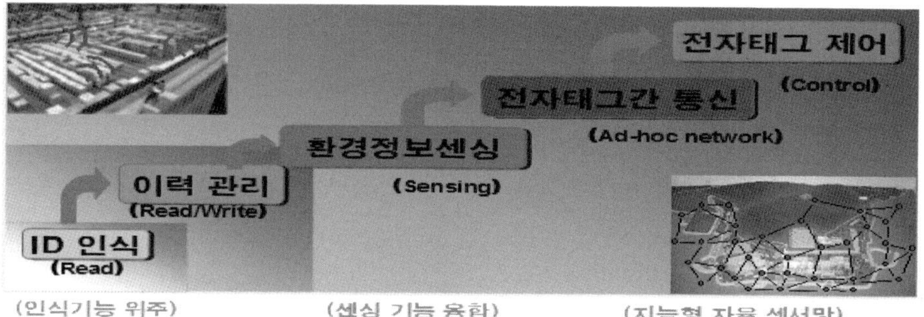

문제 90	다음은 무엇에 대한 설명인가? – 데이터가 송신된 그대로 수신자에게 도착해야 한다는 것을 의미하고, 전송 중 데이터에 대한 고의적 또는 악의적인 변경이 없었다는 것을 의미한다. ① 기밀성(Confidentiality) ② 인증(Authentication) ③ 무결성(Integrity) ④ 부인방지(Non–Repudiation)

카테고리	보안>보안체계	난이도	중
		답	③

[문제풀이]

[정보보안 목표]

목표	설명	대응방안
기밀성 (Confidentiality)	– 정보의 노출이나 탈취 시 데이터 해독이 불가능하여 비밀 보장	– 암호화 – 접근통제
무결성 (Integrity)	– 정보의 위조 및 변조 보장, 수신자에게 정확한 내용정보 전달 보장	– 인증, 디지털 서명 – 접근통제
가용성 (Availability)	– 인가받은 사용자가 정보 및 서비스를 시기 적절한 접근 및 사용 보장	– 이중화, DRS – Fault Tolerant
인증성 (Authenticity)	– 전송자의 신원보장 방안제시 및 보장 확신	– 패스워드 – 전자서명
부인방지 (Non–Repudiation)	– 작성한 메시지를 작성하지 않았다고 부인하는 경우 증명할 수 있는 방안	– 전자서명
책임추적성 (Accountability)	– 주체의 행동, 활동을 기록하여 차후 추적 가능하게 하는 특성	– 식별, 인증 – 권한부여 – 감사

*정보보안의 3대 목표는 기밀성, 무결성, 가용성

[정보보안 체계]

구성요소	설명
물리적 보안	– 환경, 물리적 접근, 물리적 가용성 등에 대한 정보보호 위험 예방 – 정보시스템 컴퓨터실 혹은 관련시설에 출입통제 시설 설치
관리적 보안	– 행정적, 조직적, 인적 정보보호 위험 예방 – 정보보호의 지침이나 기준 등을 규정한 보안정책 수립
컴퓨터 보안	– 컴퓨터시스템에 다양한 보안위협으로부터 사전예방 – 기본 시스템, 응용 시스템, 데이터베이스 보안
네트워크 보안	– LAN, WAN, PSTN, INTERNET 등과 같은 네트워크를 통한 보안위협 방지 – OPEN Network 보안강화

문제 91	정보보호 정책, 표준, 지침, 절차에 대한 설명 중 맞는 것은? ① 정책(Policy): 정보보호를 위해 반드시 준수해야 할 구체적인 사항이나 양식을 규정 ② 표준(Standard): 정보보호에 대한 상위 수준의 목표 및 방향 제시 ③ 지침(Guidelines): 선택 가능하거나 권고적인 내용이며, 융통성 있게 적용할 수 있는 사항 설명 ④ 절차(Procedures): 정보보호 정책에 따라 특정시스템에 필요하거나 도움이 되는 세부 정보 설명

카테고리	보안>관리적 보안	난이도	중
		답	③

[문제풀이]

[정책(Policy)]

– 정보보호에 대한 목표와 방향성을 제시함
– 정보보호에 대한 상위 정책과 조직의 방향성 간의 일관성 유지
– 정보보호에 대한 개괄적인 규정

[표준(Standard)]

– 정보보호에 대한 구체적인 항목이나 양식과 같은 규정
– 모든 사용자가 지켜야 할 규정

[지침(Guidelines)]

- 정보보호에 대한 융통성이 있는 항목으로 권고 사항과 같이 선택 가능
- 특정 분야별 세부정보 제공

[절차(Procedure)]

- 정책을 지키기 위한 순서를 설명
- 구체적이고 세부적인 사항을 기술

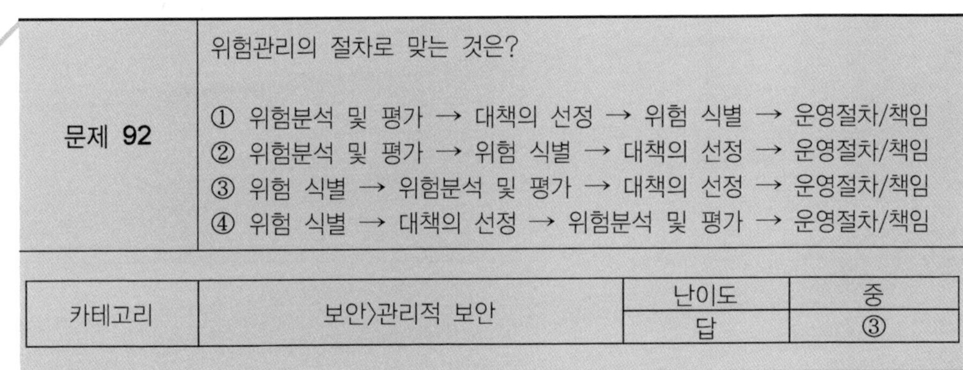

| 문제 92 | 위험관리의 절차로 맞는 것은?

① 위험분석 및 평가 → 대책의 선정 → 위험 식별 → 운영절차/책임
② 위험분석 및 평가 → 위험 식별 → 대책의 선정 → 운영절차/책임
③ 위험 식별 → 위험분석 및 평가 → 대책의 선정 → 운영절차/책임
④ 위험 식별 → 대책의 선정 → 위험분석 및 평가 → 운영절차/책임 |

카테고리	보안)관리적 보안	난이도	중
		답	③

[문제풀이]

[정보시스템 위험관리]

절차	설명
위험식별	정보시스템의 위험요소를 식별하고 ID를 부여
위험분석 및 평가	BIA를 통해서 발생가능성과 영향도를 분석하고 우선순위를 부여(정성적 위험분석과 정량적 위험분석 수행)
대책 선정	위험 대응방법을 정의(회피, 완화, 전가, 수용)
운영절차/책임	비상계획을 수립(BCP)하고 책임과 역할을 정의

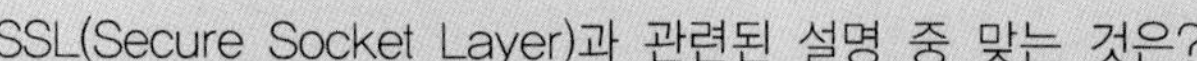

문제 93	SSL(Secure Socket Layer)과 관련된 설명 중 맞는 것은? ① 네트워크 계층과 전송 계층 사이에 위치하는 보안 프로토콜이다. ② 중간자 공격(Man-in-the-middle Attack)에 대한 안전성 취약점이 존재한다. ③ SSL은 웹 브라우징 보안에 사용하기 위해 넷스케이프에 의해 개발되었다. ④ 새로운 HTTP 접속 시마다 새로운 SSL 세션이 요구된다.

카테고리	보안>기술적 보안>보안 프로토콜	난이도	중
		답	③

[문제풀이]

- SSL은 미국 네스케이프에서 개발한 클라이언트와 서버 사이의 인증 및 암호화를 수행하는 프로토콜이고 ISO 표준이 TLS이다.

[SSL의 특징]

- TCP/IP를 사용하는 두 개의 통신 애플리케이션 간 프라이버시와 무결성을 제공하는 보안 프로토콜로서 전송 계층과 애플리케이션 계층 사이에 위치
- 대칭키(공개 키 및 개인 키)에 기반하여 세션 키를 생성(RSA 알고리즘, X.509 인증서 활용)
- 세션 키를 사용하여 생성된 암호화 키를 통하여 전송패킷을 암호화 수행(BLOCK 암호화 알고리즘), 패킷의 도청에 대한 기밀성 제공
- SSL 핸드셰이크에 의하여 생성된 SSL 세션 정보는 일정한 기간 동안 양 시스템 메모리에 캐시되며 추후 SSL 세션 재개 시 해당 메모리 캐시된 SSL 세션 정보를 활용하여 단축 SSL 핸드셰이크를 진행, 시스템 오버헤드 최소화

[SSL의 구성요소]

- SSL Handshake Protocol: 암호화, 인증키, Negotiation
- SSL Record Protocol: 클라이언트와 서버 간의 전송
- SSL Cipher Specification: 암호화 SPEC을 서버에 전송
- SSL Alert Protocol: 경고, 오류처리를 수행

[SSL의 처리방식]

- 클라이언트가 서버에 접속하면 서버 인증서를 전송
- 클라이언트는 수신받은 서버 인증서의 신뢰성 여부를 검토하고 서버 공개키를 추출
- 클라이언트가 세션 키로 사용할 임의의 메시지를 서버 공개키로 암호화하여 서버에 전송
- 서버에서 비밀키로 세션 키를 복호화하여 세션 키로 암호화하려 통신을 수행

문제 94	IPSec의 헤더에서 재전송 공격(Replay Attack)을 방어하기 위한 목적으로 사용되는 필드는 무엇인가? ① 보안 매개변수 색인(Security Parameter Index) 필드 ② 순서 번호(Sequence Number) 필드 ③ 다음 헤더(Next Header) 필드 ④ 인증 데이터(Authentication Data) 필드		
카테고리	보안>기술적 보안>보안 프로토콜	난이도	중
		답	②

[문제풀이]

- IPSEC은 순서번호를 통해서 동일한 패킷 전송 시에 순서번호 중복으로 인하여 재전송 공격을 식별할 수 있다.
- IPSEC은 종단 간의 안전한 통신을 지원하기 위해서 IP Layer를 기반으로 하는 개방형 보안 프로토콜이다.

[IPSEC 구성]

- 프로토콜: 인증 프로토콜(AH), 암호화 프로토콜(ESP)
- 데이터베이스: 보안연계 DB(SAD), 보안정책(SPD)
- 키 관리: IKE(=ISAKMP+OAKLEY)
- 작동모드: 전송모드(IP헤더 사용), 터널모드(새로운 IP 헤더 사용)

- AH는 무결성, 재전송 공격방지, 데이터 근원 인증 수행하고 ESP는 기밀성, 데이터 근원 인증, 비연결형 무결성, 재전송 공격방지, 제한된 트래픽에 대한 기밀성을 제공한다.

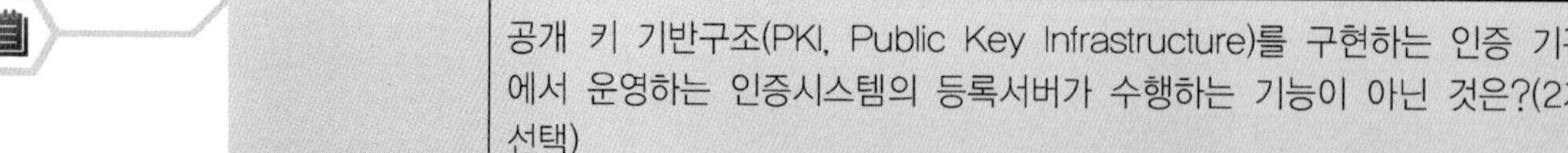

	공개 키 기반구조(PKI, Public Key Infrastructure)를 구현하는 인증 기관에서 운영하는 인증시스템의 등록서버가 수행하는 기능이 아닌 것은?(2개 선택)
문제 95	① 인증서 폐지 목록 발급 ② 인증서 보관 ③ 신분 확인 ④ 인증 요청서 검사

카테고리	보안>기술적 보안>보안프로토콜>PKI	난이도	중
		답	①, ②

[문제풀이]

– PKI(Public Key Infrastructure): 공개키 암호화를 통하여 인증서를 발급, 폐기 등의 관리 서비스 및 일반 사용자가 사용할 수 있는 보안 서비스를 제공하는 일련의 시스템이다.

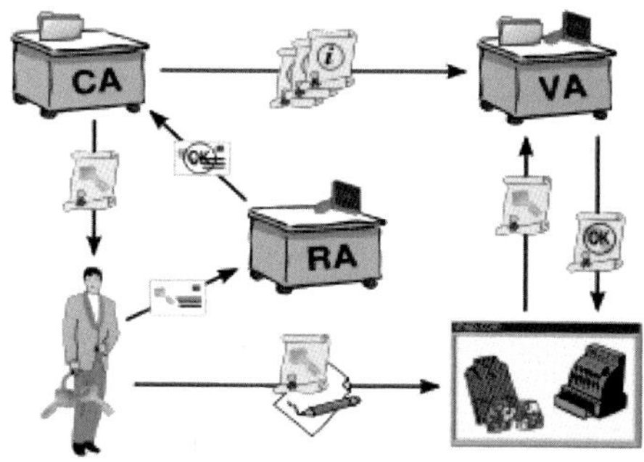

[CA(Certification Authority)의 역할]

– 인증서 발급 및 보관
– 인증서 재발급
– 인증서 폐기/폐기 목록작성(CRL)
– 정책관리

[RA(Registration Authority)의 역할]

– 사용자 신분확인
– 인증 요청서 검사
– 인증서 발급 대행

– VA(Validation Authority)의 역할: 인증서 유효성 검증을 대행한다.

[PKI의 구성요소]

구성요소	설명	활용
등록기관(RA)	– 사용자 신원확인, 인증서 발급 신청 대행	– DAP, LDAP 이용 – X.509 디렉토리 서비스 제공
인증기관(CA)	– 인증서 발급, 보관, 폐기 – 재발급 인증서 관리	– PAA → PCA– CA 계층
디렉토리 서비스	– 공개 키 보관, 인증서 검색, 전송	– 인증서 검증 시 CRL과 비교, 유효성 판단
사용자	– 자신의 공개 키, 개인 키 생성 – 전자서명 생성, 검증	

문제 96	A와 B가 통신할 때 공개 키 인증서를 사용하여 두 통신자 사이에 인증을 제공하고자 한다. 이때 송신자 A가 수행해야 하는 절차의 순서가 맞는 것은? 가. 메시지를 준비한다. 나. B의 공개키를 이용해서 세션키를 암호화한다. 다. 일회용 세션 키를 이용하여 관용암호(Conventional Encryption) 알고리즘으로 메시지를 암호화한다. 라. 암호화된 세션 키를 메시지에 첨부해서 B에게 보낸다. ① 가–나–다–라 ② 가–다–나–라 ③ 가–라–나–다 ④ 가–라–다–나

카테고리	보안>기술적 보안>보안프로토콜>PKI	난이도	중
		답	②

[문제풀이]

[전자서명 절차]

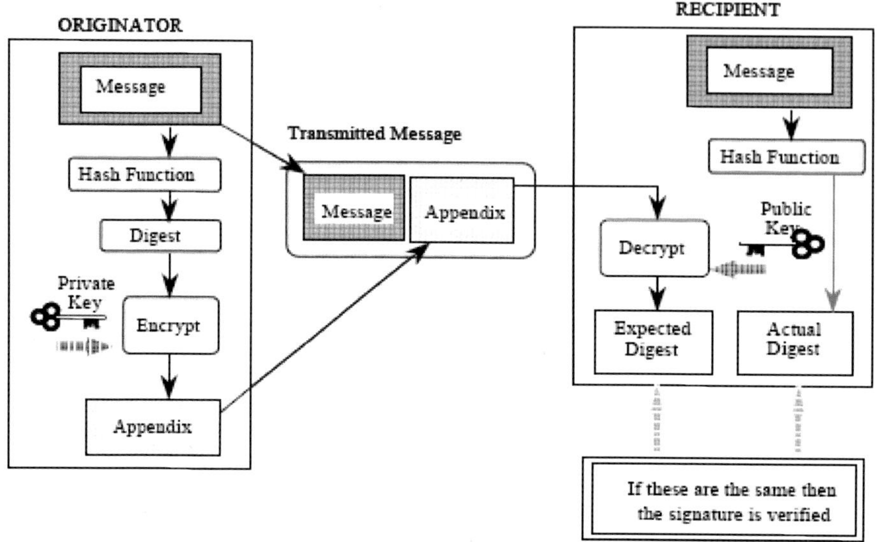

- 전송할 메시지를 준비, 암호화 연결 동안 사용할 임시 세션 키로 메시지 데이터를 암호화한다.
- 메시지 암호화에 사용된 세션 키를 수신자의 공개 키로 암호화, 즉 정당한 수신자만 자신의 개인 키로 복호화할 수 있다.
- 메시지 전송, 즉 세션 키로 암호화된 메시지+수신자의 공개 키로 암호화된 세션키
- 수신자는 자신의 개인 키로 수신 메시지에 첨부된 세션 키를 복호화하고 복호화 수행한다.

문제 97	NAT(Network Address Translation)는 원래 IPv4 주소 고갈 문제를 풀기 위한 해결책으로서 등장하였지만, 그 외에도 네트워크의 보안을 강화시켜 주는 역할도 한다. 다음 중 네트워크의 보안성 강화를 위한 NAT의 역할과 가장 거리가 먼 것은? ① 해커가 공격 대상 네트워크의 토폴로지(Topology) 및 상호 연결성을 파악하기 어렵게 해준다. ② TCP/IP 모델의 모든 계층에서 통신 과정을 조사·분석할 수 있기 때문에 안전한 데이터 통신을 보장한다. ③ 해커가 장비의 종류나 운영 체제를 파악하기 어렵게 해준다. ④ SYN flooding 공격, 포트 스캔, 서비스 거부 공격 등을 시도하는 것을 어렵게 한다.

카테고리	보안〉기술적 보안〉보안프로토콜〉NAT	난이도	중
		답	②

[문제풀이]

– NAT는 공인 IP 주소와 사설 IP 주소를 변환하는 기능을 수행하는 것으로 공인 IP를 공유할 수 있는 방법을 제공한다.
– NAT는 TCP/IP 모든 계층에서 통신과정을 조사, 분석할 수 없다(NAT의 역할이 아님).

[NAT 개념도]

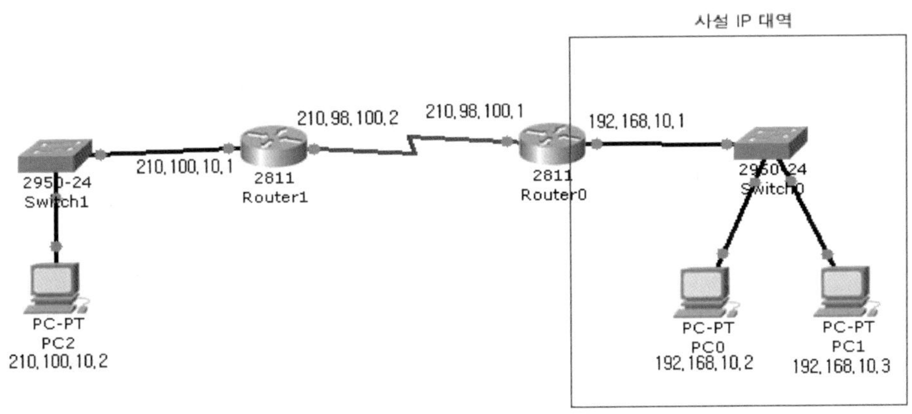

– 사설IP은 192번대를 사용하고 공인 IP는 210을 할당받고 있다.
– 라우터 0번이 NAT 기능을 수행하여 공인 IP와 사설 IP를 변환한다.

<table>
<tr><td rowspan="6">문제 98</td><td colspan="3">대표적인 악성프로그램의 종류에 대한 설명 중 틀린 것은?

① 바이러스(Virus): 한 시스템에서 다른 시스템으로 전파하기 위해서 사람이나 도구의 도움이 필요한 악성프로그램이다.
② 웜(Worm): 한 시스템에서 다른 시스템으로 전파하는 데 있어서 외부의 도움이 필요하지 않은 악성프로그램이다.
③ 래빗(Rabbit): 인가되지 않은 시스템 접근을 허용하는 악성프로그램이다.
④ 논리 폭탄(Logical Bomb): 합법적 프로그램 안에 내장된 코드로서 특정한 조건이 만족되었을 때 작동하는 악성 코드이다.</td></tr>
</table>

카테고리	보안>기술적 보안>악성코드	난이도	중
		답	③

[문제풀이]

– 래빗은 시스템 자원을 고갈하고 웜과 바이러스로 구현된다.

[악성코드 종류]

악성코드	설명	피해
Virus	컴퓨터 프로그램이며 자기복제, 자기실행, 자기변형으로 컴퓨터에 피해를 발생하는 프로그램 모임	시스템 오동작 및 정지, 파일변경
Worm	컴퓨터 시스템을 파괴하거나 작업을 지연 및 방해, 정보유출을 수행하는 악성 프로그램	자원고갈 개인정보유출
Rabbit	1970년 초반 Univax 1108 시스템에서 등장한 악성코드	일종의 웜 프로그램
Logical Bomb	프로그램에 삽입된 비밀 명령어로 일정한 조건이 만족되면 실행	오동작, 자원고갈

문제 99	다음 패킷 필터링 방화벽(Firewall)에 대한 설명 중 틀린 것은? (2개 선택) ① 패킷 필터링 방화벽은 상위 계층 데이터를 검사하기 때문에, 특정 애플리케이션마다 가지고 있는 취약점이나 기능을 이용하는 공격자를 막을 수 있다. ② 패킷 필터링 방화벽은 일반적으로 네트워크 계층 주소 스푸핑과 같은 TCP/IP 규격과 프로토콜 스택 내부의 문제점을 사용하는 공격에 취약하다. ③ 대부분의 패킷 필터링 방화벽은 진보된 사용자 인증 절차를 지원한다. ④ 방화벽이 알 수 있는 정보가 제한적이기 때문에 패킷 필터링 방화벽의 로깅(Logging) 기능은 제한적이다.

카테고리	보안〉기술적 보안〉보안솔루션〉방화벽	난이도	중
		답	①, ③

[문제풀이]

- 패킷 필터링은 애플리케이션 계층에서 수행되지 않으므로 애플리케이션의 취약점 및 진보된 사용자 인증을 못한다. 즉, 네트워크 및 전송계층에서 내부 네트워크와 외부 네트워크의 패킷을 차단하는 역할을 수행한다.
- 방화벽은 기업 외부의 악의적인 공격 및 정보유출을 위한 시도 및 신뢰할 수 없는 외부 네트워크로부터 내부 네트워크를 보호하는 H/W, S/W를 총칭한다.

[방화벽 종류]

구분	유형	설명
네트워크	Packet Filtering	- OSI 3 계층 기반 - 패킷의 주소와 포트 식별
애플리케이션	Circuit Gateway	- OSI 5계층 기반 - SOCKS V5
	Application Gateway	- OSI 7계층 기반 - Proxy를 통해 각 응용에 대한 매개역할 및 제어
	Stateful Inspection	- 각 패킷헤더뿐만 아니라 내용까지 제어

[방화벽 구축방식 종류]

구축방식	설명	예시
스크리닝 라우터	– 라우터의 접근제어 사용 – 장점: 고속 – 단점: 패킷수준의 보안, 로깅기능 미약	
베스천 호스트	– 서버에 방화벽S/W 탑재하여 내외부접속의 G/W – 장점: 응용APP수준의 보안 가능, 로깅기능 우수 – 단점: 서버장애 보안 취약	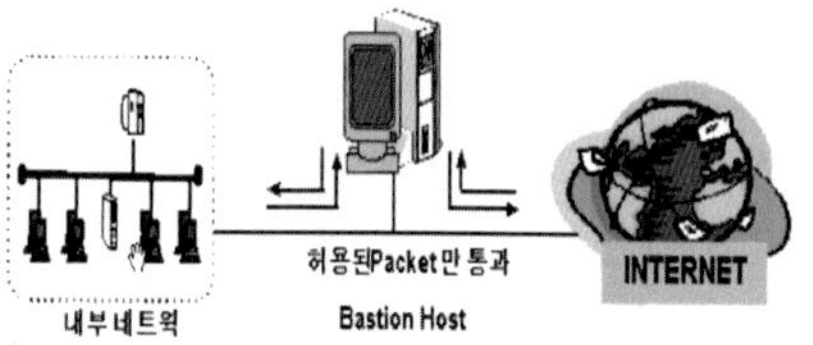 내부네트웍 / 허용된 Packet만 통과 / Bastion Host / INTERNET
Dual-Home G/W	– 베스천호스트가 내외부망을 분리(2개 NIC) – 장점: 베스천호스트 동일 – 단점: 라우팅 금지	 내부네트웍 / 허용된 Packet만 통과 / Dual Homed Gateway / INTERNET
스크린드 Host	– DHG와 스크리닝 라우터가 결합된 형태 – 장점: 2단계 방어, 융통성, DHG의 장점보유 – 단점: 구축비용 고가	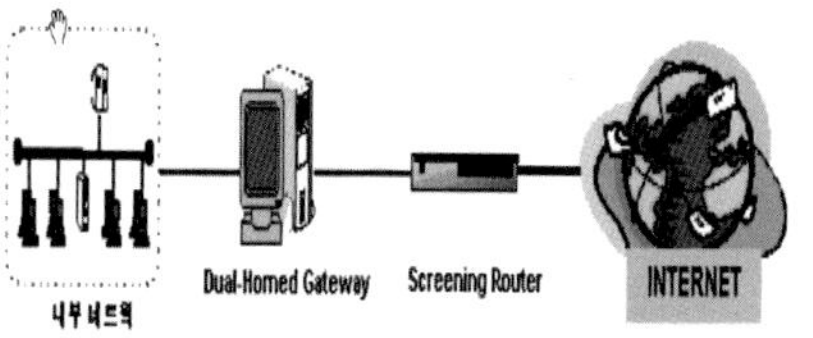 내부네트웍 / Dual-Homed Gateway / Screening Router / INTERNET
스크린드 Subnet	– 내부N/W와 외부N/W 분리 및 DMZ 구성 – 장점: 보안성, 융통성 우수 – 단점: 구축비용고가, 복잡	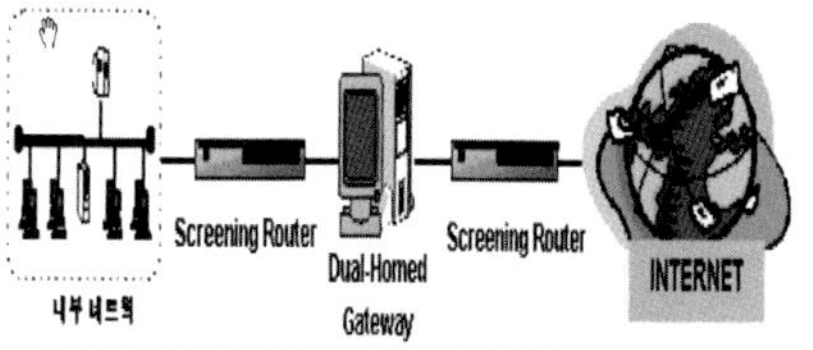 내부네트웍 / Screening Router / Dual-Homed Gateway / Screening Router / INTERNET

제9회
정보시스템감리사
기출문제 해설

문제 1	구조적/정보공학적 개발모델에 따라 추진되고 있는 시스템 개발 사업의 시험단계(시험시점)에 "시험활동" 감리영역에 대한 감리를 하기 위해서 감리기준의 정보시스템감리 기본 점검표에 따라 점검항목을 도출하였다. 다음 중 적합한 점검항목이 아닌 것은? ① 시험환경을 충분하게 구축하였는지 여부 ② 시스템 최적화 활동을 적정하게 수행하였는지 여부 ③ 사용자 인수시험을 수행하였는지 여부 ④ 사용자/운영자 지침서를 적정하게 작성하였는지 여부		
카테고리	정보시스템감리 수행>정보시스템감리 기본 점검표>시스템 개발 사업(구조적/정보공학적 개발 모델)	난이도 / 답	중 / ③

[문제풀이]

[정보시스템감리 기본 점검표]

시스템 개발 사업(구조적/정보공학적 모델)		
시점	감리영역	설명
분석	시스템 아키텍처	운영환경 분석, 요구사항 도출, 요구사항 기반 시스템 아키텍처 도출
분석	응용시스템	업무/시스템 분석, 요구사항 도출, 업무프로세스/이벤트모델링/보안 분석
분석	데이터베이스	업무/데이터 분석, 요구사항 도출, 데이터 모델 도출(엔티티/관계)
설계	시스템 아키텍처	시스템 구조/구성요소 설계, 설치/검증/전환 계획 수립
설계	응용시스템	업무기능, 사용자 및 내/외부 인터페이스 상세 설계
설계	데이터베이스	데이터분산/무결성/성능 고려, DB 상세 설계, DB 구축/전환 계획 수립
구현	시스템 아키텍처	시스템 시험 및 검증 수행
구현	응용시스템	시스템 구현 및 단위 기능 검증
구현	데이터베이스	DB 구현 및 단위 기능 대비 데이터 정합성 검증
시험	시험활동	통합/시스템 시험 및 검증
전개	운영준비	시스템 설치/배포/초기데이터 구축 준비, 사용자 인수 시험 및 검증

문제 2	다음 중 감리계획서의 "감리일정"에 반드시 포함되어야 하는 일정이 아닌 것은? ① 감리 착수회의 ② 현장감리 시행 ③ 감리 중간검토회의 ④ 감리결과 조치내역 확인

카테고리	정보시스템감리 수행 절차>감리계획 수립	난이도	중
		답	③

[문제풀이]

- 감리 중간검토회의는 감리를 수행하는 감리원이 감리의 효율성을 높이기 위해서 수행한다. 하지만 이것을 반드시 해야 하는 것은 아니다.
- 그러므로 감리계획서에 포함되지 않아도 무방하다.
- 감리계획서에는 사업개요, 감리인 편성, 상세 검점항목, 일정 등의 요소가 포함된다.

[감리일정]

- 착수 회의일자
- 현장 감리 기간
- 종료 회의일자
- 감리보고서 통보 일정
- 조치내역 확인에 대한 일정

문제 3	정보시스템 감리기준에 규정된 감리절차와 관련된 다음 설명 중 적합하지 않은 것은?(2개 선택) ① 감리법인은 원칙적으로 착수회의 이전에 감리계획을 수립하여 발주기관 및 피 감리인에게 통보하여야 한다. ② 감리기준의 정보시스템감리 기본 점검표에 없는 항목은 상세점검항목으로 선정할 수 없다. ③ 감리보고서는 종료회의 후에도 수정할 수 있다. ④ 최종감리가 계획된 경우, 중간감리 결과에 대한 조치결과 확인은 최종감리 시에 수행한다.

카테고리	소프트웨어 공학〉소프트웨어 품질〉품질표준	난이도	상
		답	②, ④

[문제풀이]

- 정보시스템감리 기본 점검표는 기본적인 내용을 포함하고 있을 뿐이지 그것이 전부를 이야기하지 않는다. 즉, 프로젝트의 특성 및 사업의 성격에 따라 감리인이 필요한 점검항목을 추가하여도 된다.
- 또한 중간감리 결과에 대한 조치확인은 중간감리 종료보고 이후에 조치확인을 의무적으로 수행한다.

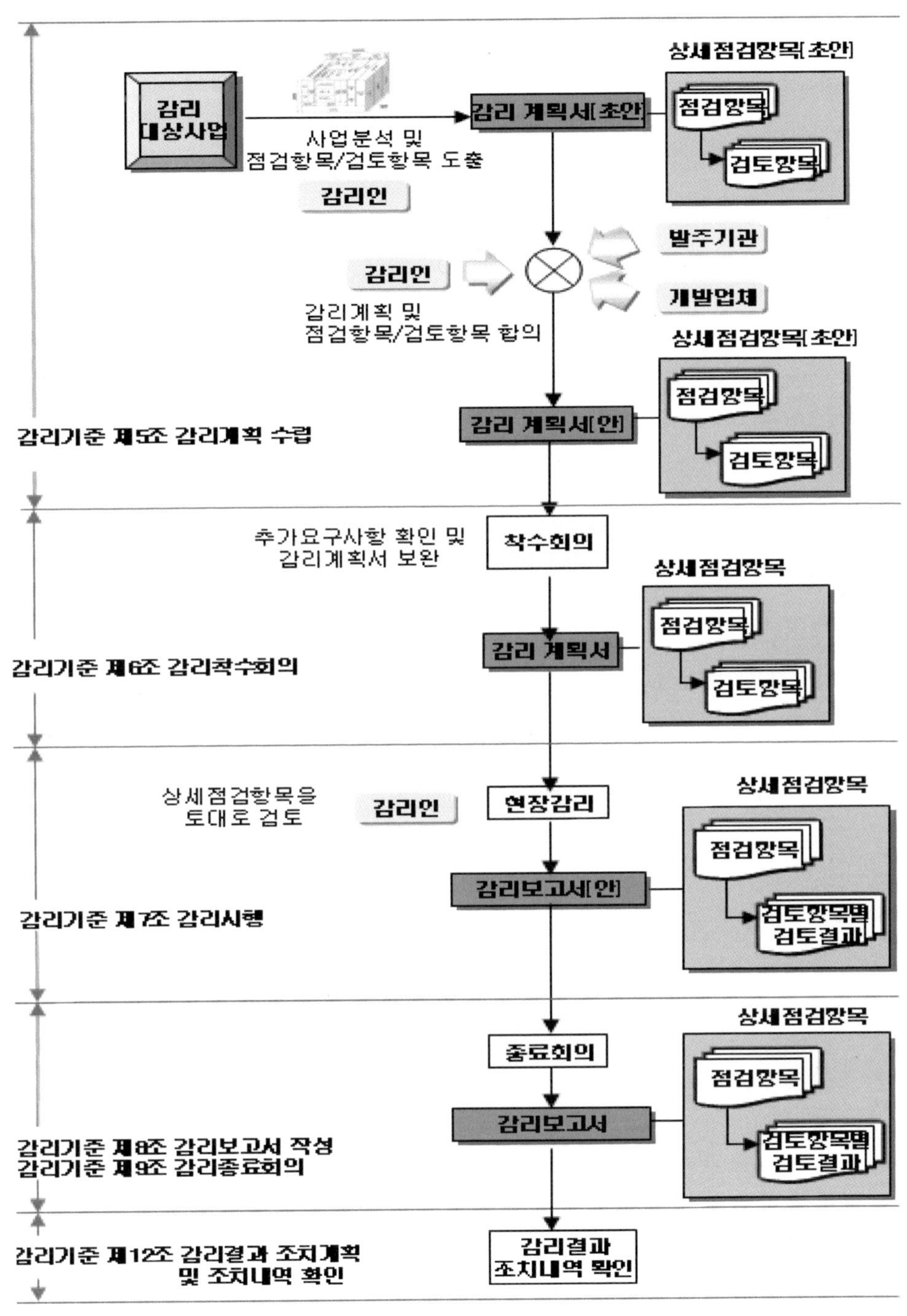
감리
대상사업
사업분석 및
점검항목/검토항목 도출
감리인
상세점검항목[초안]
점검항목
검토항목
감리 계획서[초안]
발주기관
감리인
개발업체
감리계획 및
점검항목/검토항목 합의
상세점검항목[초안]
점검항목
검토항목
감리 계획서[안]
감리기준 제5조 감리계획 수립
추가요구사항 확인 및
감리계획서 보완
착수회의
상세점검항목
점검항목
검토항목
감리 계획서
감리기준 제6조 감리착수회의
상세점검항목을
토대로 검토
감리인
현장감리
상세점검항목
점검항목
검토항목별
검토결과
감리보고서[안]
감리기준 제7조 감리시행
종료회의
상세점검항목
점검항목
검토항목별
검토결과
감리보고서
감리기준 제8조 감리보고서 작성
감리기준 제9조 감리종료회의
감리기준 제12조 감리결과 조치계획
및 조치내역 확인
감리결과
조치내역 확인

문제 4	정보시스템 감리관련 법령 및 기준에 규정된 정보시스템 감리시행에 관한 다음 설명 중에서 틀린 것은? ① 감리원은 감리보고서 작성 시 감리영역별로 적정, 보통, 미흡, 부적정의 평가를 할 수 있다. ② 감리원은 감리보고서 작성 시 감리의 대상범위를 벗어나는 개선권고사항을 포함할 수 없다. ③ 발주기관은 감리법인과 피감리인과의 협의 주선을 지원하고, 피감리인의 감리결과 조치활동 관리 등을 수행하여야 한다. ④ 발주기관은 "필수" 개선권고사항임에도 불구하고, 감리결과에 이견이 있는 경우 조치하지 않을 수 있다.

카테고리	정보시스템감리 수행 절차〉감리보고서 작성	난이도	중
		답	②

[문제풀이]

– 개선권고 사항에서 "권고"라고 하는 것은 사업의 범위를 벗어나는 것으로 감리인이 판단하여 사업을 좀 더 효과적으로 성공시킬 수 있는 사항을 권고하는 것이다.
– 그러므로 개선권고사항에서 권고를 포함할 수가 있다.

[정보시스템 감리기준: 개선권고유형]

1. **필수:** 발견된 문제점 중 사업목표를 달성하기 위하여 반드시 개선해야 할 사항
2. **협의:** 발견된 문제점 또는 발생 가능성이 큰 문제점 중 발주기관과 피감리인이 상호 협의를 거쳐 반영 여부를 결정할 수 있는 사항
3. **권고:** 감리의 대상범위를 벗어나지만 사업목표 달성에 도움이 되는 사항

[정보시스템 감리기준 제8조 제7항]

⑦ 기타 권고사항
1. **적정:** 사업의 성공적인 완수에 영향을 미칠 수 있는 문제점이 발견되지 않았으며, 사업목표 달성이 충분한 상태
2. **보통:** 사업의 성공적인 완수에 영향을 미칠 수 있는 문제점이 발견되었으나 사업 추진전략이나 계획된 자원 내에서 개선할 수 있어 사업목표 달성이 가능한 상태
3. **미흡:** 사업의 성공적인 완수에 영향을 미칠 수 있는 중대한 문제점이 발견되었고, 사업 추진전략이나 계획된 자원의 정비가 선행되어야만 사업목표 달성이 가능한 상태
4. **부적정:** 사업의 성공적인 완수에 영향을 미칠 수 있는 중대한 문제점이 발견되었고, 사업 추진전략이나 계획된 자원 내에서 개선할 수 없어 사업목표 달성이 불가능한 상태

문제 5	정보시스템 감리기준에 따른 감리원 투입공수 및 감리대가 산정에 관한 다음 설명 중에서 틀린 것은? ① 감리원 투입공수는 감리대상사업의 특성, 사업기간 등을 고려하여 조정될 수 있다. ② "소프트웨어사업대가의 기준"에 규정된 "투입인력의 수와 기간에 의한 소프트웨어 개발비 산정방법"에 따라 감리대가를 산정할 수 있다. ③ 감리원 투입일수에는 감리계획수립, 감리조치결과 확인에 필요한 투입일수가 포함된다. ④ 감리대상 사업비는 감리대상사업의 계약금액을 기준으로 산출한다.

카테고리	정보시스템감리 수행 절차〉감리계약 및 감리대가	난이도	중
		답	④

[문제풀이]
- 감리대상사업은 감리대상이 되는 비용 예정가격을 기준으로 사업비를 산출한다.

[감리대가 산정방법]

- 현재시장에서 활용되는 방법 중 발주기관 선택이 원칙임
- 감리 계약 시 피감이인과의 계약금지: 감리 독립성 확보 목적
- **투입공수에 따른 실비정액가산 방식:** 감리비=투입인력*기간*노임단가+제경비+기술료
*노임단가는 소프트웨어 기술자 등급별 노임단가 적용
- **사업비 규모에 따른 요율방식:** 감리비=감리대상 사업비*요율
*기존 한국정보사회진흥원 요율방식 적용

문제 6	개발 위험요인의 위험값(Risk Value)을 계산하기 위하여 고려해야 할 요인은?(2개 선택) ① 위험 가능성(Likelihood) ② 위험 평가(Evaluation) ③ 위험 개수(Number) ④ 위험 충격(Impact)

카테고리	위험관리〉정성적 위험분석	난이도	중
		답	①, ④

– 정성적 위험분석을 묻는 문제이다. 정성적 위험 분석은 식별된 위험의 발생확률 및 영향력을 산정하여 그에 상응하는 위험의 노출도(위험 값)를 산정하여 위험의 우선순위를 결정하는 방식이다.

– 그러므로 문제에서 제시한 ① 위험 가능성(Likelihood), ④ 위험 충격(Impact)이 위험 발생확률과 영향도를 나타내는 것이다.

문제 7	PMBoK(2004)에 따르면, 프로젝트의 규모가 크고 복잡할수록 프로젝트 관리자의 역할이 중요하다고 한다. 다음 중 복잡도가 매우 높고 규모가 매우 큰 프로젝트일 때 가장 중요한 프로젝트 관리영역인 것은? ① 범위관리 ② 위험관리 ③ 일정관리 ④ 통합관리

카테고리	사업관리>통합관리	난이도	중
		답	④

[문제풀이]

– 프로젝트 통합관리는 여러 프로세스를 통합하여 종합적으로 계획을 수립하고 실행하며 산출물을 유지·관리하고 성과를 모니터링 및 컨트롤하기 위하여 프로젝트를 종료하기 위한 과정이다.

– 즉, 프로젝트 규모가 크고 복잡할수록 여러 가지 관리영역의 개별적인 관리에 우선한 종합적인 시각이 가장 중요하다고 할 수 있다.

문제 8	다음 중 각각의 상황에 따른 갈등해결 전략이 올바르게 짝지어진 것은?(2개 선택) ① 자기 의견 관철(Forcing): 매우 중요한 통합된 의견을 도출할 때 ② 상대 의견 수용(Smoothing): 상대로 하여금 실패를 통하여 배우도록 할 때 ③ 양쪽 의견 절충(Compromising): 복잡한 문제의 잠정적인 해결책을 도출할 때 ④ 회피(Withdrawing): 나중을 위해서 신용을 얻고자 할 때		
카테고리	의사소통 관리>갈등해결 전략	난이도	중
		답	②, ③

[문제풀이]

[프로젝트에서의 갈등 해결 전략 유형별 특징]

- 자기 의견 관철(Forcing): 한 입장을 강요하는 방식, 긴급한 결정 필요 시
- 상대 의견 수용(Smoothing): 의견차이보다는 조화와 안정이 필요할 때, 상대로 하여금 실패를 통해 배우도록 할 때, 나중을 위해서 신용을 얻고자 할 때
- 절충(Compromising): 목표는 중요하지만 설득이 힘들다고 판단 되었을때, 복잡한 문제의 잠정적인 해결책을 도출할 때
- 회피(Withdrawing): Lose-Lose, 이슈가 사소할 때
- 문제해결(Problem Solving): Win-Win, 매우 중요한 통합된 의견을 도출할 때

문제 9	프로젝트팀 내의 공식적인 계통과 수직적인 경로를 통해서 의사전달이 이루어지므로 명령과 권한의 체계가 명확한 공식적인 조직에서 주로 사용되는 의사소통 네트워크는? ① Y자형 네트워크(Y-Network) ② 바퀴형 네트워크(Wheel Network) ③ 연쇄형 네트워크(Chain Network) ④ 원형 네트워크(Circle Network)		
카테고리	의사소통 관리>의사소통 네트워크	난이도	중
		답	③

[문제풀이]

- 의사소통 네트워크란 집단 내에 정보가 오가는 길들의 집합 구조를 의미하며 그 유형은 다음과 같다.

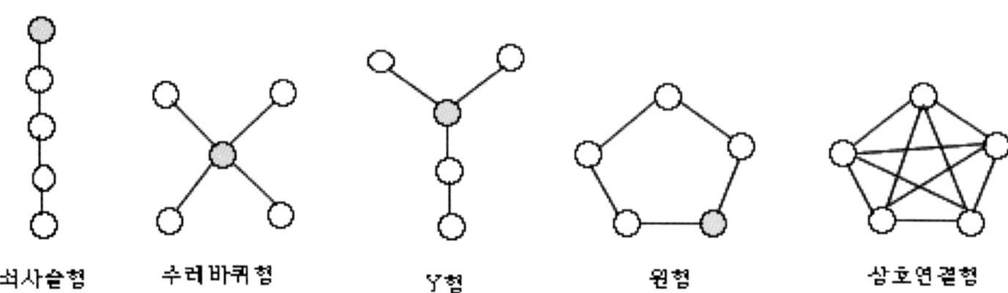

- 경로가 가장 수직적이고 상명 하복 구조의 네트워크 유형은 Chain Network(연쇄형, 쇠사슬형)이다.

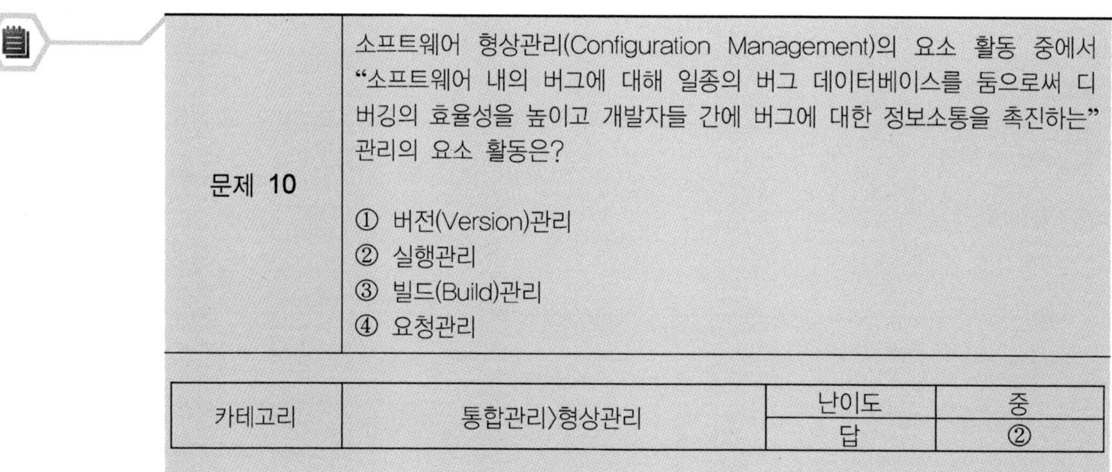

문제 10	소프트웨어 형상관리(Configuration Management)의 요소 활동 중에서 "소프트웨어 내의 버그에 대해 일종의 버그 데이터베이스를 둠으로써 디버깅의 효율성을 높이고 개발자들 간에 버그에 대한 정보소통을 촉진하는" 관리의 요소 활동은? ① 버전(Version)관리 ② 실행관리 ③ 빌드(Build)관리 ④ 요청관리

카테고리	통합관리>형상관리	난이도	중
		답	②

[문제풀이]

- ① 버전(Version)관리: 형상 항목의 변경사항을 관리하는 내용
- ③ 빌드(Build)관리: 소스 코드의 버전을 관리하기 위하여 실행코드 생성의 행위를 관리하는 것
- ④ 요청관리: 형상항목의 변경을 위한 요청사항을 체계적으로 관리·추적하는 활동

<table>
<tr><td rowspan="2">문제 11</td><td colspan="3">프로젝트가 진행됨에 따라 갈등이 나타날 수 있다. 다음 중 프로젝트 시기와 주요 갈등요인이 가장 올바르게 짝지어진 것은?</td></tr>
<tr><td colspan="3">① 전반기–원가, 후반기–프로젝트 우선순위
② 전반기–기술적 옵션, 후반기–일정
③ 전반기–프로젝트 우선순위, 후반기–일정
④ 전반기–일정, 후반기 – 원가</td></tr>
<tr><td>카테고리</td><td>인적자원 관리>갈등관리</td><td>난이도</td><td>중</td></tr>
<tr><td></td><td></td><td>답</td><td>③</td></tr>
</table>

[문제풀이]

[단계별 갈등 유발 요인]

구분	Conceptual	Planning	Implementation	Close-out
단계별 주요 업무	– 목표설정 – 범위확정 – 공식적 권한체계 – Teaming	– WBS – 목표 설정 – Make/Buy결정 – 정보통제시스템	– 계약관리 – 문제식별 – 재계획 – 목표수정 – 상황의 유지	– 운영문제 해결 – 평가 및 보상 – 인원 재조정
주요 갈등 순위	프로젝트우선순위 관리 절차 일정 인력 원가 기술적 옵션 대인관계	프로젝트우선순위 일정 관리 절차 기술적 옵션 인력 원가 대인관계	일정 기술적 옵션 인력 프로젝트우선순위 관리 절차 원가 대인관계	일정 인력 대인관계 프로젝트우선순위 원가 기술적 옵션 관리 절차

*진행단계와 관계없이 갈등을 가장 많이 유발하는 요인은 '일정'이다.

문제 12	소프트웨어 기성관리에서 실제원가(Actual Cost)는 100, 획득가치(Earned Value)는 50, 계획가치(Planned Value)는 70일 경우, 일정차이(Schedule Variance)는? ① 50 ② −50 ③ 20 ④ −20

카테고리	일정관리>기성고	난이도	중
		답	④

[문제풀이]

- SV=EV−PV이므로 주어진 문제에서는 50−70으로 −20이다.
- 기성고의 일정/원가 분석을 위한 수치 계산법은 다음과 같다.

CV(Cost Variance)	비용의 계획과의 차이값 산출: EV−AC 의미: 양수(비용 절감), 음수(비용 초과)
SV(Schedule Variance)	일정의 계획과의 차이값 산출: EV−PV 의미: 양수(일정단축), 음수(일정단축)
CPI(Cost Performed Index)	비용 성과 지수 산출: EV/AC 의미: 1 초과(비용절감), 1 미만(비용초과)
SPI(Schedule Performed Index)	일정 성과 지수 산출: EV/PV 의미: 1 초과(일정 단축), 1 미만(일정 단축)

문제 13	프로젝트관리 계획서의 원가관리 계획 부문에서 정의해야 할 사항과 거리가 먼 것은? ① 정밀도(Precision Level) ② 통제범위(Control Thresholds) ③ 작업의 완성기준(Earned Value Rules) ④ 기회비용(Opportunity Cost)

카테고리	원가관리>원가 계획수립	난이도	상
		답	④

[문제풀이]

- 원가 계획을 물어본 문제이므로 프로젝트 수행 시 소요되는 원가를 산정하고 통제할 계획을 수립하는 작업이다. 그러므로 원가 통제의 범위나 통제를 위한 작업의 완성기준 등은 관련이 있다고 보이지만 기회비용은 프로젝트를 수행하는 입장에서 고려해야 하는 요소가 아닌 프로젝트 포트폴리오를 관리하는 입장에서 프로젝트를 선정하기 위해 고려해야 하는 요소이다.

문제 14	"ISO/IEC 9126 소프트웨어 품질체계"의 품질특성인 신뢰성(Reliability)의 품질 부특성에 속하지 않는 것은? ① 성숙성(Maturity) ② 결함 허용성(Fault Tolerance) ③ 회복성(Recoverability) ④ 정확성(Accuracy)

카테고리	품질관리>품질관련 표준	난이도	중
		답	④

[문제풀이]

- ISO/IEC 9126은 자주 등장하는 항목이면서 헷갈리기 쉬운 부분이다.

[ISO/IEC 9126의 품질특성]

주 특성	설명	부 특성
기능성	– 요구되는 기능을 제공할 수 있는 능력 – 사용자가 요구하는 기능을 충족시키는 정도	적합성, 정확성, 상호호환성, 유연성, 보안성
신뢰성	– 지정된 수준의 성능을 유지할 수 있는 능력 – 명시된 기간/조건에서 정해진 성능을 유지하는 능력	성숙성, 오류허용성, 회복성
사용성	– 사용자로 하여금 쉽게 이해하고 사용할 수 있도록 하는 능력	이해성, 운영성, 습득성
효율성	– 투입된 자원에 대하여 제공되는 성능의 정도 – 요구되는 기능을 수행하기 위해 필요한 자원의 소요 정도	실행효율성, 자원효율성
유지보수성	– 요구사항 및 환경 변화에 따른 소프트웨어 개선, 수정하고자 하는 경우 소프트웨어가 변경될 수 있는 능력	해석성, 안전성, 변경용이성, 시험성
이식성	– 소프트웨어가 다른 하드웨어, 소프트웨어 등의 환경으로 옮겨질 수 있는 능력	적응성, 일치성, 이식작업성, 치환성

문제 15	PMBoK(2004)에 따라 프로젝트에 적합한 품질표준을 정하고 그것을 프로젝트에서 어떻게 달성할 것인가를 계획하고자 한다. 다음 중 가장 적합한 기법은?(2개 선택) ① 검사(Inspection) ② 비용편익분석(Cost- Benefit Analysis) ③ 벤치마킹(Benchmarking) ④ 히스토그램(Histogram)

카테고리	품질관리>품질계획 수립	난이도	중
		답	②, ③

[문제풀이]

– PMBok(2004)에서 제시한 프로젝트 품질계획을 수립할 때 사용할 수 있는 기법은 수익비용분석(Benefit-Cost Analysis), 실험계획법(Design of Experiments), 벤치마킹, 품질원가(Cost of Quality) 등이 있다.

[품질계획 수립 기법]

기법	설명
수익비용 분석	효율적인 품질관리를 위해 품질관리 비용 대비 효과를 분석
벤치마킹	다른 프로젝트의 품질계획과 사례를 참조하여 반영하는 것
실험 계획법	각 요소들의 조합이 제품이나 프로세스의 변수에 어떤 영향을 주는지 분석하여 최적화된 조합을 식별하는 것
품질비용(COQ)	프로젝트의 품질활동에 소요되는 비용을 분석하는 것
기타 기법들	브레인스토밍, 친화도, 명목집단 기법, 흐름도, 우선순위 매트릭스

- 수익비용 분석은 비용편익 분석이라고도 한다.

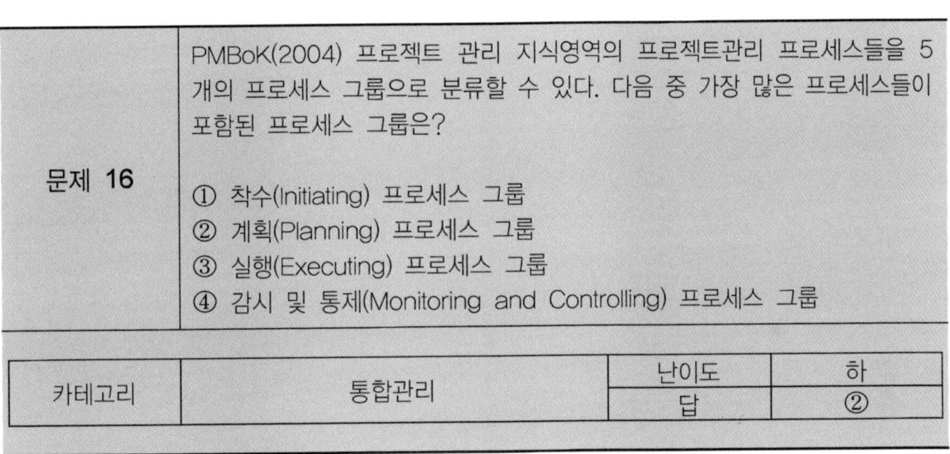

[문제풀이]

- 프로젝트 관리 프로세스 그룹 중 가장 많은 활동을 정의하고 있는 그룹은 계획 프로세스 그룹이다.

| 문제 17 | 품질 확보를 위한 다음의 기법 중에서 품질 문제를 일으키는 핵심 요인 (Vital Few)을 찾아내어 이를 집중적으로 관리하는 기법은?

① 통계적 샘플링 기법(Statistical Sampling)
② 식스 시그마 기법(Six Sigma)
③ 파레토 분석 기법(Pareto Analysis)
④ 품질 통제 도표(Quality Control Charting) |

카테고리	품질관리>품질통제	난이도	중
		답	③

[문제풀이]
– 품질 통제 기법/도구들은 출제 가능성이 높은 분야이다.

[품질 통제 도구]
– **통계적 샘플링 기법(Statistical Sampling)**: 품질통제활동 비용을 최소화할 수 있는 모집단에서의 샘플추출 방법
– **식스 시그마 기법(Six Sigma)**: 통계적인 방식을 이용하여 문제점을 개선하여 6시그마 수준의 품질 수준 확보
– **파레토 분석 기법(Pareto Analysis)**: 결함원인을 빈도수 순으로 Histogram 형태로 표현하여 문제의 핵심 요인을 찾아내어 효율적으로 품질을 개선하기 위한 도구
– **품질 통제 도표(Quality Control Charting)**: 프로세스가 예측할 수 있고 안정적인지 판단하기 위한 도구
– **특성 요인도(Cause Effect Diagram)**: 어떻게 다양한 원인들이 잠재적인 문제 또는 결과를 일으키는 데 관련되는지 보여줌

문제 18	개발자가 사용자와 협력하여 요구사항을 구체화하기 위하여 사용되는 기법 중에 아이디어 축약(Idea Reduction) 기법을 활용할 수 있다. 아이디어 축약의 진행순서는? ① 우선순서 정하기 → 가지치기 → 아이디어 묶기 → 특징정의 ② 아이디어 묶기 → 특징정의 → 우선순서 정하기 → 가지치기 ③ 우선순서 정하기 → 아이디어 묶기 → 가지치기 → 특징정의 ④ 가지치기 → 아이디어 묶기 → 특징정의 → 우선순서 정하기

카테고리	범위관리>범위기획	난이도	상
		답	④

[문제풀이]

- Brainstorming에 관련된 문제이다. Brainstorming은 각자가 아이디어를 내놓아 최선책을 결정하는 창조 능력 개발법이다. 즉, 짧은 시간에 회의실에 모인 모든 사람이 주어진 특정한 주제에 관해 각자가 중요하다고 생각되는 아이디어를 말하는 것이다. 그러면 사회자는 이러한 아이디어들을 정리하고 다음과 같은 절차로 진행한다.
1) 가능한 한 많은 아이디어를 구성원들로부터 도출한다.
2) 상상력을 발휘하며, 상대방의 아이디어를 논쟁하거나 비난하지 않도록 한다.
3) 일단, 정보가 축적되면, 아이디어들을 변형하거나 조합해서 새로운 아이디어를 만든다.
- 아이디어를 변형하거나 조합하기 위한 과정에서 사용하는 것이 아이디어 축약(Idea Reduction) 기법이다. 진행 순서는 먼저 도출된 아이디어를 추려내고, 이를 그룹핑하여, 특징을 정의하고 각각의 우선순위를 정하는 방법을 사용한다.

문제 19	프로젝트를 수행하는 동안 프로젝트 결과물이 품질표준을 만족하고 있는지를 주기적으로 확인하는 활동은? ① 품질보증(Quality Assurance) ② 품질통제(Quality Control) ③ 품질계획(Quality Planning) ④ 품질검토(Quality Review)

카테고리	품질관리>품질통제	난이도	중
		답	②

[문제풀이]

[품질통제와 품질보증의 차이점]

구분	품질통제(QC)	품질보증(QA)
주 활동	– Eliminate Nonconformance – 부적합을 제거하는 활동	– To Ensure – 프로세스 준수를 평가
대상	– 일의 결과(제품, 프로세스, 성과)	– 프로세스 변경, QC의 산출물
핵심 산출물	– 검증된 오류 수정	– 내부 프로세스 개선
주체	– 프로젝트 팀원	– 내·외부 전문 심사자
핵심 도구	– 검토(Inspection)	– 품질심사(Quality Audit)

문제 20	최근에 소프트웨어 프로젝트의 규모와 복잡도가 증가하는 추세에 있으며 다국적화, 다분야화로 인해 더욱 더 효과적인 관리를 위한 프로젝트 조직 구조가 필요하다. 아래 조직 구조 중 이러한 복잡한 프로젝트 수행에 효과적인 형태는? ① 기능 조직(Functional Organization) ② 매트릭스 조직(Matrix Organization) ③ 프로젝트 조직(Projectized Organization) ④ 수평 조직(Horizontal Organization)

카테고리	인적자원 관리>프로젝트 조직	난이도	중
		답	②

[문제풀이]
– 매트릭스 조직의 특징은 다음과 같으며, 규모와 복잡도의 증가에 가장 적합한 구조라고 할 수 있다
1) 명확한 프로젝트의 목표(PM 제시)
2) 효과적인 자원 관리
3) 기능 조직의 지원
4) 자원의 활용 극대화 가능
5) 원활한 협조 체계
6) 정보의 원활한 흐름

문제 21	A 프로젝트 관리자는 최근에 맡은 프로젝트를 주어진 기간 내에 성공적으로 수행할 수 있는지를 걱정하고 있다. 진행 중인 프로젝트의 성과분석에 EVM(Earned Value Management)을 사용하기 위해 측정한 일정성과지수(SPI: Schedule Performance Index)가 0.76일 때, 측정된 값이 의미하는 것으로 옳은 것은? ① 계획된 원가보다 더 사용하고 있다. ② 계획된 일정보다 빠르게 진행하고 있다. ③ 계획된 일정에 비해 76% 정도로 진행하고 있다. ④ 계획된 일정에 비해 24% 정도로 진행하고 있다.

카테고리	일정관리〉기성고 기법	난이도	중
		답	③

[문제풀이]

- SPI(Schedule Performed Index)는 정량적인 성과를 통하여 일정상의 성과 상태를 파악하기 위한 지표이다.
- 산출은 EV/PV를 통해 산출하며, 1 초과(일정 단축), 1 미만(일정 단축)의 의미를 지닌다. 즉, SPI값이 1인 경우 현재 일정 상태는 계획 대비 정상진행으로 해석한다.
- 그러므로 주어진 문제에서 SPI가 0.76이라는 의미는 계획된 일정을 100이라고 했을때 76만큼의 작업이 진행되었다는 의미를 일정 측면에서 설명하는 것이 정답이다.

문제 22	소프트웨어 노력 추정(Effort Estimation)은 소프트웨어 프로젝트의 일정관리와 원가관리를 위한 기초 자료를 제공한다. 다음 중 소프트웨어 노력 추정 방법과 거리가 먼 것은? ① 모수적 모델링(Parametric Modeling) ② 상향식 추정(Bottom- up Estimating) ③ 시뮬레이션 모델링(Simulation Modeling) ④ 유사 추정(Estimating by Analogy)

카테고리	원가관리〉추정 기법	난이도	중
		답	③

[문제풀이]

– SW 추정 방식에는 다음과 같은 것들이 있다.

[SW 추정방법]

기법	설명
유사산정 (Analogous, Top–Down Estimating)	– 보다 효율적이며 전문가 판단에 의한 방법 – 이전 수행 프로젝트 자료 이용 – 정확도는 떨어지나, 착수단계에 사용 가능 – 경영층이 총원가를 분석하고자 할 때 사용
상향식 추정 (Bottom–Up Estimating)	– 가장 정확한 방법, 가장 많은 비용과 시간 필요 – WBS 가장 낮은 단계에서 부터 높은 단계로, 독립적인 활동에 대한 비용을 결정하고 자료를 수집하는 방식 – 참여적 형태의 관리에서 가장효과를 발휘
모수산정 (Parametric Estimating)	– 과거의 풍부한 실제 정보를 수학적으로 분석한 결과에 의한 추정 – 이 방법은 모든 비용이 핵심적인 비용과 비례한다는 가정에 근거

문제 23	"사람들은 외부의 통제나 위협이 없어도 조직의 목적을 위해서 자기 통제와 자기 방향성을 수립한다."는 이론과 관련이 있는 것은? ① 맥그리거의 Y이론 ② 맥클러랜드의 세 가지 욕구 이론 ③ 브룸의 기대 이론 ④ 허즈버그 이론

카테고리	인적자원 관리>프로젝트 팀 개발>동기부여 이론	난이도	항
		답	①

[문제풀이]

– 맥그리거의 XY이론에 따르면 외부의 통제나 위협이 없어도 조직의 목적을 위해서 스스로 움직이는 능동적인 인간형을 Y형 인간이라고 정의하였다. 그러므로 정답은 맥그리거의 Y이론이다.
– 조직 동기부여 이론의 목록은 다음과 같다.

구 분	내 용
McGregor의 X이론, Y이론	X 이론 : 피동적 인간형, 통제, 명령, 상벌 필요, 책임회피, 안전제일주의 Y 이론 : 목표를 행해 전력 ex)목표에 의한 관리
Maslow's theory (욕구 5단계)	하위 욕구가 충족되어야 상위 욕구 추구한다 - 자기실현(self-actualization) : 자아충실, 성장, 학습, 만족 등 - 자아(Esteem) : 성취, 존경, 주목, 감사 - 사회(Social) : 소속, 사랑, 우정, 가족, Affection 등 - 안전(Safety) : 안정, 안전, 보장감 등 - 생리(Physiological) : 의식주, 수면 욕구 등
Herzberg's two factor theory	만족의 반대는 '만족하지 않은 상태'. 불만족이 아니다 불만 야기 요인을 제거하여도 동기 부여되지는 않는다 -위생요인(hygiene factor) : 불만을 야기하는 요인 -동기요인(motivator) : 만족을 유발하는 요인
기대이론 (Expectancy theory)	-동기부여와 직무 만족을 별개로 인식 -보상을 기대하고, 보상이 실제 기대수준과 같으면 더욱 만족하여 동기가 높아짐 -개인이 동기부여를 받기 위한 조건 · 개인이 해당 업무를 성공적으로 수행할 수 있어야 한다 · 성공적으로 수행 시 보상을 받을 수 있다고 믿어야 한다 · 그러한 보상이 개인에게 의미가 있어야 한다

문제 24	PERT를 사용하여 프로젝트를 관리하기 위해서 필요한 정보와 가장 거리가 먼 것은? ① 인력에 대한 정보 ② 활동에 대한 정보 ③ 활동 간의 선후 관계 ④ 활동 소요시간에 대한 정보

카테고리	일정관리>활동별 기간산정	난이도	하
		답	①

[문제풀이]

- PERT는 프로젝트의 일정을 개발하기 위한 기법으로 수행 활동을 정의하고 활동 간의 선후행 관계를 파악하고 활동 소요시간을 파악하여 전체 일정을 개발하는 방식이다. 그러므로 활동 수행에 대한 인력에 관한 정보는 원가 산정을 위한 정보이다.

<table>
<tr><td rowspan="2">문제 25</td><td colspan="2">'이것'은 프로젝트 착수를 공식화하는 문서로서, 프로젝트 외부의 경영층이 승인한다. 다음 중 '이것'에 해당되는 문서는?

① 프로젝트 범위기술서(Project Scope Statement)
② 프로젝트 차터(Project Charter)
③ 프로젝트 관리계획서(Project Management Plan)
④ 일정관리 계획서(Schedule Management Plan)</td></tr>
</table>

카테고리	통합관리〉프로젝트 헌장개발	난이도	하
		답	②

[문제풀이]

- 프로젝트 차터(Project Charter)는 프로젝트의 착수를 공식화하는 문서로서, 다음과 같은 특징을 가진다.
1) 프로젝트 외부의 경영층이 승인해야 함(Project Sponsor or Initiator)
2) 프로젝트에 대한 개략적인 개요, 목표, 예산, 일정, 예산, 조직, 제약조건, 가정, 이해당사자 분석을 포함
3) 범위기술서와 프로젝트 관리 기술서에서 내용이 상세화됨
4) 프로젝트 수행에 필요한 인적, 물적 자원에 대한 자금지원을 공식화함

문제 26	「소프트웨어 사업대가의 기준(정보통신부 고시 제2007-39호)」과 관련된 사항 중 틀린 것은? ① 투입인력의 수와 기간에 의한 소프트웨어개발비 산정은 「엔니지어링 사업대가의 기준」을 준용할 수 있다. ② 투입인력의 직접인건비는 한국소프트웨어산업협회가 조사 및 공표하는 『소프트웨어기술자 등급별 노임단가』를 적용하여 산정한다. ③ 소프트웨어 개발규모 증감조정 및 개발비 사후정산에 대한 기준이 있다. ④ 소프트웨어 개발비 산정은 기능점수 방법과 LOC(Line Of Code) 방법 등을 이용하고 있다.

카테고리	소프트웨어 비용산정〉 소프트웨어 사업대가의 기준	난이도	중
		답	③

[문제풀이]

[소프트웨어 사업대가의 기준 중 소프트웨어 개발비의 산정]

SW개발비 산정방법		산정방법
개발규모에 의한 산정방법	기능점수	(기능점수×기능점수단가×보정계수)+직접경비+이윤
	코드라인 수	(코드라인 수×코드라인단가×보정계수)+직접경비+이윤
투입 인력 수와 기간에 의한 산정 방법		(투입 인력 수×투입기간×기술자등급별단가)+제경비+기술료+직접경비

- 제4조(구분 및 적용방법) ① 소프트웨어개발비의 산정은 개발 규모에 의한 산정방법과 투입인력의 수와 기간에 의한 산정방법으로 구분한다.
② 소프트웨어 개발의 단계 및 공정은 별표 1과 같고, 소프트웨어 사업을 단계별로 나누어 발주하는 경우에는 단계별로 이 기준을 적용한다.
③ 시스템운영위탁의 경우에도 이 기준을 적용할 수 있다.
- 제7조(투입인력의 수와 기간에 의한 소프트웨어 개발비 산정) 투입인력의 수와 기간에 의한 소프트웨어 개발비 산정방식은 엔지니어링 기술진흥법 제10조의 규정에 의한 엔지니어링사업대가의기준(이하 "엔지니어링사업대가의기준"이라 한다)을 준용할 수 있다. 단, 투입인력의 직접인건비는 소프트웨어산업진흥법 시행령 제16조의 규정에 의한 소프트웨어기술자 등급별 노임단가를 적용하여 산정함을 원칙으로 하며, 소프트웨어 기술자의 등급 및 자격기준은 별표 20과 같다.

문제 27	COCOMO Ⅱ 모델은 1981년에 발표된 COCOMO 81 모델을 개선한 것이다. 다음 중 COCOMO Ⅱ 모델의 서브모델이 아닌 것은? ① 응용결합(Application- Composition Model) ② 초기설계 모델(Early Design Model) ③ 재사용 모델(Reuse Model) ④ 컴포넌트 모델(Component Model)

카테고리	SW규모 산정>COCOMO Ⅱ	난이도	중
		답	④

[문제풀이]

[COCOMO Ⅱ 모델의 서브모델]

- **응용결합 모델(Application–Composition Model)**: 시스템이 재사용 가능한 컴포 넌 트, 스크립트 혹은 데이터베이스 프로그래밍으로부 생성되는 것을 가정하며 프로토타입 개발을 추정하기 위한 모델이다. 응용점수를 기초로 소프트웨어 크 기를 추정하고, 필요 한 노력을 추정하기 위해 간단한 크기/생산성 공식을 이용 한다.
- **초기설계모델(Early Design Model)**: 이 모델은 요구사항이 도출된 후 시스템 설계의 초기단계 동안 이용된다. 추정은 소스코드의 라인 수로 변환되는 기능 점수에 기초한다.
- **재사용모델(Reuse Model)**: 이 모델은 재사용 가능한 컴포넌트와 혹은 설계나 프로그 램 변환도구가 자동적으로 생성하는 프로그램 코드의 통합에 필요한 노력을 계산하는 데 이용된다. 포스트 아키텍처 모델과 함께 이용된다.
- **포스트아키텍처 모델(Post–Architecture Model)**: 일단 시스템 아키텍처가 설계 되고 나면 소프트웨어의 크기에 관해 더욱 정확한 추정이 이루어질 수 있다. 비용산정을 위 한 표준공식을 이용하지만, 이 모델은 특히 개인의 능력, 제품과 프로젝트 특성을 반영 하는 승수 7개의 광범위한 집합을 이용한다.

<table>
<tr><td rowspan="2">문제 28</td><td colspan="2">다음 요구사항 분석 모델에 대한 설명으로 틀린 것은?

① 배경 모델(Context Model)에는 아키텍처 모델(Architecture Model)이 포함된다.
② 행위 모델(Behavioral Model)에는 상태 기계 모델(State Machine Model) 등이 있다.
③ 데이터 모델(Data Model)에는 데이터 흐름 모델(Data Flow Model) 및 개체–관계 속성 모델(Entity–Relation Attribute Model)이 있다.
④ 객체 모델(Object Model)에는 클래스 다이어그램(Class Diagram) 등이 있다.</td></tr>
<tr></tr>
<tr><td>카테고리</td><td>소프트웨어 공학〉SW분석/설계</td><td>난이도 / 상
답 / ③</td></tr>
</table>

[문제풀이]

[요구사항 분석 모델]

- **컨텍스트 모델**: 요구사항 추출과 분석 프로세스의 초기 단계에서 시스템의 경계를 결정, 시스템과 시스템을 둘러싼 환경을 구분. 아키텍처 모델, 프로세스 모델
- **행위 모델**: 시스템의 행위에 관한 모델. 데이터 흐름 모델(데이터가 시스템에 의해서 어떻게 처리되는지 표현), 상태기계 모델(시스템이 내·외부 이벤트에 어떻게 반응하는지 표현)
- **데이터 모델**: 의미적 데이터 모델(시스템에서 처리될 데이터의 논리적 형태를 정의), 개체 관계 모델, 데이터 사전
- **객체 모델**: 시스템의 개체가 어떻게 분류되고 다른 개체와 어떻게 구성되는지를 표현, 데이터 흐름모델과 의미적 데이터 모델의 결합

<table>
<tr><td rowspan="2">문제 29</td><td>ITGI(IT Governance Institute)에서 제시하는 IT거버넌스(Governance)의 영역들이다. 다음 중에서 해당되지 않는 것은?</td></tr>
<tr><td>① 전략적 연계(Strategic Alignment)
② 가치 제공(Value Delivery)
③ 위험 관리(Risk Management)
④ 프로그램 관리(Program Management)</td></tr>
</table>

카테고리	IT 거버넌스	난이도	중
		답	④

[문제풀이]

[ITGI의 IT거버넌스 도메인 영역]
- **전략적 연계(Strategic Alignment)**: 비즈니스 전략과 IT 솔루션 연계, 경영의 효과성과 운영의 효율성 추구
- **가치전달(Value Delivery)**: 최적화된 IT 서비스 전달, 실시간 의사결정 지원정보 전달
- **자원관리(Resource Management)**: IT 서비스 수준관리와 IT 서비스의 합리적 대가 산정, IT 자원 활용 극대화
- **성과측정(Performance Measurement)**: 프로젝트 산출물, 서비스 모니터링 균형 관점(BSC)의 무형자산의 성과 측정
- **위험관리(Risk Management)**: IT 자산의 보호와 재난 복구, IT 인프라 및 정보 자산의 위험관리

<table>
<tr><td rowspan="2">문제 30</td><td>요구공학에서 요구사항을 명확하게 정의하기 위해 사용되는 정형명세(Formal Specification)에 대한 설명 중 가장 적합하지 않은 것은?</td></tr>
<tr><td>① 비정형 명세에 비해서 누락(Omission), 불일치(Inconsistency) 검사가 쉽다.
② 비정형 명세에 비해서 표현이 간결하다.
③ 사용자 인터페이스와 상호작용을 명세하는 것에 가장 적합하다.
④ 정형 명세는 수학적 개념에 기초한다.</td></tr>
</table>

카테고리	소프트웨어 분석/설계〉요구공학	난이도	중
		답	③

[문제풀이]

[요구사항 정형 명세]
- 요구사항의 어휘, 구문, 의미가 수학적 개념(집합론, 논리와 대수 분야)에 의거 정형적으
  로 표현된 명세
- 엄격하고 상세한 분석을 통해 프로그램의 오류를 줄여 SW의 품질을 향상시킬 수 있지
  만 SW의 신속한 인도 및 적시성이 요구되는 SW에는 부적합
- 또한 정형기법은 사용자 인터페이스와 사용자 상호작용을 지정하는 데는 적합하지 않음
- 정형 기법은 확장성이(시스템의 크기가 증가함에 따라 정형명세를 개발하기 위해 필요
  한 노력과 시간이 급격하게 증가) 떨어져서 비교적 규모가 작은 중요한 커널시스템 개
  발 프로젝트에 활용

| 문제 31 | 다음 중 「정보시스템의 효율적 도입 및 운영 등에 관한 법률」 제6조(정보기술아키텍처의 도입·운영의 촉진)에 의거하여 정부에서 개발한 "범정부 데이터 참조모형(V1.0)"의 프레임워크 5대 구성요소가 아닌 것은?

① 데이터 표준
② 데이터 구조
③ 데이터 분류
④ 데이터 교환 |

카테고리	ITA/EA〉참조모델	난이도	중
		답	①

[문제풀이]

[범정부 데이터 참조 모형의 5대 구성 요소]

- 데이터 개괄 모델: 범기관 업무에서 관리하는 데이터를 분류하고 데이터 영역 간의 관계를 도식화한다.
- 데이터 분류: 관리 범위 내의 모든 데이터를 분류하고 데이터 구조의 요소와 매핑하며, 매핑된 정보를 이용한 다양한 검색 기능을 제공한다.
- 데이터 구조: 범위 내의 모든 데이터 요소와 요소 소유주, 표준화 항목 정의 요소 간 관계 및 정보를 저장한다.
- 데이터 교환: 기관 간 데이터 요소 교환을 위한 사전 정의 대상, 교환구조, 메시지 방식 정의, 교환 내역 관리 등을 포함한다.
- 데이터 관리기준: 데이터 품질, 표준화, 보안등의 유지를 위한 데이터 관리 정책 및 규칙, 프로세스, 조직 구조를 정의한다.

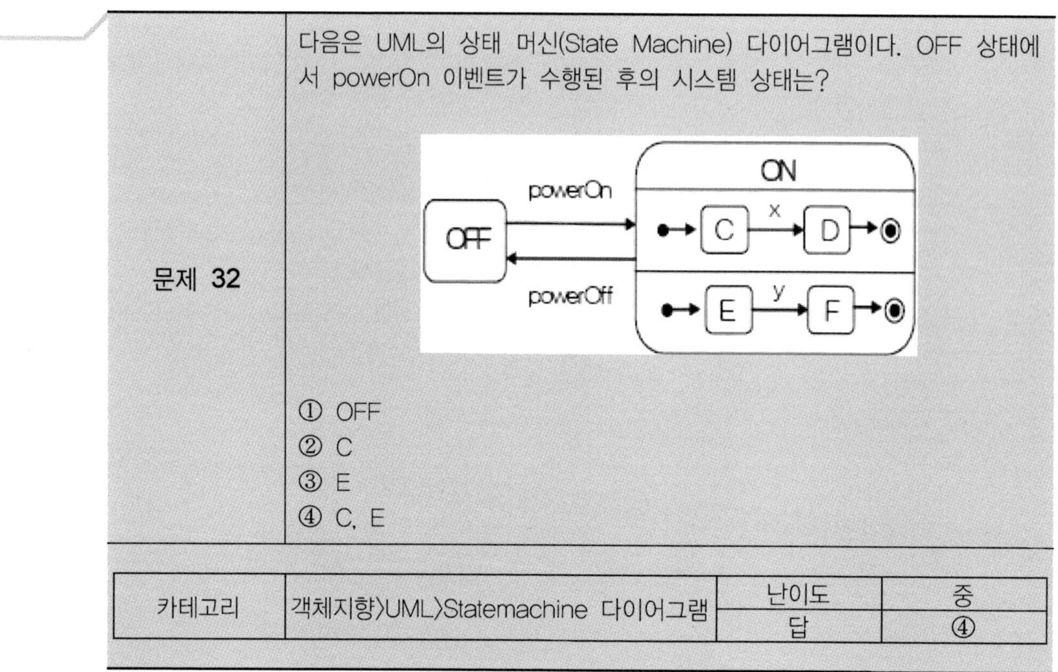

카테고리	객체지향〉UML〉Statemachine 다이어그램	난이도	중
		답	④

[문제풀이]

[Statechart Diagram]

- 어느 하나의 객체(혹은 클래스)에 주목하여 그 객체의 lifte time 행위, 상태 변화를 나타낸 다이어그램
- 외부에서의 자극에 대한 어느 객체의 반응모습을 표현
- 각에 원형이 있는 장방형 박스가 상태(State), 박스와 박스를 연결하는 화살표선이 상태전이(Transition)를 나타낸다.
- 화살표 방향은 상태전이 방향을 나타낸다. 까만 원형 아이콘은 시작상태(Starting point), 이중원형 아이콘은 종료상태(endpoint)를 나타낸다.
- 상태의 변화는 Transition을 따라 이루어지며, Transition에는 Label은 해당 Transition이 활성화되는 조건이 기술된다.

[동시 직교 상태 (Orthogonal State)]

- 알람시계에 현재시각이 표시되고, CD나 라디오를 플레이할 수 있는 상황을 표현
- CD/라디오와 현지시각/알람시각은 동시에 선택 가능

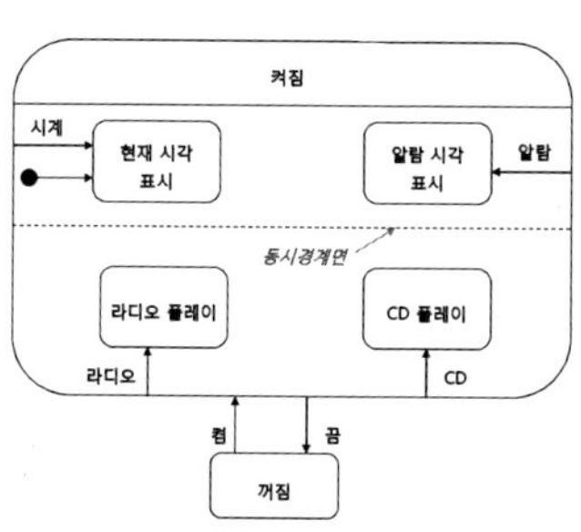

<table>
<tr><td rowspan="2">문제 33</td><td>다음 중 컴포넌트 아키텍처라 볼 수 없는 것은?

① CORBA 3.0
② .NET과 ActiveX
③ J2EE와 JavaBean
④ UML 2.0</td></tr>
</table>

카테고리	객체지향〉Component	난이도	하
		답	④

[문제풀이]

– UML(Unified Modeling Language)은 시스템을 가시화, 명세화, 문서화, 구축하는 OMG표준 그래픽 모델링 언어(표기법)이다.

<table>
<tr><td rowspan="2">문제 34</td><td>다음은 CMMI의 단계적 표현방법(Staged Representation)에 대한 설명이다. 해당하는 성숙단계는?

– 조직 표준 프로세스를 정의해야 한다.
– 조직 표준 프로세스에 따라 각종 계획서를 작성해야 한다.
– 작성된 계획서에 따라 해당 프로세스를 수행해야 한다.
– 수행결과를 바탕으로 조직 프로세스 자산을 지속적으로 개선해야 한다.

① 관리(Managed) 단계
② 정의(Defined) 단계
③ 정량적 관리(Quantitatively Managed) 단계
④ 최적화(Optimizing) 단계</td></tr>
</table>

카테고리	SW품질〉CMMI	난이도	중
		답	②

구분	Level	내용
Initial	1	프로세스가 예측불가능하고 통제 취약한 수준
Managed	2	프로젝트 차원의 프로세스 관리
Defined	3	조직적 표준 프로세스 수립 및 이행
Quantitatively Managed	4	정량적인 프로세스 측정 및 통제 관리
Optimizing	5	프로세스 지속적 개선과 기술혁신

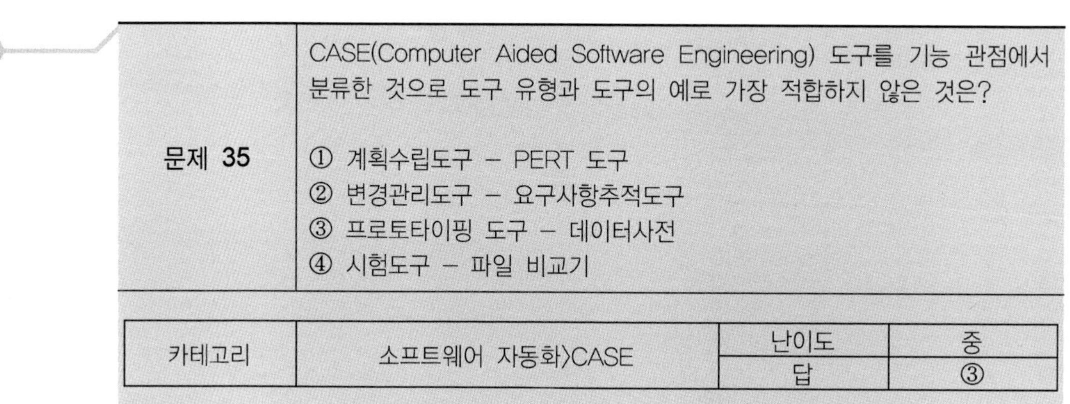

문제 35	CASE(Computer Aided Software Engineering) 도구를 기능 관점에서 분류한 것으로 도구 유형과 도구의 예로 가장 적합하지 않은 것은? ① 계획수립도구 – PERT 도구 ② 변경관리도구 – 요구사항추적도구 ③ 프로토타이핑 도구 – 데이터사전 ④ 시험도구 – 파일 비교기

카테고리	소프트웨어 자동화>CASE	난이도	중
		답	③

[문제풀이]

[기능에 따른 CASE 분류]

도구 유형	사례
계획수립 도구	PERT도구, 평가 도구, 스프레드시트
편집 도구	텍스트 편집기, 다이어그램 편집기, 워드프로세서
변경 관리 도구	요구사항 추적 도구, 변경 관리 도구
형상 관리 도구	버전 관리 도구, 시스템 구축 도구
프로토타이핑 도구	고급 언어, 사용자 인터페이스 생성기
방법 지원 도구	설계 편집기, 데이터 사전, 코드 생성기
언어 처리 도구	컴파일러, 인터프리터
프로그램 분석 도구	교차 참조 생성기, 정적 분석기, 동적 분석기
시험 도구	시험 데이터 생성기, 파일 비교기
디버깅 도구	대화식 디버깅 도구
문서화 도구	페이지 설계 프로그램, 이미지 편집기
재공학 도구	교차 참조 시스템, 프로그램 재구조화 시스템

문제 36	다음은 어떤 테스트 유형에 대한 설명인가? • 완성된 시스템에 대한 시험으로 시스템이 사용될 준비가 다 되었는지를 확인하는 것이다. • 시스템의 개발 범위와 목표에 부합하는지, 시스템의 요구사항을 모두 만족하는지를 검사한다. • 경우에 따라서 사용될 환경에 설치하여 사용자가 직접 사용하면서 시험하는 경우도 있다. ① 성능 테스트(Performance Test) ② 단위 테스트(Unit Test) ③ 배치 테스트(Deployment Test) ④ 인수 테스트(Acceptance Test)

카테고리	소프트웨어 분석/설계〉SW테스트	난이도	하
		답	④

[문제풀이]

- **성능테스트**(Performance Test): 응답속도, 처리량, 처리 속도 등과 같은 소프트웨어의 목표 성능을 테스트한다.
- **단위테스트**: 각 단위(모듈, Subroutine)를 테스트하거나 다른 모듈과의 연관관계 없이 테스트하는데 일반적으로 개발자가 테스트(Black Box Testing, White Box Testing)한다.
- **배치테스트**: 소프트웨어 기능상의 오류를 발견하기 위해서 하는 시험이 아니라, 소프트웨어를 사용자 환경에 맞도록 설치하는 과정에서 나타날 수 있는 결함을 발견하기 위해서 하는 테스트를 말한다.
- **인수테스트**: 구현된 시스템이 사용자 측 관점에서 볼 때, 원래의 요구 사항들을 얼마나 만족시키고 있는가를 평가하는 것이다.
1) **알파테스트**(Alpha Test): 특정 사용자들에 의해 개발자 위치에서 실행되는 테스트로 일반적인 사용 환경에서 이 사용자가 소프트웨어를 실행시키면서 사용상의 문제를 기록할 때 개발자들은 어깨 너머로 바라보는 역할만 수행
2) **베타테스트**(Beta Test): 선정된 여러 사용자들이 자신들의 사용 환경에서 일정 기간 동안 사용해 보면서 문제점들을 기록하고 나중에 반영될 수 있도록 개발 조직에게 통보하는 테스트

<table>
<tr><td rowspan="2">문제 37</td><td colspan="2">다음은 회사의 임금관리 시스템 요구사항의 일부분이다. 이 시스템을 블랙박스 테스트의 동치 분할(Equivalence Partitioning) 기법으로 테스트하고자 한다. 가장 적절한 테스트 입력값의 집합은?

사원을 구분하기 위해 사원번호는 4자리의 정수로 이루어진다.
1로 시작하는 번호(1xxx)는 임원을 나타내고, 2로 시작하는 번호(2xxx)는 본사에 근무하는 직원, 3으로 시작하는 번호(3xxx)는 연구소에 근무하는 직원, 그 외 4자리 번호들은 미지정으로 남겨둔다.

① {1000, 2000, 3000}
② {1000, 2000, 3000, 4000}
③ {100, 1000, 2000, 3000, 5000, 10000}
④ {999, 1000, 2000, 3000, 4000, 9999}</td></tr>
<tr><td>카테고리</td><td>SW테스트〉블랙박스 테스트〉동치분할</td></tr>
</table>

카테고리	SW테스트〉블랙박스 테스트〉동치분할	난이도	중
		답	③

[문제풀이]

[동치 분할 기법]
- 프로그램의 입력영역을 테스트 사례가 유도 될 수 있는 자료 형태의 유형들로 나누는 테스트 기법
- 입력조건을 2개 이산의 균등유형으로 분할하여 테스트케이스를 설계하는 지침에 따르는 테스트 방법

[동치분할 사례]

입력조건	유효 균등 유형	무효 균등 유형	전체테스트 유형수
성별의 구분은 1(남)이나 2(여)를 선택한다	성별이 1 또는 3중에 하나	성별이 1 또는 2가 아닌 경우	2
학급의 범위는 1~9반이다	1≦학급번호≦9	학급번호〈1, 학급번호〉9	3
성적은 숫자다	성적은 0~9 사이 숫자로 구성	성적은 공백이나, 숫자가 아닌 경우	2

<table>
<tr><td rowspan="2">문제 38</td><td colspan="3">소프트웨어 형상관리(Configuration Management)에 대한 설명으로 가장 적합하지 않은 것은?

① 프로그램 변경을 관리하는 것으로 설계서, 소스코드, 목적코드뿐만 아니라, 프로젝트 계획서, 분석서, 테스트 케이스, 회의록 기안 등이 대상이 된다.
② 형상관리가 제대로 되어 있으면 유지 보수가 쉬워진다.
③ 소프트웨어 변경 승인은 개발자가 결정한다.
④ 형상관리는 대상 항목에 대한 베이스라인을 정하여 현재의 상태를 관리한다.</td></tr>
<tr><td>카테고리</td><td>프로젝트 관리>SW형상관리</td></tr>
</table>

카테고리	프로젝트 관리>SW형상관리	난이도	하
		답	③

[문제풀이]

– 소프트웨어의 변경승인은 개발자가 결정하는 게 아니라 **형상변경통제위원회(CCB: Configuration Control Board)**에서 결정한다.

영역	정의
기준선(Baseline)	•각 형상항목들의 기술적 통제시점, 모든 변화를 통제하는 시점의 기준
형상 항목 (Configuration Item)	•프로젝트에서 공식적으로 정의되어 관리되는 모든 대상 •문서, 프로그램, 데이터 등
형상물 (Configuration Product)	•형상 항목의 실제 대상 컨텐츠로서, 기술문서, HW제품, SW제품 등 •기술 문서 : 분석/설계 관련 산출물, 각종 매뉴얼 등 •개발 TOOL : 컴파일러, 링커, 함수/라이브러리 등 •Source Code : Source Module, JCL, Compile Option, Object Module, Load Module, 실행파일
형상버전	•기준선을 설정한 후 일어난 변경 기록. 변경허가에 의해 변경 시 버전 갱신 •식별명과 버전으로 시스템 구성요소를 하나로 식별함

<table>
<tr><td rowspan="2">문제 39</td><td>정보기술아키텍처의 업무참조모델(BRM: Business Reference Model)에 대한설명 중 가장 적절한 것은?</td></tr>
<tr><td>① 특정 기관의 업무 기능을 정의한 참조모델
② 기업조직계층에 독립적으로 업무 성과를 정의한 참조모델
③ 업무수행과 목표달성을 지원하는 서비스 요소를 분류하기 위한 기능 중심의 참조모델
④ 업무와 서비스 구성요소의 전달과 교환, 구축을 지원해 주는 표준, 명세, 기술요소를 기술하기 위한 참조모델</td></tr>
</table>

카테고리	ITA/EA〉참조모델	난이도	중
		답	①

[문제풀이]

[업무참조모델(BRM: Business Reference Model)]
- 특정기관의 독립적인 업무 기능을 중심으로 정의한 참조 모델이다. 업무 참조 모델은 조직과 무관한 기능위주의 접근이며, 다른 아키텍처를 정의하는 기준을 활용될 수 있다. 업무 참조 모델에 정의된 업무 단위는 특정기관에 의해 수행되는 것이라기보다는 기관이 어떤 목적으로 어떤 내용의 일을 수행하든, 그 업무는 여기에 정의된 업무 단위로 묘사될 수 있다.
- 서로 다른 기관들이 유사한 업무를 수행하고 있는지를 파악할 수 있어, 유사 업무를 지원하는 시스템을 개발할 경우에 기관이 공동으로 활용할 수 있다. 업무 참조 모델은 다른 기관이 수행하는 프로젝트 중에서 비슷한 내용을 검색하여 그 내용을 참조할 수 있다.

문제 40	다음의 클래스 다이어그램에 따른 샘플 소스코드 중 올바른 것을 모두 고른 것은? 가. A a1 = new A(); 나. A a2 = new C(); 다. B b1 = new A(); 라. B b2 = new D(); ① 가 ② 가, 다 ③ 가, 나, 라 ④ 가, 나, 다, 라

카테고리	객체지향방법론>UML>클래스 다이어그램	난이도	중
		답	③

[문제풀이]

- 상속관계에서 자식 클래스는 부모 클래스 타입에 치환이 가능하다. 하지만 그 역은 성립되지 않는다.

문제 41	SPICE(ISO/IEC 15504)에 대한 설명으로 틀린 것은? ① 소프트웨어 프로세스 평가를 위한 포괄적인 프레임워크이다. ② SPICE는 프로세스 개선을 위한 프로세스 능력 평가에 활용할 수 있다. ③ 엔지니어링 프로세스 범주는 시스템과 소프트웨어 제품을 직접 명세화, 구현, 유지 보수하는 프로세스로 구성된다. ④ 조직 프로세스 범주는 소프트웨어를 개발하여 고객에게 전달하는 것을 지원하고, 소프트웨어를 정확하게 운용하고 사용하도록 하기 위한 프로세스로 구성되어 있다.

카테고리	SW품질>SPICE	난이도	중
		답	④

[문제풀이]

- SPICE는 소프트웨어 조달, 공급, 개발, 운영, 유지보수, 지원 활동에 대한 계획, 관리, 감시, 통제, 개선에 관여하는 조직에서 사용할 수 있는 프로세스 평가모형이다.

구분	프로세스 속성	주요 내용	심사지표
최적화(Optimized)	- 계속적 개선 - 프로세스 변경	프로세스의 지속적 개선	- 최적화와 지속성
예측(Predictable)	- 프로세스 통제 - 프로제스 측정	프로세스의 정량적 이해 및 통제	- 정량적 관리
표준(Established)	- 프로세스 지원 - 프로세스 정의	표준 프로세스 사용하여 계획되고 관리됨	- 체계적 관리
관리(Managed)	- 작업산출물 관리 - 수행관리	프로세스 수행의 계획 및 관리로 산출물이 표준과 요구에 부합함	- 기본수행 - 관리수행
수행(Performed)	- 프로세스 수행	- 프로세스 수행 및 목표 달성 수준 - 해당 프로세스의 목적은 달성하지만, 계획되거나 추적되지 않음	- 기본 Practice - 작업산출물 특성
초기(Incomplete)	- 프로세스가 구현되지 않았거나, 목표를 달성할 수 없음		

문제 42	기능점수 산정방식 중에서 소프트웨어 규모를 산정하기 위한 항목으로 틀린 것은? ① 외부 입력(External Input) ② 내부 출력(Internal Output) ③ 논리적 내부파일(Internal Logical File) ④ 외부 조회(External inQuiry)

카테고리	SW규모 산정>FP	난이도	중
		답	②

[문제풀이]

[FP측정의 구성요소]

구분	구성요소	설명
데이터 기능	ILF(Internal Logical File)	– 데이터 기능 측정 요소로서 사용자가 식별할 수 있는 논리적 데이터 그룹 또는 제어정보로 애플리케이션 경계 내부에서 유지
	EIF(External Interface File)	– ILF와 같이 사용자가 식별가능한 정보로 외부 다른 애플리케이션의 경계 내에 유지
트랜잭션 기능	EI(External Input)	– 트랜잭션 기능 측정 요소로서 애플리케이션 외부에서 들어오는 데이터 또는 제어정보를 처리하는 단위 프로세스
	EO(External Output)	– 애플리케이션 외부로 내보내는 단위 프로세스
	EQ(External inQuery)	– EO와 비슷하나 처리 로직, 수학 공식 등을 포함하지 않는 단위 프로세스 – EO와 EQ는 계산, 파생데이터를 포함할 수 있느냐 또는 데이터나 시스템의 동작을 변경할 수 있느냐에 따라 구분됨

문제 43	아래의 기능을 주어진 클래스 다이어그램에 따라 시퀀스 다이어그램으로 나타내고자 한다. 시퀀스 다이어그램에서 잘못된 부분은? – 객체 b:B는 객체 a:A에서 기준값을 받아, 객체 c:C를 생성하여 복잡한 연산을 대신 수행시킨다. 마지막에는 생성된 객체 c:C를 소멸시킨다.

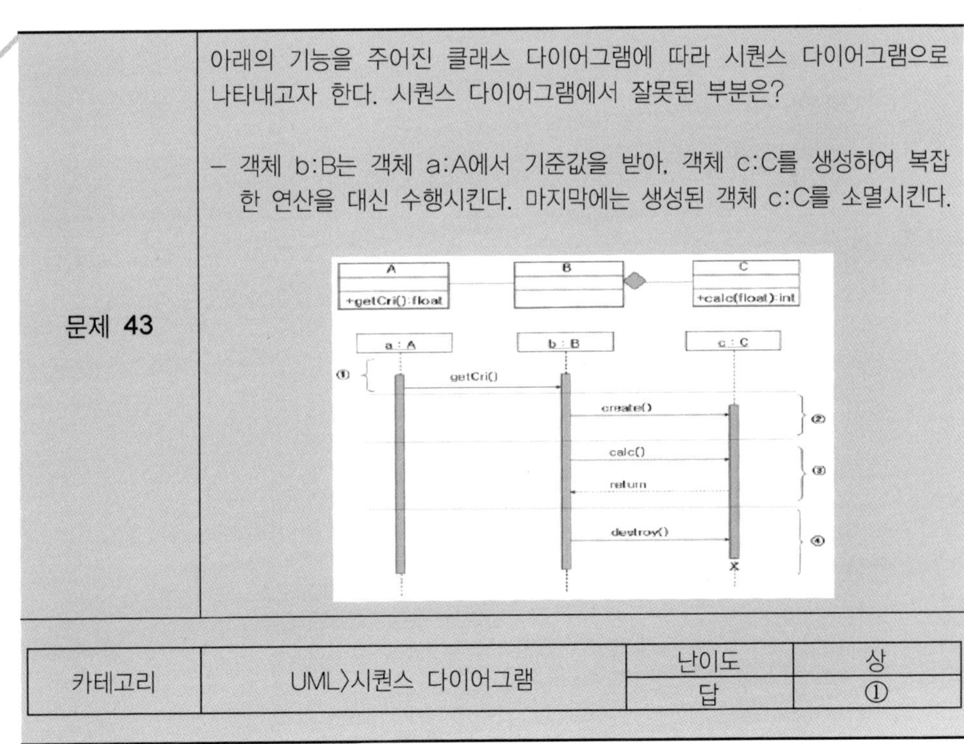

카테고리	UML〉시퀀스 다이어그램	난이도	상
		답	①

[문제풀이]

– getCri 오퍼레이션의 responsibility는 B클래스가 아닌 A클래스인데, 시퀀스 다이어그램

에는 B클래스가 getCri오퍼레이션의 responsibility를 갖고 있는 것으로 작성되었다.

문제 44	MDA(Model Driven Architecture)에 대한 설명 중 틀린 것은? ① MDA는 점진적 모델 변환을 통해 소프트웨어 개발을 자동화하려는 컴퓨팅 방식이다. ② PSM(Platform Specific Model)이 PIM(Platform Independent Model)으로 변환되고, PIM에서 소스코드가 생성되어 자동화가 이루어진다. ③ 분석 및 설계 모델의 재사용을 통해 다양한 개발 플랫폼에 맞는 소프트웨어를 개발할 수 있다. ④ MDA를 통해 소프트웨어 개발 생산성과 유지보수성을 높일 수 있다.

카테고리	소프트웨어 분석/설계〉MDA	난이도	중
		답	②

[문제풀이]

– PIM(platform Independent Model)이 PSM(Platform Specific Model)으로 변환된다.

[MDA 처리흐름도]

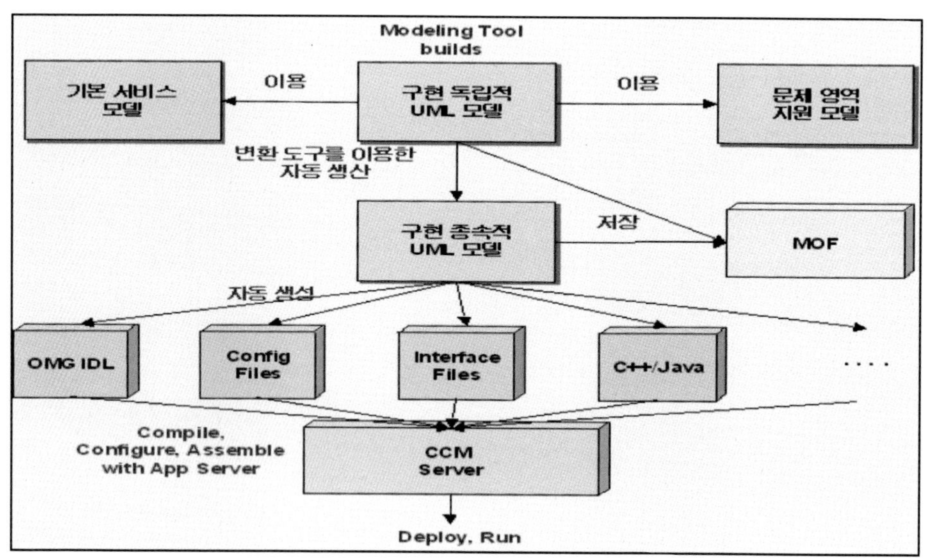

<table>
<tr><td rowspan="2">문제 45</td><td colspan="2">프로젝트 초기에 요구사항이 애매한 시스템 개발에 적용하기에 가장 적합하지 않은 소프트웨어 생명주기 모델은?</td></tr>
<tr><td colspan="2">① 폭포수(Waterfall) 모델
② 프로토타입(Prototype) 모델
③ 나선형(Sprial) 모델
④ XP(eXtreme Programming)</td></tr>
<tr><td>카테고리</td><td>SW생명주기 모델〉SDLC 종류</td><td>난이도
답</td><td>하
①</td></tr>
</table>

[문제풀이]
- 폭포수 모델은 초기에 요구사항을 완벽하게 도출하기 어렵다는 단점이 있다.

[폭포수 모델의 장단점]

장점	단점
- 가장 오래되고 폭넓게 사용(사례 풍부) - 전체과정이 이해하기 용이 - 프로젝트 관리 용이(진행과정 세분화) - 기술적 위험이 작고, 경험이 많아 비용, 일정예측이 용이한 경우 적합 - 문서 등의 관리와 적용이 용이	- 대부분 실제 프로젝트에서는 엄격한 순차적 진행이 어려움 - Too Late Working Version(사용자 피드백에 의한 반복 단계 적용이 불가능) - 초기에 고객 요구사항 정의가 어려움 - 중요 문제점 발견 지연(후반부에 구체화) - 이전 단계 종결되어야 다음 단계를 수행 - 초기 단계 강조 시 코딩, 테스트 지연

<table>
<tr><td rowspan="2">문제 46</td><td>동사무소에서 사용하는 주민등록의 세대와 구성원 간의 관계를 가장 잘 표현한 클래스 다이어그램은?</td></tr>
<tr><td>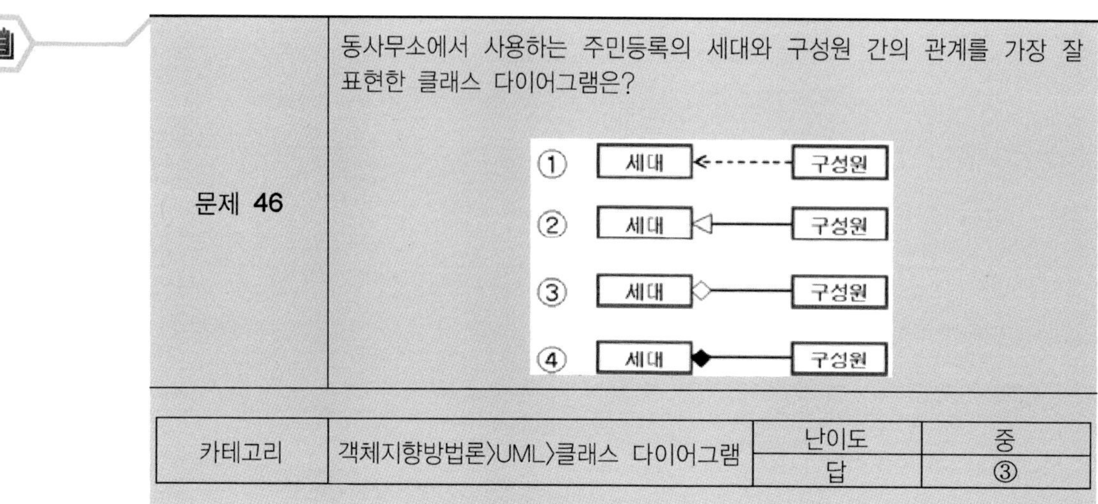</td></tr>
</table>

카테고리	객체지향방법론〉UML〉클래스 다이어그램	난이도	중
		답	③

[문제풀이]

- ①번: 구성원 클래스가 세대 클래스에 의존관계(독립사물의 변경이 종속사물에 영향을 끼치는 관계) –〉 잘못됨
- ②번: 구성원 클래스 간 세대 클래스 간 일반화 관계(구성원 클래스가 세대 클래스를 상속받음) –〉 잘못됨
- ③번: 세대 클래스와 구성원 클래스 간 포함관계(전체와 부분 간의 관계), 세대 클래스와 구성원 클래스 간 생명주기 불일치 –〉 올바름
- ④번: 세대 클래스와 구성원 클래스 간 포함관계(전체와 부분 간의 관계), 세대 클래스와 구성원 클래스 간 생명주기 일치 –〉 잘못됨

<table>
<tr><td rowspan="2">문제 47</td><td>"범정부 정보기술아키텍처(ITA) 산출물 메타모델 정의서"에 있는 산출물 중 책임자 관점에 속하는 것은?</td></tr>
<tr><td>① 개념 데이터 관계도
② 논리 데이터 모델
③ 데이터 구성도
④ 물리 데이터 모델</td></tr>
</table>

카테고리	ITA/EA〉참조모델	난이도	중
		답	①

[문제풀이]

[EA 매트릭스]

관점	비즈니스 아키텍처	애플리케이션 아키텍처	데이터 아키텍처	기술 아키텍처
계획자 (개괄적)	− 전사 사업 모델 − 조직 모델 − 비즈니스 전략	− 전사 애플리케이션 영역 모델 − 애플리케이션 원칙	− 전사 데이터 영역 모델 − 데이터 원칙	− 전사 기술영역 모델 − 기술참조 모델
책임자/분석자 (개념적)	− 업무기능 모델	− 애플리케이션 모델 − 애플리케이션 표준	− 개념데이터 모델 − 데이터 표준	− 표준 프로파일
설계자 (논리적)	− 프로세스 모델	− 컴포넌트 모델	− 논리 데이터 모델	− 기술 아키텍처 모델
개발자 (물리적)	− 업무 매뉴얼	− 프로그램 목록	− 물리 데이터 모델 − 데이터베이스 객체	− 기술자원 목록 − 제품 목록

문제 48	중재자(Mediator) 패턴, MVC(Model/View/Controller) 아키텍처, UML 시퀀스 다이어그램(Sequence Diagram) 간의 관계에 대한 설명 중 틀린 것은? ① 중재자 객체는 MVC 아키텍처의 Controller에 해당한다. ② 중재자 객체는 시퀀스 다이어그램 상에서 참여하는 객체들 간의 메시지 교류를 통제/지휘한다. ③ MVC 아키텍처의 View 객체들은 시퀀스 다이어그램에 나타나지 않고, Controller와 Model 객체들만 시퀀스 다이어그램의 참여 객체들로 나타난다. ④ 중재자 패턴과 MVC 아키텍처에서 추구하는 기본 개념은 Control 객체들과 Entity 객체들의 역할을 구별하는 것이다.

카테고리	디자인패턴, 아키텍처 스타일, UML	난이도	중
		답	③

[문제풀이]

- MVC 아키텍처의 모든 객체들은 시퀀스 다이어그램에 참가한다.

[MVC 아키텍처 패턴]

- 시스템 주위환경과 내부의 통신
- 사용자 또는 다른 시스템에 대한 인터페이스 제공
- 시스템 주위환경에 의존성을 갖는 부분

- 일반적으로 애플리케이션에 의존
- Use Case에 명시된 행동을 실체화 하기 위한 Event 조정
- Use Case 수행 또는 실행

- 계속 존재하는 정보와 그에 관련된 행동
- 주위환경에 독립적임
- 시스템의 임무 완료에 필요한 클래스
- Data의 Presisitency 담당

| 문제 49 | GoF 디자인 패턴은 객체생성, 구조개선, 행위개선 유형으로 분류된다. 분류 유형과 디자인 패턴이 잘못 연결된 것은?

① 객체 생성 – Singleton 패턴
② 구조 개선 – Adapter 패턴
③ 행위 개선 – Proxy 패턴
④ 행위 개선 – State 패턴 |

카테고리	객체지향방법론>디자인패턴	난이도	중
		답	③

[문제풀이]

[GoF 패턴의 유형별 분류]

구분		Creational Pattern (생성패턴)	Structural Pattern (구조패턴)	Behavioral Pattern (행위패턴)
의미		객체의 생성방식을 결정하는 패턴	Object를 조직화하는 데 유용한 패턴	Object의 행위를 Organize, Manage, Combine하는 데 사용되는 패턴
범위	클래스	Factory Method	Adapter(Class)	Interpreter, Template Method
	객체	Abstract Factory, Builder, Prototype, Singleton	Adapter(Object), Bridge, Composite, Decorator, Façade, Flyweight, Proxy	Command, Iterator, Mediator, Memento, Observer, State, Strategy, Visitor

- Singleton 패턴: 생성하고자 하는 인스턴스의 수를 오직 하나로 제한하는 패턴
- Factory 패턴: 객체를 생성하기 위한 인터페이스를 정의하여 어떤 클래스가 인스턴스화될 것인지는 서브클래스가 결정하도록 하는 것(일명 Virtual Constructor 패턴)
- Observer 패턴: 일대다의 객체의존관계에서 한 객체가 상태를 변화시켰을 때 의존관계에 있는 다른 객체들에게 자동적으로 통지하고 변화시킴(일명 Publish-Subscribe 패턴)
- Visitor 패턴: 클래스에 속한 모든 객체들에 수행되는 오퍼레이션을 표현할 때 사용, 여러 종류의 노드 클래스 사이에 오퍼레이션이 분산되어 복잡한 시스템을 구성하는 경우, 각 클래스로부터 관련된 오퍼레이션을 Visitor라고 불리는 분리된 객체로 분리해 패키지화

문제 50	다음 활동은 소프트웨어 개발 생명주기상에서 어느 단계와 가장 관련이 있는가? • 잘못된 것을 수정 • 시스템을 새 환경에 적응 • 새로운 기능을 추가 • 미래의 시스템 관리 ① 요구사항 분석 ② 설계/분석 ③ 테스트 ④ 유지 보수		
카테고리	소프트웨어 분석/설계>SW유지보수	난이도	하
		답	④

[문제풀이]
- 소프트웨어의 수명을 연장시키는 일련의 행위로 소프트웨어 생명주기의 최종단계로 오류를 수정하고 사용자 요구사항을 정정하며 기능과 수행력을 증진시키기 위한 활동을 말한다.

[유지보수의 유형]

형태	설명	특징
수정적 유지보수 (Corrective)	프로그램 오류로 인한 소프트웨어 오류 수정	하자유지 보수, 처리 오류, 수행 오류, 구현 오류
적응적 유지보수 (Adaptive)	프로그램 환경변화에 소프트웨어 적응	이식개념, HW/SW 변화
완전적 유지보수 (Perfective)	프로그램 특성 변경 및 추가 유지 보수성 향상	수행력 향상
예방 유지보수 (Preventive)	시스템의 유지보수성을 증가시키는 것을 목표로 한 활동	문서갱신, 설명추가, 시스템/모듈구성 향상

문제 51	다음과 같은 XML DTD에 유효한 XML 문서들을 관계형 데이터베이스에 저장하고자 할 때, 최소한 제2정규형을 만족할 수 있는 최소 테이블의 개수는?(단, 프로젝트명, 프로젝트번호, 연구원번호 등은 유일하다.)

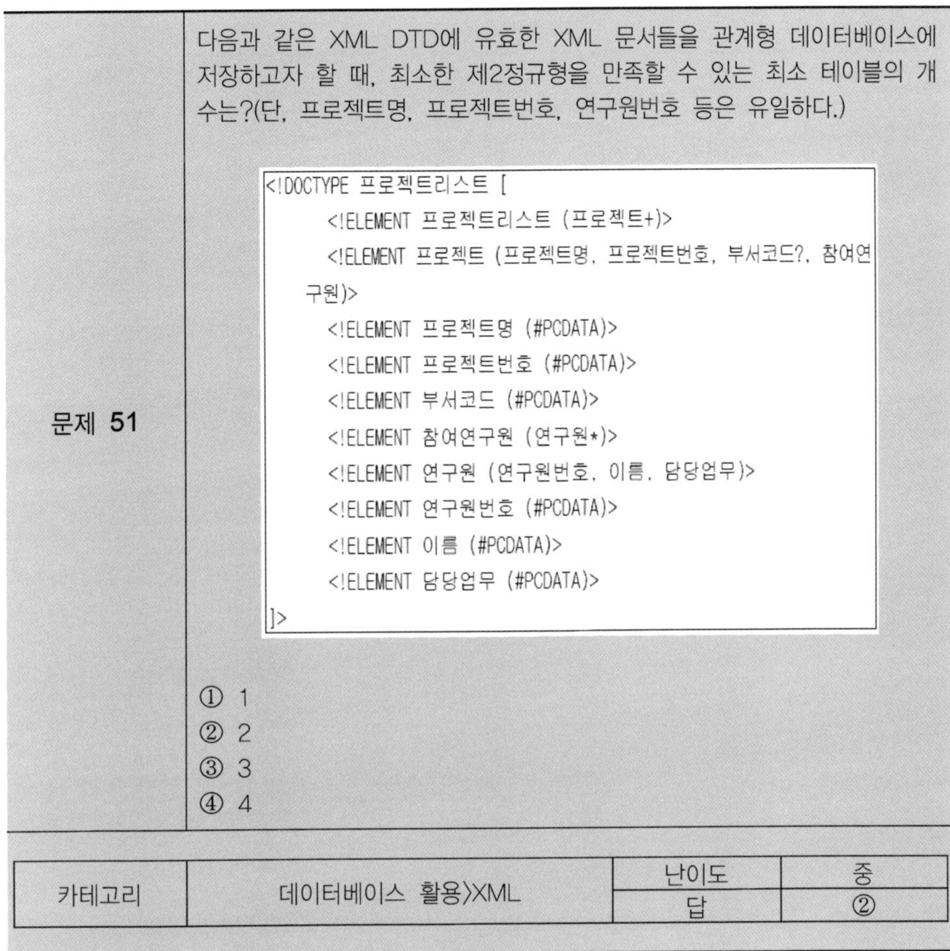

① 1
② 2
③ 3
④ 4

카테고리	데이터베이스 활용〉XML	난이도	중
		답	②

[문제풀이]

- 제1정규화는 어트리뷰트의 원자성을 의미한다. 이것은 쉽게 생각하면 테이블의 기본 키를 설정하라는 것이다. 테이블에 기본 키가 있다는 것은 기본 키에 나머지 컬럼들이 함수적으로 종속한다라는 것을 의미한다.

- 제2정규화는 제1정규화의 결과 중에서 기본 키가 두 개 이상인 테이블을 대상으로 한다. 위의 예를 보면 프로젝트, 연구원이라는 두 개의 ELEMENT를 확인할 수 있고 그 중에서 프로젝트번호, 연구원번호로 유일하다고 문제에서 전제를 했기 때문에 제2정규화가 발생하지 않는다. 즉, 프로젝트 테이블과 연구원 테이블 두 개만 존재하게 된다.

[데이터베이스 정규화의 단계]

정규화의 절차	주요 내용
제1정규화	– 어트리뷰트의 원자성 – 이것은 원자값이 아닌 어트리뷰트를 분해하는 과정이다. – 즉, 엔티티를 대표하는 식별자를 선정하며 이것은 유일성을 만족해야 한다.
제2정규화	– 부분함수 종속성 제거 – 우선 제2 정규화는 제1 정규화 결과 엔티티 중에서 식별자가 2개 이상인 엔티티만 대상으로 한다. – 부분함수 종속성이란 식별자를 제외한 모든 어트리뷰트는 식별자에 종속해야 한다라는 원칙이다
제3정규화	– 이행함수 종속성 제거 – 즉, 식별자를 제외하고 어트리뷰트 간의 종속성을 확인하여 어트리뷰트 간의 종속성이 있는 경우 분해해야 한다.
BCNF	– Boyce—Codd Normalization – BCNF는 릴레이션 R이 제3 정규화를 만족하고, 릴레이션 R의 모든 식별자가 후보키의 역할을 수행 – 예 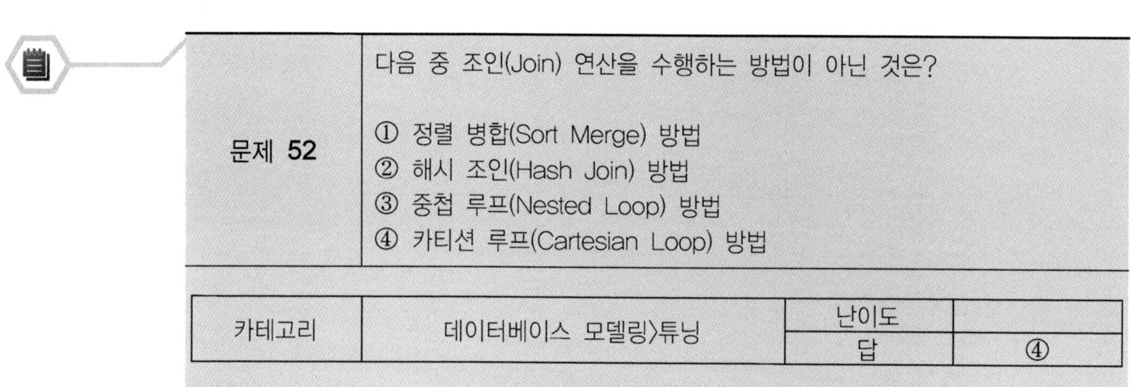 – 이러한 경우 수강과목 = {학생, 과목, 교수}, 학교_교수={학생, 교수}, 교수_과목={교수, 과목}
제4정규화	– BCNF를 만족하면서 다중값 종속을 제거
제5정규화	– 제4정규화를 만족하면서 결합 종속을 제거

문제 52	다음 중 조인(Join) 연산을 수행하는 방법이 아닌 것은? ① 정렬 병합(Sort Merge) 방법 ② 해시 조인(Hash Join) 방법 ③ 중첩 루프(Nested Loop) 방법 ④ 카티션 루프(Cartesian Loop) 방법

카테고리	데이터베이스 모델링〉튜닝	난이도	
		답	④

[문제풀이]
- 데이터베이스 조인은 첫 번째 인덱스를 조회하고 조인되는 테이블의 인덱스를 검색하는 중첩루프 방식과, 동시에 조인되는 테이블을 읽어 정렬하는 방식을 수행하는 정렬병합이 있다.
- 또한 해시 함수를 활용하여 메모리 내의 해시 테이블에서 데이터를 검색하는 해시 조인이 있다.
- 카티션 루프는 관계형 데이터베이스에서 조인 시에 카티션 곱을 발생하여 사용할 수가 없다.

[Sort Merge Join]

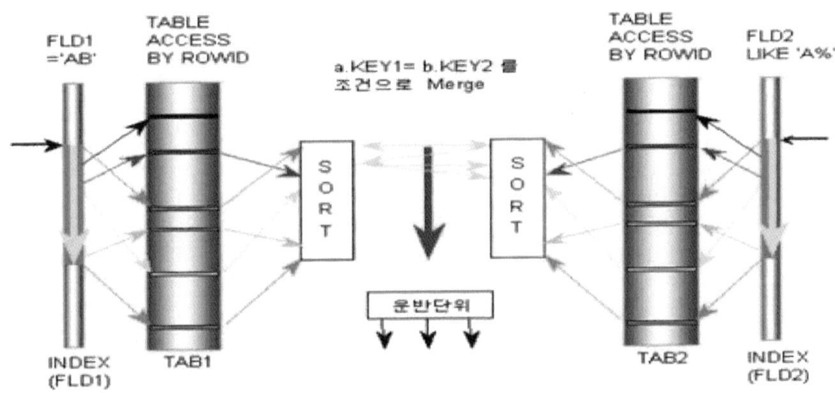

- Sort Merge Join은 양쪽의 테이블을 각자 Access하여 범위를 줄이고 조인 컬럼을 기준으로 정렬을 수행한 후에 조인하는 방식이다.

[Sort Merge Join의 특징]

- 상대 테이블로부터 결과값을 제공받지 않고, 자신에게 주어진 조건으로만 처리범위를 결정(독립적)
- 각자 SORT 후에 조인을 하게 되므로 부분 범위 처리가 아닌 전체범위 처리(전체범위 처리)
- 조인의 순서에는 상관없음(무방향성)
- 인덱스가 아닌 컬럼도 Merge할 작업 대상을 줄이므로 중요한 의미를 가짐

[Sort Merge Join의 사용기준]

- 처리량이 많거나 전체범위 처리 시에 유리하고 랜덤액세스가 많은 Nested Loop Join은 불리
- 스스로 자신의 처리범위를 많이 줄일 수 있을 때 유리
- 연결고리 이상 상태에 영향을 받지 않으므로 연결고리 컬럼을 위한 인덱스를 생성하지 않고도 유용하게 사용
- 처리할 데이터량이 적은 온라인 애플리케이션에서는 Nested Loop Join이 유리한 경우가 많으므로 Sort Merge Join은 주의하여 사용

<table>
<tr><td rowspan="2">문제 53</td><td>분산 데이터베이스 구축을 위한 설계 방안이 아닌 것은?

① 단편화(Fragmentation)
② 할당(Allocation)
③ 격리(Isolation)
④ 중복(Replication)</td></tr>
</table>

카테고리	데이터베이스 종류>분산 데이터베이스	난이도	중
		답	③

[문제풀이]

- 격리는 데이터의 고립성을 지원하는 것으로 특정 트랜잭션이 데이터를 사용 중일 때 다른 트랜잭션이 참조하지 못하는 특성을 이야기하고, 이것은 트랜잭션의 특징이다.

다음 릴레이션(Relation)에서, 밑줄 친 부분만 접근하기 위해 뷰(View)를 생성하려고 한다. 다음 SQL문 중 틀린 것은? (단, "〈〉" 기호는 "다르다"를 의미함)

릴레이션: 교수

교수번호	이름	학과명	전공	근무연수
p1	교수1	학과1	전공1	5
p2	*교수2*	학과3	*전공2*	6
p3	교수3	학과1	전공1	4
p4	*교수4*	학과2	*전공3*	12
p5	*교수5*	학과3	*전공4*	7

문제 54

① CREATE VIEW PROFESSOR_SELECT_VIEW
AS SELECT 이름, 전공
FROM 교수
WHERE 전공 〈〉 '전공1'
② CREATE VIEW PROFESSOR_SELECT_VIEW
AS SELECT 이름, 전공
FROM 교수
WHERE 근무년수 〉 5
③ CREATE VIEW PROFESSOR_SELECT_VIEW
AS SELECT 이름, 전공
FROM 교수
WHERE 학과 = '학과2'
OR 학과 = '학과3'
④ CREATE VIEW PROFESSOR_SELECT_VIEW
AS SELECT 이름, 전공
FROM 교수
WHERE 교수번호 IN (p1, p3)

카테고리	데이터베이스 언어〉SQL	난이도	중
		답	④

[문제풀이]

- SQL문에서 IN은 P1, P2를 참조하게 된다. 즉, IN은 OR의 개념으로 P1 혹은 P3를 검색하라는 의미이다.

<table>
<tr><td rowspan="2">문제 55</td><td>다음 중 OLAP(Online Analytical Processing) 작업이 아닌 것은?</td></tr>
<tr><td>① Drill-Down
② Pivoting
③ Move-Up
④ Roll-Up</td></tr>
</table>

카테고리	데이터웨어하우스>OLAP	난이도	중
		답	③

[문제풀이]

- OLAP의 기능은 드릴다운(Drill-Down), 드릴 업(Drill-Up), 드릴 어크로스(Drill-Across), 드릴 스루(Drill-Through)라는 기능이 있다.
- 드릴다운은 요약 데이터에서 구체적인 상세 데이터를 조회하고 드릴 업은 상세 데이터에서 요약 데이터를 조회하는 기능이다.
- 드릴 어크로스는 큐브 간의 상호접근을 의미하고, 드릴 스루는 데이터 조회를 위해서 데이터 웨어하우스나 OLTP 시스템에 접근하여 조회를 수행하는 것을 의미한다.

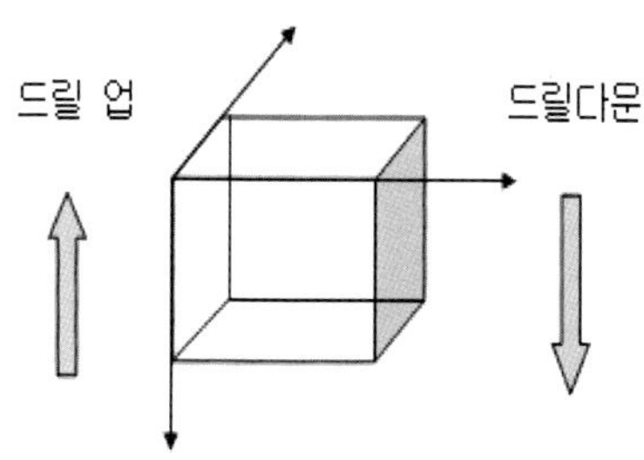

[OLAP 종류]

구분	ROLAP	MOLAP
데이터 구조	관계형 데이터베이스	다차원 데이터베이스
기본 스키마	스타 스키마, 스노우플레이크	데이터 큐브
유연성	신규 차원의 추가가 간단	차원 추가 시 새로운 큐브 생성
속도	느림	고속
규모	대용량	소용량
원천데이터접근	가능	불가능
복잡한 질의	어려움	가능
회계연산	불가능	가능

*HOLAP은 ROLAP과 MOLAP 기능 모두를 포함하고 있다.

<table>
<tr><td rowspan="2">문제 56</td><td>데이터베이스 시스템 모듈 중에서 질의 처리기가 주로 수행하는 역할은?

① 디스크에 있는 데이터베이스나 카탈로그를 접근
② 디스크와 메모리 사이의 데이터 전송을 수행
③ 일반 사용자가 요청한 고급 질의어를 처리
④ 실행시간에 데이터베이스 접근 수행</td></tr>
</table>

카테고리	데이터베이스 언어>SQL	난이도	중
		답	③

[문제풀이]
- 질의 처리기는 사용자 실행하는 SQL문을 구문분석, 실행, 인출이라는 3단계로 처리를 수행한다.

<table>
<tr><td rowspan="2">문제 57</td><td>다음 중 분산 데이터베이스의 질의 최적화를 위한 비용 산정의 고려대상에서 가장 거리가 먼 것은?

① 분산 질의 처리에 필요한 메시지(Message)의 개수
② 분산 질의 처리 중 전송되는 데이터의 크기
③ 선정 비율(Selectivity Factor)
④ 데이터 중복의 정도</td></tr>
</table>

카테고리	데이터베이스 언어>SQL	난이도	중
		답	④

[문제풀이]
- 데이터 중복 정도는 질의 처리기가 판단하는 것이 아니다.

문제 58	다음 중 2단계 잠금 규약(2PL, Two-phase LockingProtocol)에서 발생할 수 있는 연쇄적인 롤백(Cascade Rollback)을 방지하기 위하여 제안된 2단계 잠금 규약은? ① Static 2PL ② Strict 2PL ③ Conservative 2PL ④ Optimistic 2PL

카테고리	데이터베이스 기본기능>동시성 제어	난이도	중
		답	②

[문제풀이]

- Static(Conervative) 2PL: 트랜잭션이 수행을 시작하기 전에 그 트랜잭션의 읽기 집합과 쓰기 집합을 미리 선언함으로써 그 트랜잭션이 접근하려는 모든 항목들에 락을 획득하도록 한다. 데드락이 발생하지 않는다.
- Strict 2PL: 상용 데이터베이스가 사용하는 2PL 기본으로 Commit될 때까지 Lock을 소요한다 트랜잭션 T가 완료되거나 철회될 때까지 T가 보유한 베타적 락을 해제하지 않는다.

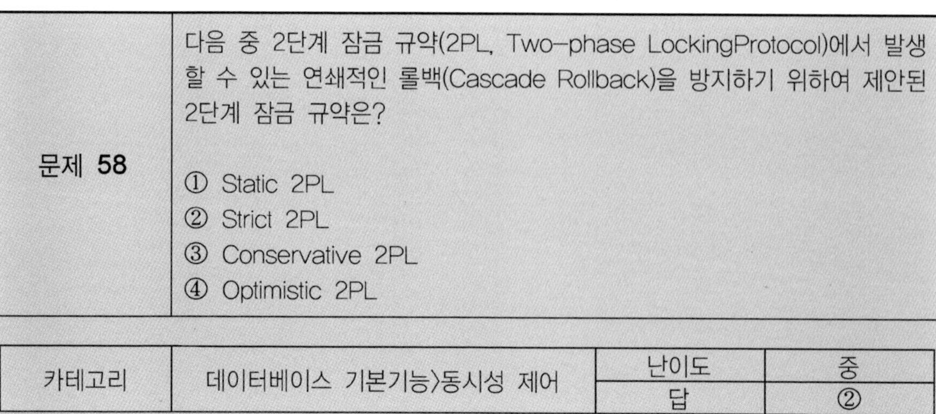

$$D = \begin{bmatrix} T1 & T2 \\ S(A) & \\ R(A) & \\ & S(A) \\ & R(A) \\ & X(B) \\ & R(B) \\ & W(B) \\ & Commit \\ X(C) & \\ R(C) & \\ W(C) & \\ Commit & \end{bmatrix}$$

*S(O): shared Lock, R(O): Read, X(O): exclusive, W(O): Write

- Commit될 때까지 각 트랜잭션을 데이터 소유권을 유지한다(데드락을 유발).
- Rigorous 2PL: 트랜잭션이 완료되거나 철회될 때까지 그 트랜잭션의 어떠한 락(베타적 혹은 공유)이든 해제하지 않는다.

<table>
<tr><td rowspan="2">문제 59</td><td>테이블 R(A, B, C, D, E, F, G)에 대한 분석 결과 아래와 같은 함수적 종속성(Functional Dependency)이 파악되었다.

A, B → C, FA → GB, C → EC → D

다음 중 제3정규형의 테이블 구조가 아닌 것은?

① R(C, D)
② R(A, B, C)
③ R(A, B, C, F)
④ R(A, B, C, D, F)</td></tr>
</table>

카테고리	데이터베이스 모델링>정규화	난이도	중
		답	④

[문제풀이]

- 51번 문제풀이를 참조해서 보면 릴레이션 R이 컬럼 A, B, C, D, F 모두를 소유하고 있으므로 ④번은 정규화되지 않은 테이블이다.

| 문제 60 | 아래 ER 다이어그램을 관계 데이터베이스 스키마로 사상하려고 한다. E1, E2는 엔티티 집합(또는 엔티티 타입), R1, R2는 관계성(또는 관계 타입)이며 E1, E2는 R1에 의해 다대다 관계를 이루고 있고, E2는 R2를 순환 관계로 가지고 있다. 또한 타원에 있는 a, b, c, d, e는 어트리뷰트(Attribute)이고 어트리뷰트에 밑줄이 표시된 것은 그 어트리뷰트가 키임을 나타낸다. 올바르게 사상한 것은?

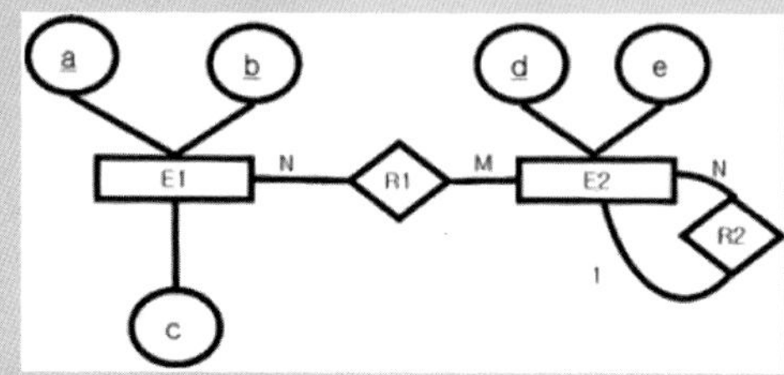

① E1(a, b, c), E2(d, e), R1(a, d), R2(d, d)
② E1(a, b, c, d), E2(d, e, d)
③ E1(a, b, c), E2(d, e, d), R1(a, b, d)
④ E1(a, b, c), E2(a, b, d, e) |

카테고리	데이터베이스 모델링>논리적 모델링	난이도	중
		답	③

[문제풀이]

- 위의 문제는 관계형 데이터베이스에서 카티션 곱을 회피하기 위해서 M:N 관계를 1:N 으로 해소한다. 즉, E1와 E2는 M:N 관계이므로 E1과 E2의 기본 키만 가지는 R1 테이블이 만들어진다. 이때 R1처럼 M:N 관계를 해소하기 위해서 만들어진 테이블을 교차 테이블이라고 한다.

[M:N 관계 해소 예제: 교차 엔티티]

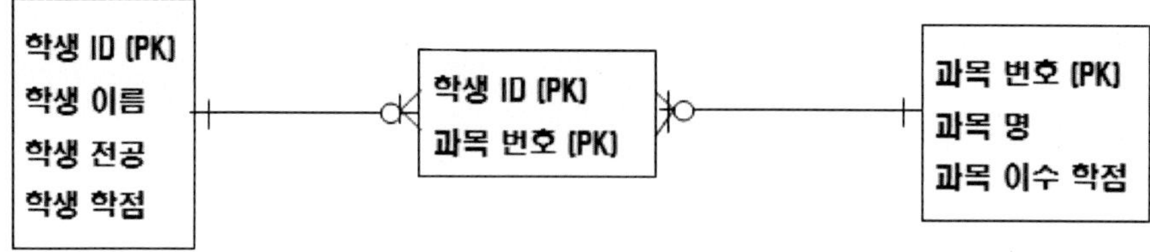

- 본래 위의 엔티티는 학생과 과목이 M:N 관계이다. 즉, 학생은 여러 개의 과목을 수강할 수가 있고, 과목은 여러 명의 학생이 신청할 수가 있어서 M:N 관계가 발생한다.

– 하지만 M:N 관계는 조인 시에 카디션 곱이 발생하여 조인이 불가능하기 때문에 위의
예를 기본 키로 이루어진 테이블을 만들어서 1:N으로 M:N 관계를 해소한 예이다.

문제 61	다음 중 트랜잭션이 완료(Commit)되기 이전에 트랜잭션의 모든 갱신 작업이 데이터베이스에 기록됨을 보장할 때 사용하는 회복 방법은? ① 그림자 페이징(Shadow Paging)기법 ② NO–UNDO/REDO ③ UNDO/REDO ④ UNDO/NO–REDO

카테고리	데이터베이스 기본기능〉장애와 복구	난이도	중
		답	④

[문제풀이]

– 데이터베이스 기록됨을 보장한다고 했으므로 UNDO 연산만을 수행하여 아직 완료되지
않는 트랜잭션만 메모리 내에서 취소하면 된다.
– 데이터베이스에서 트랜잭션 장애에 대한 회복기법은 로그기반 회복기법과 그림자 페이
지 기법이 존재한다.

[데이터베이스 장애 회복기법]

장애의 종류	로그 기반	그림자 페이지
복구과정	UNDO, REDO 사용	그림자 테이블로 교체
복구속도	느림	빠름
디스크 사용	적은 양 사용	대량의 데이터 보관
복구 데이터	하나의 파일을 로그로 사용	분산된 그림자 테이블 생성
확장성	확장이 용이	알고리즘 복잡으로 어려움

| 문제 62 | 다음 중 데이터웨어하우스 시스템에서 사용자의 분석 질의에 대한 성능 튜닝 기법으로 적절하지 않은 것은?

① 자주 사용되는 차원테이블과 사실 테이블 간에 조인 인덱스를 생성한다.
② 운영데이터 저장소(Operational Data Store)의 크기를 늘린다.
③ 사실(Fact) 테이블의 측정 속성(Measure Attributes)에 대해 비트 슬라이스(Bit-slice) 인덱스를 생성한다.
④ 요약(Summary) 또는 집계(Aggregate) 테이블을 생성한다 | | |

카테고리	데이터웨어하우스〉튜닝	난이도	중
		답	②

[문제풀이]

- 데이터웨어하우스는 기업 내부 및 외부 데이터를 분석하고자 하는 관점별로 저장한 통합된 데이터 집합체이다. 데이터웨어 하우스는 구성하는 방식에 따라 분산형 혹은 중앙 집중형으로 구성할 수가 있다. 분산형은 데이터웨어하우스의 구성은 여러 대의 시스템으로 분류하여 구성하는 것을 의미하고 중앙 집중형은 통합된 시스템에 구축하는 것이다.

[데이터웨어하우스 구성도]

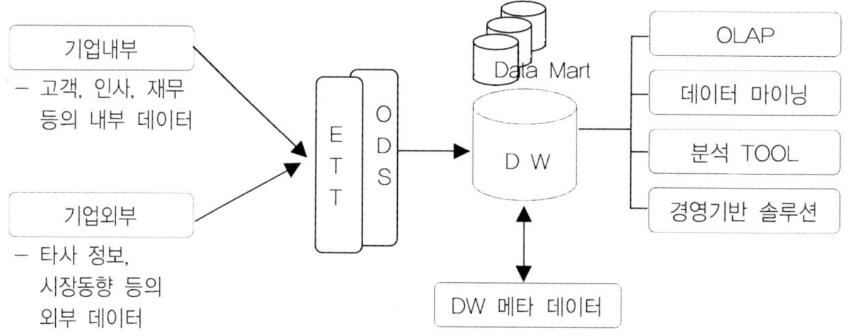

[데이터웨어하우스의 구성요소]

구성요소	주요 내용
데이터 모델	− 주제지향적으로 설계된 ER 모델 − OLAP을 활용한 다차원 분석을 위한 다차원 모델
ETT	− 기업내부 및 기업외부 데이터를 추출, 정제 및 데이터웨어하우스에 적재를 수행하는 작업
ODS	− 다수의 OLTP 시스템에서 데이터 추출하는 ETT 과정을 통합적으로 관리하는 데이터베이스 − 경우에 따라 ODS를 통해서 데이터 조회도 발생
DW Meta Data	− 데이터 웨어하우스의 데이터 모델에 대한 정보를 제공하는 운영 메타데이터와 비즈니스 측면에서 정보를 제공하는 활용 메타데이터
OLAP	− 고객이 직접 OLAP 툴을 통하여 다차원 분석을 수행하는 솔루션
Data Mining	− 대규모의 데이터로부터 이미 알려지지 않은 사실과 패턴을 분석하는 과정
경영기반 솔루션	− 분석을 위한 BSC, RMS, BI, DSS, EIS 등의 경영기반 솔루션

- 이러한 데이터웨어하우스의 모델은 원시 데이터(OLTP)를 그대로 적재한 ODS와 ODS의 데이터를 가공 및 정제를 통해서 통합한 EDW, 그리고 분석관점에 따라 부서단위로 구축한 다차원 모델이 존재한다.
- 다차원 모델은 다시 스타 스키마와 스노우플레이크로 분류된다. 스타 스키마는 분석하고자 하는 값을 가지는 사실(FACT) 테이블과 분석하고자 하는 관점을 나타내는 차원(Dimension) 테이블로 분류된다. 스타 스키마는 차원 테이블의 기본 키는 사실 테이블의 기본 키로 포함하게 된다. 그러므로 사실과 차원 테이블은 조인이 발생하고 모두 인덱스를 정의한다.
- 위의 문제에서 비트 슬라이스는 비트맵 인덱스에 사용하는 것으로 대용량 데이터에서 데이터를 검색할 때 사용하는 인덱스이다. 즉, 인덱스의 구조를 0 또는 1로 저장하여 해당되는 인덱스 키가 있는지를 정보를 저장하는 방식이다.

<table>
<tr><td rowspan="9">문제 63</td><td>다음 슈퍼마켓 트랜잭션 데이터에 대한 연관 규칙을 올바르게 설명한 것은?</td></tr>
<tr><td>{우유, 기저귀} → {맥주}
(즉, 우유와 기저귀를 사면 맥주도 산다)</td></tr>
<tr><td>최소신뢰도: 0.5, 최소지지도: 0.3</td></tr>
<tr><td>① 전체 트랜잭션 수 대비 우유, 기저귀 및 맥주를 동시에 구입하는 트랜잭션의 비율은 최소 0.5 이상이다.</td></tr>
<tr><td>② 전체 트랜잭션 수 대비 우유와 기저귀를 동시에 구입하는 트랜잭션의 비율은 최소 0.5 이상이다.</td></tr>
<tr><td>③ 전체 트랜잭션 수 대비 우유, 기저귀 및 맥주를 동시에 구입하는 트랜잭션의 비율은 최소 0.3 이상이다.</td></tr>
<tr><td>④ 전체 트랜잭션 수 대비 우유와 기저귀를 동시에 구입하는 트랜잭션의 비율은 최소 0.3 이상이다.</td></tr>
</table>

카테고리	데이터웨어하우스>데이터 마이닝	난이도	중
		답	③

[문제풀이]

- $\text{Support} = \dfrac{(X \cap Y)\text{을 포함하는 트랜잭션 개수}}{\text{전체 트랜잭션 개수}}$

- $\text{Confidence} = \dfrac{(X \cap Y)\text{을 포함하는 트랜잭션 개수}}{X\text{를 포함하는 트랜잭션 개수}}$

- $\text{Lift} = \dfrac{(X \cap Y)\text{을 포함하는 트랜잭션 개수}}{X\text{를 포함하는 트랜잭션 개수} * Y\text{를 포함하는 트랜잭션 개수}}$

$X \Rightarrow Y$ [support, confidence]
$X \subset I, Y \subset I$
X : (전제 조건부),
Y : (결과부),
I : (물품들의 집합)

Lift =1 : 서로독립적
Lift <1 : 음의 연관성
Lift >1: 양의 연관성

문제 64	음식을 담는 접시와 그 내용물에 관한 데이터베이스를 설계하려고 한다. 접시에는 접시 이름, 접시 크기, 접시 값을 저장하고 내용물은 내용물 이름과 내용물 비용을 나타낸다. 하나의 접시에는 하나 이상의 내용물을 담을 수 있고, 하나의 내용물은 반드시 하나 이상의 접시에 담아야 한다. 다음 중 맞는 것은?(2개 선택) ① 제3정규형 이상으로 관계형 데이터베이스를 구축할 경우 3개의 테이블이 생성된다. ② 계층형 데이터베이스로 구축할 경우에는 2개의 부모–자식 관계(Parent–Child Relationship Type)가 필요하다. ③ 객체지향형 데이터베이스로 구축할 경우에는 2개의 클래스가 클래스 상속 계층 구조를 이룬다. ④ 시계열을 갖는 스타스키마(Star Schema)로 구현할 경우에는 두 개의 차원(Dimension) 테이블과 하나의 사실(Fact) 테이블을 생성한다.

카테고리	데이터베이스 모델링〉정규화	난이도	중
		답	①, ②

[문제풀이]

- 위의 문제를 보면 하나의 접시에는 하나 이상의 내용물을 담을 수 있고 내용물은 반드시 하나 이상의 접시에 담아야 한다.
- ③번이 틀린 것은 접시와 내용물을 상속계층으로 표현할 수가 없기 때문이고, ④번은 시계열로 표현하려면 연월 및 일자와 같은 추가 필드가 필요하여 사실 테이블 1개와 차원 테이블 3개가 필요한다.

문제 65	다음 중 데이터베이스와 응용프로그램을 연결하는 방식이 아닌 것은? ① SQLJ ② JDBC ③ SQL/MM ④ SQL/CLI

카테고리	데이터베이스 기본기능〉DB 사용	난이도	중
		답	③

[문제풀이]

- SQLJ: 자바언어를 사용하는 프로그램에서 SQL 데이터베이스 요청을 제공하는 문장을
  사용할 수 있는 프로그래밍 확장판으로 SQLJ는 C, FORTRAN, 그리고 기타 프로그래
  밍 언어의 SQL 확장판과 비슷하다. IBM, 오라클 및 일부 회사들이 JDBC보다 간단하
  고 사용하기 쉬운 대안으로 SQLJ 표준을 제안했다.
- SQLJ는 몇 개의 부분으로 분류된다.
1) Embedded SQL: 자바 메소드 내에 SQL 문장을 삽입하기 위한 규격
2) SQL Routines: 자바 정책 메소드를 SQL Stored Procedure와 사용자 정의 함수로
   서 호출하기 위한 규격
3) SQL Types: 사용자 정의 SQL 데이터 형식으로 자바 클래스들을 위한 규격
- SQL/CLI는 ISO/IEC 9075에서 SQL 표준의 확장 및 호출 방법으로 정의, 프로그래밍
  언어 확장 및 동적 SQL 지원한다.
- JDBC는 데이터베이스 엔진과 인터페이스 하기 위한 클래스들의 집합을 의미한다.

[JDBC의 구조]

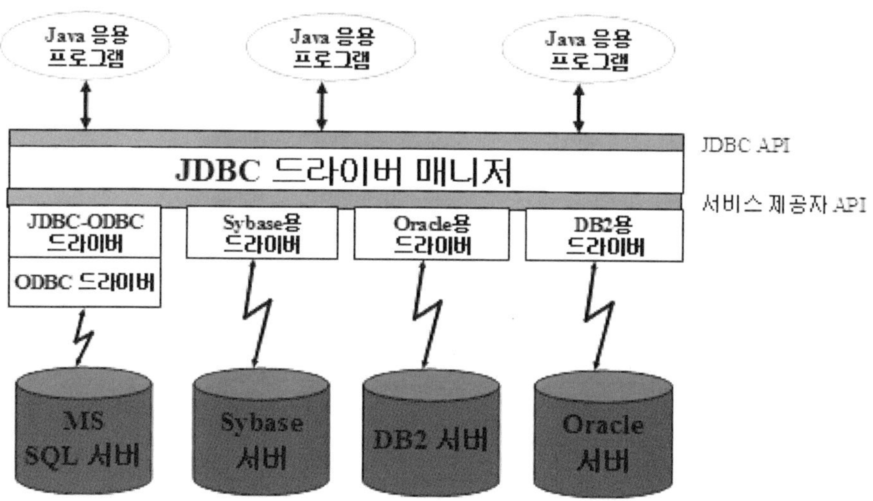

- SQL/MM는 객체 관계형 데이터베이스에서 멀티미디어 데이터를 처리하기 위한 SQL
  멀티미디어 표준이다. 즉, 멀티미디어 데이터에 대한 저장구조, 데이터형, 질의에 대한
  방법을 정의한다. SQL/MM는 관계형 데이터베이스에서는 지원하지 않고 멀티미디어
  데이터 검색과 기존 RDBMS와 통합 운영지원이 가능하다.

문제 66	다음 관계형 데이터베이스의 SQL 질의문 튜닝(Tuning)에 관한 설명 중 틀린 것은? ① SQL 질의에 DISTINCT 키워드는 꼭 필요할 때 사용한다. ② 질의의 조건이 복잡할 경우에는 임시 테이블을 이용하여 중간 결과를 저장한다. ③ 불필요한 GROUP-BY 연산이나 HAVING 연산은 사용하지 않는다. ④ 가능한 중첩(Nested) SQL 질의를 사용하지 않는다.

카테고리	데이터베이스 모델링〉튜닝	난이도	중
		답	③

[문제풀이]

- 위의 문제는 다소 의문이 생길 수 있다. 정답은 ②번으로 되어 있지만, 실무에서 SQL 튜닝의 기법으로 임시 테이블을 사용할 수도 있기 때문이다. 왜냐하면 SQL Server는 임시 테이블을 작성하면 메모리 내에서 만들어진다. 그러므로 임시 테이블을 사용하면 복잡한 쿼리를 줄이고 메모리에서 수행되기 때문에 성능을 향상시킬 수 있다.

문제 67	일반적으로 자료의 검색 속도가 가장 빠르다고 볼 수 있는 것은? ① 순차 파일(Sequential File) ② 해시 파일(Hash File) ③ 색인 순차 파일(Indexed Sequential File) ④ 힙 파일(Heap File)

카테고리	데이터베이스 기본기능〉파일시스템	난이도	중
		답	②

[문제풀이]

- 순차파일: 자료에 접근할 때 기억장치에 저장되어 있는 자료를 순서대로 검색하면서 자료가 저장되어 있는 위치를 찾는 방식으로 자기 테이프가 대표적인 예이다.

[순차파일: 레코드 물리적 순서로 저장]

데이터 1	데이터 2	데이터 3	데이터 4	.....	데이터 n

－ 색인 순차파일: 순차처리 및 랜덤처리가 모두 가능하기 위해서 레코드들을 키 값 순으로 정렬시켜 기록하고 레코드 키 항목만을 모은 색인을 구성한다. 일반적으로 자기 디스크에 사용하여 자기 테이프에는 사용하지 못한다.

－ 색인 순차파일의 구성

1) 기본구역(Prime Area): 실제 레코드들을 기록하고 레코드는 키 값 순으로 저장
2) 색인구역(Index Area): 색인을 기록
3) 오버플로우 구역(Overflow Area): 기본 구역에 빈 공간이 없어서 신규 레코드의 삽입이 불가능할 때를 대비하여 예비적으로 확보

[색인 순차파일]

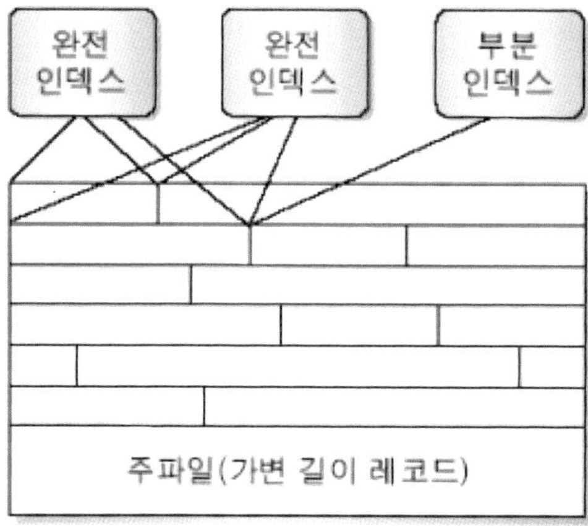

－ 해시 파일(직접파일): 해시함수(X=f(n))을 통한 주소계산으로 물리적 주소에 직접 접근할 수 있는 방법을 제시한다.

[해시 파일]

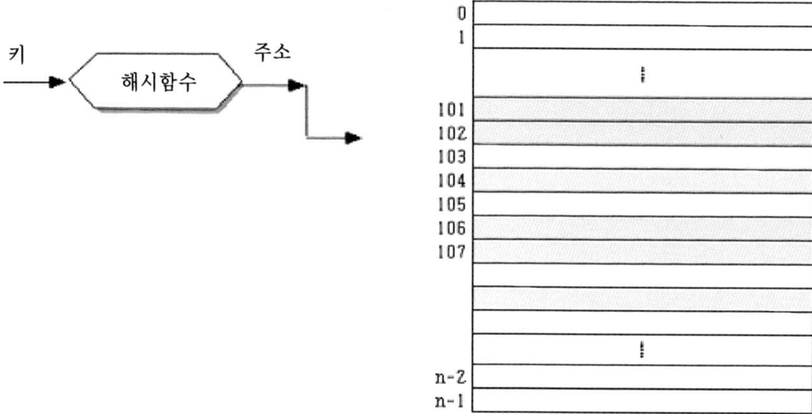

[힙 파일]

– Linked List로 구성된 여러 개의 페이지로 구성되고 저장되는 레코드 수가 가변적인 경우에 효율성이 좋다. 이처럼 가변길이를 처리하기 위해서 힙 파일은 슬롯 페이지 방식을 지원하고 슬롯 페이지 방식은 한 페이지에 여러 개의 레코드를 저장할 수 있다.

문제 68	다음 트랜잭션의 ACID 성질을 보장하는 주체를 올바르게 연결한 것은? a) 원자성(Atomicity)　　가) DBMS의 무결성 관리 모듈 b) 일관성(Consistency)　나) 동시성 제어 관리자 c) 독립성(Independency)　다) 저장관리자 d) 고립성(Isolation)　　　라) 질의최적화기 　　　　　　　　　　　　　마) 회복 관리자 ① (a, 마), (b, 다), (c, 나) ② (a, 마), (b, 가), (d, 나) ③ (a, 나), (b, 다), (d, 나) ④ (a, 나), (b, 가), (c, 마)

카테고리	데이터베이스 기본기능>트랜잭션	난이도	중
		답	②

[문제풀이]

– 트랜잭션은 데이터베이스에서 실행되는 최소단위 크기로 트랜잭션은 자신이 실행되어 종료되는 완결성을 가진다.
– 데이터베이스에서 트랜잭션이 가져야 할 특징은 ACID라고 해서 4가지 특징을 가진다.

[트랜잭션 특성]

특성	주요 내용
원자성	– All or Nothing, 더 이상 분해할 수 없는 단위이고 데이터 갱신 내용이 모두 반영되거나 혹은 반영되지 않아야 함
일관성	– 트랜잭션의 성공과 실패와 관계없이 실행결과로 데이터베이스의 일관성을 유지해야 함
격리성	– 한 트랜잭션이 완료되지 않은 중간 결과를 다른 트랜잭션이 참조할 수 없음
지속성	– 트랜잭션이 완료된 이후 영구적으로 반영되어야 함

문제 69	다음 중 직렬화(Serialization)가 가능한 스케줄은? Ri(X): 트랜잭션 Ti에서 데이터 X를 읽는 작업 Wi(X): 트랜잭션 Ti에서 데이터 X를 쓰는 작업 ① R1(X); R3(X); W1(X); R2(X); W3(X); ② R1(X); R3(X); W3(X); W1(X); R2(X); ③ R3(X); R2(X); W3(X); R1(X); W1(X); ④ R3(X); R2(X); R1(X); W3(X); W1(X);

카테고리	데이터베이스 기본기능>동시성 제어	난이도	중
		답	③

[문제풀이]

– 직렬화라는 것이 병렬 트랜잭션을 순차적으로 수행할 수 있게 한 것을 의미한다.
– ①은 쓰기를 하는 T3는 T1의 쓰기 전에 읽기를 수행해서 직렬화가 가능하지 않다.
– ②는 쓰기를 수행한 T1은 T3의 쓰기연산 전에 읽기를 수행했다.
– ④는 쓰기를 수행한 T1은 T3의 쓰기 연산 전에 읽기를 수행해서 직렬화가 가능하지 않다.

문제 70	총 50종의 제품들을 전국에 분포한 10개의 상점에서 판매하고 있는 회사에서 일 단위 제품종별 매출액 정보를 저장하여 관리하고자 한다. 최대 2개월(60일) 동안의 매출액 변화 추이를 분석하기 위하여 제품, 시간, 상점 차원으로 구성된 스타 스키마(Star Schema) 모델로 구축할 경우 사실(Fact) 테이블의 예상 크기는? 단, 각 차원(Dimension)은 5개의 속성으로 구성되고 이 중 하나의 속성이 기본키로 정의되며 차원 및 사실 테이블의 속성의 크기는 모두 10Byte이다. 또한, 각 상점에서 하루 평균 10개의 품종이 판매된다. ① 최소 90KB ② 최소 180KB ③ 최소 240KB ④ 최소 480KB

카테고리	데이터웨어하우스>다차원 모델	난이도	중
		답	③

[문제풀이]

– 사실 테이블 = (제품 키, 시간 키, 상점 키, 매출액)
– Record Size(40Byte) = 10Byte*4
– 그리고 60일 동안 하루에 10개 제품이 10개의 상점에서 판매되므로
  60*10*10*40=240,000Byte이다.

문제 71	다음과 같은 환경에서 직원 테이블 파일의 내용을 처음부터 끝까지 순차적으로 읽는 데 걸리는 시간을 적절히 예측한 수식은? (단, 디스크에 저장된직원 테이블 파일의 내용은 트랙 단위로 물리적으로 연속되게 저장되어 있으나 트랙과 트랙 간의 물리적인 연속성은 보장되지 않는다.) ● 직원 테이블 파일 크기: p KB ● 평균 탐구 시간(Average Seek Time): s sec ● 평균 회전지연 시간(Average Rotational Delay Time): r sec ● 데이터 전송률 (Data Transfer Rate): t KB/sec ● 트랙(Track) 크기: x KB ● I/O 블럭(Block) 크기: y KB ① s+r+p/tx ② (s+r+x/t)(p/x) ③ s+r+p/t ④ (s+r+p/t)(p/x)

카테고리	데이터베이스 기본기능〉저장장치	난이도	중
		답	②

[문제풀이]

– 자기 디스크 장치(Magnetic Disk Unit): 얇고 둥근 금속 원판의 표면에 자성체를 입히고 여러 장의 자기 디스크를 겹쳐놓은 장치로 기억장치 용량이 크고 처리속도가 빠르다.
– 자기 디스크 구성요소
1) 디스크 드라이버: 회전하는 디스크팩 표면에 자료를 기록하거나 표면의 자료를 읽어내기 위해서 액세스 암을 사용한다.
2) 디스크판: 디스크 중심 축 분당 3,600회 회전속도의 디스크팩을 회전시킨다.
3) 디스크팩: 여러 개의 디스크 카트리지로 구성되고 각각의 카트리지 면은 데이터를 저장할 수 있도록 금속 산화물이 입혀져 있다.

[자기 디스크의 표면 구조]

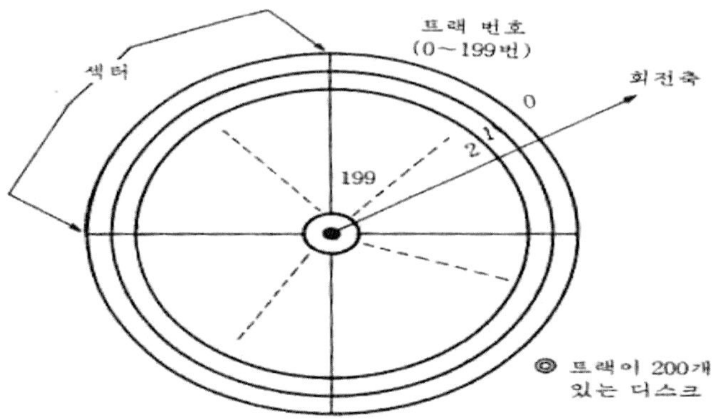

- 트랙(Track): 헤드가 이동하면서 회전 시키면서 만들어지는 동심원
1) 탐색시간: 헤드가 그 트랙이 있는 곳까지 이동하는 시간
2) 검색시간: 헤드가 해당 트랙 내에서 해당 위치를 찾는 시간
- 섹터(Sector): 트랙을 몇 등분으로 나눈 것

[디스크팩의 구조]

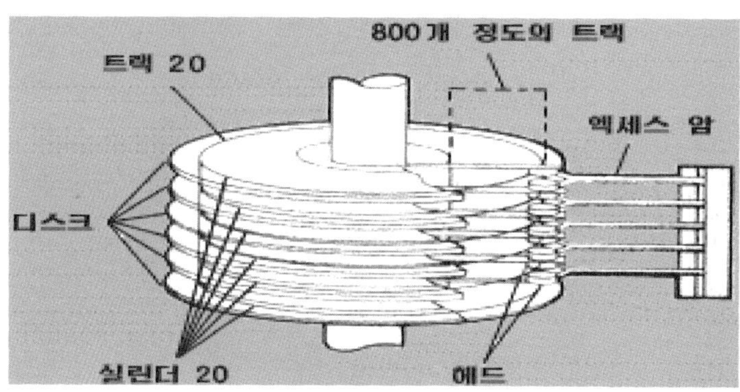

[평균 접근시간 예제]

- 평균 접근시간=평균탐색시간+평균회전지연시간+전송시간+오버헤드시간+접근대기시간

- 예제: 하드웨어 스팩

- 회전속도: 10,000RPM, 섹터크기: 512Byte, 평균탐색시간: 6.0ms
- 전송속도: 50MB/sec, 오버헤드시간: 0.2ms, 접근대기시간: 0ms

- 평균 접근시간 계산

- 평균탐색시간: 6.0ms
- 평균회전지연시간
  0.5회전/10,000RPM = 0.5회전x60sec/10,000RPM
  $$= 30 \ / \ 10,000$$
  $$= 0.003sec$$
  $$= 3.0ms$$
- 전송시간
  512byte/50MB=512byte/50000000Byte
  $$=0.00001sec$$
  $$=0.01ms$$
- 오버헤드시간: 0.2ms, 접근대기시: 0ms
- 평균접근시간=6.0ms+3.0ms+0.01ms+0.2ms+0=9.21ms

문제 72	객체-관계(Object- Relational) 데이터 모델에 대한 설명이 틀린 것은? ① SQL-99는 객체-관계 모델을 위한 표준이다. ② 'REF IS'를 이용해 객체 식별자(Object Identifier)를 생성할 수 있다. ③ 사용자 정의 타입(User-defined Type)과 사용자 정의 클래스(User-defined Class)를 정의할 수 있다. ④ 테이블 간의 상속계층과 타입 간의 상속 계층이 별도로 존재한다.

카테고리	데이터베이스 종류〉ORDB	난이도	중
		답	③

[문제풀이]

- 객체 관계형 데이터베이스는 사용자 정의 클래스 타입은 지원하지 못한다.

[SQL의 표준화]

- SQL의 표준화는 ANSI(미국규격협회)와 ISO(국제표준화기구)의 2개 표준화 단체에 의해 진행된다.
- 최초의 규격은 1986년에 ANSI에 의해 제정되었다.
- 계속해서 1987년에 ISO에 의해 제정되었다.
- 그 후 이 버전의 부족한 점을 보충하고 기능을 확장한 규격을 1992년에 ANSI와 ISO에 의해 각각 제정. 일반적으로 SQL-92 규격, 통칭 SQL-2라고 부른다.
- 이 다음 규격으로 SQL-99규격, 통칭 SQL-3이라고 하는 규격의 검토를 진행 중이다.
- 현재 SQL의 최신 규격은 SQL-92(SQL-2)로 초급, 중급, 고급의 3가지 수준이 설정된다.
- 검토가 진행 중인 SQL-99(SQL-3)는 여러 파트로 나누어져 있는 것이 특징이다.
- SQL/MM이라고 불리는 멀티미디어에 대응하기 위한 규격도 고려 중이다.
- 위와 같이 표준화가 진행되고 있는 SQL이지만 한편으로는 데이터 베이스 제조업자들에 의해 독자적으로 기능 확장이 이루어지고 있는 것도 사실이다. 많은 데이터 베이스 제조업체는 각각의 RDBMS 제품에 SQL을 장착하는 경우에 자사 고유의 기능을 부가하고 있다. 그 결과 각각의 제품에는 호환성이 없는 확장 SQL이 설치되어 있는 경우가 있다.

문제 73	생물학 데이터를 다루는 생명정보학(Bioinfomatics)의 특성에 대한 설명 중 틀린 것은? ① 서로 다른 생물학자가 같은 시스템을 사용하더라도 같은 데이터를 표현하는 것이 일치하지 않는다. ② 생물학 데이터의 양과 변화의 범위는 매우 크지만, 생물학 데이터베이스의 스키마는 거의 변하지 않는다. ③ 대부분의 생물학 데이터 사용자에게는 데이터베이스에 대한 읽기 권한만 있으면 충분하다. ④ 대부분의 생물학자는 데이터베이스의 내부구조나 스키마 설계에 관해 모르는 경우가 많다.

카테고리	데이터베이스 종류〉Bioinformatics	난이도	중
		답	②

[문제풀이]

- 바이오인포메틱스 : 생명정보학. 1990년대에 생긴 용어로 생물학과 정보학의 결합이라는 의미를 가진다. 유전체(Genome)의 기능을 연구하고 이를 기반으로 실질적인 인류 혜택을 실현할 수 있는 포스트 게놈 시대에 새롭게 나타난 학문이다.
- 염기 1,000~수만 개가 모여 유전자 1개를 구성하는데 인간 유전자 10만 개 중 어느 유전자 및 유전자 중 어느 부분의 이상으로 유전병이 일어나는지 밝혀내려면 처리해야 할 정보량이 천문학적 규모로 방대해진다. 이처럼 많은 정보량을 분석하기 위해서는 유전자 예측 프로그램 개발, 생명정보 DB 구축 등 정보기술의 개발과 함께 바이오 칩이

라 불리는 첨단 반도체 개발이 선행되어야 한다.
- 바이오 칩은 반도체 칩 위의 바이오 실험실이라고 할 수 있으며 인체의 유전자에 대한 정보가 저장되어 있는 바이오 칩을 이용할 경우 한번에 수천 가지 유전자의 특성을 읽어 냄으로써 질병의 조기 진단과 치료가 가능하다. 즉, 바이오 칩이 본격적으로 실용화되면 개인의 유전자 변이나 이상 여부를 쉽게 진단할 수가 있다.

문제 74	지리정보시스템(GIS, Geographical Information System)에 대한 설명 중 틀린 것은? ① GIS 데이터는 대표적으로 점/선/다각형과 같은 지리객체를 표현하는 벡터(Vector) 데이터와 점들의 배열로 표현하는 래스터(Raster) 데이터의 두 가지 형태가 있다. ② 래스터 데이터 표현 방법에서 3차원 해발 데이터는 래스터 기반의 TIN(Triangular Irregular Network) 타입으로 저장된다. ③ GIS 응용에서 표본 값이 없는 점들에 대해 해발 데이터를 구하는 경우에는 보간(Interpolation) 연산을 이용한다. ④ 지도 제작상의 모델링을 위해 공간 데이터베이스를 개발하는 첫 단계는 2차 또는 3차 지리정보를 디지털 형태로 획득하는 것이다.

카테고리	데이터베이스 종류〉GIS DB	난이도	
		답	②

[문제풀이]

[GIS DB의 공간 데이터 표현방법]

구분	Vector	Raster
특징	- 지도 정보를 좌표로 표현 - 점을 하나의 좌표로 표현. - 선과 면은 좌표의 집합으로 표현	- 열과 행을 정형화된 그리드 셀을 사용하여 지리정보 표현 - 점은 그리드 셀 하나, 선은 지정방향의 그리드 셀의 집합, 면은 주변의 그리드 셀 집합을 표현

표현요소	점, 선, 면	수치화된 이미지
데이터량	소용량	대용량
처리속도	저속	고속
구조	복잡	단순
정확도	높음	낮음
분석능력	높음	낮음
데이터 수정	용이함	어려움

문제 75	데이터베이스의 접근 제어(Access Control)에 대한 설명이 틀린 것은? ① 대부분의 상용 DBMS는 DAC(Discretionary Access Control)라고 하는 SQL을 사용해 권한을 관리한다. ② DAC의 경우, 권한이 없는 사용자가 권한이 있는 사용자를 속여서 민감한 데이터를 누설할 수 있다. ③ 의무적 접근 제어(Mandatory Access Control)에서는 개별 사용자가 변경할 수 없는 시스템 수준의 정책을 기반으로 한다. ④ 의무적 접근제어의 Bell-LaPadula 모델에서 주체는 자신보다 높은 등급의 객체정보를 판독(Read)할 수 있다.

카테고리	데이터베이스 보안>접근제어	난이도	
		답	④

[문제풀이]

- 데이터베이스 접근제어(Access Control)는 부적정한 사용자의 접근을 통제하고 허가된 사용자만 데이터베이스에 접근하며 권한을 할당할 수 있는 보안기술이다.

[접근제어 구성요소]

종류	주요 내용
주체(Subject)	- 데이터베이스를 사용하는 사용자 - 예: 사용자 및 응용 프로그램
객체(Object)	- 데이터베이스에서 보호 해야 할 단위 - 예: 테이블, 행, 열, 뷰 등
조치	- 주체가 객체에 대해서 할 수 있는 권한 - 예: Read, Write, Delete 등
제약	- 주체, 객체, 조치에 대한 허가사항 및 제반 명세

- 접근제어는 신분기반 DAC, 객체기간 MAC와 Role 단위로 권한을 할당하고 해제하는
  RBAC가 있다.

[접근제어 종류]

종류	주요 내용
DAC	- 사용자에 대한 접근제어 방법 - 주체에 의한 접근제어
MAC	- 각 객체에 대한 접근제어 - 객체별 분류등급, 주체에 인가등급 부여
RBAC	- 사용자에게 권한이 부여된 직무(Role)를 부여

- BLP(Bell-LaPadula) Model: 데이터 접근제어를 통해서 시스템의 비밀성을 보장하기
  위한 State Machine Model이다. 접근제어 매트릭스와 보안레벨을 통하여 주체가 객체
  에 접근하는 것을 통제한다. BLP에서 주체는 자신보다 낮은 등급의 객체를 판독할 수
  가 있다(상향 판독, 하향 기록 금지).

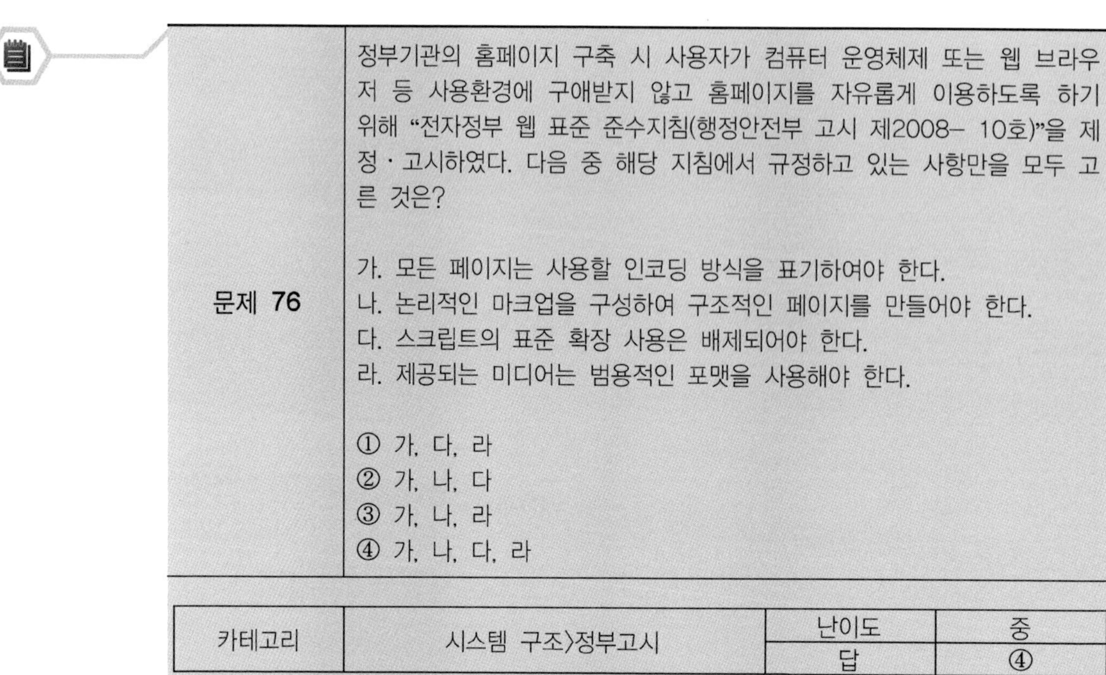

문제 76	정부기관의 홈페이지 구축 시 사용자가 컴퓨터 운영체제 또는 웹 브라우저 등 사용환경에 구애받지 않고 홈페이지를 자유롭게 이용하도록 하기 위해 "전자정부 웹 표준 준수지침(행정안전부 고시 제2008- 10호)"을 제정·고시하였다. 다음 중 해당 지침에서 규정하고 있는 사항만을 모두 고른 것은? 가. 모든 페이지는 사용할 인코딩 방식을 표기하여야 한다. 나. 논리적인 마크업을 구성하여 구조적인 페이지를 만들어야 한다. 다. 스크립트의 표준 확장 사용은 배제되어야 한다. 라. 제공되는 미디어는 범용적인 포맷을 사용해야 한다. ① 가, 다, 라 ② 가, 나, 다 ③ 가, 나, 라 ④ 가, 나, 다, 라

카테고리	시스템 구조〉정부고시	난이도	중
		답	④

[문제풀이]

– 위의 문제는 전자정부 웹 표준준수 지침(www.serigamrisa.com)에 시스템 구조 및 보안 메뉴를 참조할 것

문제 77	Web 2.0의 기술적 요소로서 다양한 웹 사이트 상의 콘텐츠를 상호 공유하게 할 수 있는 기술이며, 빠르고 선택적인 구독과 히스토리 관리 및 자동화된 콘텐츠 연동이 가능하여 콘텐츠의 재사용을 가능하게 하는 기술은? ① RSS ② REST ③ OWL ④ Contents Tagging

카테고리	시스템 구조〉Web	난이도	중
		답	①

[문제풀이]
- RSS(Really Simple Syndication): 사이트에 올라온 글을 쉽고 빠르게 읽을 수 있는
  XML 기반 표준(RSS 리더기 사용)을 말한다. 사이트가 RSS를 제공한다면 신규 혹은
  변경된 콘텐츠를 일일이 사이트에 들어가서 확인할 필요 없이 RSS 리더기를 통하여
  쉽고 빠르게 확인이 가능하다.

[e-Mail과 RSS 처리방식의 차이점]

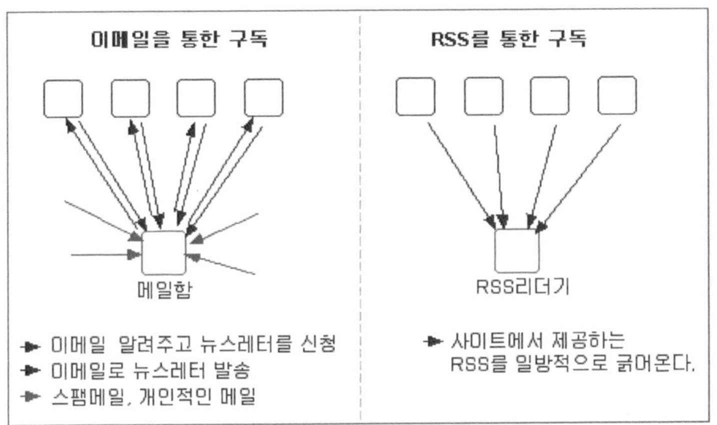

- REST(Representational State Transfer): WWW와 같은 분산 하이퍼미디어를 위한
  소프트웨어 아키텍처 기반의 네트워크 아키텍처 원리 모음
- REST의 기능
1) HTTP를 사용하지 않고 소프트웨어 설계 가능
2) XML과 HTTP 인터페이스를 사용해서 설계 가능
3) 클라이언트/서버, 계층화, 무상태(Stateless), 캐시처리 지원
- OWL: 문서에 포함된 정보를 애플리케이션을 사용해서 자동적으로 처리를 하기 위한
  언어로 임의의 어휘를 구성하는 용어의 의미와 용어들 간의 관계를 명시적으로 표현하
  는 온톨로지 언어(DAML+OIL 온톨로지 언어에서 파생)

<table>
<tr><td rowspan="2">문제 78</td><td>저전력, 저속의 가정용 무선 PAN(Personal Area Network) 규격으로 Home RF와 IEEE 802.15.4를 혼합한 구조를 무엇이라고 하는가?</td></tr>
<tr><td>① Mobile Ad-hoc Network
② ZigBee
③ UWB(Ultra-Wide Band)
④ Bluetooth</td></tr>
</table>

카테고리	시스템 구조>네트워크	난이도	중
		답	②

[문제풀이]

- ZigBee는 근거리 무선통신 기술(WPAN)로 IEEE 802.15.4 표준이다. ZigBee는 저속, 저전력의 특성으로 USN의 센서 네트워크의 무선 프로토콜이기도 하다. 250kbps의 속도와 거리는 30m 반경까지 통신이 가능하다.

[**Wireless Network**의 구분: 거리 기반]

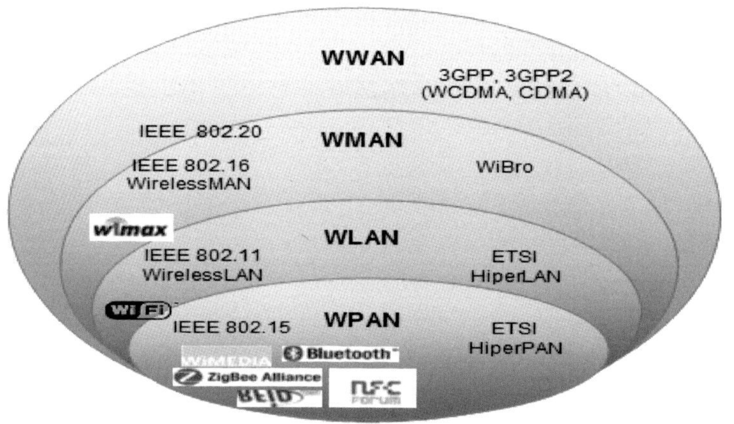

문제 79	단일 시스템에 장애가 발생하여 시스템이 중단할 확률이 e라고 가정했을 때, 동일한 단일시스템을 3중화하여 시스템 구성 시 시스템이 가동될 확률은 얼마인가? ① 1-3e ② 1-e3 ③ 3e ④ e3

카테고리	시스템 구조>안정성	난이도	중
		답	②

[문제풀이]

[이중화 산술식]

- 가용성=1-pn
- p: 다운될 확률
- n: 다중화 개수

- 위의 식을 대입하면 ②번이 된다.

문제 80	웹 서비스는 다양한 비즈니스 환경의 요구를 만족시키기 위해 다양한 표준 기술을 사용하고 있다. 이들 기술에 대한 설명을 올바르게 연결한 것은? [비즈니스 환경의 요구사항] A. 다양한 이기종 애플리케이션 간의 일관된 데이터 형식 B. 기업 내외의 다양한 애플리케이션 간의 메시지 전송 기술 C. 파트너와 상호 호환되는 서비스의 정의 및 사용 방법 기술 D. 체계적이고 자동화된 서비스의 등록, 검색 및 연동 구조 [관련 표준 기술] 가. SOAP(Simple Object Access Protocol) 나. XML(eXtensible Markup Language) 다. WSDL(Web Service Description Language) 라. UDDI(Universal Description Discovery and Integration) ① A–나, B–라, C–다, D–가 ② A–나, B–다, C–가, D–라 ③ A–나, B–가, C–다, D–라 ④ A–나, B–다, C–라, D–가

카테고리	시스템 구조〉Web	난이도	중
		답	③

[문제풀이]

- SOAP(Simple Object Access Protocol)는 XML을 기반으로 웹 서비스에서 사용하는 프로토콜이다. SOAP은 SSL을 사용해서 보안기능을 제공하고 80번 포트를 사용하여 방화벽을 통과하며 HTTP 프로토콜을 사용해서 전달된다.
- WSDL(Web Service Description Language)는 웹 서비스에서 웹 서비스 제공자와 웹 서비스 사용자 간에 메시지를 정의하는 언어로서 URL, API List, 입력 및 출력 파라메터, 파라메터 타입을 규정한 언어이다.
- UDDI(Universal Description Discovery and Integration)는 웹 서비스 제공자가 자신의 웹 서비스 정보를 제공하기 위해서 등록하는 레지스트리이다. 또한 웹 서비스 사용자는 UDDI를 통해서 자신이 필요로 하는 웹 서비스를 검색하고 WSDL를 다운로드할 수 있다.
- UDDI는 성격에 따라 공용(Public) UDDI와 사설(Private) UDDI로 분류된다. 공용 UDDI는 정부 부처에서 제공되는 웹 서비스 정보를 등록, 검색하기 위해서 사용되며 사설 UDDI는 특정 기업에서 기업 내부용도로 사용된다.

[Web Service]

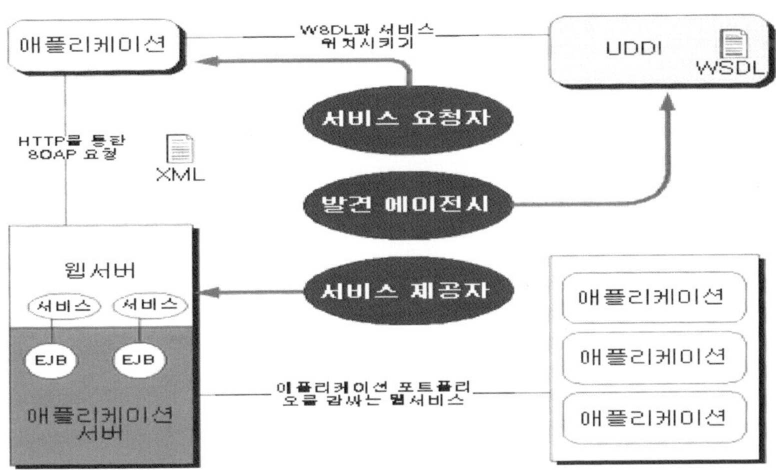

문제 81	다음 무선 랜(LAN) 기술을 위한 802.11 표준과 관련된 설명 중 틀린 것은? ① 802.11 표준은 802.11a, 802.11b, 802.11d, 802.11g 등이 있다. ② 802.11b, 802.11a와 802.11g는 모두 CSMA/CA라는 동일한 매체 액세스 프로토콜을 사용한다. ③ 802.11g의 데이터 전송속도는 11Mbps로 광대역 케이블이나 DSL 인터넷 액세스를 지닌 대부분의 홈 네트워크에서 필요로 하는 것보다 빠르다. ④ 802.11a는 고주파에서 동작하므로 전력 수준이 동일할 경우 전송 거리가 더 짧고 다중경로 전파의 영향을 더 많이 받는다.

카테고리	시스템 구조)네트워크	난이도	중
		답	③

[문제풀이]
- IEEE 803.11g는 54Mbps의 전송속도를 가진다.

[Wireless LAN 표준 기술]

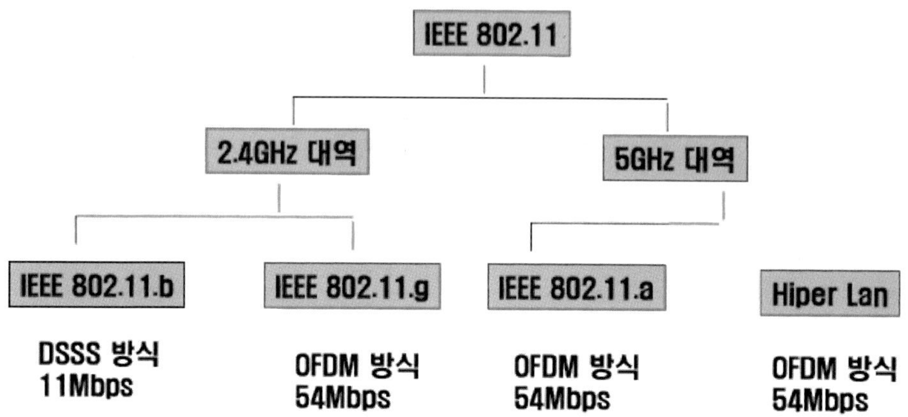

[IEEE Wireless LAN의 종류별 특징]

비교항목	802.11b	802.11a	802.11g
주파수	2.4GHz	5GHz	2.4GHz
속도	11Mbps	54Mbps	54Mbps
변조방식	DSSS	OFDM	OFDM
멀티캐스트	지원	지원	지원
Wi-Fi	인증	비인증	인증
암호화	40Bit RC4	40Bit RC4	40Bit RC4

문제 82	다음의 네트워크 서비스 중에서 오버레이 네트워크(Overlay Network)의 개념을 활용한 것과 거리가 먼 것은? ① URL을 인식하는 스위치 기반의 HTTP 전달 서비스 ② MBone(Multicast Backbone) 기반의 화상 회의 서비스 ③ 비트토렌트(BitTorrent) 기반의 파일 공유 서비스 ④ Telnet 기반의 원격 터미널 연결 서비스

카테고리	시스템 구조〉네트워크	난이도	중
		답	④

[문제풀이]

- Overlay Network는 기존 네트워크를 바탕으로 그 위에 구성한 또 다른 네트워크로, 기존의 네트워크 위에 별도의 노드들과 논리적 링크들을 구성하여 이루어진 가상 네트워크이다.
- Overlay Network는 물리적인 이웃노드가 아니라 논리적인 이웃노드이고 기존의 네트워크를 최대한 활용하여 보다 효율적인 네트워크 서비스를 제공한다.

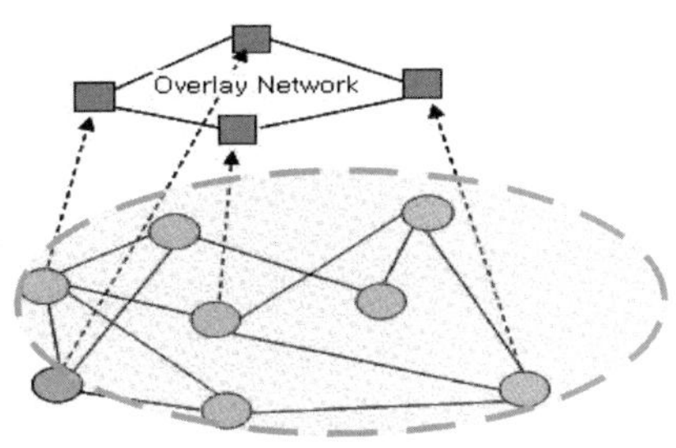

- 즉, 기존의 물리적 혹은 논리적으로 존재하는 토폴로지 위에 또다시 다른 필요에 의해 논리적 토폴로지를 재구성하여 성능을 개선하고 효율을 높이며 다양한 기능을 제공한다.
- Underlay Network: 물리적 노드들 간의 Link와 Data Transaction 처리
- Edge Network: 사용자 Traffic 처리, 노드 간 Interaction 처리
- Core Network: 서브연결(2-Level 계층적 라우팅 수행) 네트웍 간의
- Overlay Network: Underlay Network상 Topology 위에 가상의 Link, 통신 처리

문제 83	Web 2.0의 주요 기술인 AJAX(Asynchronous Javascript and XML)에 대한 설명 중 틀린 것은? ① 대화식 웹 애플리케이션의 제작을 위해 HTML, CSS, XML, DOM 등의 조합을 이용하는 웹 개발 기법이다. ② 보통 SOAP이나 XML 기반의 웹 서비스 프로토콜을 사용한다. ③ 웹 브라우저와 웹 서버 간에 교환되는 데이터량의 감소로 응답성은 좋아지나 웹 서버의 처리량은 증가한다. ④ 웹 서버의 응답을 처리하기 위해 클라이언트 쪽에서는 자바스크립트를 사용한다.

카테고리	시스템 구조〉Web	난이도	중
		답	③

[문제풀이]

- AJAX(Asynchronous JavaScript XML)은 대표적인 RIA기술로 JavaScript, XML를 활용하여 Web Page 전체를 불러오지 않고 특정 부분만을 비동기적으로 처리하는 Page Reload 기술이다.
- Web Page Reload 시간을 줄이고 Interaction한 처리를 지원한다.

[AJAX 처리방식]

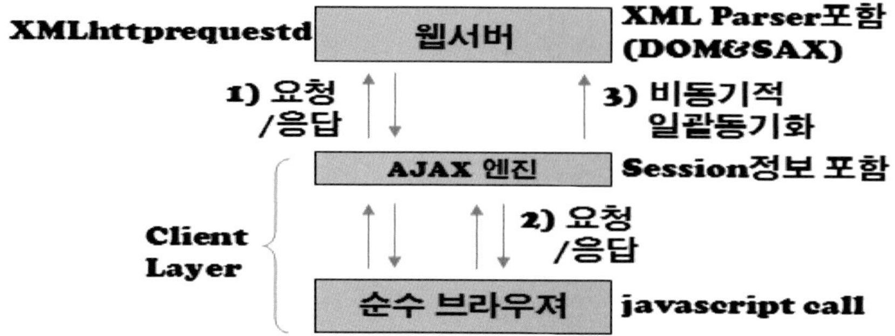

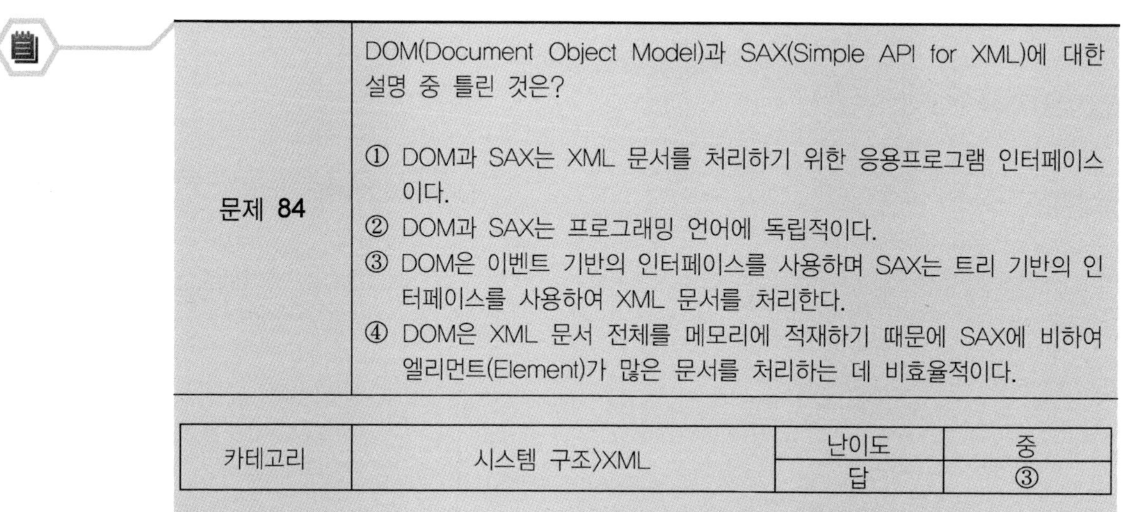

문제 84	DOM(Document Object Model)과 SAX(Simple API for XML)에 대한 설명 중 틀린 것은? ① DOM과 SAX는 XML 문서를 처리하기 위한 응용프로그램 인터페이스이다. ② DOM과 SAX는 프로그래밍 언어에 독립적이다. ③ DOM은 이벤트 기반의 인터페이스를 사용하며 SAX는 트리 기반의 인터페이스를 사용하여 XML 문서를 처리한다. ④ DOM은 XML 문서 전체를 메모리에 적재하기 때문에 SAX에 비하여 엘리먼트(Element)가 많은 문서를 처리하는 데 비효율적이다.

카테고리	시스템 구조>XML	난이도	중
		답	③

[문제풀이]

- Web Processing은 API를 통하여 XML 문서에 접근하여 조작하는 방법을 제공한다. 이 중에서 W3C 표준적인 방법이 DOM과 SAX API를 사용하는 것이다.
- DOM은 XML 문서 전체를 DOM Tree를 작성하여 메모리적 적재하는 방식으로 XML 문서를 사용한다. 또한 SAX는 Application에서 XML 문서 접근 Event를 발생할 때 순차적으로 XML 문서에 접근한다.

[DOM 처리방식]

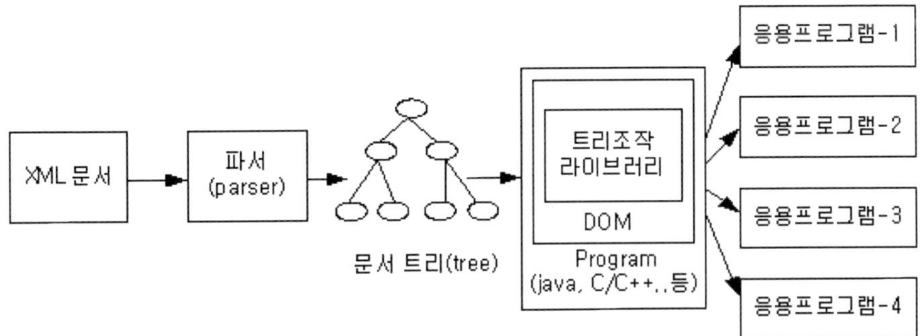

[SAX 처리방식]

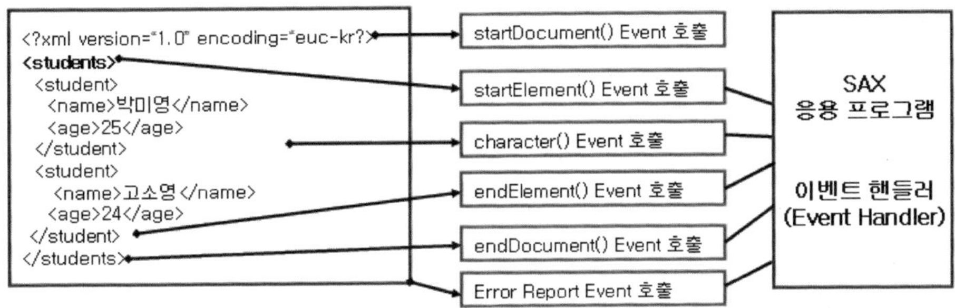

[DOM & SAX 차이점]

비교항목	DOM	SAX
파싱기반	트리 기반	이벤트 기반
데이터 접근	랜덤	순차
메모리 사용	데이터 크기에 비례	일정 메모리 사용
적합한 데이터	경량 데이터	경량 및 대용량
데이터 재사용	가능	불가능

*또한 JAVA 계열에서 DOM과 SAX의 장점을 결합한 JDOM이 존재하며 이것은 표준은 아니다.

	다음 ITSM(IT Service Management)과 ITIL(IT Infrastructure Library)에 대한 설명으로 틀린 것은?
문제 85	① ITSM은 서비스를 이용하는 고객과 서비스 제공자 간에 서비스 수준을 합의하여 그 수준에 맞게 품질을 유지하도록 하는 IT 서비스 관리 기법이다. ② 고객과 서비스 제공자 간의 서비스 수준은 SLA(Service Level Agreement)에 의해 정의가 가능하다. ③ ITIL(버전 2.0)의 서비스 지원 프로세스(Service Support Process) 영역은 서비스 수준 모니터링에 필요한 제반 프로세스를 정의한다. ④ ITIL(버전 3.0)은 서비스관리 수명주기에 따라 서비스 전략(Strategy), 서비스 설계(Design), 서비스 전환(Transition), 서비스 운영(Operation), 지속적 서비스 개선(Continual Service Improvement)으로 구성되어 있다.

카테고리	시스템 구조>시스템 관리	난이도	중
		답	③

[문제풀이]

- ITIL은 IT 운영조직에 대한 Best Practices를 포함하는 책자이다. ITIL은 Service Delivery와 Service Support로 나누어진다.

[ITIL Version 2.0의 구조]

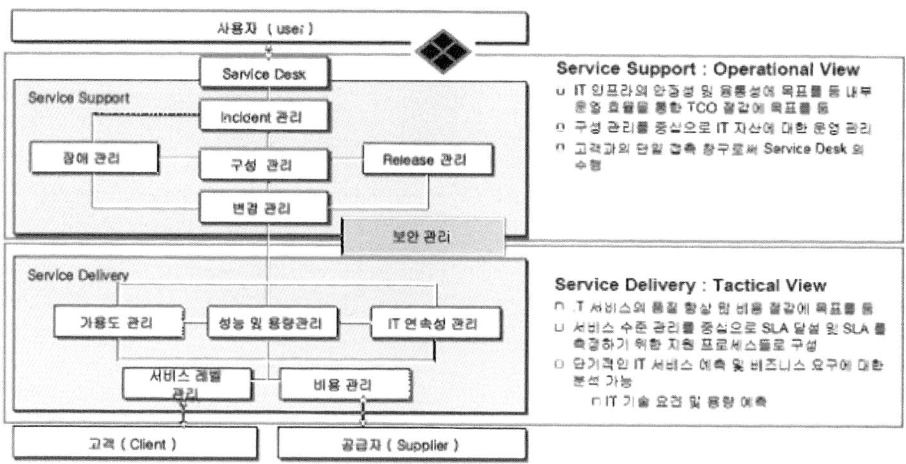

문제 86	다음 중 RFID(Radio Frequency IDentification) 관련 기술에 대한 설명으로 틀린 것은? ① RFID 리더기는 태그의 정보를 읽거나 기록할 수 있다. ② RFID 태그는 배터리 내장 유무에 따라 능동형과 수동형으로 구분된다. ③ EPC(Electronic Product Code)는 태그에 부여되는 고유한 식별코드이다. ④ RFID 미들웨어는 다수의 태그가 리더기에 반응했을 때 충돌을 방지하는 역할을 한다.

카테고리	시스템 구조>최신기술	난이도	중
		답	④

[문제풀이]

- RFID는 RFID Tag에 저장되어 있는 RFID Code를 읽고 판독이 가능한 전자태그이다. RFID Tag는 읽기전용, 읽기/쓰기 종류로 분류되고 RFID Tag에 부여된 코드체계를 EPC Global이라는 곳에서 De-facto Standard로 규정했고 그 코드가 EPC Code이다.
- 또한 RFID는 전원 여부에 따라 전원을 보유한 능동형 태크와 전원을 보유하지 않는 수동형 태크로 분류된다.

[RFID 시스템 구조]

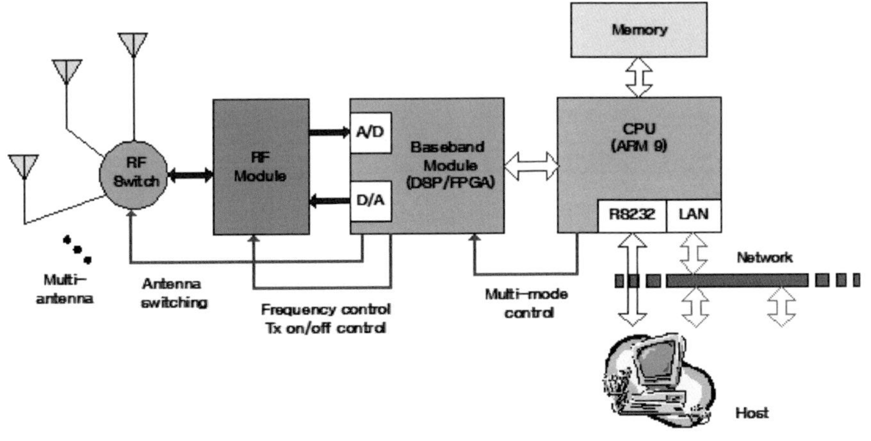

- 국내의 경우 일반 RFID를 위해서 433MHz 주파수를 사용하고 CDMA 폰에 RFID 리더기를 탑재한 모바일 RFID(일명: 모비온)의 경우 900MHz 주파수를 사용한다.
- 해외의 경우 노키아에서 상용화한 NFC는 13.56MHz의 주파수를 사용한다

| 문제 87 | 재해 및 재해복구 시스템 개념에 대한 다음 설명 중 틀린 것은?

① RTO(Recovery Time Objective)는 재해로 인하여 서비스가 중단되었을 때, 서비스를 복구하는 데까지 걸리는 예상시간이다.
② RPO(Recovery Point Objective)는 재해로 인하여 중단된 서비스를 복구하였을 때, 유실을 감내할 수 있는 데이터의 손실허용시점이다.
③ 업무연속성계획(Business Continuity Planning)은 장애 및 재해 발생 시 시스템의 생존을 보장하기 위한 예방 및 복구활동 등을 포함하는 계획이다.
④ 재해복구시스템(Disaster Recovery System)은 재해복구계획의 원활한 수행을 지원하기 위하여 평상시에 확보하여 두는 시스템이다. |

카테고리	시스템 구조>보안	난이도	중
		답	①

[문제풀이]

- RTO는 서비스 중단이 발생되었을 때 복구해야 하는 목표 복구시간을 의미한다.

| 문제 88 | 다음 중 TPC(Transaction Performance Council)의 TPC-E 벤치마크에 대한 설명으로 틀린 것은?

① OLTP 환경에서 트랜잭션이 수행되는 동안 영향을 미치는 다양한 요인들을 고려하여 정보시스템 성능을 평가하기 위한 모델이다.
② TPC-E의 데이터베이스 테이블은 Market, Customer, Broker, Dimension 등 4개 영역으로 구성되어 있다.
③ 성능의 측정 단위는 TPC-C가 분당 트랜잭션을 측정하는 데 비해서 TPC-E는 초당 트랜잭션 수를 사용한다.
④ 벤치마크의 작업부하(Workload)는 24시간 365일 운영되는 B2B 서비스의 액티비티를 시뮬레이션하는 것으로, 인터넷 쇼핑몰을 시나리오로 하고 있다. |

카테고리	시스템 구조>시스템>성능	난이도	중
		답	④

[문제풀이]

- TPC(Transaction Processing Performance Council)은 OLTP 시스템의 처리성능 평가 기준의 표준규적을 제정하기 위해서 결정된 비영리단체(1998년)이다.

– IBM, DEC, NEC, Tandem 등의 기업 벤더들이 자신의 제품의 품질 향상을 위하여 참여하였다.

[TPC 종류]

종류	주요 내용
TPC–C	– OLTP 시스템의 성능 및 확장성을 측정하고 조회, 업그레이드 등 DBMS 기능 테스트 수행 – 분당 처리되는 트랜잭션의 량을 측정(tpmC)
TPC–E	– 컴퓨터 성능을 모든 측면에서 평가하기 위해서 기존의 TPC–C를 대처하기 위해서 만들어짐 – 서버와 데이터베이스 성능 테스트 – 성능측정에 필요한 TPC–C의 비용을 경감
TPC–W	– 웹 서버의 기능을 시뮬레이션 하기 위해서 초당 처리되는 웹 상호작용 수
TPC–H	– 데이터웨어하우스와 같은 의사결정 시스템(TPC–D에서 발전함) – 가격, 수요 및 공급, 시장점유율, 판촉 등 처리
TPC–R	– 진보된 Query에 의한 최적화 성능을 테스트, 의사결정 시스템 – 순간 데이터 수정 및 비즈니스 변화 성능 테스트

문제 89	다음과 같은 위험분석과 위험관리 수행과정 중 가장 먼저 실시되어야 하는 것은 무엇인가? ① 취약성 분석 ② 위협 분석 ③ 위험 평가 ④ 자산 식별		

카테고리	시스템 구조〉보안〉BCP	난이도	중
		답	④

[문제풀이]

– 정보시스템의 위험분석은 먼저 자산을 식별해서 관리하고 통제해야 할 자산을 명확히 해야 한다.

[정보시스템 위험분석 방법: BCP(Business Continuity Planning)]

위험관리 프로세스	주요 내용
위험관리계획 수립	– 예산, 일정을 고려하여 범위규정, 관리업무를 포함한 계획수립, 관리대상 식별(자산 식별)
업무분석 및 영향	– 사건 재해환경 고려한 잠재적 손실 최소화 및 방지를 위한 업무 분석 및 평가 – Business Impact Analysis(업무 영향분석) – 주요 업무 프로세스 식별, 우선순위, 재해 시 업무 중단에 따른 비용분석, 업무 프로세스별 복구 목표시간 산출
복구전략 개발	– 복구대책 업무, 복구운영, 전략선택(전략수립, 문서화) – 상세 계획수립(상세 DRP 수립 포함)
승인 및 훈련	– BCP 계획승인, 대응책 구현, 이행관리, 기술향상
테스트 및 유지보수	– 업무 프로세스가 변경되면 BCP도 변경되어야 함 – 비상사태 대비 평가, 모의훈련, 모니터링 및 비상체계 준비

| 문제 90 | 다음과 같은 속성을 지니는 저장 장치와 연산 장치로 구성된 정보 시스템의 가용성은 몇 %인가? (소수점 넷째자리 이하는 절삭)

• 저장 장치와 연산 장치가 모두 사용 가능한 상태인 경우에 정보 시스템의 서비스를 제공할 수 있다.
• 저장 장치의 MTTF(Mean Time To Failure)는 999시간이다.
• 저장 장치의 MTTR(Mean Time To Repair)은 1시간이다.
• 연산 장치의 MTTF는 470시간이다.
• 연산 장치의 MTTR은 30시간이다.

① 93.523%
② 93.906%
③ 97.889%
④ 97.933% |

카테고리	시스템 구조〉시스템〉가용성	난이도	중
		답	②

[문제풀이]
– MTBF(Mean Time Between Failure): 하드웨어 제품 및 구성요소가 고장이 없는 시간, 즉 무중단 시간을 측정하고 시스템 중단에서 다음 중단까지의 평균 시간
– MTTF(Mean Time To Failure): 동작 시간의 평균치
– MTTR(Mean Time To Repair): 평균 수리시간

- MTBF = MTTF+MTTR
- 가용성 = MTTF/(MTTF+MTTR)
- = 정상 동작시간/(정상 동작시간+장애 복구시간)

- 저장장치, 연산장치 각각의 가용성을 구하고 시스템 측면에서는 저장장치 가용성*연산 장치 가용성을 한다.
- 가용성은 MTTF를 분자로, MTTF + MTTR을 분모로 해서 *100을 하면 된다.
- 저장 장치=[999/(999+1)]*100=99.9%
- 연산 장치=[470/(470+30)]*100=94.0%
- 전체는 99.9%*94.0%=93.906%

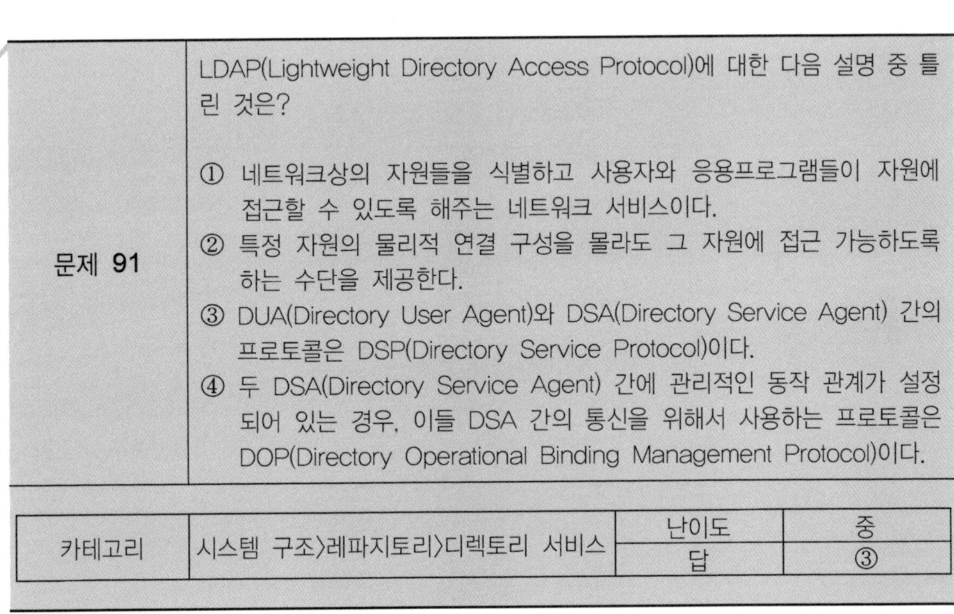

문제 91	LDAP(Lightweight Directory Access Protocol)에 대한 다음 설명 중 틀린 것은? ① 네트워크상의 자원들을 식별하고 사용자와 응용프로그램들이 자원에 접근할 수 있도록 해주는 네트워크 서비스이다. ② 특정 자원의 물리적 연결 구성을 몰라도 그 자원에 접근 가능하도록 하는 수단을 제공한다. ③ DUA(Directory User Agent)와 DSA(Directory Service Agent) 간의 프로토콜은 DSP(Directory Service Protocol)이다. ④ 두 DSA(Directory Service Agent) 간에 관리적인 동작 관계가 설정되어 있는 경우, 이들 DSA 간의 통신을 위해서 사용하는 프로토콜은 DOP(Directory Operational Binding Management Protocol)이다.

카테고리	시스템 구조>레파지토리>디렉토리 서비스	난이도	중
		답	③

[문제풀이]

- DAP(Directory Access Protocol)는 지역적으로 분산된 정보자원의 식별, 접근이 가능한 분산 검색 서비스이다. DAP에는 ISO에서 표준화한 X.500과 인터넷에서 사용하기 위해서 X.500을 경량화한 LDAP(Lightweight Directory Access Protocol)이 존재한다.

[디렉토리 서비스의 구성요소]

- DUA(Directory User Agent): Client로 사용자의 요구를 DSA에 전달하는 인테페이스 역할 담당
- DSA(Directory Service Agent): DUA의 명령 및 요구를 실행하고 결과를 DUA에게 전달
- DAP(Directory Access Protocol): DUA와 DSA 간의 Protocol
- DOP(Directory Operational Binding Management Protocol): 여러 개의 DSA 간의 동작관계를 제어하기 위해서 DSA 간의 프로토콜
- DISP(Directory Information Shadow Protocol): DSA가 보유하는 정보를 다른 DSA에게 전달하기 위해서 사용하는 프로토콜

[디렉토리 서비스의 종류]

비교항목	X.500(DAP)	LDAP
프로토콜	OSI 응용계층	TCP/IP 4계층
표준화	ISO/IEC 9594	IETF RFC 2251
사용주소	디렉토리 서버 주소	URL 주소체계
플랫폼	종속성	독립성
성능	느림	우수
구조	복잡	단순
보안	SSL 미지원	SSL 지원
연산자 중복	연산자 중복존재	중복 최소화
데이터 표현방식	ANSI.1 코드 및 BEF(Basic Encoding Rule)	String 코드

문제 92	~사의 100억 원짜리 자산(AV: Asset Value)에 대하여 20년에 1번 정도의 사고가 발생(ARO: Annualized Rate of Occurrence)한다고 가정하고, 위험손실 노출지수(EF: Exposure Factor)는 0.2로 가정할 때 연간 예상손실액(ALE: Annualized Loss Expectancy)은 얼마인가? ① 1억 원 ② 2억 원 ③ 4억 원 ④ 5억 원	

카테고리	시스템 구조>보안>위험관리	난이도	중
		답	①

[문제풀이]

[연간 손실액]

– 자산 * 노출계수 * 연간 발생확률

– 100억 * 0.2*(1/20) = 1억이 된다.

문제 93	일반적으로 정보 보안관리 지침에서 필수적으로 포함되어야 할 내용들을 선택하시오.(2개 선택) ① 사회공학적 침입 수법 ② 보안관리 영역 및 책임 명시 ③ 보안사고 대응 및 처리 방법 ④ 최근에 공격된 주요 포트 목록

카테고리	시스템 구조>보안>위험관리	난이도	중
		답	②, ③

[문제풀이]
– 정보보안 관리 지침에서 보안관리 영역, 책임과 역할, 보안 대응방법은 필수적으로 필요하다.

문제 94	다음 정보자산 관리에 대한 설명 중 틀린 것은? ① 조사된 정보자산은 소유자, 관리자, 사용자가 확인되어야 한다. ② 정보자산의 적절한 통제 유지를 위해 책임 소재를 명확히 하여야 한다. ③ 정보자산의 가치와 회사에 미치는 영향을 고려하여 분류하여야 한다. ④ 중요도가 높은 정보자산은 별도의 식별표시를 하고, 중요도가 낮은 것은 식별표시 없이 관리한다.

카테고리	시스템 구조>보안>위험관리	난이도	중
		답	④

[문제풀이]
- 정보자산은 먼저 관리해야 하는 대상을 식별하고 대상별 업무영역 및 영향도, 발생 가능성을 분석한 후에 중요도를 산정한다.
- 중요도는 높고 낮음을 떠나 모두 표시하여 통제해야 한다.

문제 95	다음 RSA(Rivest, Shamir, Adleman) 암호알고리즘에 대한 설명 중 틀린 것은?(2개 선택) ① 국내 금융거래 등에서 전자서명에 사용된다. ② 518비트, 768비트, 1,024비트의 키를 사용할 수 있다. ③ 안전성은 이산대수 문제의 어려움에 근거를 두고 있다. ④ 대칭키 암호알고리즘의 하나이다.		
카테고리	시스템 구조〉보안〉암호화	난이도	중
		답	③, ④

[문제풀이]
- RSA는 비대칭키(공개키) 암호화 알고리즘으로 소인수 분해의 어려움을 근거로 한다.

[암호화 개념]

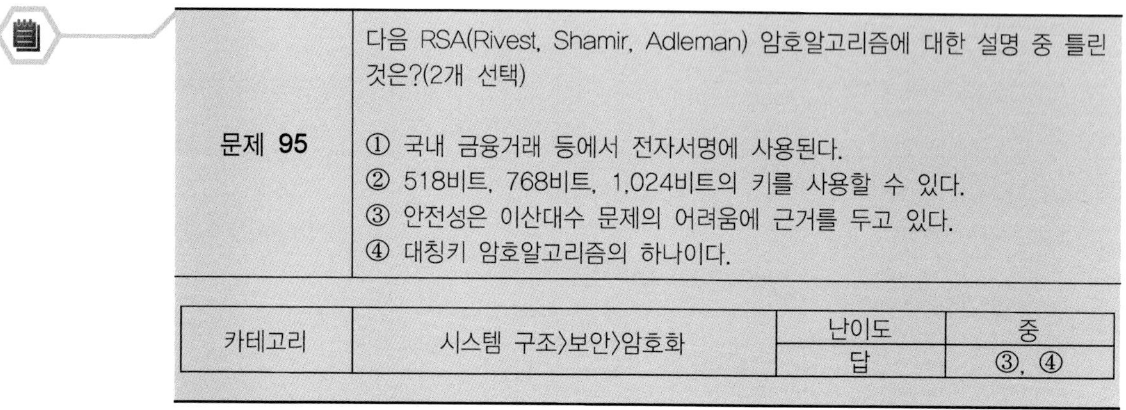

- 암호화는 평문(Plaintext)을 암호화 알고리즘과 암호화 키(Encryption Key)를 사용하여 암호문(Cyphertext)을 만들고 다시 복호화 키(Decryption Key)를 사용해서 평문을 만들어 낸다.
- 이때 암호화 키와 복호화 키가 동일한 것을 대칭키 혹은 비밀키 암호화 알고리즘이라고 하고 그 종류는 DES, 3DES, SEED, AES 등이 존재한다.
- 암호화 키와 복호화 키가 다른 것을 비대칭키(공개키) 알고리즘이라고 하고 그 종류는 RSA, ECC 등이 존재한다.
- 또한 암호화 알고리즘 방식에 따라 이산대수 및 소인수 분해 방식이 있으며 이산대수 방식은 ECC, 소인수 분해 방식은 RSA가 존재한다.

[대칭키 암호화 기법(비밀키 암호화) 종류]

종류	블록크기	키 크기	Round 수	주요 내용
DES	64Bit	64(54)Bit	16	– 호환성 좋음, 키 길이가 작아 해독 용이
3DES	64Bit	192(168) Bit	48	– DES 호환, Round 수를 늘려 보안성 강화, 대부분의 레거시 시스템에서 활용
AES	128Bit	128, 192, 256 Bit	10,12,14	– 2000년 NIST에서 DES를 대처할 차세대 대칭키 암호화 알고리즘 – 미국 표준 암호화 알고리즘
IDEA	64Bit	128Bit	8	– 암호화 강도가 DES보다 강하고 2배 빠름
SEED	128Bit	128Bit	16	– 국내개발(KISA, ETRI), 국내 보안 SW, HW에서 사용 – 2005년 ISO/IEC, IETF 표준지정

[비대칭키 암호화 기법(공개키 암호화) 종류]

구분	특징
DH	– 최초 공개 키 알고리즘, 키 분배 전용 알고리즘 – 키 분배에 최적화, 키는 필요 시에 만 생성하고 따로 저장 불필요 – 암호 모드로 사용불가(인증불가), 위조에 취약 – 이산대수 문제
RSA	– 1978년 ITU, ANSI 등 대부분의 공개 키 암호화 표준 – 상용으로 가장 많이 사용, 특허 2000년 만료, 여러 라이브러리 존재 – 컴퓨터 속도 발전으로 키의 길이 점점 증가 – 소인수 분해 어려움
DSA	– NIST 개발, 전자서명 알고리즘 표준 – 간단한 구조(Yes or No 결과만 가짐), 전자서명 전용 – 암호화 키 교환 불가 – 이산대수 문제
ECC	– 짧은 키로 높은 암호강도, PDA, 스마트폰, 핸드폰에 사용 – 오버헤드 적고 163 키가 RSA의 1024키의 강도를 가짐 – 키 테이블(20K Bytes) 필요 – 타원곡선 알고리즘

<table>
<tr><td rowspan="2">문제 96</td><td>다음 전자서명에 대한 설명 중 틀린 것은?

① 서명하는 사람이 동일하면, 서명되는 메시지가 다르더라도 전자서명 값은 같다.
② 전자서명 알고리즘에는 RSA(Rivest, Shamir, Adleman), DSA(Digital Signature Algorithm) 등이 있다.
③ 전자서명만을 사용하여 메시지의 기밀성(Confidentiality)을 제공할 수는 없다.
④ 전자서명은 서명한 사람이 서명한 사실을 부인하지 못하게 하는 부인봉쇄의 기능을 제공한다.</td></tr>
</table>

카테고리	시스템 구조>보안>PKI>전자서명	난이도	중
		답	①

[문제풀이]

- 전자서명(Digital Signature)은 전자문서를 작성한 자의 신원 및 전자문서 변경 여부를 확인할 수 있도록 비대칭 암호화 방식을 사용하여 생성키로 생성한 정보이다.

[전자서명 처리방식]

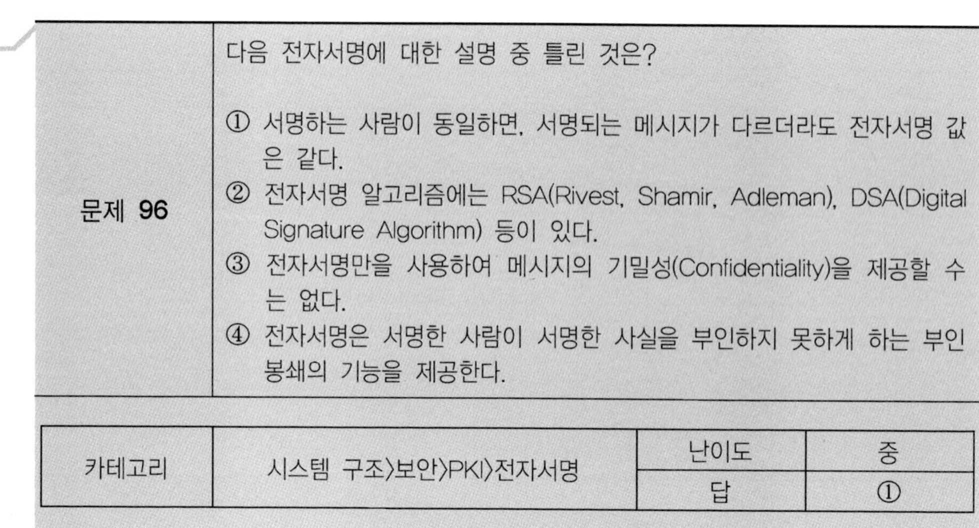

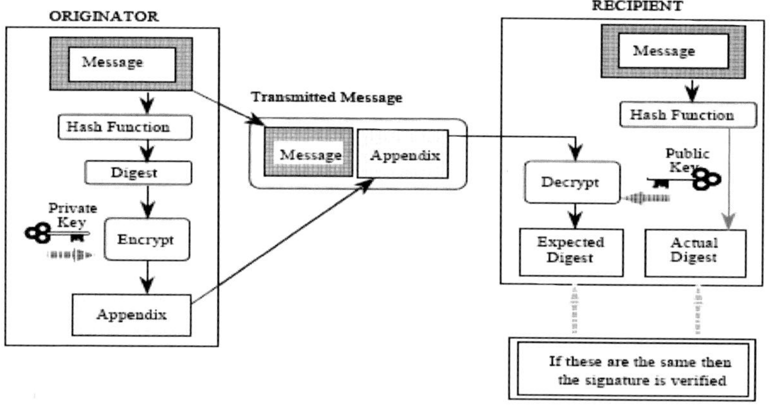

문제 97	「정보보호관리체계 인증 등에 관한 고시(방송통신위원회, 제2008-11호)」에서 정하고 있는 정보보호관리체계(ISMS)의 정보보호관리과정 5단계 활동으로 올바른 것은? ① 정보보호정책 수립-정보보호관리체계 범위 설정-위험관리-구현-사후관리 ② 정보보호관리체계 범위 설정-정보보호정책 수립-구현-위험관리-사후관리 ③ 정보보호관리체계 범위 설정-정보보호정책 수립-위험관리-구현-사후관리 ④ 정보보호정책 수립-정보보호관리체계 범위 설정-구현-위험관리-사후관리

카테고리	시스템 구조>보안>보안정책>ISMS	난이도	중
		답	①

[문제풀이]

- ISMS(Information Security Management System)는 정보보호의 목적인 정보자산의 비밀성, 무결성, 가용성을 실현하기 위한 절차와 과정을 체계적으로 수립, 문서화하고 지속적으로 관리 및 운영하는 시스템이다.

[ISMS의 효과]

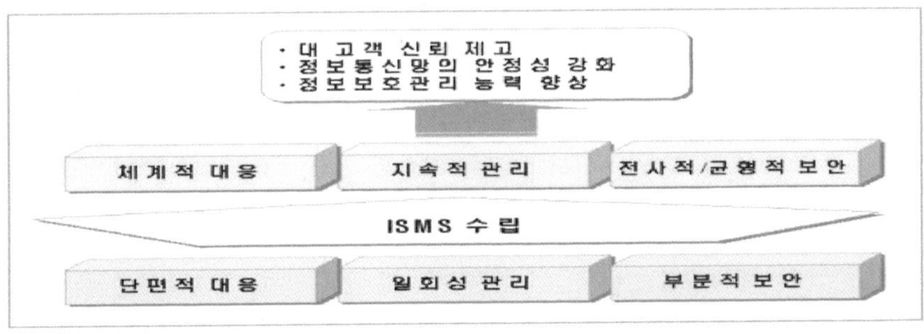

[ISMS의 인증절차]

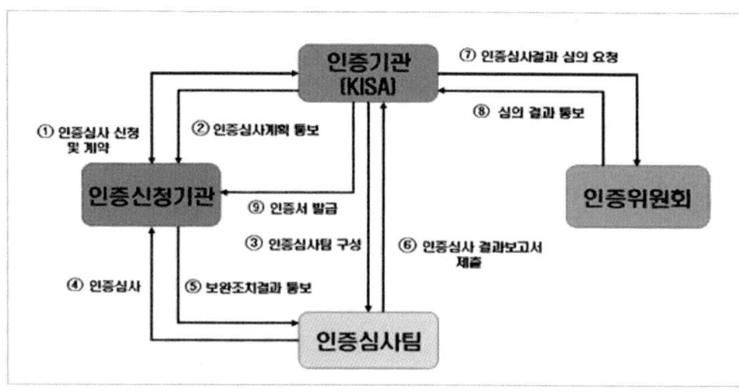

[ISO 27000 표준 패밀리]

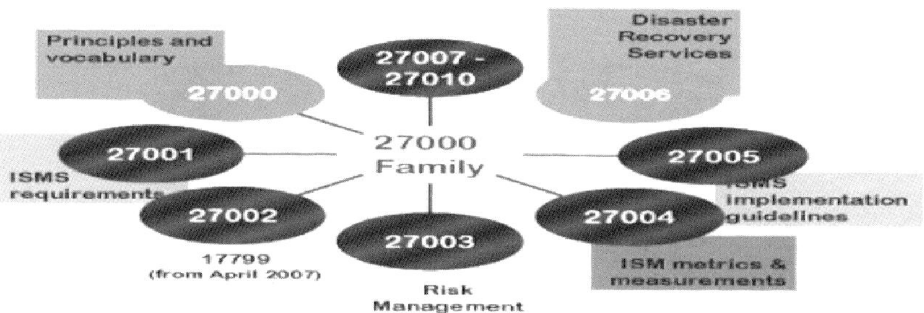

문제 98	해시(Hash) 함수의 요구 조건으로 맞는 것은? ① 해시 함수는 역으로 계산이 가능해야 한다. ② 해시 함수는 가변적인 크기의 출력을 만든다. ③ 해시 함수는 강력한 충돌 회피성이 제공되어야 한다. ④ 해시 함수는 고정 크기의 데이터 블록에만 적용된다.

카테고리	시스템 구조>PKI>해시	난이도	중
		답	③

[문제풀이]

- 해시함수의 특징은 임의의 길이의 입력으로 동일한 길이의 출력이 제공된다. 또한 One Way Function으로, 출력값으로 다시 입력값을 만들 수가 없다.
- 그래서 전자서명에서 메시지 다이제스트를 만들고 그것을 통한 무결성 보장방법에 사용된다.

<table>
<tr><td rowspan="2">문제 99</td><td>정보보안 평가기준인 CC(Common Criteria)의 보안기능 요구사항의 클래스 제목이 아닌 것은?</td></tr>
<tr><td>① 보안 감사(Security Audit)
② 취약성 분석(Vulnerability Analysis)
③ 암호 지원(Cryptographic Support)
④ 보안 관리(Security Management)</td></tr>
</table>

카테고리	시스템 구조>보안>표준	난이도	중
		답	②

[문제풀이]

- CC(Common Criteria)는 미국의 TCSEC과 유럽 ITSEC의 보안표준을 기반으로 작성된 정보보호 제품의 객관적인 평가를 위해서 제정한 정보보호 기능에 대한 ISO 15408 국제표준
- CC는 모든 보안 제품에 대한 평가가 가능하고 EAL(Evaluation Access Level) 평가 등급으로 EAL0~EAL7이 존재한다.
- CC는 CCRA 가입국 간의 상호인증을 통해서 인증의 편리성과 인증비용을 감소시키는 장점을 가진다.

[CC 평가 프로세스]

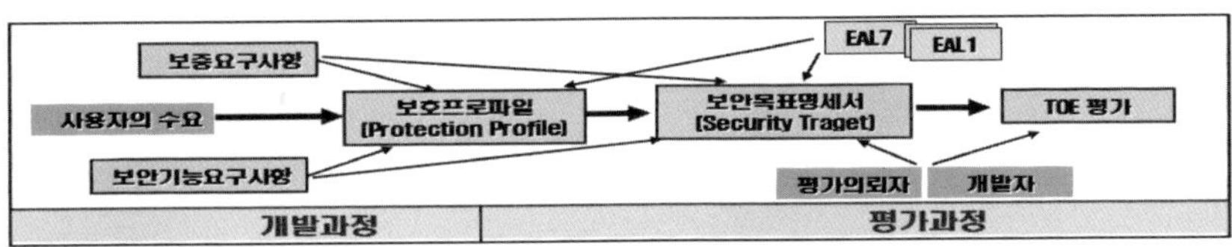

<table>
<tr><td rowspan="2">문제 100</td><td>대칭키 알고리즘과 공개키 알고리즘의 차이에 대한 아래 설명 중 틀린 것은?

① 대칭키 알고리즘은 공개키 알고리즘에 비하여 계산 속도가 빠르다.
② 대칭키 알고리즘은 통신의 참여자들이 동일한 키를 공유하고 있어야 한다.
③ 공개키 알고리즘은 통신의 참여자들이 동일한 키를 공유하지 않아도 된다.
④ 공개키 알고리즘은 메시지에 대한 기밀성을 제공하지만, 대칭키 알고리즘은 그렇지 못하다.</td></tr>
</table>

카테고리	시스템 구조>보안>암호화	난이도	중
		답	④

[문제풀이]

– 대칭키 및 비대칭키 모두 기밀성을 제공한다.

[대칭키 암호화 기법과 비대칭키 암호화 기법]

비교항목	대칭키	비대칭키
키 보관	– 개인 비밀키 보관	– 개인키: 비밀리 보관 – 공개키: 외부 공개
키 교환	– 키 교환이 어렵고 위험	– 공개키 교환은 용이
암호화/복호화 속도	– 매우 빠름	– 매우 느림
평문길이	– 제한 없음	– 제한, 대용량 평문은 시간 및 연산 제약
보안기능	– 기밀성 제공 – 무결성, 인증, 부인방지 기능이 없음	– 기밀성, 인증, 부인방지 기능 제공 – 무결성 제공하지 않음.
사용분야	– 평문 암호화, 네트워크에서 송수신	– 키 교환, 메시지 인증(전자서명)

제10회
정보시스템감리사
기출문제 해설

<table>
<tr><td rowspan="5">문제 1</td><td colspan="3">'정보시스템 감리기준'의 별지 서식에 따라 감리계획서 및 감리보고서를 작성하였다. 다음 중 가정 적절하지 '못한' 것은?

① 감리계획서의 '5. 감리영역별 상세점검항목'을 감리기준 별표 2, 한국 정보화 진흥원에서 공지한 '정보시스템 감리지침' 등에 근거하여 감리 영역별 점검항목과 검토항목을 도출하여 작성하였다.
② 감리계획서의 '6. 감리일정'에 착수회의 일자, 현장 감리시행기간, 종 료회의 일자를 명시하고, 감리보고서 통보일정, 감리결과 조치내역 확 인에 대한 일정계획을 포함하여 명시하였다.
③ 감리보고서 Ⅲ. 종합의견의 '4. 감리영역별 개선권고사항'에서 '개선권 고유형'이 '협의'였기 때문에 '발주기관 협조 필요'를 'O'으로 표시하 였다.
④ 감리보고서 Ⅳ. 개선권고사항의 '나. 문제점 및 개선권고사항'에서 구 분자로 사용되는 '현황 및 문제점', '개선방향'을 변경하여 '현황', '문 제점', '개선방향'으로 구분하여 작성하였다.</td></tr>
</table>

카테고리	감리수행절차>감리보고서 작성	난이도	중
		답	③

[문제풀이]

- 개선 권고 유형 중 "협의" 사항은 발견된 문제점 또는 발생 가능성이 큰 문제점 중 **발 주기관과 피감리인이 상호 협의**를 거쳐 반영 여부를 결정할 수 있는 사항이며 발주기관 협조 필요는 반영 시 발주기관의 협조가 필요한 사항을 의미한다.

<table>
<tr><td rowspan="5">문제 2</td><td colspan="3">'정보시스템 감리기준' 별표 2에 따른 사업유형별 감리영역이 잘못 연결된 것은?

① 정보기술아키텍처 수립: 기반정립, 현행아키텍처 구축, 목표아키텍처 구축, 관리 계획, 품질보증활동
② 정보화 전략계획 수립: 업무, 기술, 정보화계획, 품질보증활동
③ 시스템 개발: 시스템 구조, 데이터베이스, 응용시스템, 시험활동, 운영 준비, 품질보증활동
④ 데이터베이스 구축: 데이터 수집 및 시범구축, 데이터 구축, 품질검사</td></tr>
</table>

카테고리	감리수행>점검 프레임워크	난이도	중
		답	①

[문제풀이]

– 감리 점검 프레임워크 중 정보기술 아키텍처 구축은 기반정립, 현행아키텍처 구축, 목표
  아키텍처 구축, 이행계획, 관리체계, 품질보증 활동으로 구성된다.

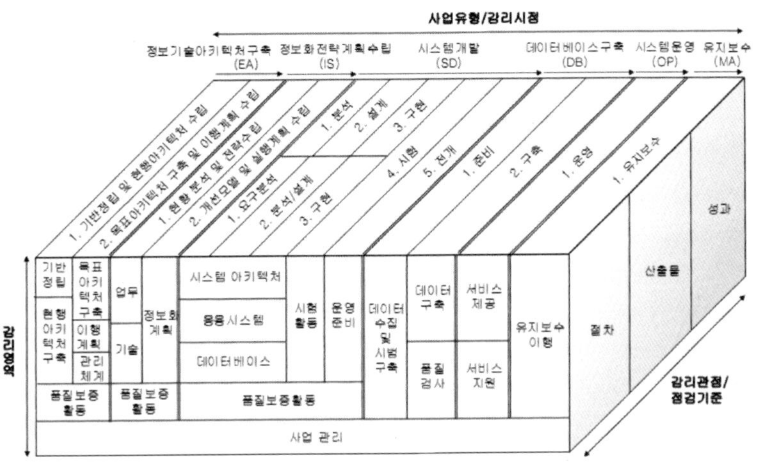

문제 3	감리결과 조치계획 검토 및 조치내역 확인 절차 중 잘못된 것은? (2개선택)
	① 발주기관은 감리보고서를 통보받은 후, 감리결과에 대한 조치계획을 수립하여 감리법인에게 조치계획에 대한 검토를 요청하여야 한다.
	② 감리법인은 조치계획 검토를 요청받으면 조치계획에 대한 적정성을 검토하고, 그 결과를 발주기관 및 피감리인에게 통보하여야 한다.
	③ 발주기관 및 피감리인은 감리보고서와 조치계획 검토결과를 토대로 조치를 수행한 후 그 조치내역을 감리법인에게 통보하여 확인을 요청하여야 한다.
	④ 감리법인은 장기, 단기 구분하여 감리결과 조치내역의 적정성을 확인한 후 그 결과를 발주기관 및 피감리인에게 통보하여야 한다.
	⑤ 발주기관이 감리결과 조치내역의 적정성을 통보받고 필요한 조치를 수행한 후 감리 법인에게 감리결과 조치내역 확인을 추가로 요청하는 경우에는 별도의 비용을 지급하여야 한다.

카테고리	감리수행절차>감리결과 조치	난이도	중
		답	①, ⑤

[문제풀이]

- 발조치계획 검토는 필수 사항이 아니므로 검토를 요청할 수 있다가 맞는 내용이며, 조치내역 확인은 1회에 한하여 의무적으로 수행하도록 되어 있으며 추가로 요청할 경우 비용을 지급할 수 있다고 되어 있다.
- 정보시스템 감리기준 12조 감리결과 조치계획 검토 및 조치내역 확인에 관한 내용은 다음과 같다.

제12조(감리결과 조치계획 검토 및 조치내역 확인) ① 발주기관은 회차별 감리보고서를 통보받은 후, 감리 결과에 대한 조치계획(이하 조치계획이라 한다)을 수립하여 감리법인에게 조치계획에 대한 검토를 요청할 수 있다.

② 제1항에 따른 조치계획에는 다음 각 호의 내용이 포함되어야 한다.

1. 제8조 제3항 제1호에 따른 "필수" 개선사항에 대한 조치계획

2. 제8조 제3항 제2호에 따른 "협의" 개선사항 중 발주기관과 피감리인 간에 개선하기로 결정한 사항에 대한 조치계획

③ 감리법인은 조치계획 검토를 요청받으면 조치계획에 대한 적정성을 검토하고, 그 결과를 발주기관 및 피감리인에게 통보하여야 한다.

④ 발주기관 및 피감리인은 감리보고서와 조치계획 검토결과를 토대로 필요한 조치를 수행한 후, 그 조치내역을 감리법인에게 통보하여 확인을 요청하여야 한다.

⑤ 감리법인은 제8조 제5항에 따라 "장기"와 "단기" 구분하여 감리 결과 조치내역의 적정성을 확인한 후 그 결과를 발주기관 및 피감리인에게 통보하여야 한다.

⑥ 발주기관이 감리 결과 조치내역의 적정성을 통보받고 필요한 조치를 수행한 후 감리법인에게 감리결과 조치내역 확인을 추가로 요청하는 경우에는 별도의 비용을 지급할 수 있다.

⑦ 감리결과 조치내역 확인보고서는 별지 제3호 서식이 정한 바에 따라 작성한다.

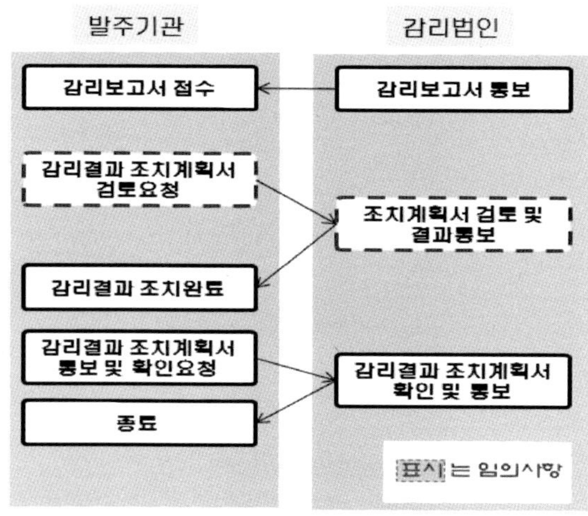

문제 4	「국가를 당사자로 하는 계약에 관한 법률」 제84조 및 '분리발주 대상 소 프트웨어(지식경제부고시 제2009-120호)'에 의한 소프트웨어 분리발주 (직접 구매)와 관련된 내용 중 잘못된것은?(2개 선택) ① 총사업규모가 10억 원 이상인 사업에서 소프트웨어 1개의 가격이 5천 만 원 이상인 소프트웨어에 대해서만 분리발주 대상으로 명시하고 있다. ② 총 사업 규모나 소프트웨어의 가격에 관계없이 GS(Good Software)인 증 등 품질인증을 받은 소프트웨어는 분리발주할 수 있다. ③ 소프트웨어 제품이 기존시스템과 통합이 불가능하거나 현저한 비용상 승이 초래되는 경우 직접 구매하지 않을 수 있다. ④ 분리발주로 인하여 행정업무의 증가가 발생될 경우 직접 구매하지 않 을 수 있다.

카테고리	기타법〉SW분리발주	난이도	중
		답	①, ④

[문제풀이]

– 분리발주 대상은 「소프트웨어산업진흥법」 제2조 제3호에 따른 소프트웨어 사업 중

1. 총 사업 규모가 10억 원 이상인 사업에서 사용되는 5천만 원 이상 소프트웨어
2. 소프트웨어 1개의 가격이 5천만 원 미만인 경우라도 동일 소프트웨어의 다량 구매로 총 가액이 5천만 원을 초과하는 경우에는 5천만 원 이상인 소프트웨어로 간주한다.
3. 총 사업 규모나 소프트웨어의 가격에 관계없이 GS(Good Software) 인증 등 품질인 증을 받은 소프트웨어는 분리발주할 수 있다.

– 또한 행정업무의 증가를 이유로 대상에서 제외된다는 조항은 없다.

<table>
<tr><td rowspan="2">문제 5</td><td colspan="4">'소프트웨어 사업대가의 기준(지식경제부 고시 제2009-102호)'에서 기능점수(Function Point) 방식에 의한 소프트웨어 개발비 산정에 대한 설명 중 잘못된 것은?

① 식별된 기능유형의 복잡도를 결정하기 어려운 경우에는 평균 복잡도 가중치를 적용할 수 있다.
② 평균 복잡도 가중치가 큰 기능유형부터 나열하면 내부 논리 파일 〉 외부 연계 파일 〉 외부 출력 〉 외부 입력 〉 외부 조회 순이다.
③ 단계별 기능 점수 단가가 큰 단계부터 나열하면 분석 〉 설계 〉 구현 〉 시험 순이다.
④ 언어 보정 계소는 발주자가 특정 언어를 요구하는 경우 사용된 언어의 비율에 따라 개발 단계 중 구현과 시험 단계에만 적용한다.</td></tr>
</table>

카테고리	키타법〉SW 사업대가 기준	난이도	중
		답	③

[문제풀이]

– 단계별 기능점수 단가는 구현 〉 시험 〉 설계 〉 분석 순으로 크다.

[별표 10] 단계별 기능점수당 단가(제8조 관련)

(단위 : 원)

단 계	분석	설계	구현	시험	합계
기능점수당 단가	113,206	142,998	190,664	148,956	595,824

[별표 11] 규모 보정계수(제8조 관련)

1. 기능점수의 경우 다음 식에 의해 산정하며, 300기능점수 미만인 경우는 0.65를 적용한다.

$$규모보정계수 = 0.108 \times \log_e(기능점수) + 0.2229$$

[별표 12] 어플리케이션유형 보정계수(제8조 관련)

어플리케이션유형	보정 계수
업무처리용	1.0
과학기술용	1.2
멀티미디어용	1.3
지능정보용	1.7
시스템용	1.7
통신제어용	1.9
공정제어용	2.0
지휘통제용	2.2

| 문제 6 | '정보시스템 구축 운영 기술 지침(정보통신부고시 제2006–37호)'에 대한 설명 중 거리가 먼 것은?

① 정보기술아키텍처를 기반으로 정보시스템을 구축 운영하는 것을 원칙으로 하고 있다.
② 정보시스템을 신규 구축 및 운영하는 경우에 적용되며, 기존 정보시스템의 유지보수에는 적용되지 않는다.
③ 정보시스템 운영에 사용되는 통신장비는 IPv4와 IPv6가 동시에 지원되는 장비를 채택하여야 한다.
④ 감리법인은 감리계획서의 감리 점검항목에 지침의 준수 여부를 명시하고 기술 준수 결과표를 활용하여 준수 여부를 점검하고 그 결과를 감리보고서에 기술하여야 한다. |

카테고리	기타법>정보시스템 구축 운영 기술 지침	난이도	중
		답	②

[문제풀이]

– 정보시스템 구축 운영 기술 지침의 목적은 다음과 같다.
1) 공공기관에서 정보시스템을 구축 · 운영함에 있어서 준수해야 할 *기술과 표준을 정함을 목적으로 한다.*
2) 적용범위: 공공기관이 정보시스템을 구축 · 운영함에 있어 계획 수립, 개발, 시험, 운영 및 유지관리 등 전 단계에 적용한다.

| 문제 7 | '정보시스템 감리기준'에서 규정하고 있는 사항 중 가장 거리가 먼 것은?

① 감리원은 현장감리 시행 동안 관련 자료의 검토, 분석, 시험, 상호검증 및 관계자와의 면담 등을 수행한다.
② 감리원은 감리수행과정에서 취득한 정보를 발주기관 및 피감리인의 동의 없이 외부에 누설하거나 도용하여서는 아니 된다.
③ 감리법인은 감리계약서 또는 감리계획에 명시된 감리일정 및 감리원을 임의로 변경하여서는 아니 된다.
④ 감리원은 감리계획에 따라 감리대상 프로젝트를 주관적인 입장에서 전문가적 주의를 다하여 점검해야 한다. |

카테고리	감리기준	난이도	하
		답	④

[문제풀이]

– 감리기준 제7조를 보면 다음과 같이 감리원의 역할에 대하여 언급되어 있다.

  제7조(감리시행) ① 감리원은 감리대상 정보시스템의 효율성을 향상시키고 안전성을 확보할 수 있도록 감리계획서에 명시된 상세점검항목에 대해 객관적인 입장에서, 전문가적 주의를 다하여 종합적으로 점검하여야 한다.

② 감리원은 감리계획에 명시된 현장 감리시행 기간에 감리 현장에 상주하는 것을 원칙으로 한다.

③ 감리법인은 감리계약서 또는 감리계획에 명시된 감리일정 및 감리원을 변경하여서는 아니 된다. 다만, 다음 각 호의 경우에는 발주기관과 사전 합의를 거쳐 감리일정을 변경하거나 종전 감리원과 동등자격 이상의 감리원으로 변경할 수 있다.

| 문제 8 | '전자정부 웹 표준 준수 지침(행정안전부 고시 제2008-10호)'의 주요골자와 거리가 먼 것은?

① 기술의 중립성: 내용의 문법 준수, 내용과 표현의 분리, 동작의 기술 중립성 보장, 플러그인의 호환성
② 보편적 표현보장: 콘텐츠의 보편적 표현, 운영체제의 독립적인 콘텐츠 제공
③ 기능의 호환성 확보: 부가 기능의 호환성 확보, 다양한 프로그램 제공
④ 사용의 편리성 확보: 기능인식의 용이성, 기능 동작의 일관성, 보편적 인터페이스 제공 |

카테고리	기타법)전자정부 웹 표준 준수 지침	난이도	중
		답	④

[문제풀이]

[웹표준 준수지침의 주요 내용]

지침		설명
1) 내용의 문법 준수	㉮ 모든 웹 문서는 적절한 문서 타입을 명시해야 한다.	- 웹 문서는 선언된 DTD에 따라 문법을 준수하여 문서를 구성해야 하며, 하위 브라우저의 호환성을 고려하여 의미 있는 마크업으로 구성해야만 호환성 및 접근성을 보장받을 수 있다. 표준문법은 W3C 규격문마다 조금씩 다른 구조의 태그들을 가지고 있으므로 웹 개발자들은 해당 상황에 맞는 표준 문법을 적용해야 한다. - 웹 문서는 표준을 준수하여 향후 신기술의 접목과 통신상의 장점을 최대화시켜 정보를 제공한다.
	㉯ 명시한 문서타입에 맞는 문법을 준수해야 한다.	
	㉰ 모든 페이지는 사용할 인코딩방식을 표기해야 한다.	[예제] <metahttp-equiv="content-type"content="text/html;charset=utf-8(oreuc-kr,ks_c_5601-1987등)" />
2) 내용과 표현의 분리	㉮ 논리적인 마크업을 구성하여 구조적인 페이지를 만들어야 한다.	- 스타일을 제거한 상태에서도 문서의 구조가 논리적(선형화)으로 보이는지를 확인한다. - 웹 문서 표준기법은 구조, 표현, 동작을 분리하는 것을 기본모델로 삼고 있으며, 정보를 효과적으로 전달할 수 있도록 콘텐츠의 구조를 파악하고, 의미 있는 마크업을 사용하여 웹 문서를 구조화해야 한다. - 구조화된 콘텐츠들은 데이터로의 전환이 용이하기 때문에 해당 속성을 별도로 관리할 수 있고, 이에 따라 표현, 동작의 구현이 보다 빠르게 이루어질 수 있다.
	㉯ 사용된 스타일 언어는 표준적인 문법을 준수해야 한다.	- 페이지를 표현하기 위해 사용한 스타일 언어는 W3C에서 제공하는 문법을 준수하여야 한다.
3) 동작의 기술 중립성 보장	㉮ 스크립트의 비표준 확장 사용은 배제되어야 한다.	- 웹 서비스에 사용된 클라이언트 사이드의 스크립트 언어는 ECMA Script 3rd를 사용하며, 사용 시 비표준 문법으로의 확장사용을 유의한다. - 비표준 스크립트는 특정 브라우저에서 정상적으로 작동하지 않기 때문에 표준 스크립트(ECMA Script)를 사용하여 브라우저 호환성을 보장할 수 있다.
	㉯ 스크립트 비사용자를 위한 대체텍스트나 정보를 제공해야 한다.	[예제] <scripttype='text/javascript'> document.write('저희 웹 사이트 방문을 환영합니다.'); </script> <noscript>저희 웹 사이트 방문을 환영합니다.</noscript>
4) 플러그인의 호환성	㉮ 플러그인은 다양한 웹 브라우저를 고려해야 한다.	- 페이지에서 제공되는 플러그인들(Flash, ActiveX, Realaudio 등) 중에서 호환성이 보장되지 않는 플러그인 사용을 지양한다. - 부득이하게 필요할 경우, 운영체제 및 브라우저 간 호환성을 고려하여 제공한다.

5) 콘텐츠의 보편적 표현	㉮ 메뉴는 다양한 브라우저 사용자도 접근할 수 있어야 한다.	- 홈페이지의 메뉴들은 다양한 환경의 사용자를 고려해야 한다. - 주 메뉴를 플래쉬로 구현한 경우, 반드시 브라우저 간의 호환성테스트를 통해 주 메뉴가 정상적으로 접근 가능한지 확인한다. - 이미지로 만든 주 메뉴의 경우, 스크립트를 사용하지 않는 환경에서도 정상적으로 메뉴에 접근이 가능한지 확인한다. - 이미지로 만든 주 메뉴의 경우, 이미지를 사용하지 않는 환경에서도 정상적으로 메뉴에 접근이 가능한지 확인한다.
	㉯ 다양한 인터페이스(입력기기)로 웹 사이트를 이용할 수 있어야 한다.	- 키보드(키보드 외에 기타 입력 디바이스 포함) 사용하여 홈페이지의 모든 메뉴에 대한 사용이 가능한가를 확인한다.
6) 운영체제 독립적인 콘텐츠 제공	㉮ 제공되는 미디어는 범용적인 포맷을 사용해야 한다.	- 페이지에 제공되는 미디어는 특정 운영체제에 종속적인 포맷사용을 최소화하고, 부득이하게 특정 운영체제에 종속적인 형식의 미디어 포맷을 제공할 경우, 호환성을 고려하여 다양한 형식의 미디어 포맷을 함께 제공한다.
7) 부가 기능의 호환성 확보	㉮ 인증기능은 다양한 브라우저에서 사용 가능해야 한다.	- 회원가입에 사용되는 인증 및 실명인증 기능은 운영체제에 무관하게 정상작동해야 한다. - 인증서 서비스는 다양한 운영체제 및 브라우저 사용자를 고려해야 한다. - 부득이한 비표준 기술사용의 경우에는 반드시 다른 브라우저 사용자도 열람할 수 있는 별도의 인터페이스를 제공해야 한다.
8) 다양한 프로그램 제공	㉮ 정보를 열람하는 기능은 다양한 브라우저에서 사용 가능해야 한다.	- 일반 웹 페이지가 아닌 별도의 문서출력용 프로그램을 이용한 정보 열람 기능을 제공하는 경우에는 운영체제에 독립적인 프로그램을 이용해야 한다. - 부득이한 비표준 기술사용의 경우에는 반드시 다른 브라우저 사용자도 열람할 수 있는 별도의 인터페이스를 제공해야 한다.
	㉯ 별도의 다운로드가 필요한 프로그램은 윈도우, 리눅스, 맥킨토시 중 2개 이상의 운영체제를 지원해야 한다.	- 웹 페이지로 구성된 정보 이외의 맷을 통한 콘텐츠 제공의 경우(Word파일, HWP파일, Excel파일 등)에는 반드시 뷰어 프로그램을 해당 페이지에서 제공하며, 제공 시에는 다양한 운영체제(윈도우, 리눅스, 맥킨토시 등)의 사용자를 고려하여 프로그램을 제공한다.

| 문제 9 | 「정보시스템의 효율적 도입 및 운영 등에 관한 법률 시행규칙」 별표 2에서 구정하고 있는 감리법인에 대한 행정처분기준의 설명 중 틀린 것은?

① 감리계획서에 명시된 기일에 착수하지 않은 경우 감리기준 미준수로 업무정지 2개월 처분대상이 된다.
② 발견된 문제에 대하여 거짓으로 감리보고서를 작성한 경우에는 업무정지 3개월 처분 대상이다.
③ 최근 3년간 3회 이상 업무정지 처분을 받은 경우에는 등록취소 처분 대상이다.
④ 다른 자에게 자기의 명칭을 사용하게 하여 정보시스템 감리를 하게 한 경우에는 업무정지 3개월 처분대상이다. |

카테고리	감리수행절차>벌칙 및 제재사항	난이도	상
		답	④

[문제풀이]

– 다른 자에게 자기의 명칭을 사용하게 하여 정보시스템 감리를 하게 한 경우에는 업무정지 6개월 처분대상이다.

위반행위	처분내용
가. 거짓이나 부정한 방법으로 등록을 한 경우	등록취소
나. 최근 3년간 3회 이상 업무정지처분을 받은 경우	등록취소
다. 업무정지기간 중 감리를 한 경우(법 제17조에 따라 감리업무를 한 경우를 제외한다)	등록취소
라. 법 제11조 제5항의 규정을 위반하여 감리기준을 지키지 아니하고 감리업무를 수행한 경우	업무정지 2개월
마. 법 제12조 제1항에 따른 감리법인의 등록기준에 미달된 경우	–
(1) 등록기준을 유지하지 아니한 경우	업무정지 1개월
(2) 위 (1)을 위반하여 업무정지 처분을 받고 그 처분의 마지막 날까지 등록기준에 미달된 사항을 보완하지 아니한 경우	등록취소
바. 법 제12조 제3항의 규정에 따른 변경신고를 하지 아니하거나 거짓으로 한 경우	–
(1) 등록기준 외의 변경사항을 신고하지 아니한 경우	업무정지 10일
(2) 등록기준에 해당하는 변경사항을 신고하지 아니한 경우	업무정지 1개월
(3) 거짓으로 변경신고를 한 경우	업무정지 3개월
사. 법 제13조 제2항의 규정을 위반하여 거짓으로 감리보고서를 작성한 경우	업무정지 3개월
아. 법제13조 제3항의 규정을 위반하여 다른 자에게 자기의 명칭을 사용하게 하여 정보시스템 감리를 하게 한 경우	업무정지 6개월
자. 법 제14조 제1항의 규정을 위반하여 감리원이 아닌 자에게 감리업무를 수행하게 한 경우	업무정지 6개월
차. 임원이 법 제15조 제1항에 따른 결격사유에 해당된 경우(결격사유에 해당된 날부터 6개월 이내에 그 임원을 다른 자로 임명하는 경우를 제외한다)	등록취소

문제 10	'소프트웨어사업대가의 기준(지식경제부 제2009-102호)'에서 아래의 재개발 소프트웨어 규모 산정식을 사용할 수 있는 경우는? 재개발 소프트웨어 규모 = 재사용 소프트웨어 규모 × {재사용 소프트웨어 평가 노력 + 총변경률 + (재사용 난이도 × 재사용 소프트웨어 친숙도)} ÷ 100 ① 설계변경률: 30%, 코드변경률: 50%, 통합 및 시험 변경률: 70% ② 설계변경률: 30%, 코드변경률: 40%, 통합 및 시험 변경률: 80% ③ 설계변경률: 40%, 코드변경률: 50%, 통합 및 시험 변경률: 60% ④ 설계변경률: 60%, 코드변경률: 40%, 통합 및 시험 변경률: 50%

카테고리	기타법〉소프트웨어사업대가의 기준	난이도	상
		답	④

[문제풀이]

- 주어진 공식은 총변경률이 50 이상인 경우 사용할 수 있는 식이다.
- 총변경률은 0.4 **X 설계변경률 + 0.3 X 코드변경률 + 0.3 X 통합 및 시험변경률**이므로 보기 4의 경우 51이 나오므로 답은 4번이다.

[별표 15] 설계변경율 및 총 변경율 계산(제10조 관련)

총 변경율 계산 구성 요소		가중치	변경율
설계변경율	사용자인터페이스(UI)	25%	a
	업무처리로직(BL)	45%	b
	데이터처리로직(DL)	30%	c
	계	100%	0.25a + 0.45b + 0.3c
코드변경율		d	설계변경율 × d
통합 및 시험 변경율		e	코드변경율 × e

※ 1. 설계변경 대상(**UI, BL, DL**)별 변경율을 각각 100% 기준으로 판단

2. 설계변경율 = 0.25 × a(**UI**변경율) + 0.45 × b(**BL**변경율) + 0.3 × c(**DL**변경율)

3. d(코드변경율 가중치)는 코드변경율이 설계변경율의 몇 배인지로 판단

4. e(통합 및 시험 변경율 가중치)는 통합 및 시험 변경율이 코드변경율의 몇 배인지로 판단

5. 총변경율 = 0.4 × 설계변경율 + 0.3 × 코드변경율 + 0.3 × 통합 및 시험 변경율

제10조(소프트웨어 재개발비 산정) ① 소프트웨어의 재개발비 산정은 재사용 대상 소프트웨어의 기능점수로부터 재개발 소프트웨어의 기능점수를 구한 후 제8조 제2항의 개발원가에 직접경비 및 이윤을 합하여 산정할 수 있다.

② 재개발 소프트웨어 기능점수는 다음 각호의 절차에 따라 산정한다.

1. 재사용 대상 소프트웨어 기능점수는 제7조의 소프트웨어 기능점수 산정과 동일한 방식으로 산정한다.

2. 재개발 소프트웨어 규모는 제1호에서 구한 소프트웨어 기능점수를 기준으로 별표 15의 **총변경률**을 구한 후 50 이하일 경우에는 [식 1]을 적용하고, 총변경률이 50을 초과하는 경우에는 [식 2]를 적용하여 산정한다.

3. 재사용 소프트웨어 평가 노력, 재사용 난이도, 재사용 소프트웨어 친숙도는 각각 별표 16, 별표 17, 별표 18을 참조하여 산정한다.

   [식 1] 재개발 소프트웨어 규모 = 재사용 소프트웨어 규모 × [재사용 소프트웨어 평가 노력 + 총변경률 × {1 + 0.02 (재사용 난이도 × 재사용 소프트웨어 친숙도)}] ÷ 100 (총변경률 ≤ 50 경우)

   [식 2] 재개발 소프트웨어 규모 = 재사용 소프트웨어 규모 × {재사용 소프트웨어 평가 노력 + 총변경률 + (재사용 난이도 × 재사용 소프트웨어 친숙도)} ÷ 100 (총변경률 〉 50 경우)

③ 재개발 소프트웨어의 기능점수 산정 시 신규로 추가되는 기능에 대해서는 재개발비 산정과 구분하여 신규개발과 동일한 방식으로 산정한다.

| 문제 11 | 「정보시스템의 효율적 도입 및 운영 등에 관한 법률」(시행령, 시행규칙 포함), 정보시스템 감리기준과 관련된 내용 중 맞는 것은?(2개 선택)

① 정보시스템 구축 사업으로서 사업비(총사업비 중에서 하드웨어·소프트웨어의 단순한 구입비용을 제외한 금액)가 5억 이상인 경우에는 정보시스템 감리대상 사업에 포함된다.
② 감리법인을 등록하려고 할 경우 감리원 5인 이상을 확보하여야 하며, 그중1/2 이상은 수석감리원이어야 한다.
③ 정보시스템 감리기준에서 '총괄감리원'이라 함은 상근감리원 중 수석감리원으로서 당해 감리에 투입되는 감리원의 의견 조정 등 감리업무를 지휘하는 자를 말한다.
④ 개선권고사항별 개선권고유형 중 '권고'는 감리의 대상 범위를 벗어나지 않지만 발생가능성이 매우 낮은 문제점일 경우를 말한다. |

카테고리	감리절차	난이도	중
		답	①, ③

[문제풀이]

– 감리법인의 등록기준은 다음과 같다. 즉, 수석 감리원은 1인 이상 포함되면 된다.

구분	기준	비고
기술능력	감리원 5인 이상 [수석감리원 1인 이상 포함]	확보해야 하는 감리원은 2개 이상의 감리법인에 소속되지 않은 상근 감리원이어야 함.
재정능력	자본금 1억원 이상	
결격사유	1. 금치산자 또는 한정치산자 2. 법에 의한 제재사항으로 등록이 취소된 감리법인의 임원으로서 등록이 취소된 날부터 2년이 경과하지 아니한 자[등록취소의 원인이 된 행위를 한 자와 그 대표자를 말함]	부실감리 행위 또는 위반행위로 인해 제재를 받은 경우, 2년 내에는 감리법인 설립에 임원으로 참여할 수 없음

– 개선권고유형 중 '권고'는 감리의 대상범위를 벗어나지만 사업목표 달성에 도움이 되는 사항을 의미한다.

개선권고 유형 [조치 유형]

평가	설명
필수	·발견된 문제점 중 사업목표를 달성하기 위하여 반드시 개선해야 할 사항
협의	·발견된 문제점 또는 발생 가능성이 큰 문제점 중 발주기관과 피감리인이 상호 협의를 거쳐 반영 여부를 결정할 수 있는 사항
권고	·감리의 대상범위를 벗어나지만 사업목표 달성에 도움이 되는 사항

※ 필수와 협의의 경우, 개선사항이 사업목표 달성에 영향을 미칠 수 있는 중대한 사항이면 "중요"로 구분하여 표시

개선권고 유형 [조치 기간]

평가	설명
장기	·장기적인 관점에서 지속적으로 개선해야 하는 사항
단기	·감리 대상 사업의 해당 구축단계 종료 이전에 개선해야 하는 사항

<table>
<tr><td rowspan="2">문제 12</td><td>‘웹 접근성 향상을 위한 국가표준 기술 가이드라인(2009. 3. 17.)’의 내용 중 틀린 것은?

① 인식의 용이성: 이미지의 의미나 목적을 이해할 수 있도록 적절한 대체 텍스트를 제공해야 한다.
② 운용의 용이성: 반복된 링크를 건너뛸 수 있도록 건너뛰기 링크를 제공해야 한다.
③ 이해의 용이성: 콘텐츠는 논리적인 순서로 구성되어야 한다.
④ 기술적 진보성: 수준 높은 서비스 제공을 위해 애플릿, 플러그인 등 최신 기술을 이용하여야 한다.</td></tr>
</table>

카테고리	기타법〉웹접근성 가이드라인	난이도	중
		답	④

[문제풀이]

– 기술의 진보성이랑 “콘텐츠는 최신 보조기술 수준에서 사용할 수 있어야 한다.”는 의미로서, 진보 기술 채용 시 대체 수단을 제공해야 한다는 조항이다.

<table>
<tr><td rowspan="2">문제 13</td><td>‘정보시스템 감리기준’에 대한 내용 중 올바른 것들로 묶은 것은?

가. 감리영역별 평가에서 ‘적정’은 사업의 성공적인 완수에 영향을 미칠 수 있는 문제점이 발각되었으나 사업목표 달성이 충분한 상태이다.
나. 감리영역별 평가에서 ‘보통’은 사업의 성공적 완수에 영향을 미칠 수 있는 문제점이 발견되었으나 사업추진 전략이나 계획된 자원 내에서 개선할 수 있어 사업 목표달성이 가능한 상태이다.
다. 개선권고사항별 개선권고유형으로 ‘협의’는 발견된 문제점 또는 발생 가능성이 큰 문제점 중 발주기관과 감리인이 상호협의를 거쳐 반영 여부를 결정할 수 있는 사항이다.
라. 개선권고사항별 개선권고유형으로 ‘권고’는 감리의 대상범위를 벗어나지만 사업목표 달성에 도움이 되는 사항이다.

① 가, 다   ② 가, 라
③ 나, 다   ④ 나, 라</td></tr>
</table>

카테고리	소프트웨어 공학〉생명주기모델〉나선형 모델	난이도	상
		답	④

[문제풀이]

- 감리 영역별 평가 내용은 다음과 같다.
1) **적정**: 사업의 성공적인 완수에 영향을 미칠 수 있는 문제점이 발견되지 않았으며, 사업 목표 달성이 충분한 상태
2) **보통**: 사업의 성공적인 완수에 영향을 미칠 수 있는 문제점이 발견되었으나 사업 추진 전략이나 계획된 자원 내에서 개선할 수 있어 사업목표 달성이 가능한 상태
3) **미흡**: 사업의 성공적인 완수에 영향을 미칠 수 있는 중대한 문제점이 발견되었고, 사업 추진전략이나 계획된 자원의 정비가 선행되어야만 사업목표 달성이 가능한 상태
4) **부적정**: 사업의 성공적인 완수에 영향을 미칠 수 있는 중대한 문제점이 발견되었고, 사업 추진전략이나 계획된 자원 내에서 개선할 수 없어 사업목표 달성이 불가능한 상태

문제 14	프로젝트 품질관리에서 품질보증 활동을 가장 잘 설명한 것은? ① 산출물(Product)을 착성하는 활동 ② 프로젝트 결과물의 등급을 결정하는 활동 ③ 프로세스 준수 여부를 평가하는 활동 ④ 프로젝트 결과가 품질기준을 준수하는지 감시하는 활동		
카테고리	프로젝트 관리>품질관리	난이도	중
		답	③

[문제풀이]

영역	정의
품질보증	프로젝트가 관련 품질 기준을 충족시킬 것이라는 신뢰를 제공하기 위하여 정기적으로 프로젝트의 전반적인 성과를 평가, 보증하는 활동으로 주로 프로세스 측면의 준수 등을 평가하는 활동
품질통제	특정 프로젝트 결과가 관련 품질 기준을 준수하는지 감시하고 불만족스러운 성과의 원인을 제거하기 위한 방법 식별

	위험분석기법의 하나인 위험노출도(Risk Exposure)에서 정의하는 위험 중 '예상 못한 손실'이 있다. 프로젝트 승인에 6주 이상 걸릴 '예상 못한 손실'이 발생할 확률이 15%일 때 위험노출도를 구하라.
문제 15	① 0.15주 ② 0.9주 ③ 5.1주 ④ 6.9주

카테고리	프로젝트 관리>위험관리	난이도	하
		답	②

[문제풀이]

– 위험에 따른 영향도는 6주이고 위험 발생확률이 15%이므로 6주 X 0.15=0.9주

	'구성원의 사기와 작업 만족도를 높일 수 있고 여러 사람의 의견을 통해 바람직한 결정을 내릴 수 있는 장점이 있지만 서로 의견이 다른 경우에는 합의점을 찾는 데에 너무 많은 시간이 소요될 위험이 있다.'는 특징을 가지는 프로젝트 팀 유형은?
문제 16	① 책임프로그래머 팀 ② 민주적인 팀 ③ 계층적 팀 ④ 프로그램 사서(Librarian) 팀

카테고리	프로젝트 관리>인력관리	난이도	중
		답	②

[문제풀이]

– 프로젝트 팀의 유형별 특징은 다음과 같다.

형태	민주적인팀	수석 엔지니어 팀 [책임 프로그래머 팀]
특징	- 민주적 팀은 와인버거(Weinberg)에 의해 "비 이기적인 팀(egoless team)" 으로 최초로 제안 - 민주적 팀에서는 목표가 그룹의 여론에 따라 설정되고 판단. 그룹 지도중은 수행될 업무와 팀 원의 자질에 따라 인원을 교체하며, 생산 제품은 공개적으로 토의되며, 모든 팀원들에 의해 자유롭게 조사됨 - 팀원 중 한명이 팀 리더로 선정되며 팀 리더의 역할은 코디네이터 이상임. 민주적 팀에서 팀 리더는 자신의 시간의 일부를 다음에 할애 - 민주적 팀 구조는 혼합 그룹 또는 주로 선임 개발자들로 구성된 그룹에는 적절하지 않음 - 어렵고 장기간 동안 조사하고 개발해야 하는 프로젝트에 적합	- 민주적 팀과 대조하여 볼 때, 수석 엔지니어 팀은 고도로 구조화 되어 있음 - 수석 엔지니어 팀은 개발팀의 리더쉽이 명확하고 팀 리더는 코디네이터와 기술적 지도자의 역할을 모두 담당 - 복잡한 프로젝트의 경우에는 팀 리더가 자신의 시간의 50 퍼센트 이상을 기술 작업과 관리 작업에 할애할 수도 있음
장점	- 각 팀 원들이 판단에 공헌하는 기회와 팀원들이 서로서로 배우고 익히며, 공개된 작업 환경에서 자신의 작업에 만족감을 가짐	- 결정이 집중화 되어 있고, 의사 전달 경로가 짧아짐 [수석 엔지니어 팀의 효과는 수석 엔지니어의 기술적이고 관리적인 능력에 매우 민감]
단점	- 결론에 이르는데 불필요하게 많은 의사 교환을 해야 하며, 모든 요원이 함께 일해야 한다는 조건과 개인적인 책임 및 권한이 약화될 수 있음	- 팀원과 팀 리더 간에 마찰 가능성 - 수석 엔지니어 팀 구조는 하위 팀 구성원 사이에 사기가 저하되는 결과를 가져올 수 있음

문제 17	XP(eXtreme Programming)에서 프로젝트 규모를 파악하고 프로젝트 범위를 추정하기 위해 사용하는 기본 자료는 무엇인가? ① 반복 횟수 ② 작은 배포의 개수 ③ 소스 코드의 크기 ④ 스토리 카드			
카테고리	프로젝트 관리>범위관리	난이도	중
		답	④

[문제풀이]

- XP는 고객에게 고객이 원하는 소프트웨어를 빨리 전달하는 것을 목표로 한다. 최소 1~3주 내에 구현할 수 있는 수많은 요구사항 가운데 고객이 가장 중요하게 생각하는 것을 먼저 구현하는 방식이다. 이때 고객의 요구사항을 담은 문서를 User Story 혹은 스토리카드라고 한다.

[XP의 수행절차]

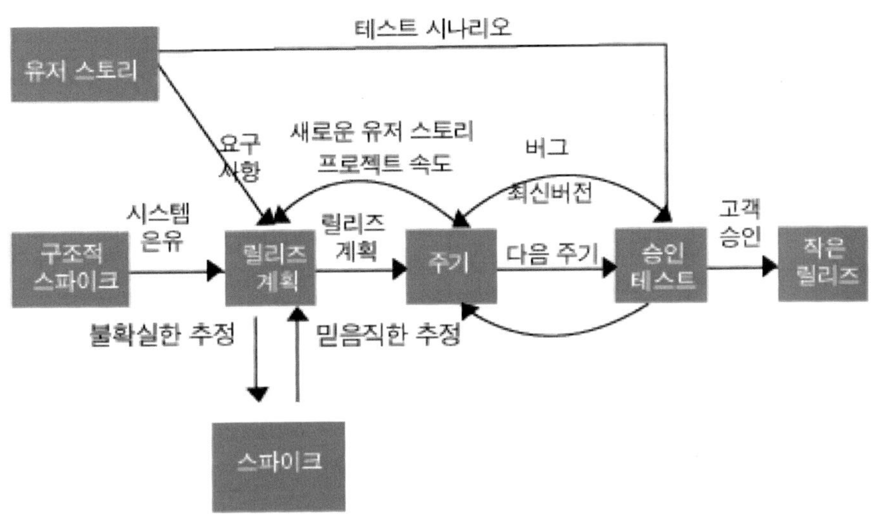

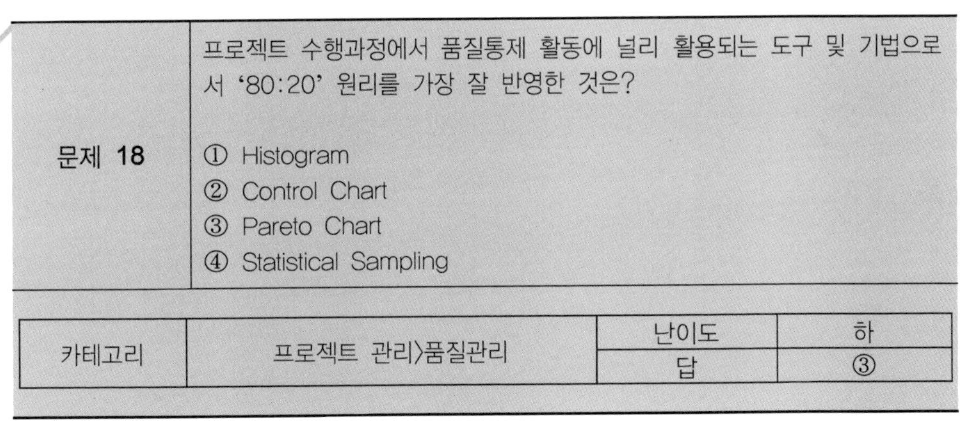

		난이도	하
카테고리	프로젝트 관리>품질관리	답	③

[문제풀이]

- 파레토 다이어그램은 발생빈도에 의해 만들어지는 히스토그램으로 확인된 원인의 형태나 범주가 어느 정도의 결과를 일으키는지 보여준다. '80:20 법칙' 활용 시 최대 빈도의 결함을 유발하는 문제를 정정하는 우선 조치로서 제한된 자원으로 최대의 효과를 얻고자 할 때 자주 활용하는 기법이다.

[파레토 다이어그램의 예]

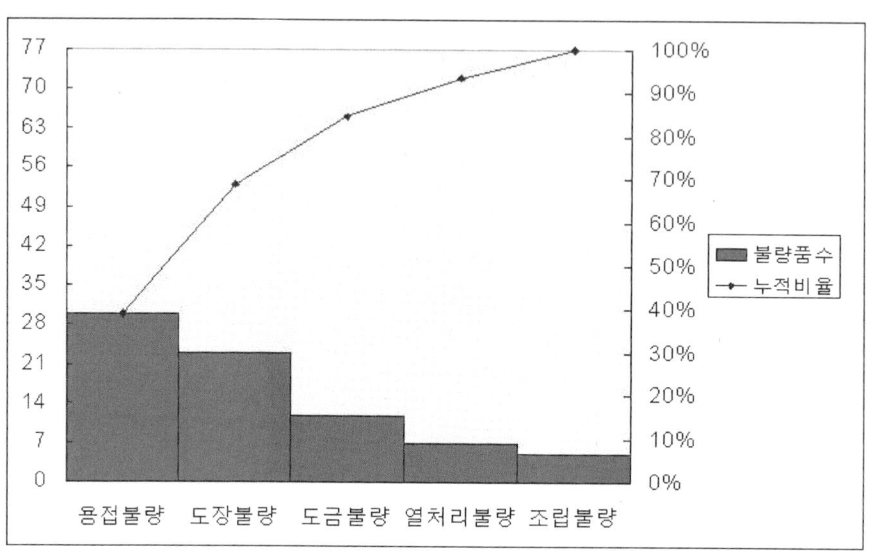

<table>
<tr><td rowspan="5">문제 19</td><td colspan="2">소프트웨어 프로젝트에서 품질과 생산성 자료를 도출하기 위해 필요한 기본적인 측정항목이 아닌 것은?</td></tr>
<tr><td colspan="2">① 소프트웨어 규모(Software Size)</td></tr>
<tr><td colspan="2">② 결함(Defects)</td></tr>
<tr><td colspan="2">③ 투입 노력(Efforts)</td></tr>
<tr><td colspan="2">④ 도구 활용도(Tool Utilization)</td></tr>
</table>

카테고리	프로젝트 관리>품질관리	난이도	중
		답	④

[문제풀이]

– SW 개발 생산성의 산정을 위해서는 소프트웨어 규모와 투입 노력을 기본적으로 측정하여 활용하며, 품질 측면에서는 결함 발생 및 조치율 등의 수치를 활용한다.

<table>
<tr><td rowspan="2">문제 20</td><td>프로젝트 수행과정에서 범위(Scope) 변경을 위해 활용하는 변경통제시스템(Change Control System)의 기능에 해당되는 것은?</td></tr>
<tr><td>① WBS(Work Breakdown Structure)
② 추적시스템(Tracking System)
③ BOM(Bill of Material)
④ 상세설계(Detail Design)</td></tr>
</table>

카테고리	프로젝트관리>범위관리	난이도	중
		답	②

[문제풀이]

- 변경통제 시스템은 프로젝트 성과를 어떻게 모니터링하고 평가하는지를 정의한 공식적이고 문서화된 절차의 집합이다. 이는 변경 승인에 필요한 문서작업, 추적시스템, 프로세스, 승인레벨을 포함한다.

<table>
<tr><td rowspan="2">문제 21</td><td>프로젝트 추적(Project Tracking)은 프로젝트 관리자가 가시성을 확보하기 위한 수단이며, 프로젝트 목표를 달성하는 데 활용한다. 추적대상 항목이 아닌 것은?</td></tr>
<tr><td>① 도구(Tools)
② 활동(Activities)
③ 결함(Defects)
④ 쟁점(Issues)</td></tr>
</table>

카테고리	프로젝트 관리	난이도	하
		답	①

[문제풀이]

- 프로젝트에서의 활동은 일정 및 진척 관리를 통하여 추적되며 WBS에서 관리된다. 또한 결함은 품질관리 영역에서 발생한 결함을 관리하여 조치됨을 보장할 수 있는 품질 통제의 주제이며 추적되어야 하는 대상이다. 또한 이미 발생한 쟁점 또한 발생 시점부터 해결 시까지의 영향도 및 스케줄 등을 추적해야 할 대상이다. 하지만 프로젝트에서 사용하는 도구는 추적의 대상이라고 보기는 어렵다.

문제 22	'공공부문 SW사업 발주·관리 표준 프로세스(TTAS.KO-09.0038)'에서 유지보수자는 유지 보수 완료된 시스템을 기존 운영환경에서 새로운 운영환경으로 이전한다. 유지보수자가 새로운 환경으로 이전하기 위한 이전 계획을 수립할 때 고려 사항이 아닌 것은? ① 이전 검증 ② 이전 도구의 개발 ③ 기존 환경을 위한 향후 지원 ④ 기존 소프트웨어 요구사항과의 일관성 유지

카테고리	기타법>SW사업 발주 관리 표준 프로세스	난이도	상
		답	④

[문제풀이]

- 지문이 애매한 문제이다. 하지만 공공부문 SW사업 발주·관리 표준 프로세스에서의 SW 이전 기준으로 살펴보면 기존 소프트웨어 요구사항과의 일관성 유지는 이전작업 시 고려 사항이라 볼 수 없다.

문제 23	프로젝트 비용관리에서 실제비용(Actual Cost)=100, 획득가치(Earned Value)=50, 계획가치(Planed Value)=60일 경우, 비용성과지수(Cost Performance Index)는? ① 0.5 ② 0.6 ③ 1.2 ④ 2.0

카테고리	프로젝트 관리>비용관리	난이도	하
		답	①

[문제풀이]

- 비용성과지수(Cost Performance Index)는 획득가치(Earned Value)/실제비용(Actual Cost)이므로 50/100, 정답은 0.5이다.

<table>
<tr><td rowspan="2">문제 24</td><td>PMBoK(2004)에 따라 범위검증 프로세스를 수행하기 위한 투입물이 아닌 것은?</td></tr>
<tr><td>① 프로젝트 범위기술서
② WBS 사전(dictionary)
③ 프로젝트 범위 관리계획
④ 작업 성과 정보</td></tr>
</table>

카테고리	프로젝트 관리>범위관리	난이도	중
		답	④

[문제풀이]

– 프로젝트 범위검증 프로세스는 완료된 프로젝트 인도물의 인수를 공식화하는 작업으로 입력물은 다음과 같다.

1) 프로젝트범위관리계획서
2) 범위기술서
3) WBS
4) WBS 사전
5) 산출물(Deliverables)

<table>
<tr><td rowspan="2">문제 25</td><td>프로젝트 일정관리 활동에 해당되는 것이 아닌것은?</td></tr>
<tr><td>① 작업요소 간의 상호관계를 파악하고 이들을 배열한다.
② 제약조건, 전제조건 등을 파악하여 이를 근거로 기간을 산정한다.
③ 사업범위를 검증하고 통제한다.
④ 프로젝트에 존재하는 작업요소를 파악하고 정의한다.</td></tr>
</table>

카테고리	프로젝트 관리>일정관리	난이도	중
		답	③

[문제풀이]

– 사업범위를 검증하고 통제하는 활동은 범위 검증 및 통제 활동이다.
– 프로젝트 일정관리 활동은 다음과 같다.

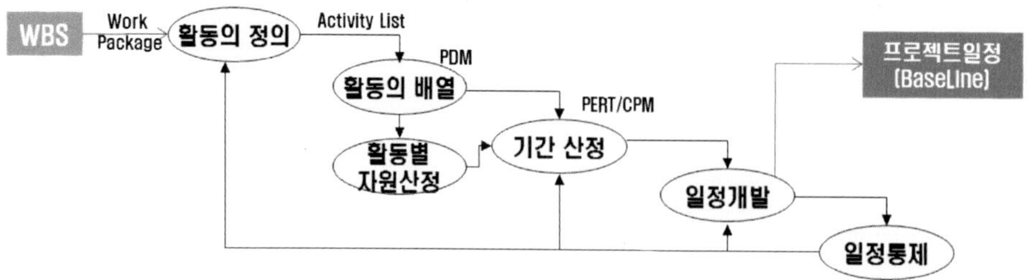

- 이 중 보기 1번은 활동의 배열, 2번은 기간 산정, 4번은 활동의 정의 활동에 해당되는 설명이다.

문제 26	단위 테스트의 통상적 세 가지 테스트 완료검증 기준(Test Coverage)의 문장검증기준, 선택검증기준, 경로검증기준에 의해 다음과 같이 측정되었다. 이의 분기 흐름도로 적절한 것은? 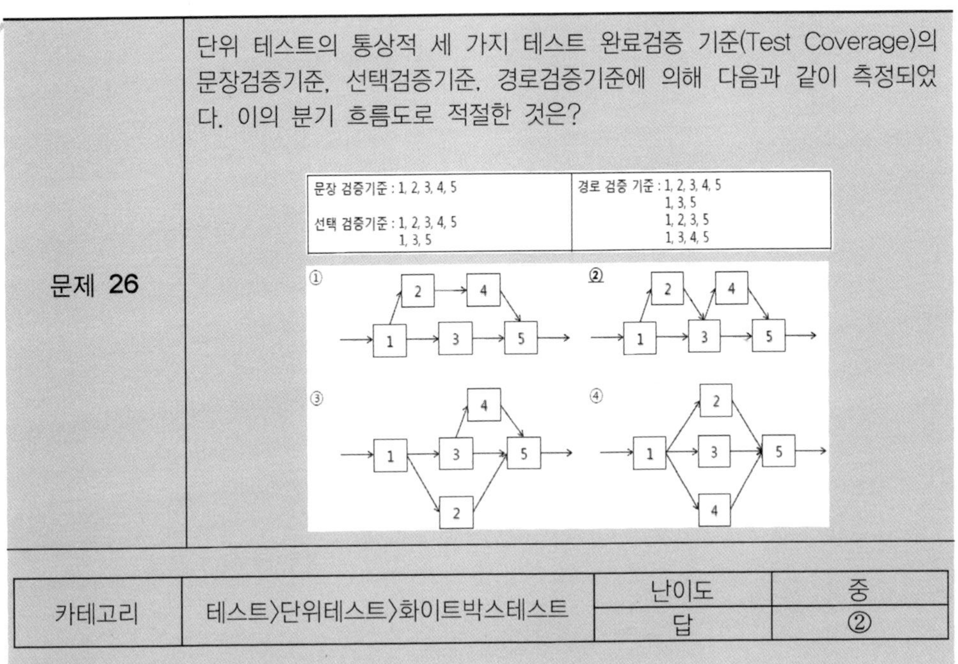			

카테고리	테스트>단위테스트>화이트박스테스트	난이도	중
		답	②

[문제풀이]

- 단위테스트(Unit Test) : 프로그램의 최소단위를 모듈이라 부르며, 이 모듈이 설계자가 설계한 대로 작동하는지를 테스트하는 것이다(모듈 테스트라고도 함).

[단위 테스트 방법(화이트박스 테스트 기법 사용)]

테스트 방법	설명
인터페이스 테스트	다른 모듈과의 자료 인터페이스를 테스트하는 것
자료구조 테스트 (Local Data Structure Test)	모듈내 자료 구조상의 오류가 없는지를 테스트함
실행경로 테스트 (Testing of Execution Paths)	구조테스트 또는 루프 테스트 등으로 논리 경로를 테스트함
오류처리 테스트 (Error Handling Tests)	각종 오류들이 모듈에 의해 적절히 처리되고 있는지 테스트함
경계 테스트 (Boundary Testing)	오류 발생의 확률이 높은 경계 부분의 값들을 테스트 사례로 작성하여 테스트함

- 화이트박스 테스트 : 유효성을 확인하기 위한 내부 자료 구조를 조사하는 테스트 사례들을 유도하는 기법이다.
- 화이트박스 테스트 적용범위 : 테스트하려는 원시코드의 범위를 의미하며 다음과 같이 분류된다.
1) 문장검증기준 : 프로그램의 각 원시코드 라인이 테스트 과정에서 단 한 번이라도 수행

되도록 테스트 사례들을 설계하는 것

2) 선택검증기준 : 프로그램의 모든 경로가 단 한 번이라도 수행되도록 테스트 사례들을 설계하는 것

3) 경로검증기준 : 물리적 경로의 순서가 결과에 영향을 미친다는 가정 아래, 모든 논리적인 경로들이 최소한 한 번이라도 수행되도록 테스트 사례를 설계하는 것

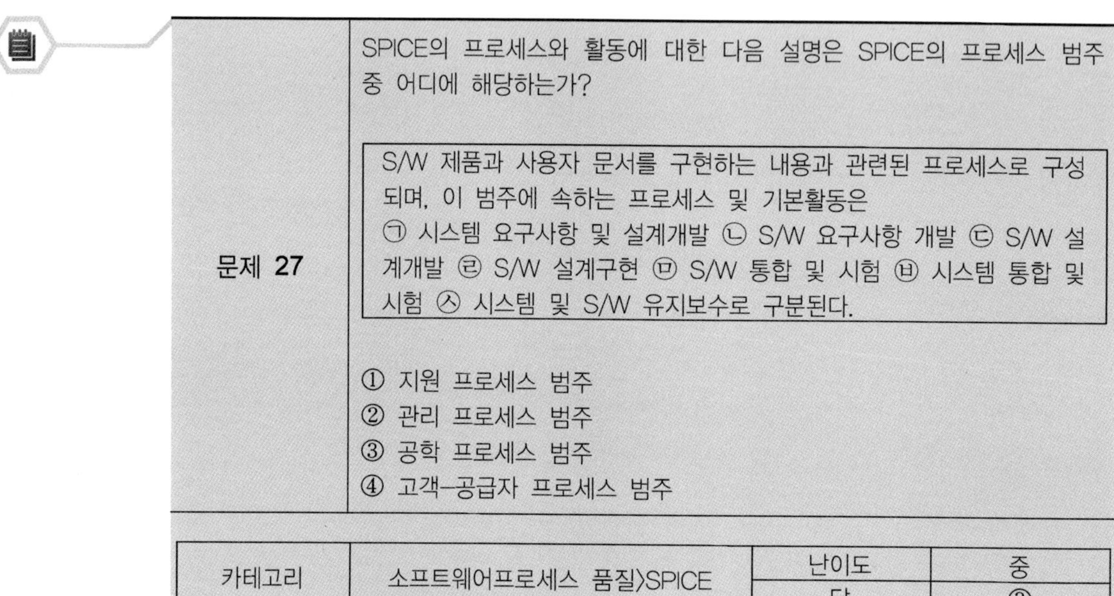

<table>
<tr><td rowspan="2">문제 27</td><td colspan="3">SPICE의 프로세스와 활동에 대한 다음 설명은 SPICE의 프로세스 범주 중 어디에 해당하는가?</td></tr>
<tr><td colspan="3">

S/W 제품과 사용자 문서를 구현하는 내용과 관련된 프로세스로 구성되며, 이 범주에 속하는 프로세스 및 기본활동은 ㉠ 시스템 요구사항 및 설계개발 ㉡ S/W 요구사항 개발 ㉢ S/W 설계개발 ㉣ S/W 설계구현 ㉤ S/W 통합 및 시험 ㉥ 시스템 통합 및 시험 ㉦ 시스템 및 S/W 유지보수로 구분된다.

① 지원 프로세스 범주
② 관리 프로세스 범주
③ 공학 프로세스 범주
④ 고객-공급자 프로세스 범주
</td></tr>
</table>

카테고리	소프트웨어프로세스 품질〉SPICE	난이도	중
		답	③

[문제풀이]

- SPICE(ISO 15504) : 여러 프로세스 개선모형을 국제표준으로 통합한 ISO의 소프트웨어 프로세스 모형으로 What만 있고, How가 없는 12207의 단점을 해결하였다.
- SPICE는 프로세스 차원과 프로세스 수행능력 차원의 2차원 참조모델 형태로 구성된다.

1) 프로세스 차원 : ISO 12207의 소프트웨어 생명주기 프로세스를 기반으로 하고 있으며, 5개의 프로세스 Category와 40개의 세부 프로세스로 구성되어 있다.

2) 프로세스 수행능력 차원 : 수행조직 단위가 특정 프로세스를 달성하거나 혹은 달성 목표로 가능한 능력수준, 0~5까지의 6개의 Capability Level로 구성된다.

※ 시스템 요구사항 및 설계/개발/통합/시험/유지보수에 관련된 프로세스는 공학(ENG) 프로세스에 해당한다.

[프로세스 차원의 5가지 프로세스 범주]

기초 프로세스

CUS 고객-공급자
(Customer-Supplier)
인수, 공급, 요구도출, 운영

ENG 공학 (Engineering)
시스템과 소프트웨어 개발/유지보수

지원 프로세스

SUP 지원 (Support)
문서화, 형상, 품질보증, 검증/확인,
Review, 감사, 문제해결

MAN 관리 (Management)
프로젝트관리, 품질관리, 위험관리

조직 프로세스

ORG 조직 (Organization)
조직배치, 개선활동, 인력관리,
측정도구, 재사용

문제 28	산출물에 대한 품질 표준은 소프트웨어 프로세스가 생산하는 산출물들이 보유해야 하는 품질 특성을 정의한다. 산출물에 대한 품질표준(ISO 9126)에서 품질특성과 품질 부특성의 연결로 틀린 것은? ① 기능성-적절성, 정확성, 보안성 ② 이식성-분석성, 변경성, 확장성 ③ 신뢰성-성숙성, 오류허용성, 회복성 ④ 효율성-시간효율성, 자원효율성

카테고리	소프트웨어 품질>ISO 9126	난이도	중
		답	②

[문제풀이]
– 품질특성의 모든 요소를 동시에 만족시킬 수는 없다.
– 따라서, 요구특성에 따라 우선순위 식별 및 최상의 해법을 선택해야 한다.
1) 사용성 vs. 기능성: 사용성에 중점적으로 품질관리 활동, 단순하지만 사용이 편리한 기능 추구
2) 기능성 vs. 유지보수성: 다양한 기능은 유지보수의 어려움 초래, 요구변경에 따른 형상관리 및 유지보수성에 비중

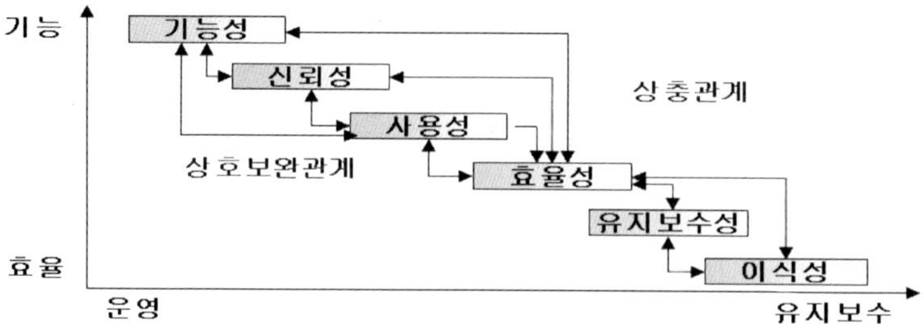

※ 이식성(Portability)에는 적응성, 일치성, 이식 작업성, 치환성 등의 부특성이 있다.

문제 29	객체지향 분석설계에서 유스케이스가 만족해야 하는 특성을 설명하는 것 중 가장 거리가 먼 것은? ① 하나의 유스케이스는 일련의 액션들로 표현된다. ② 유스케이스는 시스템이 제공하는 기능이다. ③ 유스케이스는 액터가 관찰할 수 있는 결과를 산출한다. ④ 하나의 유스케이스는 여러 variants를 포함하지 않는다.

카테고리	소프트웨어개발>설계>객체지향설계	난이도	중
		답	④

[문제풀이]

[유스케이스(Use Case)의 특성]
- 하나의 유스케이스는 일련의 액션(이벤트)들로 표현된다.
- 하나의 유스케이스는 여러 variants를 포함하고 있다.
- 유스케이스는 시스템이 제공하는 기능이다.
- 유스케이스는 액터가 관찰할 수 있는 결과를 산출한다.
- 유스케이스는 액터가 궁극적으로 원하는 결과를 내야 한다.
- 유스케이스는 액터에 의해 수행이 시작된다.
- 유스케이스를 구성하는 액션(이벤트)은 그 수행이 마치 데이터베이스 관리 시스템의 트랜잭션과 유사하다.

※ 어떠한 일이 일어날 때 발생할 수 있는 여러 가지 변수들을 고려해서 대안을 마련해야 하기에 하나의 유스
　케이스(Use Case)는 여러 Variants를 포함하고 있다.

문제 30	다음은 UML의 한 다이어그램에 대한 설명이다. 무엇에 대한 설명인가? 각 컴포넌트 클래스를 전체 클래스 안에 위치시킴으로써 클래스의 내부 구조가 어떤 것으로 이루어져 있는지 살펴보는 데에 유용하다. ① 배치 다이어그램(Deployment Diagram) ② 합성구조 다이어그램(Composite Structure Diagram) ③ 활동 다이어그램(Activity Diagram) ④ 상태 머신 다이어그램(State Machine Diagram)

| 카테고리 | 소프트웨어 개발〉설계〉UML Diagram | 난이도 | 중 |
| | | 답 | ② |

[문제풀이]

※ 합성구조 다이어그램(Composite Structure Diagram)은 UML2.0에서 제공하는 다이어그램으로, 클래스
　다이어그램 내부에 클래스를 포함시킬 수 있도록 허용한다.

[참고: UML 9가지 다이어그램]

구분	분류	내용
기능 모델링	Use Case (Static)	- 외부 행위자(Actor)와 시스템이 제공하는 여러 개의 Use Case에 연결 - Use Case들은 시스템의 기능적인 요구들 정의함.
	Activity (Dynamic)	- 행위(Activity)의 순서적 흐름을 표시함. - 연산자로 수행된 활동 상황(Activity)을 설명하기 위해 사용함.
정적 모델링	Class	- 시스템 내 클래스들의 정적 구조를 표현 - 클래스는 객체들의 집합으로 속성(Attribute)과 동작(Behavior)으로 구성됨.
	Object	- 클래스의 여러 Object의 인스턴스들 나타내는 대신에 실제 클래스들 사용함. - 클래스 다이어그램에서 2가지 예외를 제외하고 동일 표기법을 사용함. - Object 이름에 밑줄 표시를 하며, 관계 있는 모든 인스턴스들 표현함.
	Component	- 코드 컴포넌트(Code component)에 바탕을 둔 코드의 물리적 구조를 표현 - 컴포넌트는 논리적 클래스 혹은 클래스 자신의 구현에 대한 정보를 포함함. - 실질적인 프로그래밍 작업에 사용함.
	Deployment	- 시스템 하드웨어와 소프트웨어간의 물리적구조를 표현하며, 실질적인 컴퓨터와 Device간의 관계를 표현하는데 이용함. 컴포넌트 사이의 종속성을 표현함.
동적 모델링	Sequence	- 여러 객체 사이에 동적인 협력 사항을 표현함. - 오브젝트(Object) 사이에 메시지를 보내는 순서를 보여주기 위해 사용함. - 수직선상의 여러 object로 구성되어 시간 혹은 순서가 강조되어야 할 경우 사용
	Collaboration	- 오브젝트(Object)간의 연관성을 표현하며, 내용이 중요한 경우에 이용함.
	State	- 클래스의 객체가 가질 수 있는 모든 가능한 상태를 나타냄.

문제 31	객체지향기법에서 분석객체모델과 분석 유스케이스 실현 모델은 각각 클래스다이어그램과 시퀀스 다이어그램으로 표현되지만 동일한 하나의 시스템을 모델링하는 것이므로 서로 만족해야 할 조건들이 있다. 다음 중 가장 거리가 먼 것은? ① 객체모델의 클래스와 유스케이스 실현 모델의 객체 사이의 일관성 ② 객체모델의 연산과 유스케이스 실현 모델의 메시지 사이의 일관성 ③ 객체모델의 연관과 유스케이스 실현 모델의 메시지 사이의 일관성 ④ 객체모델의 클래스와 유스케이스 실현 모델의 메시지 사이의 일관성

카테고리	소프트웨어 개발〉 설계〉객체모델	난이도	중
		답	④

[문제풀이]

– 객체모델은 정적인 측면으로 시스템에 존재하는 클래스와 그들 간의 관계를 기술한다.
– 유스케이스 실현 모델은 시스템의 동적인 측면에 해당하며, 도출된 클래스의 객체 간의 상호 작용에 의한 유스케이스의 실현방법을 기술한다.
– 두 개가 별도의 모델이고 다른 종류의 다이어그램으로 표현되지만 분석 모델과 유스케이스 실현 모델 사이에는 만족해야 하는 제약이 있을 수 있다.
– 분석 객체 모델과 분석 유스케이스 실현 모델 사이의 일관성을 검토해야 한다.
1) 객체 모델의 클래스와 유스케이스 실현 모델의 객체 사이의 일관성
2) 객체 모델의 연산과 유스케이스 실현 모델의 메시지 사이의 일관성
3) 객체 모델의 연관과 유스케이스 실현 모델의 메시지 사이의 일관성

문제 32	정보화 시대가 되면서 IT의 책임과 역할이 점차 증대하고 변화하는 환경에서 IT 성과모델 수립의 최종 목적과 가장 거리가 먼 것은? ① 업무 프로세스의 지체현상을 제거한다. ② 계획과 결과에 대한 차이성을 감소시킨다. ③ 최종적으로 조기 경고 장치를 통해서 IT의 성과를 극대화하고 합리적인 의사결정을 수행하는 것이다. ④ 문서 표준화를 통하여 IT 비즈니스의 이해 정도를 증가시킨다.

카테고리	기타〉IT 성과모델	난이도	중
		답	④

[문제풀이]

– IT 성과모델 수립의 목적

1) 비즈니스 업무 프로세스 개선을 통한 효율적이고 비즈니스 적시성을 위한 조직 프로세
   스의 최적화
2) 비즈니스 목표를 이루기 위한 전략적인 연계를 통해 목표에 대한 성과의 달성
3) 비즈니스의 현 상황을 신속하고 정확하게 분석할 수 있는 모니터링 및 통제를 통해 빠
   른 의사결정의 수행
4) IT와 비즈니스의 연계를 통해 기업의 성과 및 목표 달성

※ 문서 표준화를 통한 IT 비즈니스의 이해증진은 IT 성과모델 수립의 하나의 요소라 볼 수 있지만, IT 성과모델
   수립의 최종 목적과는 거리가 있다.

문제 33	다음 시험 중 시스템시험(System Testing)이 아닌 것은? ① 회복시험(Recovery Testing) ② 보안시험(Security Testing) ③ 스트레스시험(Stress Testing) ④ 인수시험(Acceptance Testing)		
카테고리	소프트웨어공학〉소프트웨어테스트〉시스템테스트	난이도	중
		답	④

[문제풀이]

– 시스템테스트 : 소프트웨어 제품으로서의 테스트로 기능을 테스트하는 것이 아니라 실제
   운용과 같은 소프트웨어 시스템 환경하에서 개발자가 기대한 요구사양서대로 동작하는
   지를 확인하는 테스트이다.

[시스템테스트 기법]

– 외부기능 테스트	– 내부기능 테스트
– 부피 테스트	– 스트레스 테스트
– 사용용이성 테스트	– 보안 테스트
– 성능 테스트	– 기억장치 테스트
– 구성 테스트	– 호환성/변환 테스트
– 설치용이성 테스트	– 신뢰성 테스트
– 복구 테스트	– 보수용이성 테스트

※ 인수테스트는 구현된 시스템이 사용자 측 관점에서 볼 때, 원래의 요구 사항들을 얼마나 만족시키고 있는가
를 평가하는 테스트이다.

[참고: 시스템테스트 기법]

테스트 종류	설명
외부기능 테스트 (Functional test)	소프트웨어에 대한 외부로부터의 시각, 즉 사용자나 다른 시스템의 시각으로 요구 분석단계에서 정의된 외부 명세서를 충족하고 있는지를 테스트 하는 방법
내부기능 테스트 (Facility test)	요구 사양서에 기술되어 있는 기능을 실제로 만족하고 있는지를 판정하는 테스트
부피테스트 (Volume test)	소프트웨어에게 대용량의 자료들을 처리해보도록 여건을 조성하여 테스트하는 것
스트레스 테스트(Stress test)	민감성테스트(Sensitivity test)라고도 하는 이 테스트는 짧은 시간에 많은 양의 자료를 처리할 수 있는가와 다양한 스트레스를 소프트웨어에 가해보는 것
사용용이성테스트 (Usability Test)	인간 공학적인 시각에서 테스트 해 보는 테스트
보안 테스트 (Security test)	불법적인 소프트웨어의 사용 즉 시스템 외부로부터의 불법 침입이나 불법적인 자료 참조 등을 방지하기 위한 테스트로 소프트웨어 자체의 보안 체계를 점검하는 테스트
성능 테스트 (Performance Test)	응답속도, 처리량, 처리속도 등과 같은 소프트웨어의 목표 성능을 테스트
기억장치 테스트 (Storage Test)	소프트웨어가 사용하는 주기억장치와 보조기억장치의 크기가 요구하는 사양을 만족시키고 있는지를 테스트 하는 것
구성테스트 (Configuration test)	시스템이 지원하는 하드웨어 구성이나 소프트웨어 구성에 대한 테스트
호환성/변환 테스트 (Compatibility/Conversion Test)	기존 시스템과의 호환성, 기존 시스템으로부터의 변환성 테스트
설치용이성 테스트 (Installability Test)	사용자 시스템이 설치가 용이한가를 테스트 하는 것
신뢰성 테스트 (Reliability Test)	소프트웨어 시스템의 신뢰성 목표, 오류나 고장이 발생되는 정도를 테스트하는 것
복구 테스트 (Recovery Test)	소프트웨어 자체 결함이나 하드웨어 고장, 또는 자료의 오류로부터 어떻게 회복되느냐를 평가하는 것
보수용이성 테스트(Serviceability test)	고장 진단, 보수 절차 및 문서화 등 유지보수 단계에서의 정의를 만족하고 있는지에 대한 테스트

[참고: 인수테스트 기법]

테스트 종류	설명
확인 테스트 (Validation test)	개발집단이 사용자 집단을 대신해서 검토회의 등 일정한 방법을 사용하면서 품질보증에 임하는 것
알파 테스트 (Alpha test)	특정 사용자들에 의해 개발자 위치에서 실행되는 테스트로 일반적인 사용환경에서 이 사용자가 소프트웨어를 실행시키면서 사용상의 문제를 기록할 때 개발자들은 어깨 너머로 바라보는 역할만 수행
베타 테스트 (Beta test)	선정된 여러 사용자들이 자신들의 사용 환경에서 일정기간 동안 사용해 보면서 문제점들을 기록하고 나중에 반영될 수 있도록 개발 조직에게 통보하는 테스트
스트레스 테스트 (Stress test)	민감성 테스트(Sensitivity test)라고도 하는 이 테스트는 짧은 시간에 많은 양의 자료를 처리할 수 있는가와 다양한 스트레스를 소프트웨어에 가해보는 테스트

<table>
<tr><td rowspan="2">문제 34</td><td colspan="2">다음은 '음료수자판기'에 대한 요구사항명세서 중 일부이다. 이와 같은 자판기를 구현할 때 사용 가능한 설계 패턴이 아닌 것은?</td></tr>
<tr><td colspan="2">자판기에 동전을 투입한 후 원하는 음료수 버튼을 누르면 해당 음료수가 출구로 나온다. 이때 판매할 수 있는 음료수가 있으면 처음과 같이 동전이 없는 상태가 되어 동전이 투입되기를 기다린다.
그러나 판매할 수 있는 음료수가 더 이상 없으면 매진 표시 등이 켜지며 더 이상 동전투입이 허용되지 않고 현재상태를 알 수 있도록 본사 시스템에 보고되어야 한다. 동전투입 후 반환버튼을 누르면 동전이 반환된다. 관리자는 자판기를 연 후, 자판기 상태 및 재고를 확인하고 출력할 수 있어야 한다. 또한 본사에서 원격으로 자판기 상태 및 재고를 모니터링할 수 있어야 한다.

① 상태 패턴(State Pattern)
② 프록시 패턴(Proxy Pattern)
③ 옵저버 패턴(Observer Pattern)
④ 스트래티지 패턴(Strategy Pattern)</td></tr>
<tr><td rowspan="2">카테고리</td><td rowspan="2">소프트웨어 공학>소프트웨어 개발>설계>디자인패턴</td><td>난이도</td><td>중</td></tr>
<tr><td>답</td><td>④</td></tr>
</table>

[문제풀이]

- 상태패턴(State Pattern): 객체의 상태를 클래스 상속구조로 정의함으로써 객체가 머무를 수 있는 상태 추가가 쉽고, 객체 상태 추가에 따른 행위 수행 변경도 용이한 패턴이다.
- 프록시패턴(Proxy Pattern): 다른 객체를 대신해 존재하며 특정 객체로 접근할 수 있는 대리자 역할을 수행하는 패턴 프록시는 매우 다양한 형태의 클래스가 있지만 원격(remote) 프록시와 가상(virtual) 프록시가 가장 널리 사용된다.
- 옵저버패턴(Observer Pattern): 한 객체의 상태가 바뀌면 그 객체에 의존하는 다른 객체들한테 연락이 가고 자동으로 내용이 갱신되는 방식으로 일대다(One-to-Many) 의존성을 정의하는 패턴이다.

※ 음료수자판기의 요구사항은 자판기의 상태를 파악하여 연관된 객체와의 상호작용을 하는 것으로서, 상태패턴/프록시패턴/옵저버패턴의 경우 모두 객체의 상태를 분석하여 다른 객체와 연관된 작업을 하는 패턴이다.

<table>
<tr><td rowspan="3">문제 35</td><td>다음은 어느 대학의 성적처리에 대한 문제기술의 일부분이다. 이를 가장 잘 표현하는 클래스 다이어그램을 고르시오.</td></tr>
<tr><td>학생은 강의를 3개 이상, 7개 이하 수강 가능하다. 한 강의에는 학생이 최소 10명에서 최대 50명까지 수강이 가능하다. 학기 종료 후 학생은 성적표를 받는다. 성적표에는 해당 학기에 수강한 과목의 성적이 모두 나열되어 있다.</td></tr>
<tr><td>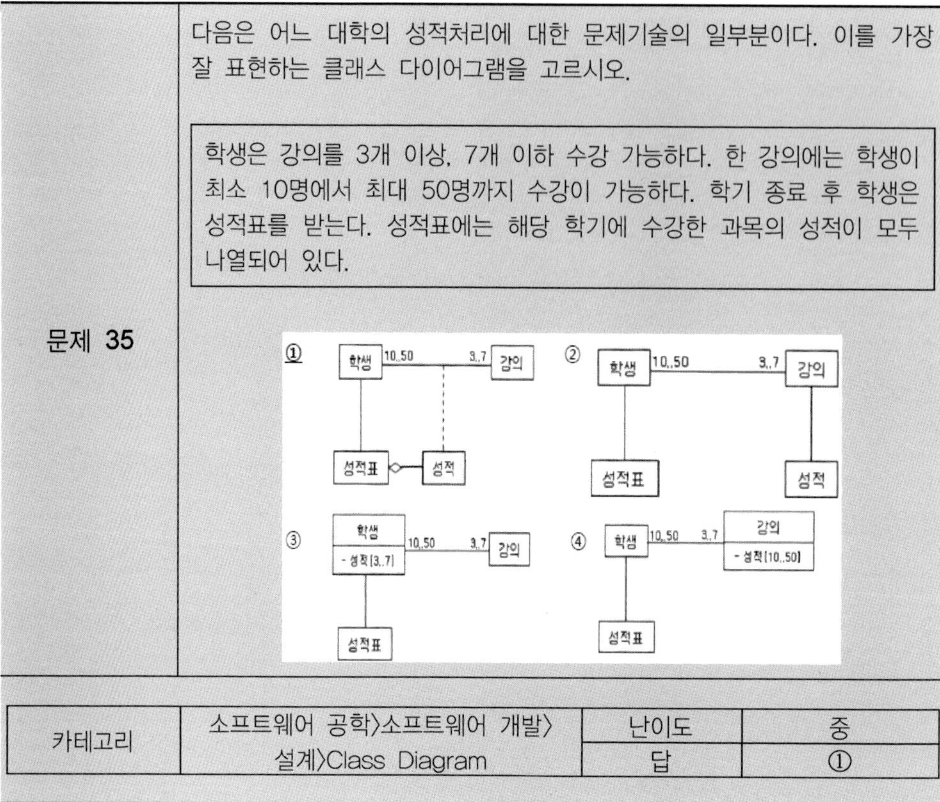</td></tr>
</table>

카테고리	소프트웨어 공학〉소프트웨어 개발〉 설계〉Class Diagram	난이도	중
		답	①

[문제풀이]

- 클래스 다이어그램(Class Diagram): 시스템을 구성하는 객체들의 타입과 그들 간의 존재하는 다양한 정적 관계를 표현(클래스명, 속성(Attribute), 연산(Operation)으로 표현)한다.
- 관계(Relationship)
1) 종속(Dependency): 한쪽 사물의 변화가 이를 사용하는 다른 사물에 영향을 주는 것을 말한다.
2) 일반화(Generalization): 공통된 속성을 가진 클래스에서 공통요소를 추출, 상위 클래스를 만든다.
3) 연관(Association): 클래스가 서로 관계가 있음을 표현한다.

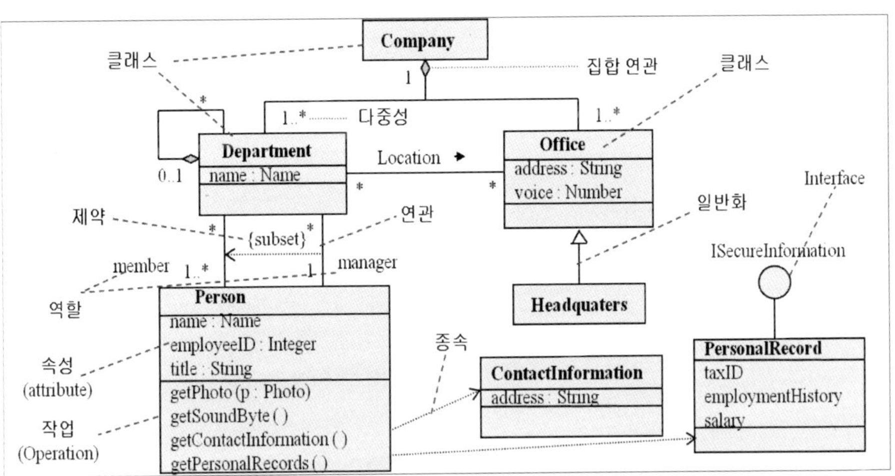

	아래 그램은 java.io 패키지 중 일부 클래스의 관계를 보여준다. 파일 "test.txt"를 버퍼링하여 읽어들인 후 각 줄의 앞에 줄 번호를 덧붙이기 위한 객체 생성 문장은?
문제 36	InputStream FileInputStream StringBufferInputStream FilterInputStream BufferedInputStream LineNumberInputStream ① InputStreamin = new FileInputStream(new BufferredInputStream (new LineNumberInputStream("test.txt"))); ② InputStreamin = new BufferredInputStream(new FileInputStream (new LineNumberInputStream("test.txt"))); ③ InputStreamin = new BufferredInputStream(new LineNumberInputStream(new FileInputStream("test.txt"))); ④ InputStreamin = new LineNumberInputStream(new BufferredInputStream(new FileInputStream("test.txt")));

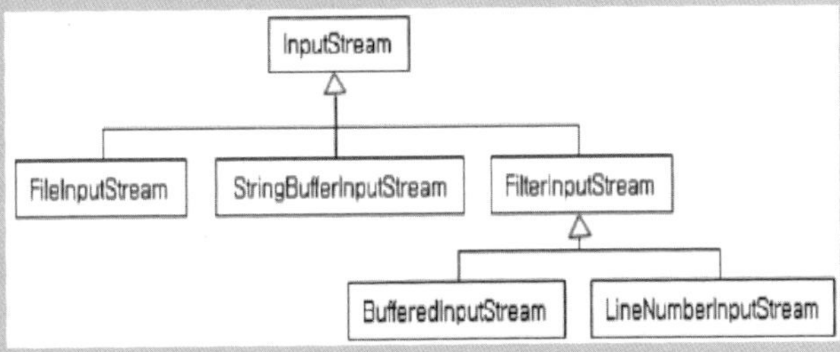

카테고리	소프트웨어 공학〉기타	난이도	중
		답	④

[문제풀이]

- FileInputStream(): 파일 시스템의 파일(test.txt)로부터 입력 바이트를 취득하는 함수이다.
- BufferredInputStream(): 한 번에 많은 양의 바이트를 버퍼에 담아 읽어들이고 쓰기를 하는 함수이다.
- LineNumberInputStream(): 이 클래스는 현재의 행 번호를 감시해 보관·유지하는 기능을 수행하는 함수이다.

※ 파일을 읽고 읽은 파일의 바이트를 버퍼에 쓰고 그 파일에 행 번호를 붙이는 순서의 코딩

문제 37	소프트웨어 시스템 개발 시 폭포수 모델과 비교했을 때 RUP가 갖는 장점이 아닌 것은? ① 개발 초기에 위험을 줄일 수 있다. ② 각 단계별로 정형화된 접근방법과 체계적인 문서화가 용이하다. ③ 변경에 대한 관리가 용이하다. ④ 프로세스가 진행됨에 따라 프로젝트 팀원의 기술이 향상된다.

카테고리	소프트웨어 공학>소프트웨어 개발방법론>RUP	난이도	중
		답	②

[문제풀이]

- RUP는 Phase(동적, 생명주기관점)+Discipline(정적, 엔지니어링 관점)의 2차원 구조이다.
- 각 단계를 반복적으로 순환하면서 프로젝트의 위험요소(Risk Element)를 줄일 수 있다.
- Iterative, 개발 도중 요구사항의 변경, 프로젝트환경의 변경 등에 유연하게 대처하고, 사용자의 빠른 피드백을 획득하기 위하여 반복적이며 점증적인 개발 프로세스를 취한다.
- Time Box, 4단계 개발 단계별 반복 주기를 시행한다.

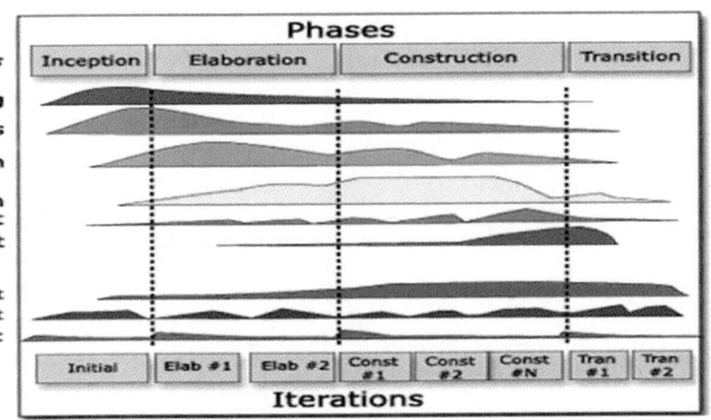

※ 각 단계별 정형화된 접근방법과 체계적인 문서화가 용이한 것이 폭포수 모델(Waterfall Model)의 장점이다.

문제 38	"웹 인터페이스" 사용자인지도는 사용자가 적은 노력으로 웹사이트를 사용할 수 있도록 익숙한 레이아웃이나 명확하고 쉬운 구조로 제고하는지를 평가하는 항목이다. 다음 중 "사용자인지도"에 대한평가항목과 관계가 없는 것은? ① 메뉴 구조가 초보자도 쉽게 사용할 수 있도록 구성되었는가? ② 사용자 정보 접근에 대한 보안 절차가 이루어지는가? ③ 사용자가 입력해야 할 창은 구분하기 쉽도록 표시해 주는가? ④ 사용자가 액션을 취했을 때 그 결과가 사용자의 의도와 일치하는가?

카테고리	소프트웨어 공학〉소프트웨어 개발〉 설계〉인터페이스 설계	난이도	중
		답	②

[문제풀이]

※ 사용자 정보 접근에 대한 보안절차는 웹 인터페이스 사용자 인지도와는 관계가 없고, 안전한 시스템과 개인
   정보보호 추구를 위한 웹 시스템에 대한 평가항목에 해당할 수 있다.

문제 39	SOA(Service Oriented Architecture)의 일종의 XML 웹 서비스에서 특정 서비스의 인터페이스를 정의하는 데 사용되는 표준은? ① SOAP ② WSDL ③ UDDI ④ WS-BPEL

카테고리	소프트웨어 공학>기타>SOA	난이도	중
		답	②

[문제풀이]

- SOAP(Simple Object Access Protocol): 일반적으로 널리 알려진 HTTP, HTTPS, SMTP 등을 사용하여 XML기반의 메시지를 컴퓨터 네트워크 상에서 교환하는 형태의 프로토콜이다.
- UDDI(Universal Description, Discovery and Integration): 웹 서비스 관련 정보의 공개와 탐색을 위한 표준이다.
- WS-BPEL: 웹 서비스를 사용해 비즈니스 프로세스를 조정하는 실행언어를 말한다.

※ WSDL(Web Service Description Language): 특정 비즈니스가 제공하는 서비스를 설명하고, 개인이나 다른 회사들이 그러한 서비스에 전자적으로 접근할 수 있는 방법을 제공하기 위해 사용되는 XML 기반의 언어이다.

문제 40	다음 C++ 클래스A, B를 UML 클래스 다이어그램으로 나타내었을 때 클래스A, B 간에 존재하는 관계로 가장 적절한 것은? 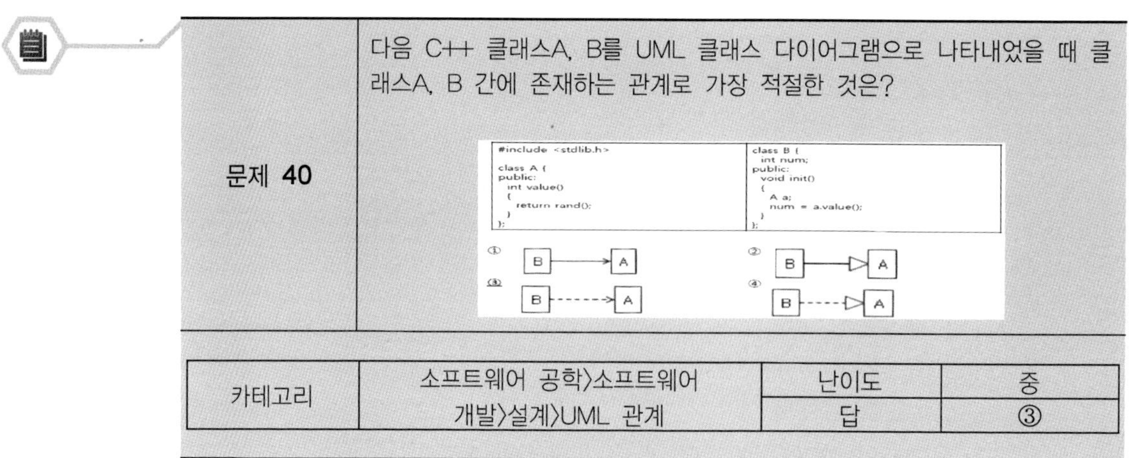

카테고리	소프트웨어 공학>소프트웨어 개발>설계>UML 관계	난이도	중
		답	③

[문제풀이]

※ 보기의 C++ 코드는 Class B가 Class A를 사용하는 관계로 의존관계(Dependency Relationship) 'Use a' 관계이다.

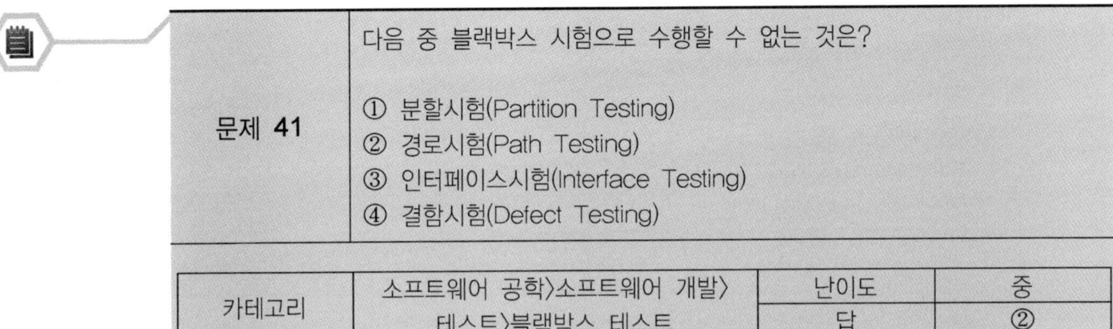

문제 41	다음 중 블랙박스 시험으로 수행할 수 없는 것은? ① 분할시험(Partition Testing) ② 경로시험(Path Testing) ③ 인터페이스시험(Interface Testing) ④ 결함시험(Defect Testing)		
카테고리	소프트웨어 공학〉소프트웨어 개발〉 테스트〉블랙박스 테스트	난이도	중
		답	②

[문제풀이]
- 블랙박스 테스트: 프로그램의 내부구조(구체적인 구조, 알고리즘)를 고려하지 않은 채 기능 위주로 테스트하는 기법이다.
- 블랙박스 테스트를 통해 발견되는 결함: 부정확하거나 누락된 결함, 인터페이스의 결함, 성능의 결함, 초기화와 종료상의 결함 등이 있다.
- 블랙박스 테스트 기법
1) 균등분할(Equivalence Partitioning) 기법
2) 경계값분석(Boundary-Value Analysis) 기법
3) 원인결과 그래프(Cause-Effect Graphing) 기법
4) 오류예측(Error Guessing) 기법

※ 경로시험(Path Testing)은 프로그램의 내부 구조를 테스트하는 화이트박스(White Box) 테스트 기법 중의 하나이다.

<table>
<tr><td rowspan="2">문제 42</td><td>다음 그림과 같이 추상화에 따른 분류와 구현에 따른 분류가 동시에 존재할 경우 추상화 분류와 분류를 분리하여 새로운 구현 클래스를 추가하는 것을 용이하게 하고 클라이언트 코드가 구현 클래스에 영향을 받지 않도록 하는 설계 패턴은?</td></tr>
<tr><td>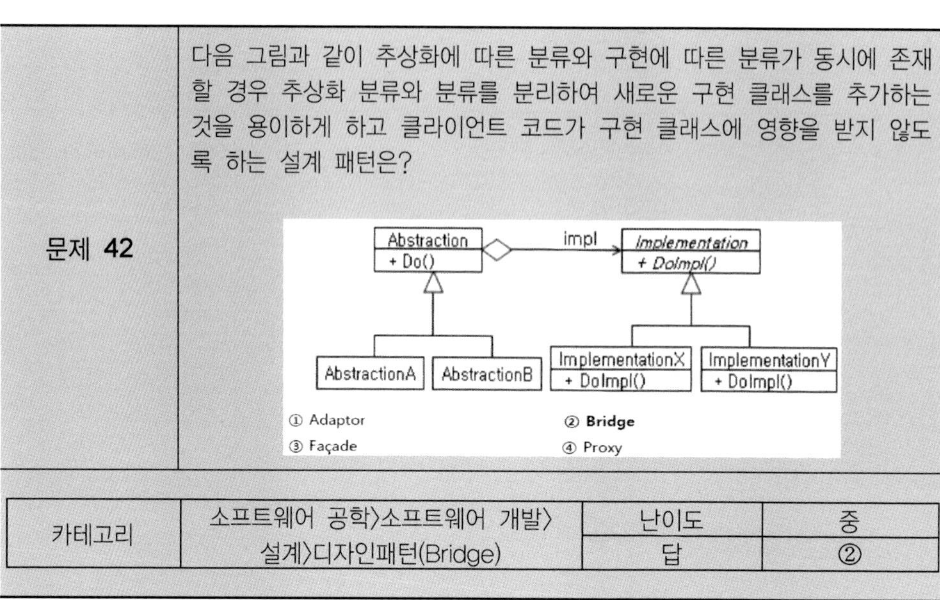
</td></tr>
</table>

카테고리	소프트웨어 공학>소프트웨어 개발>설계>디자인패턴(Bridge)	난이도	중
		답	②

[문제풀이]

※ Bridge Pattern은 추상화 부분과 구현을 분리하여 각각 독립적으로 변현이 가능하여 인터페이스와 구현의 명확한 분리 가능 클래스 라이브러리를 개발한 프로그램의 실행 환경이나 구현 방식에 상관없이 동일한 클래스와 인터페이스를 사용할 수 있게 인터페이스 클래스와 구현 클래스를 분리시킨 패턴이다.

문제 43	CMMI 모델은 프로세스 영역을 24개로 구분하고 이를 4개의 범주로 분류한다. 다음 중 프로세스 영역이 해당되는 범주를 잘못 분류한 것은? ① 통합 팀 구성(Integration Teaming)-프로세스 관리(Process Management) ② 위험 관리(Risk Management)-프로젝트 관리(Project Management) ③ 요구사항 관리(Requirement Management)-엔지니어링(Engineering) ④ 형상 관리(Configuration Management)-지원(Support)

카테고리	소프트웨어 공학>소프트웨어프로세스 품질>CMMI	난이도	중
		답	①

[문제풀이]

- CMMI: CMM의 모델이 그 대상에 따라 SW-CMM, SE-CMM 등으로 나누어져 있던 것을 소프트웨어, 시스템, 구매의 전 영역을 하나의 모델로 통합한 것이다.
- CMM 모델에는 Continuous 표현방법과 Statged 표현방법이 있다.
- Continuous 표현방법은 조직의 비즈니스 목적에 맞는 특정 프로세스 영역에 대한 능력 수준을 평가하고 지속적으로 성장할 수 있도록 접근하는 방법으로 조직이 프로세스 영역을 제대로 수행, 통제, 개선시킬 수 있는 능력을 함양시키는 데 중점을 둔다.
- 프로세스 영역을 4개의 범주로 분류하여 관리하고 있다.

1) 프로세스 관리(Process Management)
2) 프로젝트 관리(Project Management)
3) 공학(Engineering)
4) 지원(Support)

※ 통합팀 구성(Integrated Teaming) 프로세스는 프로젝트 관리(Project Management) 범주에 해당한다.

[CMMI의 프로세스 영역 구성: **Continuous Representation**]

Category	Process Area
Project Management	Project Planning(프로젝트계획 수립) Project Monitoring and Control(프로젝트 모니터링 및 통제) Supplier Agreement Management(공급자계약관리) Integrated Project Management(통합 프로젝트관리) Risk Management(위험관리) Quantitative Project Management(정량적 프로젝트 관리) Integrated Teaming Integrated Supplier Management
Support	Configuration Management(형상관리) Process and Product Quality Assurance(품질보증) Measurement and Analysis(측정 및 분석) Causal Analysis and Resolution(원인 분석 및 해결) Decision Analysis and Resolution(의사결정 및 문제해결) Organizational Environment for Integration
Engineering	Requirements Management(요구사항 관리) Requirements Development(요구사항 개발) Technical Solution(설계) Product Integration(제품 통합) Verification(검증) Validation(확인)
Process Management	Organizational Process Focus(조직 프로세스 중점관리) Organizational Process Definition(조직 프로세스 정의) Organizational Training(교육) Organizational Process Performance(조직 프로세스 성과) Organizational Innovation and Deployment(조직 혁신 및 이행)

<table>
<tr><td rowspan="5">문제 44</td><td colspan="3">다음 중에서 소프트웨어 설계 시 결합도와 응집도 측면에서 가장 바람직한 항목으로 묶여진 것은 어느 것인가?</td></tr>
<tr><td colspan="3">① 내용결합(Content Coupling)– 순차적 응집(Sequential Cohesion)</td></tr>
<tr><td colspan="3">② 스탬프결합(Stamp Coupling)–교환적 응집(Communication Cohesion)</td></tr>
<tr><td colspan="3">③ 자료결합(Data Coupling)–기능적 응집(Function Cohesion)</td></tr>
<tr><td colspan="3">④ 제어결합(Control Coupling)–시간적 응집(Temporal Cohesion)</td></tr>
<tr><td>카테고리</td><td>소프트웨어 공학>소프트웨어 개발>
소프트웨어 설계>모듈화</td><td>난이도
답</td><td>중
③</td></tr>
</table>

[문제풀이]

- 모듈화: 시스템을 분해하고 추상화하여 소프트웨어의 성능을 향상시키거나 시스템의 디버깅, 시험, 통합 및 수정을 용이하도록 하는 소프트웨어 설계 기법이다.
- 모듈의 독립성 목표: 결합도(Coupling)가 낮은 다른 모듈과의 최소한의 상호작용, 응집도(Cohesion)가 높은 하나만의 기능을 수행하는 모듈 수용한다.
- 모듈 간의 관련성 측정 척도(=결합도(Coupling)): 소프트웨어 구조 내에서 모듈 간의 관련성을 측정하는 척도이다.

[낮음] 자료 〈 스탬프 〈 제어 〈 외부 〈 공통 〈 내용 [높음]

- 응집도(Cohesion): 하나의 모듈 내부의 처리 요소들 간의 기능적 연관성을 측정하는 척도이다.

[낮음] 우연적 〈 논리적 〈 일시적 〈 절차적 〈 통신적 〈 순차적 〈 기능적 [높음]

※ 결합도가 가장 낮은 자료결합(Data Coupling)과 응집도가 가장 높은 기능적 응집(Function Cohesion)이 가장 바람직하다.

문제 45	다음 중에서 서로 관련이 없는 항목으로 묶여진 것은 어느 것인가? ① 동치분할-경계값 분석-원인/결과그래프 ② 문장검증기준-경로검증기준-조건검증기준 ③ 순차다이어그램-상태다이어그램-활동다이어그램 ④ 연관(Association)-전체/부분관계(Whole/Part)-인스턴스

카테고리	소프트웨어 공학〉기타〉연관관계	난이도	중
		답	④

[문제풀이]

- Black Box 테스트 기법: 동치분할, 경계값 분석, 원인/결과 그래프
- White Box 테스트 기법: 문장검증기준, 경로검증기준, 조건검증기준
- UML Diagram: Usecase, Activity, Class, Object, Component, Deployment, Sequence, Collaboration, State

---

※ UML의 관계(Relations): 연관(Association), 복합(Composition), 포함(Aggregation), 의존(Dependency), 일반화(Generalization)

문제 46	다음 중에서 서로 관련이 없는 항목끼리 짝지어진 것은? ① CMM-SPICE ② COCOMO-Function Point ③ McCabe 복잡도-Halstead S/W 사이언스 ④ ISO 9126-ISO 11179

카테고리	소프트웨어 공학〉소프트웨어 품질	난이도	중
		답	④

[문제풀이]

- CMM과 SPICE: 소프트웨어 프로세스 품질에 관한 내용
1) CMM: 소프트웨어 개발능력 측정기준과 소프트웨어 프로세스 평가기준을 제공하는 소프트웨어 프로세스 모델
2) SPICE: 소프트웨어 프로세스에 대한 개선 및 능력 측정 기준

- COCOMO와 Function Point: 소프트웨어 규모산정 기법
1) COCOMO: 시스템의 구성 모듈과 서브시스템의 비용합계를 계산하여 시스템의 비용을
산정하는 방식
2) Function Point: 정보처리규모와 기능적 복잡도에 의해 SW 규모를 사용자 관점에서
측정하는 방식
- McCabe 복잡도와 Halstead SW 사이언스: 소프트웨어 품질척도(Quality Metrics)
1) McCabe 복잡도: 그래프를 이용하여 프로그램의 제어 흐름을 표시하며, 각 노드 안에
있는 글자는 처리작업을 나타내고, 제어 흐름은 화살표로 표시
2) Halstead SW 사이언스: 프로그램 내의 연산자, 피연산자의 종류와 발생 빈도 간의 관
계로 복잡도를 측정

※ ISO 9126은 소프트웨어 품질의 특성 및 척도에 대한 표준화이며, ISO 11179는 데이터를 식별하고 활용하
고 응용하기 위해 메타데이터를 명명, 식별, 관리하는 방법론에 대한 표준화이다.

문제 47	다음은 정보은닉의 개념에 대하여 설명한 것이다. 적절치 않은 것은? ① C++, Java, Ada와 같은 언어에서 제공되는 기능이다. ② 사용자가 자료구조를 정의하면, 그것에 적용될 연산도 같이 정의하여야 한다. ③ 선언된 구조에 지정된 연산 외에는 그 구조의 정보를 접근할 수 없다. ④ int, float와 같은 내장형 구조는 정보은닉 개념이 적용될 자료구조라고 볼 수 없다.		
카테고리	소프트웨어 공학〉소프트웨어 개발〉 설계〉객체지향〉정보은닉	난이도	중
		답	④

[문제풀이]

- 정보은닉: 객체의 상세한 내용을 객체 외부에 철저히 숨기고, 단순히 메시지만으로 객
체와의 상호작용을 하게 한다. 객체 내부구조와 실체 분리로 내부변경이 프로그램에 미
치는 영향을 최소화하여 유지보수도 용이하게 한다.
- 정보은닉(Information Hiding)은 외부객체에 내부 로직 및 구조, 데이터를 숨기는 것(메
소드만 허용)이고, 캡슐화(Encapsulation)는 정보은닉을 확장하여 내부 데이터 및 메소
드를 묶어 처리하는 개념이다.

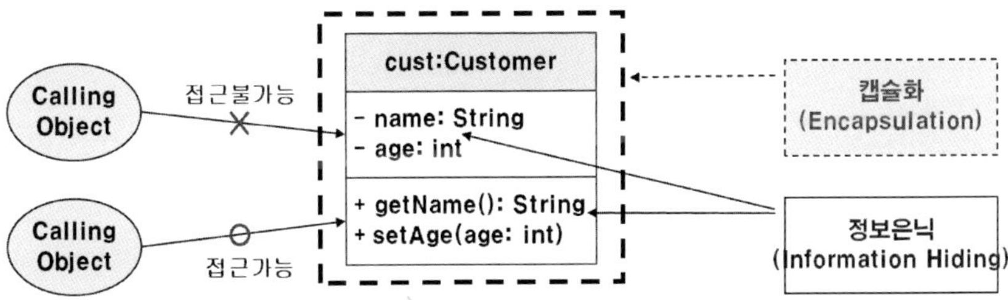

문제 48	소프트웨어 개발 프로세스 모델에 대한 설명 중 맞는 것은? ① 폭포수 모델은 응용분야가 복잡하고 세부적 과정이 필요한 분야에 적합한 모델이다. ② 점증적 모델은 개발제품을 릴리즈할 때마다 기능의 완성도를 높이는 점증적 방법과 새로운 기능을 추가하는 반복적 방법을 병행하여 사용하기도 한다. ③ V 모델은 신뢰성을 높이기 위한 테스트 작업을 강조한 것이므로 문서와 결과를 도출에 중점을 두고 있다. ④ 나선형 모델의 진화 단계는 계획수립, 위험분석, 개발, 평가이다.

카테고리	소프트웨어 공학>소프트웨어생명주기(SDLC) 모형	난이도	중
		답	④

[문제풀이]

– 나선형(Spiral) 모형: 개발 주요기능을 사전에 위험분석을 통하여 반복적으로 수행함으로써, 최종 소프트웨어 개발까지 점진적으로 구현하는 방법(계획 수립 → 위험분석 → 개발 → 평가)

단계	내용
계획 및 정의	시스템의 기능 및 성능 등 시스템 목표 설정 및 제약조건 파악
위험분석	초기 요구사항에 근거하여 위험을 규명, 위험식별 및 분석활동을 통해 위험 최소화, 의사결정(Go or No)
개발	시스템 개발 모형 선택하여 프로토타입 또는 완제품을 만드는 단계
고객의 평가	고객에 의한 시스템 평가 및 향후 목표 계획, 구현결과: 시뮬레이션 모델, 시제품, 실제 시스템 등

※ 나선형 모델의 진화 단계는 계획 수립, 위험분석, 개발, 평가로 이뤄진다.

[SDLC 모형 간의 차이점]

구분	특징	내용
폭포수 모형 (waterfall)	전통적 순차적	• 검토/승인을 거쳐 순차적 · 하향식으로 개발 진행 • 장점 : 이해 용이, 다음 단계 진행 전 결과 검증(baseline), 관리 용이 • 단점 : 요구도출 어려움, 설계/코딩/테스트 지연 가능, 문제점 발견 지연
프로토타입 모형 (Prototyping)	사용자 의견 중시	• 핵심적인 기능 작성, 평가한 후 구현, 점진적 개발 • 장점 : 요구사항 도출 용이, 시스템 이해 용이, 의사소통 향상, 가시성증가 • 단점 : 사용자의 오해(완제품), 폐기 프로토타입 존재 (낭비, 비경제적)
나선형 모형 (Spiral) 진화형 프로토타입	단계적	• 폭포수(체계적)와 프로토타입(반복) 모델 장점 수용, 위험분석 추가 Boehm) • 장점 : 점증적 개발 -> 실패 위험 감소, 테스트 용이, 피드백, 대규모 • 단점 : 관리 복잡, 위험관리 개발자 능력 의존적
점증적 모형 (Iterative & Incremental)	위험 관리	• 시스템을 여러 번 나누어 릴리스, 폭포수+반복수행 • Incremental : 전체 기능을 분해한 뒤, 릴리스마다 기능을 추가 • Iterative : 전체 기능을 대상으로 릴리스를 진행하면서 기능 개발 • 장점 : 위험조기발견 및 최소화 전략 구현 가능, 변경관리 용이 • 단점 : 관리 어려움, 경험부족

문제 49	다음 CPM 네트워크에서 각 노드(작업)에 대한 여유시간(Slack Time)의 총합은 어느 구간에 있는가? (각 노드 위의 숫자는 해당 작업에 소요되는 시간을 의미한다.) 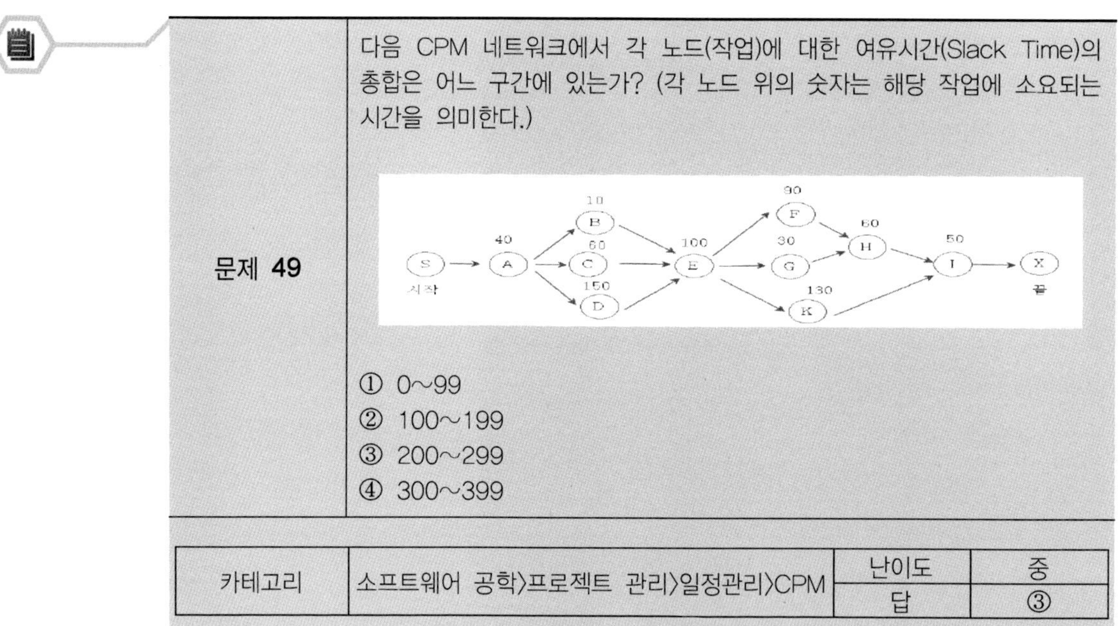 ① 0~99 ② 100~199 ③ 200~299 ④ 300~399	

카테고리	소프트웨어 공학>프로젝트 관리>일정관리>CPM	난이도	중
		답	③

[문제풀이]

- Forward 스케줄링 통한 ES(이른 시작), EF(이른 종료) 계산 → Backward 스케줄링 통한 LS(늦은 시작), LF(늦은 종료) 계산 → Slack Time 계산
- CP=A-D-E-F-H-I(=490)
- 각 활동의 Slack Time=LS-ES or LF-LS

– 각 활동의 Slack Time 총합=140(B)+90(C)+30(G)+20(K)=280

<table>
<tr><td rowspan="2">문제 50</td><td colspan="2">프로그램의 비용산출을 위해 COCOMO 모델에 의해 규모 추정한 결과, 다음과 같은 미조정 기능점수(UFP) 결과를 얻었다면, 최종 기능점수에 의한 프로그래머 man/month는 어느 구간에 있는가?</td></tr>
</table>

	단순	중간	복잡
외부입력	6 X 3	2 X 4	7 X 6
외부출력	1 X 4	3 X 5	1 X 7
내부파일	3 X 7	1 X 10	6 X 15
외부파일	1 X 5	1 X 7	6 X 10
외부질의	3 X 3	1 X 4	0 X 6

문제 50

※ 표 안의 수식에서 앞의 수는 개수를 의미하고, 뒤의 수는 가중치를 의미한다.

※ 최종기능점수는 미조정점수 X (0.65+0.01+TDI)로 계산하고 TDI(Total Degree of Influence)는 20, 프로그램 유형은 단순형(organic)으로 가정한다.

① 1~199

② 200~499

③ 500~799

④ 800 이상

카테고리	소프트웨어 공학〉소프트웨어 개발〉계획〉규모산정	난이도	중
		답	④

[문제풀이]

– (가정) 프로그램 유형: 단순형, 최종기능점수=미조정점수 X (0.65+0.01+TDI(20))

– 최종기능점수=[18(외부 입력)+4(외부 출력)+21(내부 파일)+5(외부 파일)+9(외부 질의)] X (0.65+0.01+20)=57 X 20.66

데이터베이스

문제 51	다음 중 분산 데이터베이스에 대한 설명 중 옳지 않은 것은? ① 수평 단편화를 고려할 수 있다. ② 위치투명성이란 동일한 데이터에 대한 여러 사본이 있다는 것을 감춰 주는 기능이다 ③ 릴레이션들을 부분적으로 중복할 수 있다. ④ 질의 수행성능을 위해 세미조인을 고려할 수 있다.

카테고리	데이터베이스〉분산 데이터베이스	난이도	중
		답	③

[문제풀이]

- 분산 DB의 개요: 하나의 논리적 데이터베이스가 통신 네트워크로 연결된 여러 컴퓨터에 물리적으로 분산되어 저장되어 있는 형태의 데이터베이스이다.

[분산 DB의 투명성]

구분	내용
위치투명성	- 고객이 사용하려는 데이터의 저장 장소를 명시할 필요가 없음. - 위치에 관계없이 동일한 명령을 사용하여 데이터에 접근
복제투명성	- 데이터베이스 객체가 여러 시스템에 중복되어 존재함에도 고객과는 무관하게 데이터 일관성이 유지됨
병행투명성	- 여러 고객의 응용 프로그램이 동시에 분산 데이터베이스에 대한 트랜잭션을 수행하는 경우에도 결과에 이상이 없음
실패투명성	- 데이터베이스가 분산되어 있는 각 지역의 시스템이나 통신망에 이상이 발생해도 데이터 무결성은 보장
분할투명성	- 하나의 릴레이션이 여러 단편으로 분할되어 각 단편의 사본이 여러 시스템에 저장되어 있음을 인식할 필요가 없음
지역사상투명성	- 지역 DBMS와 물리적 데이터베이스 사이의 사상이 보장됨에 따라 각 지역 시스템 이름과 무관한 이름이 사용

[분산 데이터베이스의 구조]

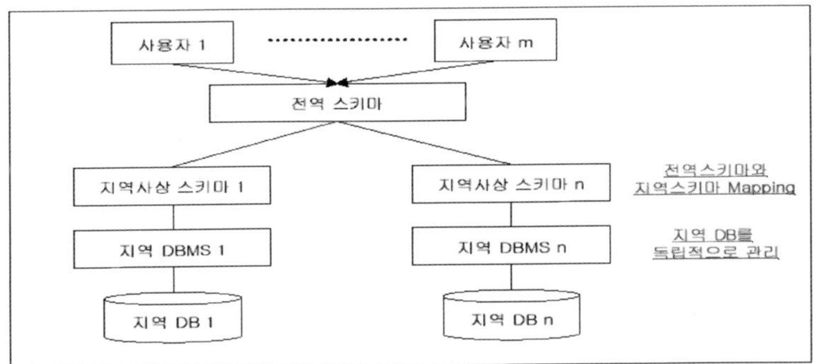

- 분산 DB의 분할 유형: 물리적으로 떨어진 데이터베이스를 네트워크를 통해서 논리적으로 연결된 단일 데이터베이스 이미지를 보여주고 분리된 작업처리를 수행한다.

구분	주요 내용
복제(Replication)	- 동일한 정보의 사본을 둘 이상의 장소에 중복 보관 - 장점: 빠른 응답 성능, 가용성 및 신뢰성 증가 - 단점: 데이터 일관성 유지를 위한 처리 비용 증가, 저장공간 많이 소요됨
수평분할(Horizontal)	- 동일한 컬럼을 가지는 DB를 Record 단위로 나누어 보관 - 합쳐서 조회할 경우가 많이 발생하면 적절하지 않음
수직분할(Vertical)	- 동일한 Record의 정보의 속성을 나누어 보관(키로 연결) - 속성을 기준으로 합쳐서 조회할 경우가 많이 발생하면 적절하지 않음

[분산 DB 구축 시 고려사항]

- 원격 데이터베이스 시스템 간의 이동성 최소화
- 데이터베이스 무결성 보장을 위해서 트랜잭션 복잡도 증대
- 데이터 중복으로 인한 데이터 삽입, 수정, 삭제에 대한 무결성 유지가 어렵고 과다한 중복은 저장공간의 낭비 발생
- 물리적으로 분산된 데이터베이스에 대한 관리정책과 보안통제의 어려움

문제 52	다음 중 데이터베이스 인덱싱(Indexing)에 대한 설명으로 적당하지 않은 것은? ① 파일에 대한 접근이 주로 순차적 일괄방식일 때는 인덱싱이 거의 불필요하다. ② 인덱스는 삽입, 삭제, 갱신 연산 속도를 향상시킨다. ③ B+트리는 균형 잡힌 m진 트리라고 할 수 있다(m>2). ④ 대량의 데이터를 삽입할 때는 모든 인덱스를 제거하고, 데이터 삽입이 끝난 후에 인덱스를 다시 생성하는 것이 좋다.

카테고리	데이터베이스>튜닝	난이도	중
		답	②

[문제풀이]

- INDEX의 정의: 데이터의 검색속도 개선을 위하여 테이블의 Row를 동일한 경로로 식별 가능하도록 별도로 구조화된 데이터 객체이다.
- INDEX의 특징
1) 성능향상(조회성능), 독립성(테이블과 별도저장)
2) 알고리즘(Hash, B-Tree 등 이용), Trade-Off(조회vs수정/삭제 성능)

[INDEX를 이용한 데이터 인출 동작원리]

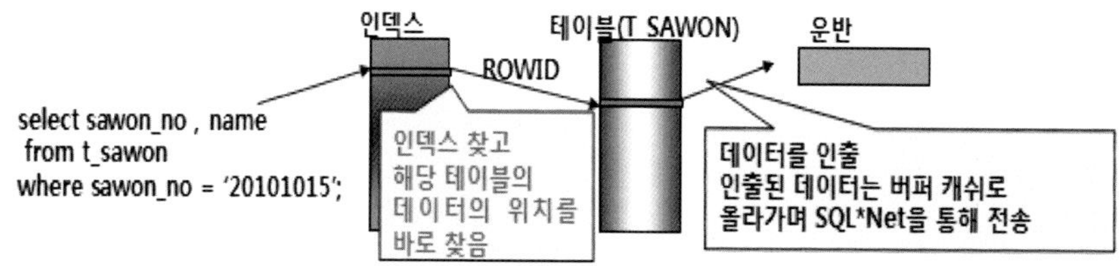

[INDEX의 종류]

구분	설명
순서 인덱스(Ordered)	- 데이터가 소팅된 순서로 인덱스 생성 관리 - B-Tree 알고리즘 이용, 오름차순, 내림차순 지정
해시 인덱스(Hash)	- B-Tree가 아닌 해시함수에 의하여 접근하는 인덱스 - 데이터 접근 비용이 균일, 양에 무관
비트맵 인덱스(Bitmap)	- 각 컬럼에 적은 개수의 값이 저장되어 있을 경우 유리(OLAP 성 업무에 적합) - 수정변경이 적은 경우 사용(예: 성별)
결합 인덱스(Concatenated)	- 복수 개의 컬럼을 이용하여 인덱스 지정하는 방식 - 동시에 Where 조건으로 사용되는 빈도 많은 경우
클러스터 인덱스(Cluster)	- 저장된 데이터의 물리적 순서에 따라 인덱스 생성 - 특정범위의 검색 시 유리(예: 일자 구간)

– 비트맵 인덱스(Bitmap Index)

1) 비트맵 인덱스의 개요: 다차원 모델링에서 주로 차원 역할을 하는 어트리뷰트들(나이, 성별, 지명, 상품)을 대상으로 생성하고, 이들 차원 어트리뷰트들에 대해 AND와 OR 등을 이용한 복잡한 조건이 주어졌을 때 효과적으로 사용할 수 있는 인덱스 구조이다.

2) 비트맵 인덱스의 특징

- 같은 크기의 테이블에 대해 B+ 트리 인덱스에 비해서 훨씬 적은 인덱스 공간을 차지한다.
- DW 질의에서 빠른 검색속도를 보장한다.

선정기준	주요 내용
기본키와 외래키	– 기본키는 자동으로 인덱스 생성 – 외래키는 FULL SCAN을 예방하기 위하여 무조건 인덱스 선정
접근경로 분석	– 각 애플리케이션이 수행하는 SQL 수집 – 자주 사용하는 SQL 분석수행, 인덱스 선정
분포도 조사	– 분포도 = 평균 ROW 수 / 총 ROW * 100 – 분포도가 10~15% 정도의 컬럼을 인덱스 후보로 도출
인덱스 순서결정	– 조합 인덱스의 경우 접근경로에 따른 순서결정 – 접근경로를 분석하여 부분범위 처리 수행

[INDEX 사용 시 고려사항]

- 적용 업무의 성격에 맞는(OLAP, OLTP 등) 유형의 선택 필요함
- 지나치게 많은 인덱스는 Overhead 발생, 분포도 좋지 않은 컬럼을 인덱스로 사용하지 말 것
- 조인 시 옵티마이저가 인덱스를 사용하도록 유도해야 함
- I/O 발생으로 인하여 인덱스는 별도의 테이블 스페이스 / File 지정이 유리하며, 주기적인 Rebuild 필요

문제 53	어느 웹 사이트에서 회원 가입 시 반드시 입력받는 로그인 아이디(Mem_id)는 중복이 허용되지 않는다고 한다. Mem_id 컬럼을 정의할 때 데이터 무결성 측면에서 필요한 제약조건으로 가장 올바른 것은? ① UNIQUE ② NOT NULL ③ UNIQUE와 NOT NULL ④ UNIQUE와 IS NULL

카테고리	데이터베이스>데이터베이스 특징>무결성	난이도	중
		답	③

[문제풀이]

[데이터 무결성 개념]

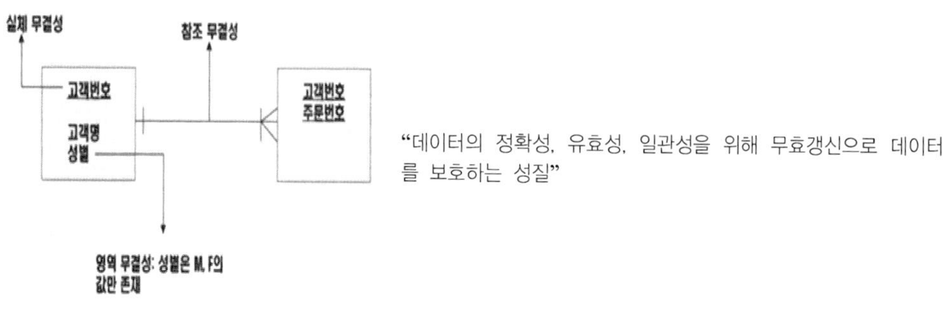

"데이터의 정확성, 유효성, 일관성을 위해 무효갱신으로 데이터를 보호하는 성질"

[데이터 무결성 제약의 유형]

유형	내용
실체(개체) 무결성	– 기본키(Primaty Key)는 NULL값을 가질 수 없는 성질
영역 무결성	– 데이터의 형태, 범위, 기본값, 유일성에 관한 제한적 성질 – 주어진 속성의 값은 그 속성이 정의된 도메인에 속한 값이어야 함
참조 무결성	– 외래키(Foreign Key)가 있는 테이블의 경우, 외래키의 값은 NULL 이거나 관련 테이블에 대응하는 기본키가 존재해야 하는 성질
업무 무결성	– 수행하는 업무 규칙에 따른 비즈니스적 제약 사항

[데이터 무결성 보장방법]

구분	유형	주요 내용
선언적 방안	NOT NULL	속성이 NULL 값을 가지지 않음
	UNIQUE	속성의 값은 중복을 허락하지 않음
	Primary Key	UNIQUE+NOT NULL
	Foreign Key	관련 엔티티의 기본키 항목을 참조함
	Check	DML(Insert, Delete, Update, Select) 수행결과 Check 조건이 거짓이면 취소됨
	Default	신규 레코드 입력시 지정된 값이 삽입됨
절차적 방안	Trigger	특정 조건이 되면 자동적으로 실행이 되는 프러시저
	Stored Procedure	데이터베이스 관리 시스템에서 제공되는 절차언어로 구현된 프러시저
	Application	비즈니스로직에 근거하여 응용프로그램에서 무결성을 확보

	Dynamic SQL에 관한 다음 설명 중 틀린 것은?
문제 54	① Embedded SQL의 일종이다 ② 호스트변수(Host Variable)들이 컴파일할 때 결정된다. ③ EXECUTE IMMEDIATE문에 의하여 수행된다. ④ 데이터베이스 접속 패턴이 일정치 않거나 대화식 SQL에 사용된다.

카테고리	데이터베이스>SQL	난이도	중
		답	②

[문제풀이]

– Dynamic SQL의 정의: 특별히 일반 대화식 온라인 응용을 실행시간에 구성할 수 있는 Embedded SQL로 구성되어 실행 시 SQL문이 완성되어 온라인 응용 프로그램을 작성할 수 있도록 해주는 SQL 방식이다.

– Dynamic SQL의 특징

1) Embedded SQL: 응용프로그램 내에 삽입되어 실행되는 SQL문장이다.

2) PREPARE: Dynamic SQL문장을 예비 컴파일하고 바인딩한다.

3) EXECUTE: 프리 컴파일된 SQL문장을 실행한다.

4) EXECUTE IMMEDIATE: SQL문장을 PREPARE하고 EXECUTE한다.

5) 호스트 변수: 호스트 프로그램의 변수를 SQL 내에서 사용한다. 호스트 변수의 값은 실행 시 결정된다.

	데이터베이스 설계단계의 튜닝 과정에서 고려해야 할 사항에 대한 설명과 관계가 없는 것은?
문제 55	① 성능 향상을 위한 테이블, 속성, 관계에 대한 반정규화(Denormalization) ② 대용량 테이블의 경우, 파티셔닝을 이용한 테이블 분할 ③ 분산 데이터베이스의 경우 스냅샷을 이용한 복제 테이블 생성 ④ 성능 향상을 위해 롤백 세그먼트를 하나로 통합하여 구성

카테고리	데이터베이스>튜닝	난이도	중
		답	④

[롤백 세그먼트(Rollback Segament)]

- 롤백 세그먼트는 트랜잭션 진행 시 그 이전 이미지를 기록하기 위해 사용되는 CIRCULAR 구조의 세그먼트
- 롤백 세그먼트는 프로세스가 데이터베이스의 데이터에 변경할 때 이전 값을 저장하는 데 사용
- 롤백 세그먼트는 수정되기 전의 파일, 블록 ID 같은 블럭 정보 및 데이터를 저장
- 롤백 세그먼트의 헤더는 현재 세그먼트를 사용하고 있는 트랜잭션에 대한 정보를 저장하는 있는 트랜잭션 테이블을 포함하고 있음
- 트랜잭션은 단 하나의 롤백 세그먼트에 롤백(실행 취소) 기록 전부를 기록
- 많은 트랜잭션이 동시에 하나의 롤백 세그먼트에 쓰기를 할 수 있음
- 성능향상을 위해서는 작은 크기의 롤백 세그먼트를 다수 운영하는 것이 효과적

		난이도	중
문제 56	비즈니스 프로세스 모델의 흐름분석(Flow Analysis)과 성능측정(Performance Measure)을 수행하는 데 있어서, 어느 특정 프로세스의 성능을 결정짓는 핵심요소는 평균흐름시간(Average Flow Time: T)과 단위 시간당 평균처리수(Throughput: R), 그리고 평균 재고수(Average Inventory: I)이다. 이들 핵심성능 요소들 간의 상호관계를 나타내는Little's Law 관계식을 바르게 나타낸 것은?		

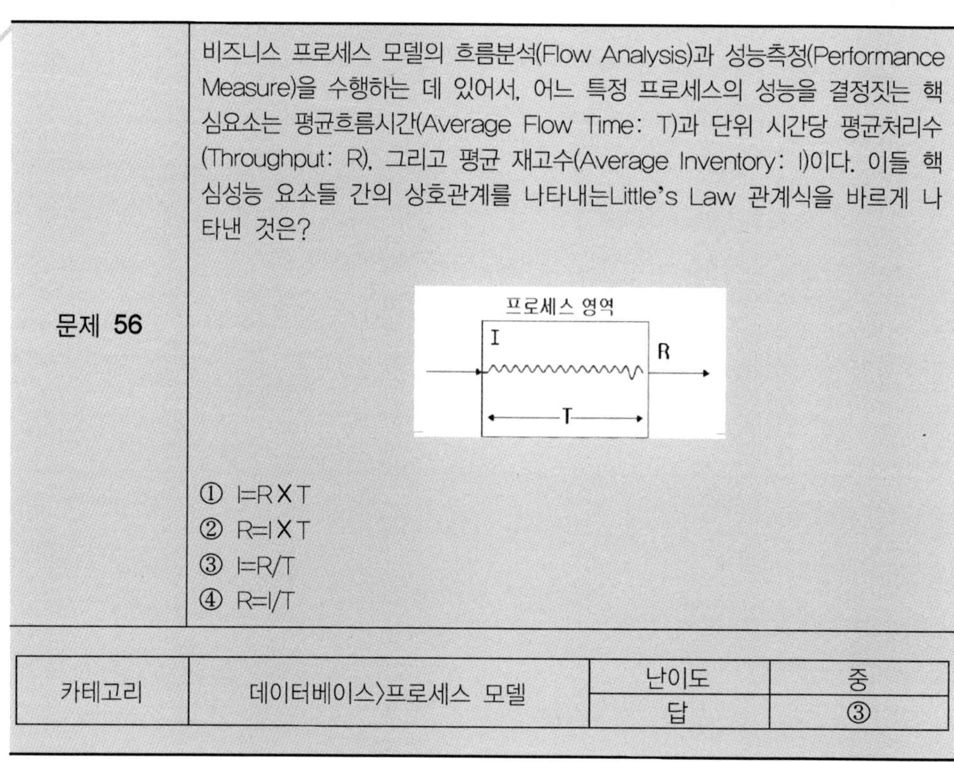

① I=R×T
② R=I×T
③ I=R/T
④ R=I/T

카테고리	데이터베이스>프로세스 모델	난이도	중
		답	③

[문제풀이]

- Little's Law

1) 평균 흐름 시간(T): 평균적으로 보통 흐름 단위 하나가 프로스세 경계 내애서 얼마나 긴 시간을 보내는가?

2) 평균흐름률(R): 평균적으로 단위시간 동안에 얼마나 많은 흐름단위가 프로세스를 거쳐 통과하는가?

3) 평균재고(I): 평균적으로, 어느 한 시점에서 프로세스 내에 얼마나 많은 흐름 단위가 존재하는가?
4) 안정적 프로세스에서는 이들 세 가지 프로세스 척도 간에 기본적인 관계 성립(평균 재고(I)=평균흐름률(R)X 평균흐름 시간(T) 또는 I=RXT)

문제 57	다음은 데이터웨어하우스와 데이터마이닝에 대한 개념 설명이다. 주요 설명으로 옳지 않은 것은? ① 지식탐사 과정은 데이터정제와 데이터통합에 의한 데이터웨어하우스구축과 데이터선택과 데이터변환에 의한 데이터마이닝, 패턴평가, 지식표현 등의 과정으로 구성된다. ② 빈발패턴에 의한 연관규칙탐사는 크게 후보항목 집합(Itemset)을 찾기 위한 조인 단계와 일정 빈도수 이하를 갖는 항목 집합을 제거하는 정제단계로 구분된다. ③ 클러스터링은 알려지지 않은 데이터 객체들에 대해 클래스 내의 유사도는 최대화하고 클래스 간의 유사도는 최소화하는 원칙을 기반으로 새로운 객체 그룹을 찾는 분석 기법이다. ④ 연관규칙탐사(Association Rule Mining)는 알려지지 않은 객체의 클래스를 예측할 목적으로 데이터 객체를 기술하는 모델 탐사 과정이다.

카테고리	데이터베이스〉데이터웨어하우스〉 데이터마이닝	난이도	중
		답	④

[문제풀이]
- 데이터마이닝(Data Mining): 대량의 데이터로부터 알려지지 않은 정보, 패턴을 찾아 의사결정에 활용하려는 데이터 분석 및 지식 발견 프로세스이다.

[지식 발견을 위해 사용되는 기능]

구분	내용	사례
분류 (Classification)	이미 알려진 속성을 활용하여 그룹의 특징을 부여	고객의 등급 분류, 질병 진단
예측 (Forecasting)	과거의 정보 혹은 속성 정보를 활용하여 미래 발생한 사건의 확률을 분석	주가 환율 예측, 시계열 분석
군집 (Clustering)	유사한 특성을 지닌 데이터의 그룹을 분류하여 패턴을 분석	고객 세분화(예: 20대 후반의 여자와 30대 초반의 남자는 스포츠카 선호)
연관성 (Association)	관련성이 강한 데이터의 조합을 통해 패턴을 발견하는 것	장바구니 분석

[데이터마이닝 기법]

기법	주요 내용
의사결정나무 (Decision Tree)	− 과거 수집된 레코드를 분석하여 이들 사이에 존재하는 패턴. 즉, 분류별 특성을 속성의 조합으로 나타내는 나무형태의 분류 모형 − 예: 우수 고객분류 모형
신경망 (Neural Network)	− 인간두뇌 세포를 모방한 개념으로 반복적인 학습과정을 통하여 모형을 만들어가는 기법 − 예: 우수고객분석, 연체자 예측
연관성 분석 (Association)	− 데이터 안에 존재하는 항목간의 종속관계를 찾아내는 작업 − 예: 장바구니 분석−맥주와 기저귀
연속규칙 (Sequence)	− 연관 규칙에 시간 관련 정보가 포함되는 형태로 고객의 구매이력정보가 필요 − 예: 신차 구입 후 캠핑 장비 구매
군집화 (Clustering)	− 유사한 특성을 지닌 데이터를 그룹화시킴

문제 58	SQL의 SET TRANSACTION 명령문에서는 트랜잭션의 고립수준(Isolation Level)을 명시할 수 있다. 이때 선택할 수 있는 옵션 중에서 가장 높은 고립 수준은? ① REPEATABLE READ ② READ COMMITTED ③ SERIALIZABLE ④ READ UNCOMMITTED

카테고리	데이터베이스>트랜잭션	난이도	중
		답	③

[문제풀이]

[고립수준]

고립수준	설명
Read Uncommitted	– Commit되지 않은 데이터도 읽음 – SELECT 문장을 수행하는 경우 해당 데이터에 Shared Lock이 걸리지 않는 Level – 가장 낮은 수준의 Transaction 수준, Dirty Read 발생이 가능
Read Committed	– Commit된 것만 읽음 – 이 Level에선 SELECT 문장이 수행되는 동안 해당 데이터에 Shared Lock이 걸림 – Nonrepeatable Read 발생 가능, 즉 동일한 Transaction 내에서 반복되는 쿼리에 다른 값이 나올 수 있음 – 첫 번째 Select와 두 번째 Select 사이에 다른 Transaction으로 Update가 일어났을 때
Repeatable Read	– 트랜잭션이 완료될 때까지 SELECT 문장이 사용하는 모든 데이터에 공유잠금을 유지하여(읽기 Lock), 트랜잭션이 종료될 때까지 다른 사용자가 해당 행을 수정하지 못하게 함 – 여러 번 데이터를 읽어도 같은 값이 유지되도록 함, 그러나 같은 조건을 만족하는 새로운 Row가 다른 트랜잭션에서 Insert로 생성되거나 Update 되어서 Commit 되었을 시 읽어지는 Phantom Read 발생
Serializable	– 가장 높은 격리 수준으로 이 격리수준을 사용하는 메소드는 DB에 배타적 쓰기락을 얻음으로써 Transaction이 종료될 때까지 조회, 수정, 입력 데이터로부터 다른 Transaction의 처리를 막음

	독립성레벨 (Isolation Level)	부정판독 (Dirty Read)	비반복판단 (Non-repeatable Read)	팬텀 (Phantom)
①	Read Uncommitted	가능	가능	가능
②	Read Committed	불가능	가능	가능
③	Repeatable Read	**불가능**	**불가능**	가능
④	Serializable	불가능	불가능	불가능

문제 59	표준SQL(SQL: 1999)에서 테이블 생성시 참조관계를 정의하기 위해 외래키(Foreign Key)를 선언한다. 참조 무결성을 위해 외래키를 선언할 때 SQL의 DELETE 명령문이나 UPDATE 명령문에 대해 명시할 수 있는 참조동작(Referential Action)으로 잘못된 것은? ① SET DEFAULT ② CASCADE ③ SET NULL ④ DEFERRED ACTION

카테고리	데이터베이스>SQL	난이도	중
		답	④

[문제풀이]
- CASCADE: 참조되는 측 관계 변수의 행이 삭제되었을 경우에는 참조하는 측 관계 변수와 대응되는 모든 행들이 삭제된다. 참조되는 측 관계 변수의 행이 갱신되었을 경우에는 참조하는 측 관계 변수의 외래키 값은 같은 값으로 갱신된다.
- RESTRICT: 참조하는 측 관계 변수의 행이 남아 있는 경우에는 참조되는 측의 행을 갱신하거나 삭제할 수 없다. 이 경우에는 데이터 변경이 이루어지지 않는다.
- NO ACTION: 참조되는 측 관계 변수에 대해 UPDATE 또는 DELETE가 실행된다. DBMS에서 SQL 문장의 실행 종료 시에 참조 정합성을 만족하는지를 검사한다. RESTRICT와 차이점은, 트리거 또는 SQL 문장의 시멘틱스 자체가 외래키의 제약을 채울 것이라는 데에 있다. 이때는 SQL 문장 실행이 성공한다. 외래키의 제약이 만족되지 않은 경우에는 SQL 문장 실행이 실패한다.
- SET NULL: 참조되는 측 관계 변수에 대해 행이 갱신 또는 삭제되었을 경우, 참조하는 측 관계 변수의 행에 대한 외래키 값은 NULL로 설정된다. 이 옵션은 참조하는 측 관계 변수의 외래키에 NULL을 설정할 수 있는 경우에만 가능하다. NULL의 시멘틱스에 의해, 참조하는 측 관계 변수에 대해 NULL이 있는 행은, 참조되는 측 관계 변수의 행을 필요로 하지 않는다.
- SET DEFAULT: SET NULL과 비슷하지만, 참조되는 측 관계 변수의 행이 갱신 또는 삭제되었을 경우, 참조하는 측 관계 변수의 외래키 값은 속성의 기본값(Default)으로 설정된다.

문제 60	CRUD Matrix 상관 모델링은 데이터모델링 작업에서 도출한 엔티티 타입과 프로세스 모델링에서 도출한 단위프로세스를 이용하여 작업한다. 다음 중에서 CRUD Matrix 상관 모델링 작업을 통해서 얻을 수 있는 기대효과로 적합하지 않은 것은? ① 데이터 모델과 프로세스 모델의 품질을 모두 향상시킬 수 있다. ② 단위 프로세스를 이용하여 적절한 엔티티 타입이 도출되었는지 검증할 수 있다. ③ 고가용성(High Availability)을 위한 DB 서버 클러스터링 설계 시, 각 서버 별로 잠금현상(Lock)을 최소화할 수 있도록 엔티티 타입의 연관관계를 파악할 수 있다. ④ 엔티티 타입의 생명주기를 분석할 수 있다.

카테고리	데이터베이스>데이터베이스 모델링	난이도	중
		답	④

[문제풀이]

- 엔티티 타입의 생명주기를 분석하는 기법은 엔티티 생명주기 분석법을 통해 가능하다.
- 엔티티 타입 생명 주기 분석
1) 엔티티 타입을 중심으로 엔티티 타입과 관계된 프로세스만을 표기하여, 엔티티 타입 내에 엔티티들이 어떠한 생명주기를 가지고 있는지 검증하는 방법
2) 2가지 측면의 검토
 • 업무적 측면의 검토: 모델링이 시스템의 업무적 요건을 충분히 반영하고 있는지, 모델링의 관계가 해당 업무 프로세스에 잘 부합하는지 검토
 • 모델규약 측면의 검토: 데이터모델링이 갖추어야 할 모델링에 관한 일반적인 규약을 잘 준수하고 있는지 검토
- CRUD 상관분석
1) 정보요구 사항과 수립된 논리모델을 비교 분석하여 요구도출이 완벽하게 이루어졌는지 파악
2) 데이터 모델과 프로세스 모델을 통합하여 평가하는 과정

엔티티

C = 생성 R = 참조 U = 수정 D = 삭제	고객	제품	창고	재고	공급자	구매주문
신규고객 등록	C					
구매주문 생성		R			C	
구매주문항목추가		R		U	R	C
판매주문 생성			R	U		
...	R	R				R

프로세스
업무기능
조직
...

✓ CRUD 중 아무것도 표시되지 않은 개체가 있는가?
✓ 필요없는 개체 또는 프로세스 누락
✓ 모든 개체에 C가 표시되었는가?
✓ 신규 입력 기능의 누락
✓ 모든 개체에 R이 표시되었는가?
✓ 없으면 데이터 생성만 되고 전여 활용이 없음을 의미
✓ 아무 개체에도 표시되지 않은 프로세스가 있는가?
✓ 개체를 제대로 도출하지 못한 것
✓ C가 두 개 이상 표시된 개체는 있는가? - 두 개 이상의 기능에서 데이터를 추가해야만 하는지 다시 검토

<table>
<tr><td rowspan="4" align="center">문제 61</td><td>다음과 같이 사원 테이블이 주어져 있다. 아래 숫자는 각 필드에 할당된 크기(Byte)이다.</td></tr>
<tr><td>

사원번호	이름	주소	입사연도	부서번호
(10)	(20)	(50)	(10)	(10)

</td></tr>
<tr><td>이 회사에는 사원이 10,000명 근무하고 있다. 이 사원 테이블을 디스크(디스크 블록의 크기=1024Byte, 디스크 블록 포인터의 크기=5Byte)에 사원번호 순으로 정렬하여 저장한 후, 접근 성능을 향상시키기 위해 단일 수준 기본 인덱스(Single Level Primary Index)를 구성하였다. 이 경우 기본 인덱스를 위해 할당된 디스크 블록의 개수는? (단, 비신장 레코드 조직임)</td></tr>
<tr><td>① 15개
② 16개
③ 17개
④ 18개</td></tr>
</table>

카테고리	데이터베이스〉튜닝〉인덱스	난이도	중
		답	③

[문제풀이]

- 레코드 조직

1) 신장(Spanned) 레코드 조직: 레코드를 하나 이상의 블록에 걸쳐서 저장하는 방식
2) 비신장(Unspanned) 레코드 조직: 레코드가 블록 경계를 넘지 않도록 저장하는 방식

- 문제 풀이

1) 블록당 데이터 레코드 개수: 1,024/100(레코드 크기)=10 (Record/block, 비신장 레코드)
2) 데이터 블록의 개수: 10,000/10=1,000(디스크 블록 포인터로 찾으므로 데이터 블록의 개수 필요)
3) 인덱스한 레코드 크기: 키 size+ponter size=10+5=15
4) 블럭당 인덱스 개수: 1,024/15=68
5) 인덱스를 위한 디스크 블록 수: 1,000/68=14.7 비신장 레코드이므로 15

<table>
<tr><td rowspan="2">문제 62</td><td colspan="3">문제에서 표(a)는 트랜잭션 T₁ , T₂의 수행 연산을 나태내고, 표(b)는 두 개의 트랜잭션 T₁ , T₂를 수행하는 도중에 기록된 로그파일 정보이다. 이 때, 표(b)의 로그파일과 같이 트랜잭션 T₂의 수행 중에 시스템 파손 (System Crash)이 발생했다고 가정하자. 이 경우 지연 갱신(Deferred Update)의 회복기법을 적용할 때, 각 트랜잭션에 취해야 할 회복 연산으로 올바르게 연결된 것은? (단, 회복연산은 No-undo(취소불필요), No-read (재실행불필요), Undo(취소), Redo(재실행)으로 표현 한다.)</td></tr>
</table>

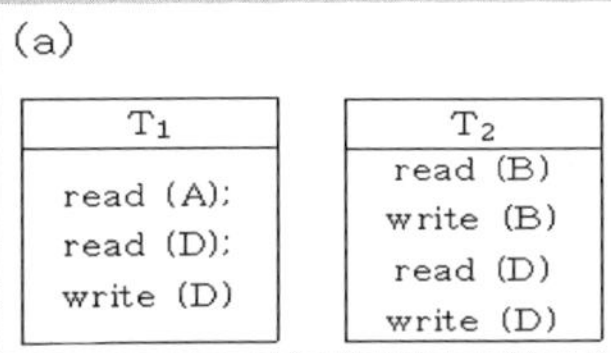

(a)

T₁	T₂
read (A);	read (B)
read (D);	write (B)
write (D)	read (D)
	write (D)

(b)

```
[start_transaction, T₁]
[write, T₁ D, 20]
[commit, T₁]
[start_transaction, T₂]
[write, T₂, B, 10]
[write, T₂ D, 25]
```

① T₁ : Redo, T₂ : No-undo, No-redo
② T₁ : Redo, T₂ : Redo
③ T₁ : Undo, T₂ : Redo
④ T₁ : Undo, T₂ : Undo, No-redo

카테고리	데이터베이스>데이터베이스 특징>트랜잭션	난이도	중
		답	①

[문제풀이]

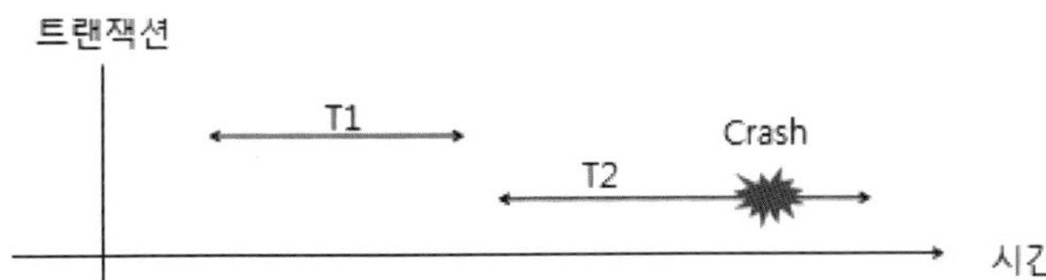

– 지연 갱신
1) 트랜잭션이 부분완료상태에 이르기 전까지 발생한 모든 변경 내용을 로그파일에만 저장, 데이터베이스 반영을 지연시키는 방법이다.
2) 실패하여 트랜잭션 철회 시 로그파일만 삭제한다.
3) 회복과정에서 Undo 실행이 불필요하다.
4) 부분 완료된 트랜잭션에 대해서는 Redo가 필요하다.

- 문제 풀이
1) T1은 Commit 되어 완료되었으므로 Redo가 필요하다.
2) T2는 Commit 되기 전에 Crash 되었으므로 Undo, Redo는 필요 없다(No-Undo, No-Redo).

문제 63	다음 데이터베이스 로킹단위(Locking Granularity) 중 병행수행의 정도가 가장 높은 것은? ① 데이터베이스 ② 릴레이션 ③ 필드 ④ 레코드		
카테고리	데이터베이스>데이터베이스 특징>트랜잭션	난이도 답	중 ④

[문제풀이]

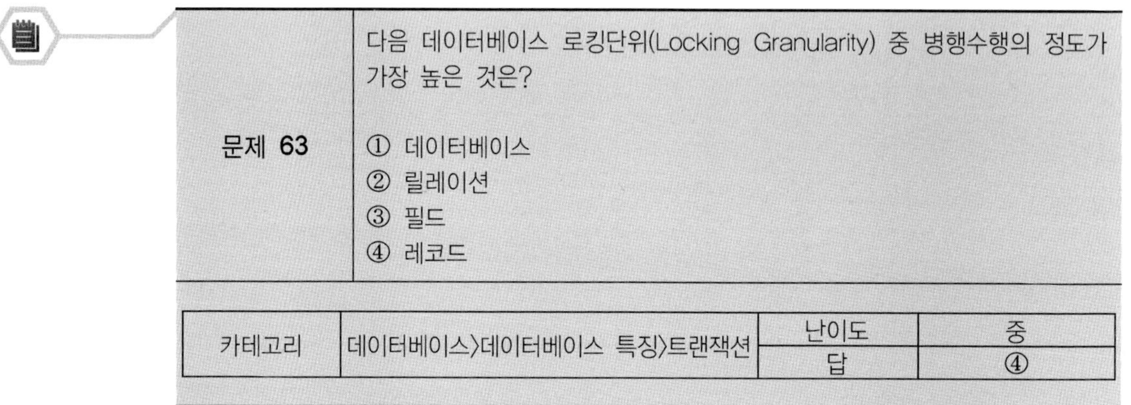

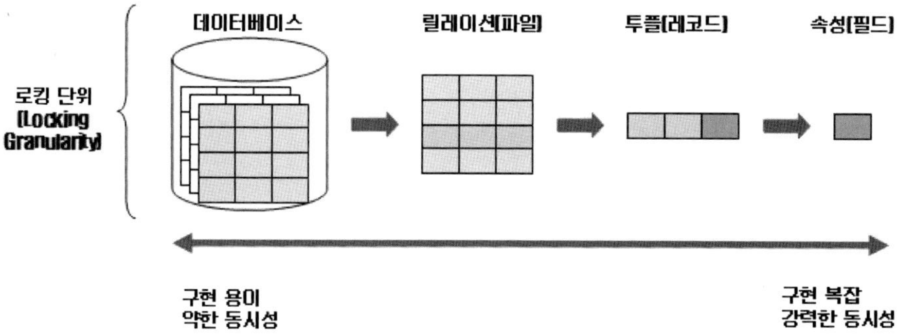

- 데이터베이스상의 최소 접근 단위는 ROW이다.
- 그렇기 때문에 ROW(레코드)에 대한 Lock이나 필드에 대한 Lock의 병행성 수준은 동일하다고 볼 수 있다.

<table>
<tr><td rowspan="2">문제 64</td><td colspan="3">다음 ER 다이어그램을 보고 올바르게 설명된 것을 고르시오.</td></tr>
<tr><td colspan="3">

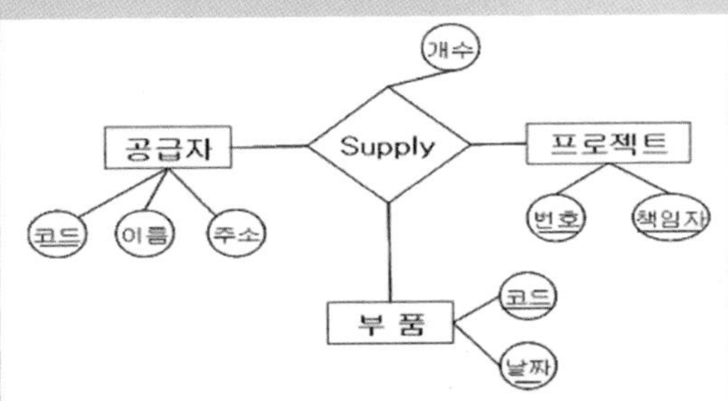

① 위 3진관계는 3개의 이진 관계로 나누어 표현해도 항상 동일하다.
② 관계타입(Relationship Type)은 1개의 속성을 가진다.
③ 순환적 관계를 가진다.
④ 부품은 복합키를 가진 약성 엔티티 타입(Weak Entity Type)이다.

</td></tr>
</table>

카테고리	데이터베이스〉데이터베이스 모델링	난이도	중
		답	②

[문제풀이]

- 엔티티와 Relationship 간에 관계가 명확하지 않기 때문에 3개의 이진관계로 나눌 수 있을지 확실치 않다.

- ER 다이어그램상에 순환적 관계는 없다.

- 부품은 약성 엔티티가 아니다(약성 엔티티 기호는 ▣ 임).

<table>
<tr><td rowspan="2">문제 65</td><td>데이터웨어하우스의 다차원 모델링 기법에 대한 설명으로 옳은 것끼리 짝지어 놓은 것을 고르시오.

가. 하나의 사실 테이블(Fact table)을 중심으로 각 차원마다 생성한 차원 테이블(Dimension Table)로 구성된 모델을 스타 스키마(Star Schema)라 한다.
나. 속성을 정규화하여 각 차원별로 테이블들의 계층구조를 구성하는 눈송이 스키마(Snowflake Schema)는 데이터의 저장 공간을 적게 필요로 한다.
다. 스타 스키마의 사실 테이블은 정량화된 관측값과 차원테이블의 튜플을 참조하는 키(외래키)를 포함한다.
라. 스타 스키마의 사실 테이블과 차원 테이블은 조인 인덱스를 통하여 사실 테이블 내의 관련 튜플들과 연결될 수 있다.

① 가, 나
② 가, 다, 라
③ 나, 라
④ 가, 나, 다, 라</td></tr>
</table>

카테고리	데이터베이스>데이터웨어하우스	난이도	중
		답	④

[문제풀이]

[다차원 모델링]

"기업의 효율적 의사결정, 분석의 편리성을 위해 다차원 정보를 사용자 관점에서 분석하기 위한 모델링기법(OLAP 업무에 적함)"이다.

- 정보를 비즈니스 관점으로 조직화, 재가공한다.
- 빠른 분석을 위하여 분석 기준을 중심으로 미리 집계하고 가공 형태를 유지한다.

[다차원 모델링 구성요소]

요소	의미	사례
사실(Fact)	사실 테이블에 저장되는 의미 있는 수치 데이터	매출, 손익
차원 (Dimension)	주어진 사실에 대한 추가적 관점, 차원 테이블 저장	본부/지점/영업소
속성 (Attribute)	각 차원 테이블이 가지는 속성, 검색, 분석 시 사용	날짜, 사원번호 ……
계층(Layer)	속성 간의 상하관계, 이동에 대한 분석 지원	본부à β 지점

[다차원 모델링 종류]

구분	Star Schema	Snowflake
개념도		
구조	사실 Table을 축으로 차원 Table을 별모양으로 배치	사실 Table 중심으로 정규화된 차원 Table들을 배치
성능	적은 Join, 빠른 Query 성능	Star Join으로 속도 저하 가능성
관리	중복 많음, 확장성 어려움	정규화로 적은 공간 차지
사용성	객관적 표현, 쉬운 이해	복잡한 모델 구조, 이해 어려움

문제 66	동시성 제어(Concurrency Control)에 대한 설명 중 적합하지 않은 것은? ① 동시성 제어는 다중 사용자 환경에서 데이터 무결성을 유지하기 위한 프로세스이다. ② 잠금(Locking)은 동시적 트랜잭션들이 서로 간섭하지 않도록 고립화하여 트랜잭션을 처리하기 위한 제어메커니즘이다. ③ 버전화(Versioning)는 각 트랜잭션이 레코드를 배경하고자 할 때 기존의 레코드를 덮어쓰는 대신 새로운 레코드 버전을 생성하도록 하는 접근방법이다. ④ 배타적 잠금이란 다른 트랜잭션이 레코드나 기타 자원을 읽을 수는 있으나 갱신하지 못하도록 하는 잠금 유형이다.

카테고리	데이터베이스>데이터베이스 특징>트랜잭션	난이도	중
		답	③, ④

[문제풀이]

[동시성 제어 개념]

- 여러 개의 트랜잭션이 동시에 수행되도록 제어하는 기술
- 여러 개의 트랜잭션이 동시에 실행되더라도 트랜잭션이 하나씩 순차적으로 실행된 경우와 동일한 결과(직렬화, Serializable)를 보장하는 기술
- 트랜잭션의 직렬화 수행을 보장하는 기술

[직렬화의 수행]

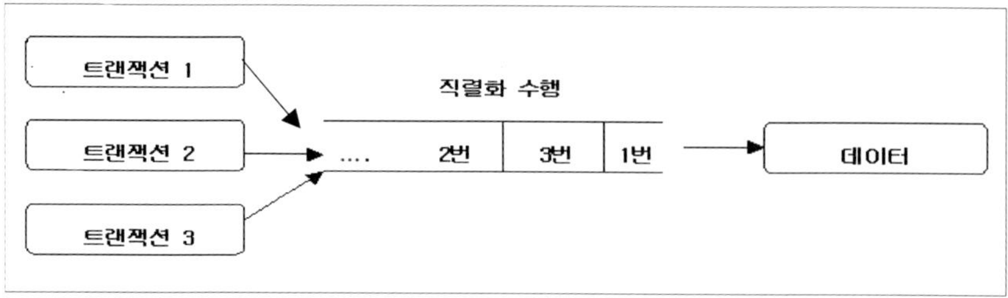

- 동시성 제어 기법

1) Locking
- 트랜잭션이 데이터에 대해서 잠금(Lock)을 설정하면 다른 트랜잭션은 해당 데이터에 대해서 해제(Unlock)이 발생할 때까지는 접근 혹은 수정, 삭제가 불가능하다.
- 2-Phase Locking을 통해 직렬가능성을 보장한다.
- 잠금 연산의 대상이 되는 것을 잠금 단위라고 하며, 이러한 잠금 단위가 작을수록 동시성제어 능력은 우수하지만 구현이 복잡한 단점이 존재한다.
- 유형
a. 공유(Shared) Lock : 트랜잭션이 변경을 수행하는 동안 다른 트랜잭션은 조회만 가능하도록 하는 방법
b. 배타적(Exclusive) Lock : 트랜잭션이 변경을 수행하는 동안 다른 트랜잭션은 조회도 할 수 없도록 하는 방법
- 문제점 : Deadlock 발생 가능성, Lock Waiting time이 길어질 가능성이 있다.

2) Timestamp
- 트랜잭션에게 수행된 순서를 기준으로 수행하는 방법으로 System Clock 혹은 Logical Counter를 활용한다.
- 시스템에서 생성하는 고유 번호인 시간 스탬프(Timestamp)를 트랜잭션에 부여함으로써, 트랜잭션 간의 순서를 미리 정한다.
- Dead Lock이 발생하지 않는 장점 vs. Rollback이 일어날 가능성이 높다는 단점이 있다.

[Timestamp 유지]

Read_TS(x)	특정 데이터 항목 x에 대해서 읽기를 수행한 최종 타임스탬프
Write_TS(x)	특정 데이터 항목 x에 쓰기를 성공적으로 수행한 최종 타임스탬프

읽기 수행	- TS(Ti) < Write_TS(x) : Read_TS(Ti)는 취소 복귀, x 값을 변경 중 - **TS(Ti) ≥ Write_TS(x) : 읽기 허용, read_TS(x) 갱신**

쓰기 수행	- TS(Ti) < Read_TS(X) : Write_TS(Ti)는 취소, x 값을 먼저 읽었음 - **TS(Ti) ≥ Read_TS(x) : 쓰기 허용, Write_TS(x) 갱신**

3) Validation 검증(낙관적 병행 제어: Optiimistic Concurrency Control)

- 로킹기법, 타임스탬프 기법은 모두 데이터베이스 연산을 실행하기 이전에 어느 정도의 검사를 수행한다.
- 트랜잭션이 어떠한 검증도 수행하지 않고 일단 트랜잭션을 수행하고, 트랜잭션 종료 시 검증을 수행하여 데이터베이스에 반영한다.
- 모든 갱신은 일단 이 트랜잭션을 위해 유지되는 작업 구역 사본에만 저장한다.
- 단점: 장기 트랜잭션 철회 시 자원낭비 가능성 동시 사용 빈도가 낮은 시스템에서 사용한다.

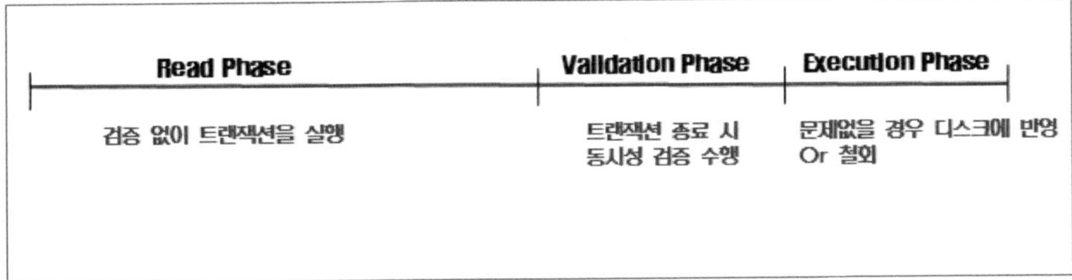

4) 다중 버전 동시성 제어(Multi Version Concurrency Control)

- 데이터를 변경할 때마다 그 변경사항을 Undo 영역에 저장해 둔다.
- 데이터를 읽다가 쿼리(또는 트랜잭션) 시작 시점 이후에 변경된(변경이 진행 중이거나 이미 커밋된) 값을 발견하면, Undo 영역에 저장된 정보를 이용해 쿼리(또는 트랜잭션) 시작 시점의 일관성 있는 버전(CR Copy)을 생성하고 그것을 읽느낟.
- 쿼리 도중에 배타적 Lock이 걸린, 즉 변경이 진행 중인 레코드를 만나더라도 대기하지 않기 때문에 동시성 측면에서 매우 유리하다.
- 사용자에게 제공되는 데이터의 기준 시점이 쿼리(또는 트랜잭션) 시작 시점으로 고정되기 때문에 일관성 측면에서도 유리하다.
- MVCC의 단점
a. Undo 블록 I/O, CR Copy 생성, CR 블록 캐싱 같은 부가적인 작업 때문에 생기는 오버헤드 발생
b. 참고로, Oracle은 Undo 데이터를 Undo 세그먼트에 저장하고, SQL Server는 tempdb 에 저장

- MVCC를 이용한 읽기 일관성에는 문장 수준과 트랜잭션 수준, 2가지가 있다.

문제 67	무결성 제약조건(Integrity Constraints)에 대한 설명이다. 적합하지 않은 것은? ① 부정확한 정보가 데이터베이스에 입력 되는 것을 방지하기 위한 조건이다. ② 데이터베이스 스키마(Schema)를 정의할 때 무결성 제약 조건을 기술할 수 있다 ③ 데이터베이스를 수정할 때마다 무결성 제약 조건을 위반하는지를 검사하고 위반 데이터 변경은 허용하지 않는다. ④ 데이터베이스 스키마 변경에 대한 조건으로 조건에 맞지 않으면 허용하지 않는다.

카테고리	데이터베이스>데이터베이스 특징>트랜잭션	난이도	중
		답	④

[문제풀이]

- 무결성 제약 조건: 53번 문제 풀이 참고
- 문제 풀이
1) 무결성은 데이터의 무효갱신으로부터 데이터의 일관성을 보호하는 것이므로 데이터의 입출력에 대한 조건이다.
2) 데이터 스키마 변경에 대한 조건은 아니다.
3) 데이터 스키마 작성 시 데이터 입출력에 대한 참조 Action을 통해 무결성 제약조건 기술이 가능하다.

문제 68	분산 데이터베이스에서 트랜잭션을 완료하기 위한 프로토콜이 필요한데 완료 프로토콜에 대한 설명으로 올바르지 않은 것은? ① 트랜잭션의 원자성을 보장하기 위하여 필요하다. ② 2단계 완료 프로토콜은 투표(Voting) 단계와 결정(Decision) 단계로 나누어진다. ③ 2단계 완료 프로토콜은 조정자가 고장이 나더라도 참여자들의 정보를 가지고 결정을 내릴 수 있다. ④ 3단계 완료 프로토콜은 조정자가 고장이 나더라도 참여자들이 협력하여 결정을 할 수 있는 비블록킹(Non-Blocking) 규약이다.

카테고리	데이터베이스>분산데이터베이스	난이도	중
		답	③

[문제풀이]

- 분산 DB 구현을 위한 2PC(Phase Commit): 분산 데이터베이스 환경에서 분산 트랜잭션의 원자성(Atomicity)을 보장하기 위하여 분산 트랜잭션에 관여하는 모든 노드가 Commit하거나 Rollback하는 메커니즘을 말한다.
- 2PC의 필요성
1) 분산 데이터베이스 환경에서는 Commit과 Rollback만으로 여러 지역에 분산된 DB의 일관성이 보장되지 않는다.
2) 분산 데이터베이스에서는 모든 지역의 데이터베이스에서 트랜잭션이 성공 완료 되었음을 확인한 후에 트랜잭션의 처리가 완료되어야 한다.

[2PC의 구성요소]

구성요소(참여자)	역할
Global Coordinator	- 분산 트랜잭션을 처음 수행시킨 노드
Local Coordinator	- 분산 트랜잭션에서 이 노드에 관계된 부분의 결과를 얻으려면 다른 노드를 참조해야 하는 경우, 이 노드를 Local Coordinator라 함
Commit Point Site	- 분산 트랜잭션에 관여된 노드 중 제일 먼저 Commit이나 Rollback을 하는 노드로서, 보통 제일 중요한 데이터를 포함하는 중심 노드임 - 이 노드는 prepared 상태를 거치지 않으며, Distributed Lock에 의해 조회나 DML 시 오류가 발생하는 일이 없음

[2PC의 실행절차]

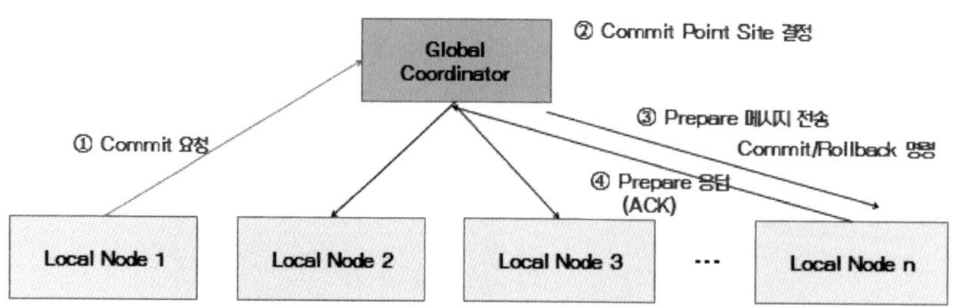

Prepare 단계	Commit 단계
- Global Coordinator가 Commit Point Site를 제외한 나머지 노드에게 Prepare 요청 - 요청받은 노드들은 로컬DB에 대해 Commit/Rollback 준비를 마치고 다시 Global Coordinator에게 준비되었음을 알림 - Prepare 단계를 지나 Commit을 완료하기까지가 In-doubt 상태임	- Coordinator가 다른 Node로부터 ACK 보고를 받았을 때 Commit을 명령 - Coordinator가 다른 Node로부터 에러 보고를 받았을 때에는 Rollback을 명령

문제 69	데이터베이스의 트리거에서 규칙판정(조건검사)을 수행하는 가능성의 종류에 해당하지 않는 것은? ① 즉시(Immediate) 판정 ② 지연(Deferred) 판정 ③ 조기(Early) 판정 ④ 분리(Detached) 판정

카테고리	데이터베이스>데이터베이스 특징	난이도	중
		답	③

[문제풀이]

- 트리거에서 규칙의 판정과 실행 시점에 따른 구분
1) 즉시 판정(Immediate consideration)/지연(Deferred) 판정/분리(Detached) 판정
2) 즉시 실행/지연 실행/분리 실행
- 트리거에서 규칙의 판정과 실행 시점에 따른 구분
1) 즉시 판정(Immediate Consideration)/지연(Deferred) 판정/분리(Detached) 판정
2) 즉시 실행/지연 실행/분리 실행
- 즉시 판정(Immediate Consideration): 조건이 트리거하는 이벤트와 동일한 트랜잭션의 일

부로서 조건이 검사되고 검사는 즉시 이루어지며, 이 경우 다시 세 가지 옵션으로 세분된다.
1) 트리거하는 이벤트를 실행하기 전에 조건을 검사
2) 트리거하는 이벤트를 실행한 후에 조건을 검사
3) 트리거하는 이벤트를 실행하는 대신에 조건을 검사
- 지연판정(Deferred Consideration): 트리거하는 이벤트를 포함하는 트랜잭션의 마지막에 조건을 검사하는데, 이 경우에는 조건을 검사하기를 기다리는 트리거된 규칙들이 많을 수 있다.

	관계형 데이터베이스에 XML 문서의 구조정보를 저장하는 기법이 아닌 것은? ① 경로저장기법 ② 분할저장기법 ③ 혼합저장기법 ④ 비분할저장기법
문제 70	

카테고리	데이터베이스>XML	난이도	중
		답	①

[문제풀이]
- XML 저장 기법
1) 분할 저장 기법: 모든 XML의 엘리먼트 노드를 분할해서 관계 데이타베이스에 저장하는 방식이다.
2) 혼합 저장 기법: XML의 구조와 텍스트 데이터를 혼합하여 저장하는 방식으로, 구조를 저장하는 Relation과 텍스트를 저장하는 Relation으로 구분한다.
3) 비분할 저장기법: XML 문서를 엘리먼트로 분할하지 않고 CLOB형의 데이터에 통째로 저장하는 방식이다.

<table>
<tr><td rowspan="2">문제 71</td><td colspan="3">TEACHER 테이블에 55개의 튜플이 있으며, "T-AGE"열의 값은 정수값으로 되어 있다. T-AGE 값이 20인 튜플이 10개, 25인 튜플이 30개, 30인 튜플이 15개인 경우 다음 두 SQL문의 실행 결과 값으로 적절한 것은?</td></tr>
<tr><td colspan="3">

```
SELECT COUNT(DISTINCT T-AGE)
FROM TEACHER;

SELECT COUNT(T-AGE)
FROM TEACHER
WHERE T-AGE > 25;
```

① 55, 40
② 55, 15
③ 3, 1
④ 3, 15
</td></tr>
<tr><td>카테고리</td><td>데이터베이스>SQL</td><td>난이도</td><td>중</td></tr>
<tr><td></td><td></td><td>답</td><td>④</td></tr>
</table>

[문제풀이]

- SELECT Count(Distinct T-AGE) from TEATCHER 구문은 T-AGE의 값의 종류의 개수이므로, 20, 25, 30이 있으므로 결과는 3
- SELECT Count(T-AGE) from TEATCHER where T-AGE > 25 구문은 Distinct 구문이 없고, T-AGE값이 25 초과인 튜플의 개수이므로 A-AGE = 30인 튜플의 개수 -> 15

<table>
<tr><td rowspan="1">문제 72</td><td colspan="3">

다음은 영화 데이터베이스 관계 스키마의 일부이다. 밑줄 친 속성들은 각 스키마의 기본키이다.

배우(<u>배우번호</u>, 배우명, 성별) 영화(<u>영화번호</u>, 영화명, 제작연도)
출연(<u>배우번호</u>, <u>영화번호</u>, 출연료)

주어진 스키마를 토대로 다음 질의에 맞는 SQL문은?

"5편 이상 영화에 출연한 배우들의 배우 번호별 출연료의 평균을 구하라."

① SELECT 배우번호, AVG(출연료) FROM 배우, 출연
   WHERE 배우. 배우번호= 출연. 배우번호AND COUNT(출연료) ≥ 5
② SELECT 배우번호, AVG(출연료) FROM 배우, 출연
   WHERE 배우. 배우번호= 출연. 배우번호
   GROUP BY 출연. 배우번호HAVING SUM(출연료) ≥ 5
③ SELECT 배우번호, AVG(출연료) FROM 출연
   GROUP BY 배우번호 HAVING COUNT(*) ≥ 5
④ SELECT 배우번호, AVG(출연료) FROM 출연
   GROUP BY 배우번호WHERE COUNT(*) ≥ 5

</td></tr>
</table>

카테고리	데이터베이스〉SQL	난이도	중
		답	③

[문제풀이]

- Group By 절의 조건절: Group By에서 Grouping 되는 컬럼에 대한 조건절은 HAVING 구문을 쓴다.

<table>
<tr><td rowspan="2">문제 73</td><td colspan="4">다음과 같은 릴레이션 스키마R(N, M, D, J, T, W)과 함수적 종속성 FD={N->MDJTW, D->J, T->W}가 주어져 있다.
이때 무손실 조인 분해(Lossless-join Decomposition)가 되도록 릴레이션 스키마를 분해한 것은?</td></tr>
<tr><td colspan="4">① R1(N, M), R2(D, J), R3(T, W)
② R1(N, M, D, T), R2(D, J), R3(T, W)
③ R1(N, M, D), R2(J, T, W)
④ R1(N, M, D, T), R2(D, J, W)</td></tr>
<tr><td>카테고리</td><td>데이터베이스〉데이터베이스 모델링〉정규화</td><td>난이도</td><td>중</td></tr>
<tr><td></td><td></td><td>답</td><td>②</td></tr>
</table>

[문제풀이]

- 무손실 조인 분해라는 것은, 나뉘어진 2개의 릴레이션을 조인했을 때, 원래 가지고 있던 테이블에서 어떠한 데이터 손실이 없다는 것을 의미한다. 스키마를 정제할 때, 스키마를 분할하고 합칠 때 데이터의 손실이 발생한다면 이 작업은 의미없다. R을 어떤 릴레이션 스키마라 하고, F를 R에 정의된 FD들의 집합이라 하자. R을 어트리뷰트들의 집합 X와 Y로 구성된 두 개의 스키마로 분해했을 때, F에 속하는 종속성을 만족하는 R의 모든 인스턴스 r에 대해, $\pi(x)(r)$ join $\pi(Y)(r)=r$이 성립하면, 이러한 분해를 무손실 조인 분해라 한다. 물론, 새롭게 추가되는 정보도 없다.

[정규화의 기본 원리]
함수적 종속도

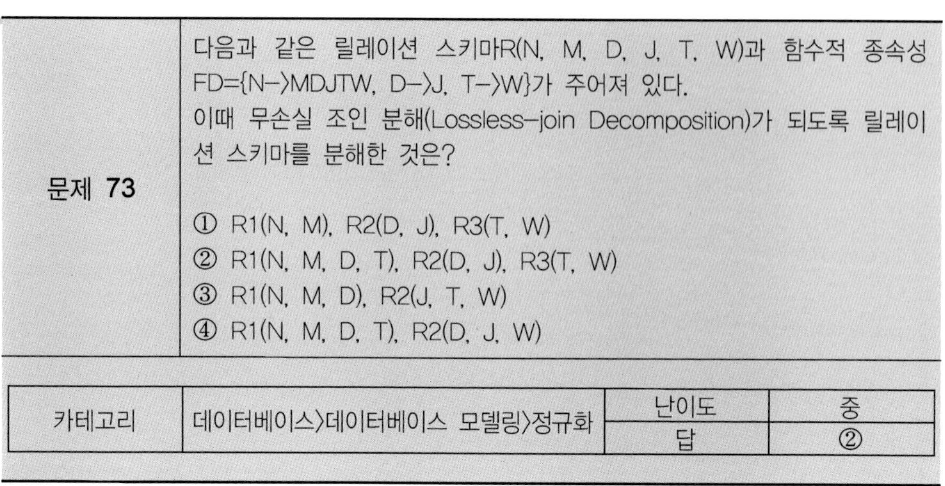

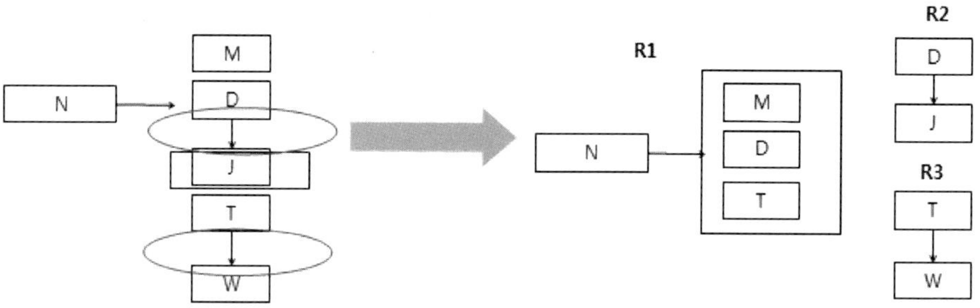

문제 74	관계 데이터베이스의 함수적 종속성 및 정규화에 대한 아래의 설명 중 옳지 않은 것은? ① {X→Y, WY→Z}로부터 WX→Z를 추출할 수 있다. ② 제2정규형은 R의 기본키에 대해 기본키에 속하지 않은 모든 속성들이 완전 함수적으로 종속해야 한다. ③ 제1정규형을 위배할 경우, 각 다치 속성이나 중첩 릴레이션을 위해 별도의 릴레이션을 만들어야 한다. ④ 제3정규형 및 BCNF를 모두 만족한다. (단, AB는 기본키이다.)

카테고리	데이터베이스>데이터베이스 모델링>정규화	난이도	중
		답	④

[문제풀이]

– BCNF(Boyce Codd Nomal Form)

1) 모든 결정자가 후보키일 경우 릴레이션은 BCNF형이라고 한다.

2) 아래의 릴레이션 R은 결정자가 {A, B}, {C}가 존재하는데 이행함수나 부분함수 종속은 아니므로 제3정규화는 만족하지만 {C}가 후보키가 아니므로 BCNF는 만족하지 않는다.

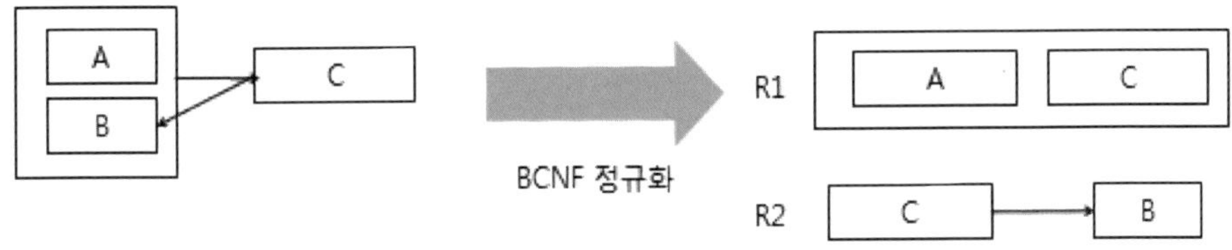

– BCNF 정규형

※ 3NF이면서 BCNF가 아닌 경우의 조건

1) 복수의 후보키를 가지고 있고

2) 후보키들이 복합 어트리뷰트로 구성되어 있으며

3) 후보키들이 서로 중첩한다.

예) 다음의 모델은 제3정규형이지만 다음과 같은 이상현상이 발생할 수 있다.

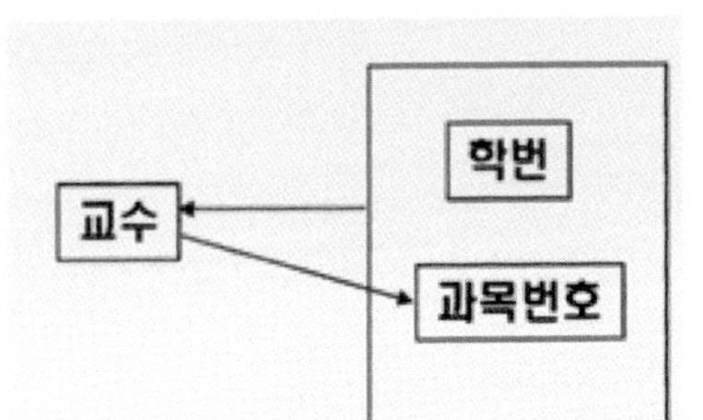

학번	과목	교수
100	프로그래밍	P1
100	자료구조	P2
200	프로그래밍	P1
200	자료구조	P3
300	프로그래밍	P4
300	자료구조	P3

- 교수 P5가 자료구조를 담당하게 되었다는 사실만 입력하고 싶을 때?
- 학번 100인 학생이 자료구조 과목을 취소하여 튜플이 삭제된다면?
- 교수 P1의 담당과목이 프로그래밍에서 자료구조로 변경되었다면?

- 이 모델에서는 다음과 같이 두 개의 후보키
가 존재하며 서로 중첩된다.

  후보키 1 - 학번/과목,
  후보키 2 - 학번/교수

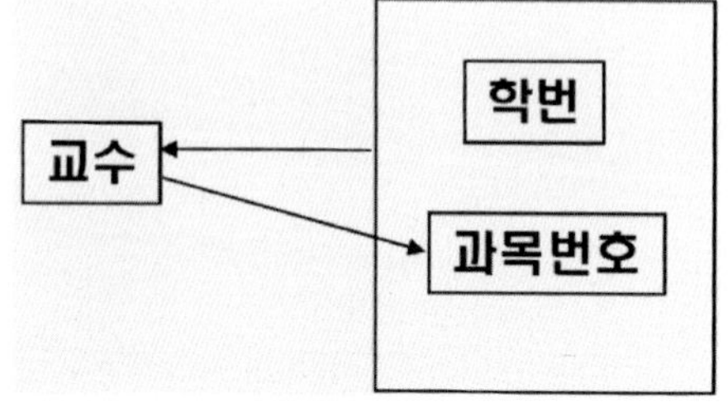

- 이를 BCNF 정규화 수행하면(모든 결정자가 후보키가 되도록) 다음과 같다.

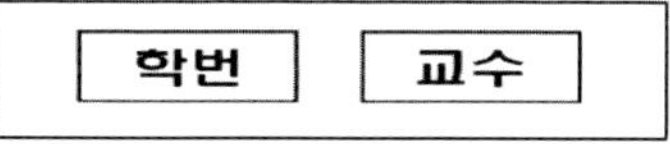

<수강교수 TABLE>

학번	지도교수명
100	P1
100	P2
200	P1
200	P3
300	P3
300	P4

<과목교수 TABLE>

교수	과목
P1	프로그래밍
P2	자료구조
P3	자료구조
P4	프로그래밍

<table>
<tr><td rowspan="2">문제 75</td><td>2단계로킹(Locking) 프로토콜을 사용하여 트랜잭션들을 스케줄링할 때 교착상태(Deadlock)가 발생할 수 있다. 이때 교착상태가 발생하기 위한 조건으로 옳지 않은 것은?</td></tr>
<tr><td>① 상호배제(Mutual Exclusion)
② 선점(Preemption)
③ 소유하고 대기(Hold and Wait)
④ 환형대기(Circular Wait)</td></tr>
</table>

카테고리	데이터베이스>데이터베이스 특징	난이도	중
		답	②

[문제풀이]

– 교착상태(Deadlock)의 개념

1) 하나 또는 둘 이상의 프로세스가 더 이상 계속할 수 없는 어떤 특정 사건을 기다리고 있는 상태를 말한다.
2) 특정 사건이란, 자원의 할당과 해제를 의미한다.
3) 둘 이상의 서로 다른 프로세스가 자신이 요구한 자원을 할당받아 점유하고 있으면서, 상호 간에 상대방 프로세스에 할당되어 있는 자원을 요구하는 경우를 말한다.

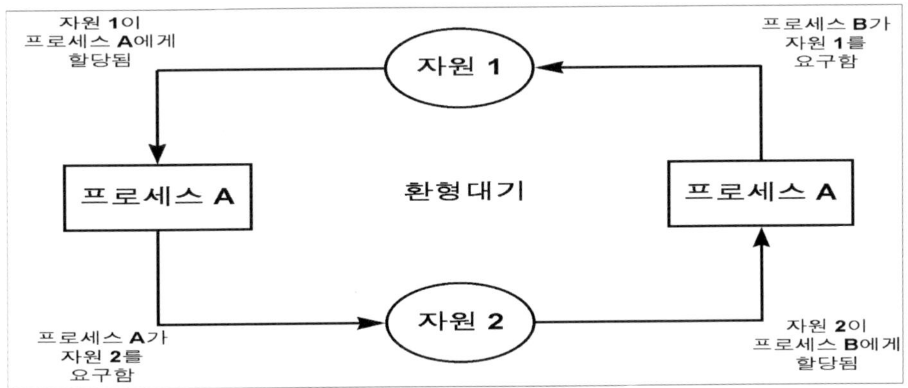

[교착상태의 조건]

조건	상세 내용
상호배제 (Mutual Exclusion)	- 프로세서들이 자원을 배타적 점유 - 다른 프로세서들이 자원 사용 불가 - 한 번에 한 프로세스만이 자원 사용 가능
점유와 대기 (Hold and Wait)	- 부분 할당. 다른 종류의 자원을 부가적으로 요구하면서, 이미 어떤 자원을 점유하고 있음
비선점 (Non-preemption)	- 자원들은 그들을 점유하고 있는 프로세스로부터 도중에 해제되지 않음 - 프로세스들 자신이 점유한 자원을 해제할 수 있음
환형 대기 (Circular Wait)	- 프로세스와 자원들이 원형을 이루며, 각 프로세스는 자신에게 할당된 자원을 가지면서, 상대방 프로세스의 자원을 상호 요청하는 경우

시스템 구조 및 보안

문제 76	IPv6는 32비트 주소체계의 IPv4 주소를 128비트 주소체계로 확장함으로써 주소 고갈 문제를 해결할 수 있다. IPv6 장점에 해당되지 않는것은? ① 글로벌 도달가능성(Global Reachability)과 넓어진 주소 공간 ② 효율적인 패킷처리를 위해 더 많은 기능이 추가된 헤더포맷(Header Format) ③ 효율적인 라우팅을 위한 계층적 네트워크 구조 ④ 자동설정(Auto Configuration) 및 플러그앤플레이(Plug & Play)

카테고리	네트워크〉IP Protocol	난이도	중
		답	②

[문제풀이]

[IPv6의 특징]

구 분	특 징
확장된 주소공간	○128비트의 주소공간으로 NAT(Network Address Translation)와 같은 주소 변환기술 불필요 ○ Unicast,Anycast,Multicast 주소 형태 ○ 주소자동생성기능을 지원
새로운 헤더 포맷	○IPv4의 일부 헤더 필드들 삭제하고 확장 헤더들 도입 ➜ 패킷을 중계하는 라우터들의 부하를 줄임 ○ 헤더를 고정 길이로 변경 ➜IPv4의 가변길이 패킷과의 호환을 위해 확장헤더 사용 ○ 패킷 단편화 관련 필드가 삭제 ➜ 라우터의 부담을 줄이고, 네트워크의 효율적인 이용 ○ 체크섬(checksum) 필드 삭제
향상된 서비스 지원	○ 응용 프로그램의 특정 서비스 품질(QoS) ➜실시간 트래픽 및 비실시간 트래픽 구분 ○IPv6 헤더 내에 플로우 레이블(Flow Label)필드 정의 ➜ 트래픽 플로우에 대한 QoS 수행

[클러스터 컴퓨터의 분류]

분류방법	주요 내용
노드 H/W 구성	– PC(COPs), 워크스테이션(COWs), 다중프로세서 클러스터(CLUMPs)
노드 내부 H/W 및 OS	– 동일형 클러스터(Homogeneous Cluster): 유사하드웨어, 동일 OS – 혼합형 클러스터(Heterogeneous Cluster): 노드들이 다른 구조 및 하드웨어 부품들(프로세서 포함)로 구성되며, 서로 다른 OS를 탑재. 미들웨어와 통신 인터페이스의 구현이 더 복잡함
상호연결망	– 개방형 클러스터(Exposed Cluster): 외부 사용자들도 쉽게 접속, 클러스터 노드들이 공공 네트워크(Public Network)에 의해 연결 – 폐쇄형 클러스터(Enclosed Cluster): 외부와 차단되는 클러스터, 주로 사설 네트워크(Private Network)로 연결
노드의 소유권	– 전용 클러스터(Dedicated Cluster): 클러스터 내의 모든 자원들이 공유, 병렬컴퓨팅이 전체 클러스터에 의해 수행 – 비전용 클러스터(Non-dedicated Cluster): 필요 시에만 통합

문제 77	네트워크에 접속된 다수의 컴퓨터들을 통합하여 하나의 거대한 병렬 컴퓨팅 환경을 구축하는 클러스터 컴퓨터 개념이 출현하게 된 동기가 아닌 것은? ① 대부분의 컴퓨터들에서 프로세서들이 연산을 수행하지 않는 유휴 사이클(Idle Cycle)들이 많이 있다. ② 고속의 네트워크가 개발됨으로써 컴퓨터들 간의 통신 시간이 줄어들게 되었다. ③ 슈퍼컴퓨터 및 고성능 서버의 가격이 점점 낮아지고 있다. ④ 컴퓨터 주요 부품들의 고속화 및 고집적화로 인하여 PC 및 워크스테이션들의 성능이 크게 향상되었다.

카테고리	컴퓨터 구조>컴퓨터 아키텍처	난이도	중
		답	③

[문제풀이]

– 클러스터 컴퓨터(Cluster Computer): 독립적인 컴퓨터들이 네트워크를 통하여 상호 연결되어 하나의 통합된 컴퓨팅 자원으로 동작하는 병렬처리 혹은 분산처리 시스템의 한 형태이다.

– 클러스터 컴퓨터의 등장배경

1) 대부분 컴퓨터들에서 프로세서들이 연산을 수행하지 않는 다수의 유휴 사이클(Idle Cycle) 존재한다.

2) 고속 네트워크가 개발됨으로써 컴퓨터들 간의 통신 시간이 현저히 줄어들게 되었다.

3) 컴퓨터의 주요 부품들(프로세서, 기억장치, 등)의 고속화 및 고집적화로 인하여 PC 및 워크스테이션들의 성능이 크게 높아졌다.

4) 슈퍼컴퓨터 혹은 고성능 서버의 가격이 여전히 매우 높다.

[클러스터 컴퓨터의 구조]

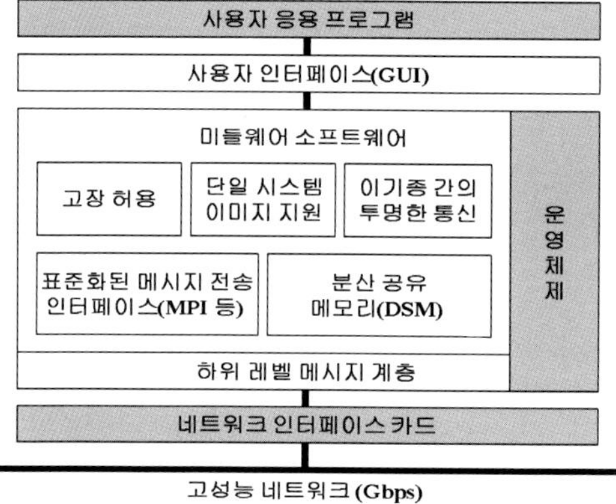

- 노드: 기억장치, I/O 장치, OS를 가진 단일프로세서 시스템 혹은 다중 프로세서 시스템
- 다수의 독립적인 컴퓨터들을 상호 연결하여 구성, 사용자에게는 단일 시스템으로 보이게 한다.
- 클러스터 컴퓨터의 구성요소
1) 노드 컴퓨터들(PC, 워크스테이션, 혹은 SMP)
2) 운영체제(OS), 통신 소프트웨어, 직렬, 병렬 혹은 분산 응용들
3) 클러스터 미들웨어(단일 시스템 이미지 및 시스템 가용성 지원)
4) 고속 네트워크, 네트워크 인터페이스 하드웨어

[클러스터 컴퓨터 스케줄링 알고리즘]

알고리즘	주요 내용
라운드 로빈 스케줄링	- 모든 상황을 무시하고 단순하게 요청을 전달해주는 형태 - 서버의 사양이 동일, 같은 네트워크 상에서 가장 단순하고 효율적임
가중치 기반 라운드 로빈 스케줄링	- 특정 서버에 가중치를 부여, 특정한 요청을 더 많이 전달 - 실제 서버들 사이에 동적인 부하 불균형이 생길 수 있음
최소 접속 스케줄링	- 가장 접속이 적은 서버로 요청을 직접 연결하는 방식 - 동적인 스케줄링 알고리즘 중의 하나임 - 접속 부하가 큰 경우에도 효과적으로 분산을 수행함
가중치 기반 최소 접속 스케줄링	- 최소 접속 스케줄링의 한 부분, 각각의 실제 서버에 가중치를 부여 - 가중치의 비율인 실제 접속자 수에 따라 네트워크 접속이 할당됨

- 클러스터 컴퓨터의 효과
1) 단일 시스템 이미지 사용으로 인한 기대효과
- 사용자는 자신의 프로그램이 어느 노드에서 실행되는지 알 필요 없게 해줌
- 시스템 운영자 또는 사용자로 하여금 특정자원의 위치를 알 필요 없게 해줌
- 중앙집중식 또는 분산식 시스템 관리 가능
- 시스템 관리의 단순화, 여러 자원들에 미치는 동작들이 하나의 명령에 의해 수행 가능
2) 시스템 가용성 측면 기대효과
- 체크포인팅: 결함 발생 대비 정기적으로 중간 결과들을 저장
- 자동페일오버: 어떤 노드에 결함이 발생하면, 다른 노드가 대신 수행
- Failback: 노드의 결함이 복구되면, 원래 노드로 작업 수행을 복원

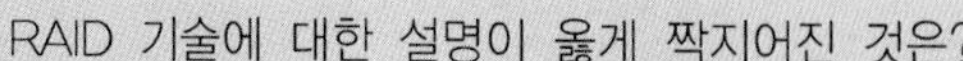

문제 78	RAID 기술에 대한 설명이 옳게 짝지어진 것은? 가. RAID-1은 디스크 미러링(Mirroring) 방식이라고도 부르며, 데이터디스크에 저장된 모든 데이터들은 미러 디스크에도 복사된다. 나. RAID-2와 RAID-3은 오류 검출을 위하여 해밍코드(Hamming Code)를 사용한다. 다. RAID-1, RAID-2와 RAID-3은 데이터가 비트 단위로 분산 저장되며, RAID-4와 RAID-5는 블록 단위로 분산 저장된다. 라. RAID-5는 RAID-4와 기본적인 설계개념은 동일 하나, RAID-4와는 달리 패리티(Parity) 블록들을 모든 디스크에 분산 저장하여 패리티 디스크에 대한 병목현상을 완화시켰다. ① 가, 라 ② 나, 라 ③ 가, 나 ④ 다, 라

카테고리	컴퓨터 구조>디스크>RAID	난이도	중
		답	①

[문제풀이]

[**RAID**의 종류별 특징]

RAID Type	데이터 보호 방법	장애 시 복구	저장방식
0	없음(스트라이핑)	없음	블록 단위
1	미러링	가능	블록 단위
2	ECC(해밍코드)	없음	Bit 단위
3	패리티 디스크	가능	Byte 단위
4	패리티 디스크	가능	블록 단위
5	분산 패리티	가능	블록 단위

문제 79	다음 중 J2ME(Java 2Micro Edition)와 관련된 설명으로 옳은 것은? ① J2ME는 일반적인 데스크톱 애플리케이션 개발을 위한 플랫폼이다. ② J2ME 응용프로그램 실행을 위해 최적화된 버츄얼 머신(Virtual Machine)은 JVM(Java Virtual Machine)이다. ③ J2ME는 WAP(Wireless Access Protocol)을 지원하기 위한 것으로서, NTT DoCoMo의i-MODE는 지원하지 않는다. ④ CLDC(Connected Limited Device Configuration)는 J2ME Configuration Layer의 핵심 요소 중 하나이다.

카테고리	시스템 구조〉JAVA	난이도	중
		답	④

[문제풀이]

[J2ME]

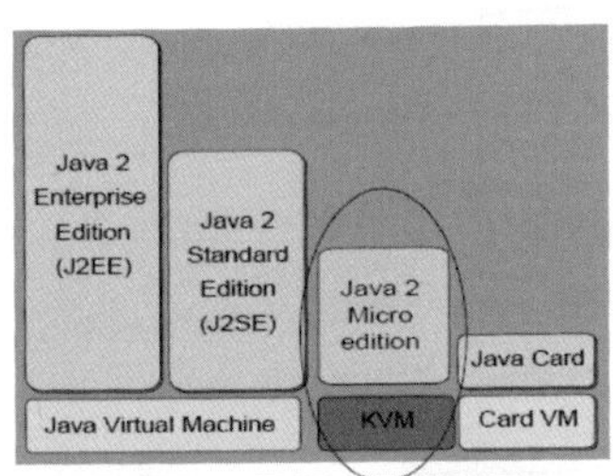

[J2ME의 구성요소]

Layer	구성요소	설명
Configuration	개념	– 모든 디바이스에서 개발자들이나 CP들이 개발 가능한 Java 라이브러리와 VM들을 제공, Configuration은 제한된 디바이스를 위한 최소한의 Java Platform
	CDC	– Connected Device Configuration – 공용의 고정된 단말기, 이 장치들은 일반적으로 다양한 사용자 인터페이스 및 2~16MB의 메모리 32비트 이상의 CPU를 가지고 있고, 대부분 TCP/IP를 이용하는 고대역폭의 네트워크에 지속적으로 연결되어 있음(TV 셋톱 박스, 인터넷 TV, 인터넷폰, 고급 통신 장비, 자동차용 내비게이션 시스템 등)
	CLDC	– Connected Limited Device Configuration – 개인용 이동 단말기라고 할 수 있음, 이 장치들은 간단한 사용자 인터페이스, 128KB에서 1MB 메모리, 16 또는 32비트 CPU를 가지고 있으며 일반적으로 TCP/IP를 이용하지 않는 저대역폭의 비지속적인 네트워크를 사용한다(휴대폰, 양방향 무선 호출기, Palm OS를 사용하는 PDA 등).

Profile	개념	– 특정 디바이스에 따라 Configuration에 추가되는 Java base의 API의 집합 – 예: 휴대폰의 숫자버튼과 통화버튼, LCD 등의 인터페이스
	MIDP	– 모바일(휴대폰)을 위해 정의된 프로필
	MIDPlet	– CLDP/MIDP에서 돌아가는 응용 프로그램
VM	KVM	– Kilo Virtual Machine – KVM은 CLDC를 위해 축소된 가상 머신임

| 문제 80 | 다음 XML DTD(Document Type Definition)와 스키마(Schema)에 대한 비교 설명 중 옳은 것은?

① XML DTD와 스키마는 두 가지 모두 XML문법으로 작성된다.
② 지원 가능한 데이터 타입이 두 가지 모두 동일하다.
③ 두 가지 모두 XML 문서 안의 데이터 구조를 표현하는 규칙들의 집합이다.
④ DTD는 스키마에 비하여 항목 간의 관계를 보다 명시적으로 표현할 수 있다. |

카테고리	시스템 구조>XML	난이도	중
		답	③

[문제풀이]

[XML의 구성요소]

구성요소	세부 내용	특징
DTD (Document Type Definition)	– XML 문서의 형태를 일관된 구조로 정의하는 문서 – XML 문서에 대한 논리, 물리적 구조 정의 – XML 유효성 검증을 위해 필요	– 반복정의 가능: 태그의 중첩 – 순서 정의(N회 반복)
XML 스키마	– DTD보다 강력한 문서구조, 내용, 의미 지원 – 스키마 자체가 XML문법을 따름	– 사용자 정의형식 – 다양한 반복형식(최대, 최소)
XML Namespace	– DTD가 하나 이상의 XML문서를 참조 시 각 DTD를 위한 고유의 Namespace를 정의(각각의 DTD 식별)	– URI 형식

| XSL | – XML문서의 스타일 정보를 기술하기
  위한 표준어로 사용
– 다양한 출력형식(HTML, WAP, PDF)
  을 정의하기 위한 포맷을 정의 | – XSLT: 입력된 XML문서를 원하는
  출력구조로 변환 |
| XLL | – eXtensible Linking Language
– XML요소 간의 연결 및 관계를 표시 | – XLINK: Hyper Link의 인식과 처리
– Xpointer: XML 문서 내의 요소 주소 |

[DTD와 XML Schema의 차이점]

```
<students>                          student.xml
  <student>
    <sno> s100</sno>
    <name> 고소영 </name>
    <age> 26 </age>
    <phone>02-123-8989</phone>
    <address> 서울 한남동 </address>
  </student>
</students>
```

```
                                    student.dtd
<!ELEMENT students (student)*>
<!ELEMENT student (sno,name,age,phone,address)>
<!ELEMENT sno (#PCDATA)>
<!ELEMENT name (#PCDATA)>
<!ELEMENT age (#PCDATA)>
<!ELEMENT phone (#PCDATA)>
<!ELEMENT address (#PCDATA)>
```

```
<xsd:schema xmlns:xsd="http://www.w3.org/2001/XMLSchema">    student.xsd
 <xsd:element name="student">
 <xsd:complexType>
  <xsd:sequence>
   <xsd:element name="sno" type="xsd:string"/>
   <xsd:element name="name" type="xsd:string"/>
   <xsd:element name="age" type="xsd:string"/>
   <xsd:element name="phone" type="xsd:string"/>
   <xsd:element name="address" type="xsd:string"/>
  </xsd:sequence>
 </xsd:complexType>
 </xsd:element>
</xsd:schema>
```

구성요소	주요 내용
DTD	– XML 문법이 아닌 EBNF 문법사용, 제한적인 데이터 타입 지원 – 문서의 내용을 정확하기 표현하기가 어렵고 재사용성과 확장성이 떨어짐
XML 스키마	– XML 문법과 동일해서 별도로 익힐 필요가 없음 – 다양한 데이터 타입 및 사용자 정의 데이터 타입 지원 – 높은 확장성 및 재사용성 – Namespace

문제 81	다음 데이터 비트열 '1010'을 해밍코드(Hamming Code)하고자 한다. 이를 짝수 패리티 계산을 적용하여 해밍코드를 구현했을 때 바르게 작성된 것을 고르시오. ① 1010010 ② 1011010 ③ 1010000 ④ 1010011

카테고리	시스템 구조〉코드〉해밍코드	난이도	중
		답	①, ②

[문제풀이]

− 해밍코드

1) 해밍코드의 비트 수: 정보 비트의 수가 m개이라면 패리티 비트수 p는 2p≧m+p+1 관계에 의해 결정된다.

2) 패리티 비트의 위치: 해밍 코드의 왼쪽부터 1, 2, 4, 8, 2n번 자리에 놓는다(n = 0, 1, 2, 3).

3) 패리티 체크(Parity Check)

- 데이터의 한 단위를 표시하는 비트들 중 "1"의 개수를 반드시 짝수 또는 홀수 개가 되도록 구성하고, 데이터 전송 후에 "1"의 개수가 달라지면 오류로 판단하는 방식
- 짝수 패리티(Even Parity): 1의 비트 수가 짝수 개가 되도록 정하는 방식
- 홀수 패리티(Odd Parity): 1의 비트 수가 홀수 개가 되도록 정하는 방식
- 패리티 비트(Paritey Bit): 1의 비트 수를 짝수 개 또는 홀수 개로 만들기 위해서 추가하는 비트

4) 해밍코드 구성 방법

- 7 비트 해밍코드에 대해 짝수 패리티를 수행한다고 했을 경우 각 패리티 비트에 다음과 같은 패리티 체크를 수행하여 "1" 또는 "0"을 할당한다.
- P1: 1, 3, 5, 7비트 자리에 대해 짝수 패리티 체크를 수행
- P2: 2, 3, 6, 7비트 자리에 대해 짝수 패리티 체크를 수행
- P3: 4, 5, 6, 7비트 자리에 대해 짝수 패리티 체크를 수행

− 문제의 경우 정보 비트 수가 4이므로 패리티 비트 수는 3이 되고, 다음과 같이 1, 2, 4번 자리에 패리티 비트가 위치하게 된다(P가 패리티).

− 또 다른 방법은 패리티를 왼쪽이 아닌 오른쪽에서부터 계산을 하고 1의 값이 있는 위치를 각각 구한 다음 그 값들을 세로로 XOR 연산하는 방법이 있다.

− 위의 예를 이용해서 계산해보면,

1, 0, 1, P3, 0, P2, P1 → 1이 있는 위치가 7번째 자리, 5번째 자리이다.

7: 1 1 1 (7의 이진수)
5: 1 0 1 (5의 이진수)
parity: 0 1 0 ← 이 값을 P3, P2, P1에 넣어주면 된다.

방법1	비트표시	P1 (1,3,5,7)	P2 (2,3,6,7)	M1	P3 (4,5,6,7)	M2	M3	M4
	결과1	1	0	1	1	0	1	0
방법2	비트표시	M4	M3	M2	P3	M1	P2	P1
	결과2	1	0	1	0	0	1	0

– 해밍코드 에러검출 및 정정방법

해밍 코드를 이용하여 에러 검출 및 정정을 위해서는 각 패리티 비트에 대한 체크를 수행하여 오류가 없으면 0, 오류가 있으면 1을 기록한다.

(예) 원래의 코드가 0011001이고, 짝수 패리티를 수행한다고 했을 때, 전송 후 에러가 발생하여 0010001이 수신되었다고 가정하자.

비트 표시	P_1	P_2	M_1	P_3	M_2	M_3	M_4
비트 자리	1	2	3	4	5	6	7
수신 비트	0	0	1	0	0	0	1

P_1은 비트 자리 1, 3, 5, 7을 점검하여 두 개의 1이 있으므로 오류가 없고, 따라서 0이 된다.

P_2는 비트 자리 2, 3, 6, 7을 점검하여 두 개의 1이 있으므로 오류가 없고, 따라서 0이 된다.

P_3는 비트 자리 4, 5, 6, 7을 점검하여 한 개의 1이 있으므로 오류가 발생하였고, 따라서 1이 된다.

결과적으로 만들어 진 2진 숫자는 $P_3P_2P_1$ 자리 순으로 하면 100이 되고, 이 값에 따라 네 번째 자리에 오류가 발생 하였음을 알 수 있다.

문제 82	SDRAM((Synchronous DRAM)의 설명 중 잘못된 것은? ① 버스 클럭에 동기화되어 정보가 전송된다. ② DDR(Double Data Rate) SDRAM은 클릭의 상승엣지(Rising Edge) 뿐 아니라 하강 엣지(Falling Edge)에서도 데이터를 전송한다 ③ CPU는 시스템버스를 통하여 주소와 읽기 신호를 보낸 다음, 액세스가 진행되는 동안 대기 상태가 된다. ④ DDR 기술을 이용하면 SDR(Single Data Rate) 기술에 비해, SDRAM 의 내부 액세스 속도 개선 없이도 CPU와 메모리 간의 데이터 전송량 을 증가시킬 수 있다.

카테고리	컴퓨터 구조〉RAM	난이도	중
		답	③

[문제풀이]

[SDRAM(Synchronous DRAM)]
- DRAM의 발전된 형태이다.
- 클럭 속도가 CPU와 동기화된 동기식 DRAM을 의미한다.
- 동기화는 주어진 시간 내 프로세서가 수행할 수 있는 명령어 개수를 증가시킨다.
- 프로세서가 명령과 주소를 DRAM으로 보내게 되면 DRAM은 그 정보를 래치(Latch)
- DRAM은 일정 클럭 사이클 후에 응답한다.
- 그동안 프로세서는 다른 일을 수행한다.
- 일정 클럭 후에 프로세서는 첫 번째 데이터를 받게 되며, 그 후부터 데이터가 연속적으로 출력된다(Burst Mode).

[DDR-SDRAM(Double Data Rate-SDRAM)]
- SDRAM은 클럭과 동기화되어 클럭이 한 번 동작할 때마다 1개의 데이터를 전송한다.
- DDR-SDRAM은 클럭의 값이 0→1(Rising Edge), 1→0(Falling Edge)으로 바뀌는 순간에 1개씩 데이터를 전송하므로, 1개의 클럭 신호에 2개의 데이터를 전송하게 되어 SDRAM에 비해 두 배의 데이터를 전송할 수 있다.

문제 83	임베디드 시스템에서는 커널을 메모리에 로드하여 실행하는 대신 플래시 메모리에서 직접 수행한다. 이와 같이 임베디드시스템의 제한된 메모리 자원을 극복할 수 있도록 지원하는 기술은? ① XIP(eXecutionIn Place) ② MMU(Memory Management Unit) ③ TCM(Tightly Coupled Memory) ④ MPU(Memory Protection Unit)

카테고리	컴퓨터 구조>RAM	난이도	중
		답	①

[문제풀이]

– XIP(eXecution–In–Place): 임베디드 시스템에서 워드 단위의 개별적인 접근이 가능하며 Random Access에 적합한 입출력 인터페이스를 제공하는 NOR Flash Memory에 저장된 프로그램을 직접 접근하여 실행하는 기능이다.

문제 84	CDMA 이동 통신시스템에서는 통화 중 통화 단절을 방지하기 위하여 핸드오프 기능을 이용한다. 도심의 기지국은 3개의 섹터로 구성하며, 각 섹터는 동일주파수의 하드웨어로 구성되는데, 한 기지국의 두 섹터 간 통화가 연결될 수 있도록 하는 핸드오프 기능은? ① 소프트 핸드오프(Soft Handoff) ② 소프터 핸드오프(Softer Handoff) ③ 주파수 간 하드 핸드오프(Frequency Hard Handoff) ④ 교환기 간 하드 핸드오프(MSC Hard Handoff)

카테고리	네트워크>핸드오프	난이도	중
		답	②

[문제풀이]

– 핸드오프란 통화 중 기지국과 기지국 사이를 이동하는 이동국(이동전화 가입자)의 통화가 단절되지 않고 현 통화채널을 다른 무선 구역의 통화 채널로 자동적으로 전환해 줌으로써 통화가 원활하게 유지되도록 하는 기능이다.
– 핸드오프에는 아래 3가지가 있다.
1) 소프트 핸드오프(Soft Hand–Off)

- 통화 중 기지국과 기지국 간 이동 시에도 통화에 아무런 영향이 없도록 해주는 핸드오프 방식
- 복수의 기지국 신호를 동시에 잡는 중간 과정을 거쳐 통화를 연결시켜 주는 방식으로서 "Connect before Break"라고 한다.
- 이러한 핸드오프는 복수의 기지국이 같은 주파수일 때만 가능하다.
- 각각 다른 쪽 기지국에서 오는 신호를 별도로 복조하는 Finger라는 이동국 복조기에 의해 가능한데, 보통 3개의 기지국과 핸드오프가 가능하다.

2) 소프터 핸드오프(Softer Hand-Off)
- 같은 기지국의 섹터 간 전파가 겹치는 지역에서 2개의 섹터를 통하여 통화가 이루어지는 과정으로 소프트 핸드오프 방식과 유사한 절차를 따른다(단, 3개 섹터 동시 핸드오프는 불가능함).
- 소프터 핸드오프에서 최종적인 변·복조 과정은 동일한 변·복조기 Chip 내에서 처리되므로 매우 안정적으로 핸드오프가 이루어진다.

3) 하드 핸드오프(Hard Hand-Off)
- 통화 중 기지국 간 이동 시, 순간적인 통화 단절이 발생하지만, 통화에 지장을 느끼지 못하는 순간에 다음 기지국으로 통화를 다시 연결시켜 주는 핸드오프 방식으로, "Connect After Break"라고도 한다.
- 순간적인 통화 단절을 동반하므로 성공률이 소프트 핸드오프보다 낮다.
- 종류
1) 교환기 간 핸드오프
2) 주파수 간 핸드오프
- Pilot Beacon 방식
- Common FA(DAHO: Data Assisted Hand-Off) 방식
- 교환기 간 핸드오프는 각 교환기 간에 충분히 연동이 이루어지지 않을 때, 주파수가 같더라도 순간적인 통화의 단절과 재연결이 발생하는 방식이다.
- 주파수 간 핸드오프는 이동국이 동시에 한 개의 주파수만을 처리하는 하드웨어로 구성되어 있기 때문에, 기지국 간 주파수가 다른 경우 기지국 경계에서 순간적으로(약 20~30ms) 이동국 주파수를 변경하는 작업이 필요하기 때문에 발생한다.
- 주파수 간 핸드오프를 이동국이 수행하기 위해서는 상대 기지국에 Pilot Beacon 송신기 설치가 필요하거나, 소프트웨어 방식(Common FA, DAHO)으로 핸드오프 시점을 이동국이 결정할 필요가 있다.

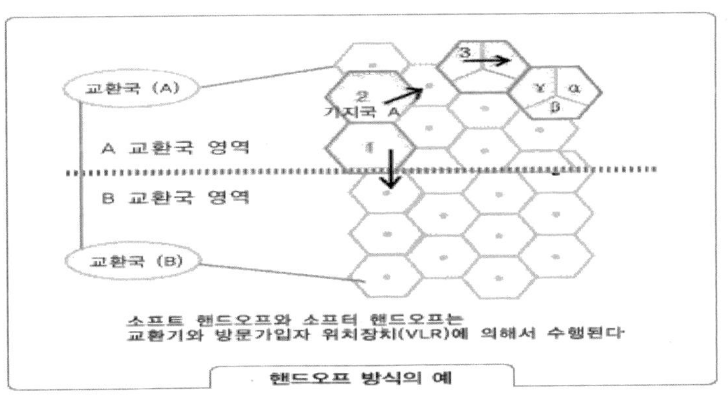

		난이도	중

<table>
<tr><td rowspan="2">문제 85</td><td colspan="2">Shannon의 채널용량이론은 전송률을 나타내는 채널용량, 전송에 이용되는 대역폭, 그리고 신호대 잡음비(SNR) 간의 관계를 규정하고 있다. 다음 중 각각의 관계에 대하여 맞게 설명한 것은?

① 대역폭이 증가하면 채널 용량은 감소하게 된다.
② 신호대 잡음비가 증가하면 일차 함수 형태로 채널 용량이 증가하게 된다.
③ 채널 용량은 대역폭이 증가하면 일차 함수 형태로 증가한다.
④ 채널용량과 신호대 잡음비는 관계가 없다.</td></tr>
</table>

카테고리	네트워크〉CDMA	난이도	중
		답	③

[문제풀이]

– Shannon 정리

1) 채널용량은 채널모델 및 전송제약조건(예: 전력제한 등)이 주어진 상태에서, 신뢰성 있는 통신이 가능한 최고 전송률을 말한다.

2) Shannon 정리는 정보의 측정(정보량) 및 전송제약사항(채널용량)에 대한 이론을 제시한다.

3) 정보이론이라는 학문분야의 시초가 되었다.

4) Shannon(섀넌, 1948)은 채널용량을 다음의 공식으로 표현했다. $C = W \log_2 (1+S/N)$
여기서, C: 채널용량, W: 대역폭, S: 신호전력, N: 잡음전력, S/N: 신호 대 잡음비

* 일명, Shannon–Hartley 정리라고도 하는데 하트리(1928)가 기초예비작업을 하고, 섀넌(1948)이 정확하게 유도했기 때문이다.

– 위의 채널용량에 대한 공식이 의미하는 바는,

1) 잡음이 없다면 ($N \to 0$, $S/N \to \infty$)

2) 임의 대역폭에서도 채널 용량을 거의 무한으로 할 수 있으나, 잡음이 있다면
   (N→∞, S/N→0),
3) 대역폭을 아무리 증가시켜도 채널 용량을 크게 할 수가 없다는 것을 의미
- 의의
1) 채널용량에 대한 Shannon의 증명은 채널 용량 C에 도달하는 방법을 제공하는 것이
   아니라, 이론적 한계치를 제시하는 것이다.
2) 즉, '잡음이 존재하는 곳에서 신뢰할 만한 통신'이라는 이론적 한계치를 제시한다는 뜻
   이다.

| 문제 86 | SAN으로 구성된 중소형 스토리지가 복제 솔루션을 가지고 있지 않은 기관에서 재해복구 시스템을 구축하고자 한다. 다음 중 복제 방안이 아닌 것은?

① 동일 기관에 복제 솔루션을 가지고 있는 대형 스토리지를 운영하고 있을 경우, 대형 스토리지로 데이터를 전환하여 복제한다.
② 중소형 스토리지를 가상화 스토리지로 통합한 후 복제솔루션을 구축한다.
③ 서버의 버퍼 볼륨을 사용하여 IP 네트워크를 통해 복제한다.
④ 중소형 스토리지를 구성하고 있는 SAN을 MSPP(Multi-Service Provisioning Platform)에 연결하여 복제한다. |

카테고리	컴퓨터 구조>스토리지	난이도	중
		답	④

[문제풀이]

- MSPP(MSPP(Multi Service Provisioning Platform) 개념
1) TDM 및 이더넷 그리고 직렬 데이터통신 등의 다양한 데이터들을 처리하고 전송하는
   차세대 광전송 장치
2) 특히 이더넷 프레임은 EoS(Ethernet Over SONET/SDH) 표준에 준하여 전송되며, 동
   적이고 효율적인 대역폭 관리 기능에 의해 제어된다.
3) MSPP 장치는 기존의 음성 전용회선 서비스, 고품질 이더넷 전용회선 서비스, 이더넷
   가상 전용회선 서비스, 이더넷 가상LAN 서비스 등을 제공하고, 이러한 서비스들의 설
   정과 해제 그리고 예외 상황 등의 처리는 단일 운용플랫폼에서 이루어진다.
- 해설: SAN을 MSPP와 별도의 네트워크이므로 MSPP를 통해 SAN을 백업하기 위해서
   는 IP-SAN을 통해서 MSPP에 연결하여 EoS를 통해 데이터 전송이 가능하다.

문제 87	FC SAN(Fiber Channel Storage Area Network)이 기업들에게 많은 이점을 제공하고 있지만, 아직도 해결해야 할 과제들이 많다. 이에 따른 대안으로 나온것이 IP SAN이다. IP SAN의 특징으로 옳지 않은 것은? ① 거리 제한 없이 연결할 수 있다 ② iSCSI(Internet SCSI) 프로토콜을 사용한다. ③ 기가비트 이더넷을 사용하여야 성능을 향상할 수 있다. ④ 서버에서 스토리지에 연결할 때 HBA(Host Bus Adapter)를 사용한다.

카테고리	컴퓨터 구조)스토리지	난이도	중
		답	④

[문제풀이]

– HBA(Host Bus Adapter, FC Card)

1) SAN Server에서 SAN 장비와 연결되는 Port로서 Disk Array와의 접속이 불가능 (Serial Port, Parallel Port, LAN Port, Modem Port 등)
2) Server의 Slot에 특정 Card를 장착 후 접속(PCI, Sbus, cPCI, HSC)
3) SAN용 Disk Array는 Fiber Protocol Type의 Card를 사용하여 접속
4) Server의 OS에서 Fiber Card를 인식하여 외부의 Disk Array를 사용하기 위해서는 Card별의 Driver S/W가 필요
5) Cable과의 접속을 위한 Port의 모양에도 여러 가지가 있다.

– HBA는 SAN에 연결하기 위한 광연결 단자로서 IP SAN에서는 사용하지 않고, 이더넷 카드를 사용한다.

문제 88	다음 중에서 인터넷 주소를 변환 또는 할당하는 프로토콜이 아닌 것은? ① RARP(Reverse Address Resolution Protocol) ② BOOTP(Bootstrap Protocol) ③ DHCP(Dynamic Host Configuration Protocol) ④ HDLC(high– level Data Link Control Protocol)

카테고리	네트워크)Internet Protocol	난이도	중
		답	④

[문제풀이]

[인터넷 주소 변환 프로토콜]

프로토콜	설명
ARP	− 논리주소를 물리 주소로 변경하는 프로토콜 − IP 주소를 MAC 어드레스로 변경
RARP	− 물리주소를 논리 주소로 변경하는 프로토콜 − MAC 어드레스를 IP주소로 변경
BOOTP	− 네트워크 사용자가 자동으로 구성되고(IP 주소를 받게), 사용자의 간여 없이도 부트되는 운영체계를 가지고 있게 해주는 프로토콜 − X 터미널 등과 같이 하드디스크를 갖지 않은 장치의 설정 정보를 자동적으로 할당, 관리하기 위해서 개발
DHCP	− 조직 내의 네트워크 상에서 IP 주소를 중앙에서 관리하고 할당해줄 수 있도록 해주는 프로토콜, BOOTP보다 개선된 프로토콜

− HDLC: 데이터 링크 계층의 전송제어 프로토콜

문제 89	다음은 웹문서에 대한 설명이다. <u>잘못된 것은?</u> ① HTML(Hyper Test Markup Language) 문서는 서버에 저장된 고정 내용(Fixed- Content) 문서이며, 클라이언트가 문서를 요청하면 서버는 그 문서의 복사본을 전송한다. ② ASP(Active Server Pages)는 클라이언트가 문서를 요청하면, 서버는 2진 형태의 프로그램이나 스크립트의 실행 결과를 HTML 문서로 만들어 클라이언트에 전송한다. ③ JSP(Java Server Pages)는 클라이언트가 문서를 요청하면, 서버는 2진 형태의 프로그램이나 스크립트를 클라이언트로 전송하고, 클라이언트는 그 프로그램이나 스크립트를 실행한다. ④ JavaScript 클라이언트가 문서를 요청하면 서버에 저장된 텍스트 형태의 스크립트를 클라이언트로 전송하고, 클라이언트는 그 스크립트를 실행한다.		

카테고리	시스템 구조>JAVA	난이도	중
		답	③

[문제풀이]

− JSP: JSP는 클라이언트가 문서를 요청하면 해당하는 컴파일된(2진 형태의) 자바 서블릿을 서버상에서 수행하고 그 결과를 HTML 형태로 만들어 클라어언트에 전송한다.

<table>
<tr><td rowspan="6">문제 90</td><td>다음과 같은 상황에서 SSTF(Shortest Seek Time First) 스케줄링을 사용하여 모든 요청을 처리했을 때, 총 이동 트랙 수는 얼마인가?</td></tr>
<tr><td>트랙 번호가 0에서 199인 이동 헤드 디스크가 있다. 현재 트랙 143을 서비스하고 있고, 방금 전에 트랙 125의 요청을 끝냈다. 서비스 큐에 있는 서비스 요청 순서는 다음과 같다.
요청순서: 84, 147, 91, 177, 94, 150, 102, 175, 130</td></tr>
<tr><td>① 127</td></tr>
<tr><td>② 166</td></tr>
<tr><td>③ 173</td></tr>
<tr><td>④ 570</td></tr>
</table>

카테고리	컴퓨터 구조〉디스크 스케줄링	난이도	중
		답	②

[문제풀이]

- SSTF
1) 현재 Head 위치에서 가까운 요청 우선 처리
2) 장점: 전반적인 Seek Time 감소시킴
3) 단점: Starvation 현상 발생 가능

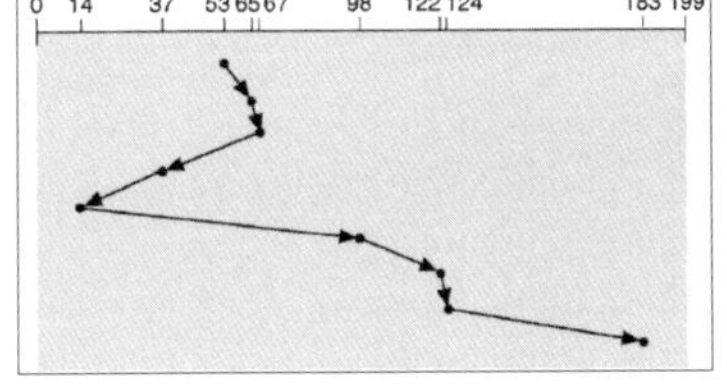

- 예시
1) Queue: 98, 183, 37, 122, 14, 124, 65, 67
2) Head Start: 53

- 문제풀이: 현재 헤드위치가 143이므로 가장 가까운 거리인 147번부터 시작하게 되며 전체 경로는 아래와 같다.

현재 위치	1번째	2번째	3번째	4번째	5번째	6번째	7번째	8번째	9번째	합계
143	147	150	130	102	94	91	84	175	177	
이동거리	4	3	20	28	8	3	7	91	2	166

문제 91	IP 방송(broadcasting) 주소와 IP 스푸핑(Spoofing) 주소, 그리고 핑(Ping)과 에코(Echo)의 특성을 악용한 네트워크 공격으로 공격자는 자신의 IP 주소를 근원지 주소로 사용하지 않고 희생자의 주소를 근원지 주소로 사용하여 목적지로 ICMP 핑메시지를 발송하면, 이 발송된 핑메시지에 대한 엄청난 양의 에코응답이 "희생자"에게로 돌아가게 되어, 희생자가 실제 트래픽을 이용하지 못하게 되는 DoS(Denial of Service) 공격의 형태를 무엇이라 하는가? ① DDoS 공격 ② SYN 공격 ③ Teardrop 공격 ④ Smurf 공격

카테고리	보안〉시스템 취약점	난이도	중
		답	④

[문제풀이]

- DDoS 공격: 많은 수의 호스트들에 패킷을 범람시킬 수 있는 DoS 공격용 프로그램들이 분산 설치되어 이들이 서로 통합된 형태로 타겟 서버(네트워크)에 대하여 일제히 데이터 패킷을 범람시켜 타겟 서버의 성능 저하 및 시스템 마비를 일으키는 공격 기법이다.
- SYN 공격: TCP 패킷의 SYN비트를 이용한 공격 방법이다.
- Teardrop 공격: fragment의 재조합 과정의 취약점 이용한 DOS공격으로 fragment들을 재조합하는 목표시스템의 정지나 재부팅을 유발하는 공격을 말한다.

※ Smurf 공격: IP 특징(Broadcast 주소 방식)과 ICMP 패킷을 이용한 서비스 거부 공격이다.

문제 92	다음은 보안에서 사용되는 대표적인 알고리즘이다. 잘못 연결된 것은? ① 해시 알고리즘: SHA-1 ② 대칭 암호 알고리즘: AES ③ 공개키 암호 알고리즘: RSA ④ 전자서명 알고리즘: RCA

카테고리	보안〉암호화	난이도	중
		답	④

[문제풀이]

- 해시 알고리즘: MD4, MD5, SHA-1, RIPEMD-160, HAS160, SMD, HAVAL
- 대칭암호 알고리즘: 스트림 암호(RC4, SEAL), 블록 암호(DES, 3DES, AES, IDEA, Blowfish, SEED)
- 공개키 암호 알고리즘: DH, RSA, DSA, ECC

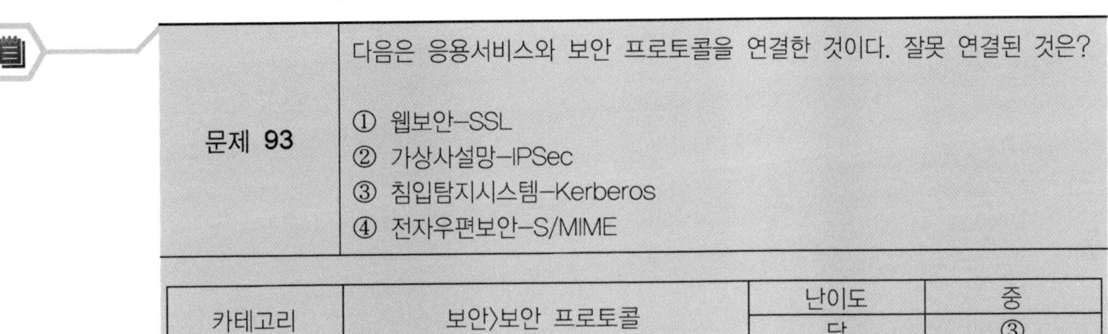

문제 93	다음은 응용서비스와 보안 프로토콜을 연결한 것이다. 잘못 연결된 것은? ① 웹보안–SSL ② 가상사설망–IPSec ③ 침입탐지시스템–Kerberos ④ 전자우편보안–S/MIME		
카테고리	보안>보안 프로토콜	난이도	중
		답	③

[문제풀이]

- SSL: 인터넷상에서 전달되는 정보의 안전한 거래를 보장하기 위해 넷스케이프사가 정한 인터넷 보안 통신 프로토콜
- IPSec: 3계층 Network layer(IP 주소기반)에서 암호화 및 hash 함수를 통한Fingerprinting을 통해 VPN 서비스를 제공하는 보안프로토콜
- S/MIME: RSA에 의하여 제안되었으며, RSA 암호화 시스템을 사용하여 안전한 전자우편 전달을 위한 보안 프로토콜(RFC 1521)

※ Kerberos: 개방 네트워크상에서 인증과 통신의 암호화를 시행하여, 보안성을 확보하기 위한 알고리즘을 말한다.

문제 94	다음 중 보안 프레임워크로서 ISO 27001에서 제시하는 PDCA 모델에 대한 설명에 해당하지 않는 것은? ① 계획(Plan): 보안 위협을 관리하고 정보보호를 위한 보안정책을 수립한다. ② 수행(Do): 수립된 보안 정책을 현재 업무에 적용한다 ③ 점검(Check): 적용된 정책이 실제로 잘 운용되고 있는지 확인한다. ④ 감사(Audit): 정보 보안의 상태를 확인하고 통제한다.

카테고리	보안〉위험관리〉ISO 27001	난이도	중
		답	④

[문제풀이]

- ISO/IEC 27001: 정보보안 경영을 위한 표준으로서 영국에서 제정된 기존 BS7799를 기반으로 2005년 10월 국제 표준화기구인 ISO에서 국제 표준으로 채택 적용하고 있으며, 이는 ISO17799 국제표준인 Information technology에 관한 시스템 실행지침과 ISO/IEC 27001 인증표준으로 구성되어 있다.

| 문제 95 | 다음 중 보안시스템에 대한 설명으로 틀린 것은?

① SSD(Single Sign On): 하나의 시스템에서 인증에 성공하면 등록된 모든 시스템에 대한 인증을 획득하는 방식이다.
② IDS(Intrusion Detection System): 네트워크를 통한 공격을 탐지하는 시스템으로, 침입탐지, 접근권한제어, 인증 등의 기능을 제공한다.
③ IPS(Intrusion Prevention System): 침입탐지시스템과 방화벽의 조합으로 침입탐지 모듈로 패킷을 분석하고 비정상적인 패킷인 경우 차단 모듈에 의해 해당 패킷을 제거하는 기능을 제공한다.
④ DRM(Digital Right Management): 문서열람/편집/인쇄까지의 접근권한을 설정하여 통제하는 기능을 제공한다. | | |

카테고리	보안>네트워크 보안	난이도	중
		답	②

[문제풀이]

– IDS 개념

1) 조직 IT시스템의 기밀성, 무결성, 가용성을 침해하고, 보안정책을 위반하는 침입사건을 사전 또는 사후에 감시, 탐지, 대응하는 보안 시스템
2) 컴퓨터 시스템의 비정상적인 사용, 오용, 남용 등을 실시간으로 탐지하는 시스템

※ IDS는 접근권한제어 및 인증 등의 기능은 수행하지 않는다.

| 문제 96 | 무선 인터넷에서 기밀성, 무결성, 인증 및 부인봉쇄 기능을 제공하는 WTLS(Wireless Transport Layer Security)의 구성요소(프로토콜)에 해당하지 않는 것은?

① Wireless Session Protocol
② Handshake Protocol
③ Change Cipher Spec Protocol
④ Record Protocol | | |

카테고리	보안>네트워크 보안>WTLS	난이도	중
		답	①

[문제풀이]

문제 97	전자서명을 생성 및 검증하는 과정은 다음과 같다. 괄호 안에 들어갈 적절한 용어는? 가. 송신자는 해시 알고리즘을 이용하여 메시지 해시값을 생성한다. 나. 송신자는 (A)를 바탕으로 메시지 해시값을 암호화하여 자신의 서명값을 생성한다. 다. 송신자는 메시지와 서명값을 수신자에게 전송한다. 라. 수신자는 받은 메시지를 해싱하여 해시값 1을 생성한다. 마. 수신자는 받은 서명값을 (B)를 바탕으로 복호화하여 해시값 2를 생성한다. 바. 수신자는 해시값 1과 해시값 2를 비교하여 서명을 검증한다. ① A: 송신자의 개인키, B: 수신자의 공개키 ② A: 송신자의 개인키, B: 송신자의 공개키 ③ A: 수신자의 개인키, B: 수신자의 공개키 ④ A: 수신자의 개인키, B: 송신자의 공개키

카테고리	보안〉암호화〉전자서명	난이도	중
		답	②

[문제풀이]

※ 전자서명은 개인키와 이에 대응되는 공개키로 구성된 공개키 기반구조에서 이뤄지며, 개인키는 개인이 예금통장의 비밀번호처럼 보관·사용하고 공개키는 누구나 알 수 있게 공개된다. 이에 따라 송신자가 전자문서에 개인키(비밀키)로 전자문서에 디지털 서명을 부착해 송신하면 수신자는 송신자의 공개키(서명검증키)를 이용해 송신자의 전자서명을 검증한다.

문제 98	다음 중 생체인식에서 사용하는 인증방식은? ① 당신이 알고 있는 것(Something you know) ② 당신이 휴대하고 있는 것(Something you have) ③ 당신 모습 자체(Something you are) ④ 당신이 생각하고 있는 것(Something you think)

카테고리	보안>접근통제>생체인식	난이도	중
		답	③

[문제풀이]

※ 개인의 평생불변과 만인부동의 특성을 갖는 신체적, 행동적 특징을 자동화된 수단으로 등록 시 제시한 정보
와 패턴비교(검증) 및 판단(식별)하는 기술로서 알고 있는 것이나, 휴대하고 있는 것이나 생각하고 있는 것이
아닌 당신 모습 그 자체를 활용한 인증방식이다.

문제 99	일회용 패드(One Time Pad)에 대한 설명 중 틀린 것은? ① 평문과 랜덤(Random)한 비트열과의 XOR만을 취하는 단순한 암호기법이다. ② 과거에 사용한 랜덤한 비트열의 키를 재사용할 수 있어 실용적이다. ③ 일회용 패드가 해독 불가능하다는 것은 Shannon에 의해 수학적으로 증명되었다. ④ 일회용 패드의 아이디어는 스트림 암호에 활용되고 있으며, 의사 난수 생성기 등을 사용하여 강력한 암호를 구축할 수 있다.

카테고리	보안>암호화>일회용 패스워드(OTP)	난이도	중
		답	②

[문제풀이]

- 일회용 패드/암호(One Time Pad): 이 암호는 1917년 미국 AT&T 회사의 엔지니어인
버냄이 처음 사용했으며, 각 문자는 출현 빈도가 모두 같은 것을 사용하고, 평문은 길이
와 비밀키의 길이가 같은 n개의 임의의 문자열로 이루어져 있다.
- 스트림 암호(Stream Ciper)란 2진법의 평문과 2진법의 비밀키를 블록암호와 달리 각
비트마다 XOR 연산하여 암호문을 얻고, 복호화는 암호문의 각 비트마다 비밀키의 각

비트를 XOR 연산을 하여 평문을 구하는 암호 시스템이다.

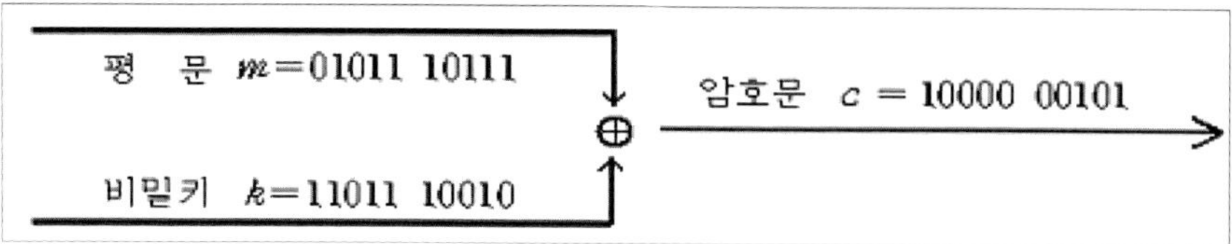

※ 여기서 사용되는 비밀키는 송신자와 수신자가 모두 공유해야 할 뿐만 아니라 한번 사용한 비밀키는 다시 사용해선 안 된다.

문제 100	다음은 웹을 사용할 때 나타날 수 있는 여러 보안 위협의 유형을 나열해 놓은 것이다. 연결이 잘못된 것은?

		위협	피해사항
①	무결성	사용자 데이터 변경	정보의 훼손
②	기밀성	서버에서 정보 엿보기 클라이언트에서 데이터 엿보기	정보의 노출
③	서비스거부	사용자 쓰레드(Thread) 삭제하기 DNS공격을 통한 서비스 고립화	정보의 손실
④	인증	합법적 사용자로 위장하기	사용자 식별 오류

카테고리	보안>보안 취약점	난이도	중
		답	③

[문제풀이]

보안목표	위협(Threat)	상세 내용
가용성 (Availability)	방애 (Interruption)	송신자의 데이터가 수신자에게 전달되지 못하도록 중간에서 아드웨어나 소프트웨어를 파괴하거나 네트워크를 단절 및 전송중인 패킷 변조
기밀성 (Confidentiality)	가로채기 (Interception)	통신서로를 도청하거나 패킷을 스니핑하여 송수신자간의 데이터를 가로채서 권안이 없는 사람이 그 내용을 보는 것
무결성 (Integrity)	불법수정/변조 (Modification)	송신자의 데이터를 중간에서 변조하여 수신자에게 전송, 수신자는 잘못된 정보를 받거나 악의적인 행위를 하는 코드를 내장한 파일을 실행
인증성 (Authenticity)	위조 (Fabrication)	악의가 있는 송신자가 인증된 사용자로 가장하여 수신자에게 데이터 전송

정보시스템감리사
Final Check

www.serigamrisa.com

1. 실전 모의고사 및 풀이 1편

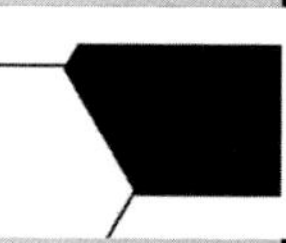

사업관리 및 감리

문제 1	정보시스템 감리관점별 점검기준은 감리시행시 중점적으로 검토하는 영역에 대한 품질기준이기도 하는데, 감리관점 중 절차의 감리관점 점검 기준이라고 볼 수 없는 것은? ① 계획 적정성 ② 절차 적정성 ③ 준수성 ④ 안정성

카테고리	감리>감리점검기준	난이도	하
출제횟수		답	④

[문제풀이]

– 감리관점별 점검기준은 절차, 산출물, 성과 3개의 축으로 점검을 한다.

4.1.2 감리 관점별 점검기준

감리관점		점검기준
절차 (Process)	사업에 대한 각종 관리활동 및 구축/운영 계획 및 절차의 수립과 준수여부의 적정성을 검토	계획 적정성
		절차 적정성
		준수성
산출물 (Product)	적정한 구축/운영 절차를 통하여 생산된 각종 문서, 시스템, 서비스 등에 대한 적정성을 검토	기능성
		무결성
		편의성
		안정성
		보안성
		효율성
		준거성
		일관성
성과 (Performance)	궁극적인 사업의 성과목표 및 기대효과의 달성가능성 및 달성여부에 대한 검토	실현성
		충족성

[출처 : 정보시스템감리점검해설서v3.0, 한국정보사회진흥원]

| 문제 2 | 정보시스템 감리절차 및 이해당사자별 역할에 대한 설명 중 틀린 것은?

① 감리용역을 발주하는 공공기관, 감리업무를 수행하는 감리법인, 감리를 수감하는 사업자(피감리인)로 구분할 수 있다.
② 감리계약의 경우에는 독립성의 확보를 위하여 감리법인과 사업자(피감리인) 간에 체결하여야 한다.
③ 감리법인은 통상적으로 종료회의 이후에도 최종 감리보고서가 제출되기 이전에는 감리 발주기관 및 사업자가 제시하는 이견 및 근거자료에 타당상이 있는 경우 감리보고서를 수정할 수 있다.
④ 조치확인은 제3자적인 입장에서 객관적으로 수행한다. |

카테고리	감리>감리절차	난이도	하
출제횟수		답	②

[문제풀이]

– ②번 감리계약의 경우에는 독립성의 확보를 위하여 감리법인과 사업자(피감리인) 간에 체결은 절대 안 된다.

제4조 감리계약 체결
제4조(감리계약 체결) ①감리법인은 감리 대상사업 또는 피감리인에 대한 독립성을 확보하여야 하며, 피감리인과 감리계약을 체결하여서는 아니 된다. ②제1항에 따라 감리계약을 체결하고자 하는 경우에는 「국가를 당사자로 하는 계약에 관한 법률시행령」 제43조의2에 따라 "협상에 의한 계약체결 방법"을 우선적으로 적용할 수 있다. ③발주기관은 특별한 사유가 없는 한, 감리대상 사업의 계약이 완료된 이후 바로 감리계약을 추진하여야 한다.

주의사항 또는 원칙	의미
① 감리 계약은 공공기관과 감리법인 간에 체결	▶ 독립성 확보를 위하여 피감리인(사업자)과 감리법인 간의 계약 금지
② 협상에 의한 계약 체결방법 적용	▶ 저가 입찰에 따른 부실감리 발생을 사전 예방
③ 감리대상사업의 계약 이후, 지체 없이 감리계약 추진	▶ 사업 초기부터 감리법인의 참여 유도, 사전 준비를 통한 감리효과 제고

정보시스템감리기준 제4조
(행정안전부고시 제2008-18호)

<table>
<tr><td rowspan="6">문제 3</td><td>감리계획서에 대한 설명이다. 올바르게 설명한 것은?</td></tr>
<tr><td>① 감리계획을 수립하여 통상 감리시작 7일 이전에 발주기관, 사업자에게 통보하여야 한다.</td></tr>
<tr><td>② 감리계획서상에 착수회의 및 종료회의 등의 일정을 포함하되, 필요시에는 생략할 수 있다.</td></tr>
<tr><td>③ 감리계획서상의 상세점검항목은 감리법인에서 일방적으로 정하여 통보하는 것이 좋다.</td></tr>
<tr><td>④ 감리계획서에 명시된 기일에 감리가 착수되지 않을 경우에는 감리기준 미준수로 감리법인은 1년간 업무정지 처분을 받는다.</td></tr>
</table>

카테고리	감리>감리계획서	난이도	하
출제횟수		답	①

[문제풀이]

– 감리계획서에상의 감리가 착수되지 않을 경우에는 감리기준 미준수로 업무중지 2개월 처분에 해당한다.

제5조 감리계획 수립

제5조(감리계획 수립) ①감리법인은 회차별 감리의 착수회의 이전에 감리계약에 규정된 사항을 토대로 발주기관 및 피감리인과 협의하여 다음 각 호의 내용을 포함하는 감리계획을 수립하여 감리 시작 7일 이전에 발주기관 및 피감리인에게 통보하여야 한다.

1. 감리대상 사업의 개요 및 감리의 목적
2. 감리대상 범위
3. 감리일정
4. 총괄감리원 및 투입 감리원 편성
5. 감리영역 및 상세점검항목
6. 감리 수행 시 적용할 관련 기준, 표준 및 지침 등의 목록

②제1항제3호에 따른 감리일정에는 감리 착수회의, 감리보고서의 작성을 포함하는 현장 감리시행, 감리 종료회의, 감리보고서의 통보, 감리결과 조치내역 확인 일정 등이 포함되어야 한다.

③제1항제4호에 따른 총괄감리원은 당해 감리법인의 상근감리원 중 수석감리원으로서 적절한 능력과 경험이 있는 자로 선임하여야 한다. 다만, 제4조제6항에 따라 "공동계약" 형태의 감리계약을 체결한 경우에는 공동수급체의 대표자가 소속되어 있는 감리법인의 상근감리원 중에서 수석감리원을 선임하여야 한다.

④제1항제5호에 따른 감리영역 및 상세점검항목은 별표 2 정보시스템 감리기본 점검표, 법 제7조에 따른 정보시스템 구축·운영 기술 지침 및 발주기관 등의 감리관련 적용기준 등에 근거하여 초안을 작성하되, 발주기관 및 피감리인과의 협의를 통하여 정하는 것을 원칙으로 한다.

⑤감리계획은 별지 제1호 서식이 정한 바에 따라 작성한다.

감리기준 제5조는 감리 활동의 기준이 되는 감리계획서의 작성방법 및 제출에 대한 사항을 규정하고 있다. 참고로, 감리계획서는 별지서식 제1호에 포함되어 있다. 각 항별 해설은 다음과 같다.

문제 4	다음 중 데이터베이스 구축사업의 감리영역이 아닌 것은? ① 데이터 수집 및 시범구축 ② 품질검사 ③ 시험활동 ④ 사업관리

카테고리	감리>사업유형	난이도	하
출제횟수		답	③

[문제풀이]

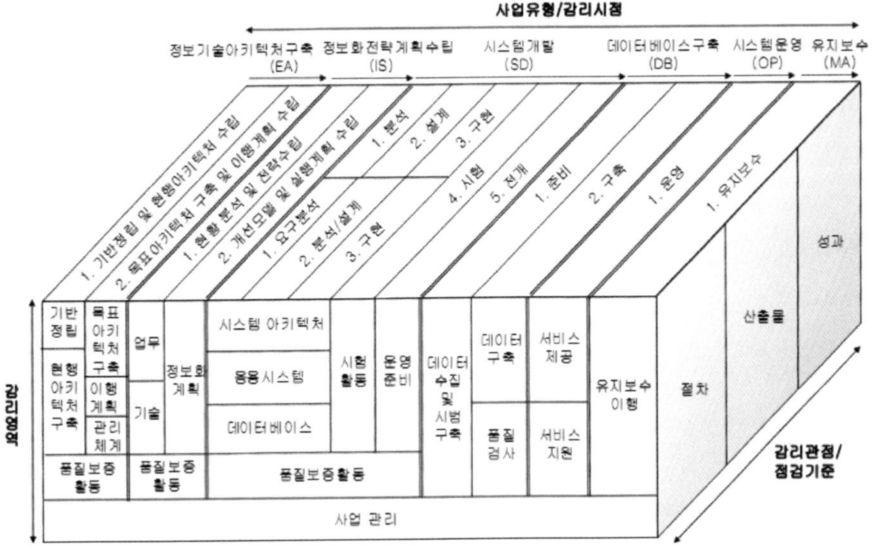

문제 5	정보시스템의 효율적 도입 및 운영에 관한 법률 설명 중 틀린 것은? ① 정보시스템에 대한 감리 품질을 확보하기 위해서 감리기준과 감리자격이라는 골격을 가지고 있고 감리기준은 감리 프레임워크를 제시한다. ② 감리법인의 등록 기준을 제시하여 해당 요건을 충족해야 감리를 수행할 수 있도록 법으로 규정한다. ③ 정보기술아키텍처 혹은 정보화계획수립 사업영역은 중요한 사업으로 의무적으로 감리를 받아야 한다. ④ 정보시스템의 효율성과 효과성을 확보하고 감리를 통한 사업성공을 목표로 한다.

카테고리	감리>정보시스템 효율적 도입(ITA법)	난이도	하
출제횟수		답	③

[문제풀이]

- 감리사업 유형에서 정보기술아키텍처 혹은 정보화계획수립, 정보시스템의 운영·유지보수 등을 위한 사업으로 공공기관의 장이 필요하다고 인정되는 경우에 한해 의무감리제도를 도입하였다.

의무감리 제도

제11조(정보시스템 감리의 대상) ① 법 제11조제1항에서 "대통령령이 정하는 기준"이라 함은 다음 각 호의 어느 하나에 해당되는 경우를 말한다.

1. 정보시스템의 특성이 다음 각 목 중 어느 하나에 해당되는 경우. 다만, 총 사업비 1억원 미만의 소규모 사업으로서 감리의 비용 대비 효과가 낮다고 공공기관의 장이 인정하는 경우를 제외한다.
   가. 대국민 서비스를 위한 행정업무 또는 민원업무 처리용으로 사용하는 경우
   나. 다수의 공공기관이 공통으로 구축 또는 사용하는 경우
   다. 공공기관간의 연계 또는 정보의 공동이용이 필요한 경우
   라. 그 밖에 감리를 시행할 필요가 있다고 해당 공공기관의 장이 인정하는 경우

2. 정보시스템 구축사업으로서 사업비(총 사업비 중에서 하드웨어/소프트웨어의 단순한 구입비용을 제외한 금액을 말한다)가 5억원 이상인 경우

3. 정보기술아키텍처 또는 정보화전략계획의 수립, 정보시스템의 운영/유지보수 등을 위한 사업으로서 감리시행이 필요하다고 해당 공공기관의 장이 인정하는 경우

감리 대상 제외

공공기관의 장이 인정[총사업비 1억 미만]

감리 대상 포함

대국민 서비스[행정/민원]

공동 구축/사용

연계 / 정보의 공동이용

정보시스템 구축[총사업비 5억 이상]

정보시스템 구축 외[공공기관의 장이 인정]

정보시스템의 효율적인 도입 및
운영 등에 관한 법률 시행령 제11조
[일부 개정 2008.2.29 대통령령 제20741호]

문제 6	다음은 프로젝트와 관련된 용어들을 설명한 것이다. 이들 용어 설명 중에서 가장 부적합한 것을 고르시오. ① 작업(Work)은 자원 제약을 고려하여 수립한 계획을 팀원이 수행하며 조직이 통제하는 일련의 활동이다. ② 운영(Operation)은 프로젝트와 같이 일시적(Temporary)으로 이루어지는 활동이다 ③ 프로그램은 통합에 따른 효과와 이익을 얻기 위해 관련이 있는 개별 프로젝트를 집합적으로 관리하기 위한 단위로, 여러 프로젝트를 잘 짜여진 Coordination에 따라 관리한다 ④ Project Portfolio Management는 회사의 전략과 가용자원에 근거하여 프로젝트 또는 프로그램에 대한 투자 여부를 결정하기 위해 회사의 프로젝트 전체를 종합적으로 관리하는 것이다.

카테고리	프로젝트관리>프로젝트 용어	난이도	
출제횟수		답	②

[문제풀이]

– 운영(Operation)은 프로젝트와 달리 지속적이며 반복적으로 이루어지는 활동이다.

1. 프로젝트의 개념

- 특징
  1) Temporary (한시적) : 모든 프로젝트는 명확하게 정의된 착수일과 종료일이 있음
  2) Unique (고유한 제품 또는 서비스) : 제품, 서비스 또는 결과물 형태의 고유한(Unique) 인도물을 산출
  3) Progressive elaboration (점진적 구체화) : 프로젝트의 일시성과 고유성 개념을 수반

- 운영과 프로젝트의 비교

구분	운영 (Operation)	프로젝트 (Project)
공통점	사람이 수행, 자원 제약이 있음, 계획/실행/통제	
차이점	지속적이며 반복적	한시적, 유일
목적	사업을 지속, 새로운 목표를 설정, 작업을 계속하는 것	주어진 목표를 달성하고 끝내는 것

문제 7	다음은 프로젝트의 Stakeholder에 대한 설명들이다. 이들 중에서 Stakeholder에 대한 설명으로 가장 거리가 먼 것은? ① 프로젝트에 적극적으로 참여하거나 또는 프로젝트의 결과에 이해관계가 있는 개인이나 부서, 조직을 총칭한다. ② 모든 Stakeholder들의 요구사항은 프로젝트 초기에 확정되어야 하며, 진행 중에 변경될 경우에는 프로젝트의 성공적인 완료가 어려우므로 받아들이지 않는 것이 좋다. ③ 주요 Stakeholder로서는 자사 및 고객사의 프로젝트 관리자, 실제 프로젝트를 수행할 작업 조직과 팀원 및 그룹, 재정 지원자, 판매자, 프로젝트에 대한 의사결정권을 가지고 있는 사람들을 말한다 ④ 미디어 매체, 관련 압력단체, 사회 전반, 협력업체 임원, 팀원의 가족, 정부기관 등도 Stakeholder라고 할 수 있다.

카테고리	프로젝트관리>프로젝트 용어	난이도	
출제횟수		답	①

[문제풀이]

– 모든 Stakeholder들의 요구사항은 프로젝트 초기에 확정되어야 하며 프로젝트 진행 중에 적절히 관리되어야 한다.

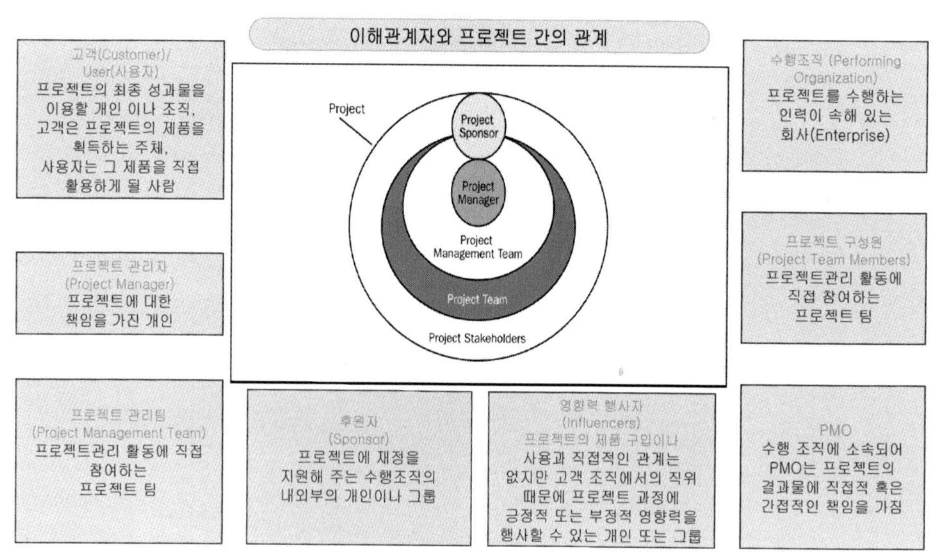

<table>
<tr><td rowspan="5">문제 8</td><td colspan="3">갈등해결기법 중 가장 시간이 많이 걸리는 방법은?</td></tr>
<tr><td colspan="3">① Problem Solving</td></tr>
<tr><td colspan="3">② Compromising</td></tr>
<tr><td colspan="3">③ Smoothing</td></tr>
<tr><td colspan="3">④ Forcing</td></tr>
<tr><td>카테고리</td><td>프로젝트관리〉의사소통관리</td><td>난이도</td><td></td></tr>
<tr><td>출제횟수</td><td></td><td>답</td><td>①</td></tr>
</table>

[문제풀이]

- 문제해결 기법이 가장 좋은 방법이지만 해결하는 시간이 가장 많이 걸린다.

- 갈등 해결 전략

구분	내용
강제 Forcing	어느 한 입장을 강요하는 것. 긴급하게 결정해야 하는 경우 인기 없는 주요정책 집행, 옳다고 믿는 안건 집행
문제해결 Problem Solving	Win-win. 가장 좋은 방법, 매우 중요한 통합된 의견을 도출할 때 공감대를 형성하여 지속적인 관계를 유지할 필요가 있을 때
타협,절충,중재 Compromising	Lose-lose. 두번째로 좋은 방법임 갈등이 명확하고 구체적인 경우 효과적. 지속적인 갈등 발생시 효과적이지 않다. [프로젝트 초기에는 효과적], 배타적 집단이 비슷한 파워일 때 복잡한 문제에 대한 잠정적 해결책 도출할 때
완화,상대의견 수용 Smoothing	의견의 차이보다는 합의점도출을 강조하는 것으로 잠정적인 해결방안 자기 의견이 틀렸다고 느끼고 합리성이 있다는 걸 보여줄 때 나중을 위해 신용을 얻고자 할 때, 다른 그룹에게 중요한 사안일 때, 조화와 안정이 중요할 때
후퇴, 회피 Withdrawing =Avoiding	Lose-lose 의견 관절 가능성이 낮을 때, 분위기를 식히기 위해, 추가정보 수집이 필요, 그 이슈가 다른 이슈의 징후라고 보일 때 다른 그룹이 효과적으로 문제를 풀 수 있을 때

문제 9	프로젝트는 착수일과 완료일이 정해진 Life cycle을 가지며, 그 기간 동안에는 다음과 같은 특징을 가진다고 할 수 있는데, 이들 중에서 잘 못 표현된 것은? ① 투입인원은 프로젝트 초기에는 낮으나 프로젝트가 진행될수록 인원을 획득하고 충원함으로써 높아지다가, 종료가 가까워지면 다른 프로젝트로 투입되거나 조직으로 복귀함에 따라 급격하게 낮아진다. ② 프로젝트 초기에는 리스크와 불확실성이 크지만, 리스크 및 이슈 관리 활동을 전개함에 따라 점차 감소한다. ③ 투입인원이 증가함에 따라 인적 원가는 증가하나, 설문조사 등의 기타 비용은 감소한다. ④ 프로젝트 변경 가능성은 프로젝트 변경에 필요한 원가가 증가함에 따라 점차로 감소한다.

카테고리	프로젝트 관리>일정관리	난이도	중
출제횟수		답	③

[문제풀이]

– 투입인원이 증가함에 따라 인적 원가가 증가하고, 인터뷰, 설문조사, 벤치마킹 등의 프로젝트 활동에 따라 원가가 증가한다.

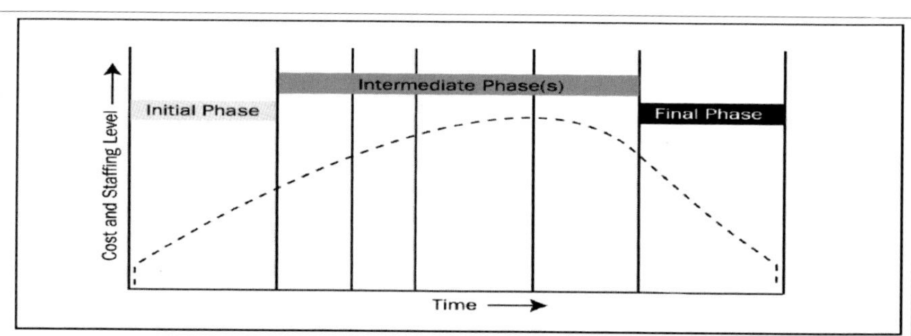

- 프로젝트 초기에는 인력과 비용 투입이 적지만 점차 증가 하다가 종료시기에 급격히 하락
- Stakeholder(이해관계자)들의 프로젝트 최종 성과물과 최종 비용 등에 대한 영향력은 프로젝트 초기에 상당히 높고, 사업이 진행됨에 따라 그 영향력은 점차 감소
- 초기에는 위험도와 불확실성이 높아 성공에 대한 확률이 적지만, 프로젝트를 수행함에 따라 이러한 위험과 불확실성이 제거되어 점차 성공에 대한 확률이 높아짐

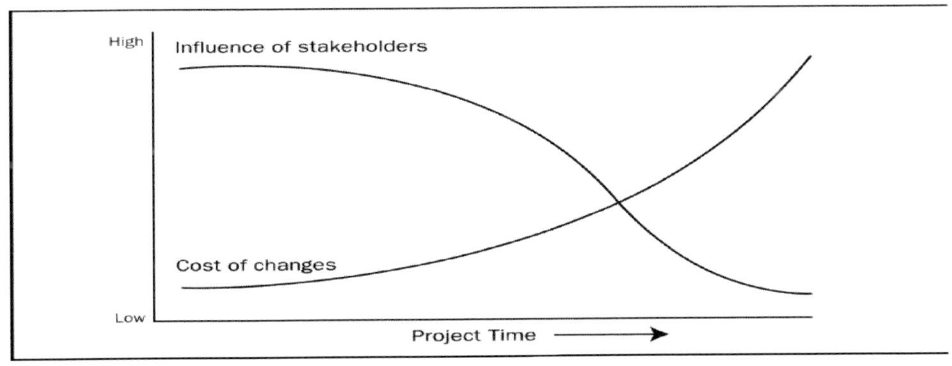

- 이해관계자들(stakeholders)이 프로젝트의 제품과 최종원가에 미치는 영향력은
  프로젝트 시작 단계에 가장 높았다가 프로젝트가 진행됨에 따라 점차 감소

- 이 현상의 주요한 원인은 변경 및 오류 정정에 따른 원가가 프로젝트 진행과
  더불어 일반적으로 증가하는데 있음.

문제 10	다음에서 프로젝트 관리 기능을 설명하는 것으로 가장 부적절한 것은? ① 범위관리는 프로젝트 작업을 구조화하고 관리 가능한 작업단위로 세분하여 범위 베이스라인(Baseline)을 수립한다. ② 일정관리는 프로젝트 범위 내에서 요구되는 모든 산출물을 생산하기 위한 작업 일정과 자원 투입 시기를 결정한다. ③ 인력관리는 프로젝트 진척에 따른 원가 목표 달성을 모니터링하고 컨트롤한다. ④ 품질관리는 고객과 함께 프로젝트의 품질 요건을 정의하고 특정 품질 목표를 달성하기 위한 계획을 개발한다.

카테고리	프로젝트 관리>프로젝트 통합관리	난이도	중
출제횟수		답	③

[문제풀이]
- 원가관리에서 프로젝트진척에 따른 원가목표 달성을 모니터링하고 컨트롤한다.

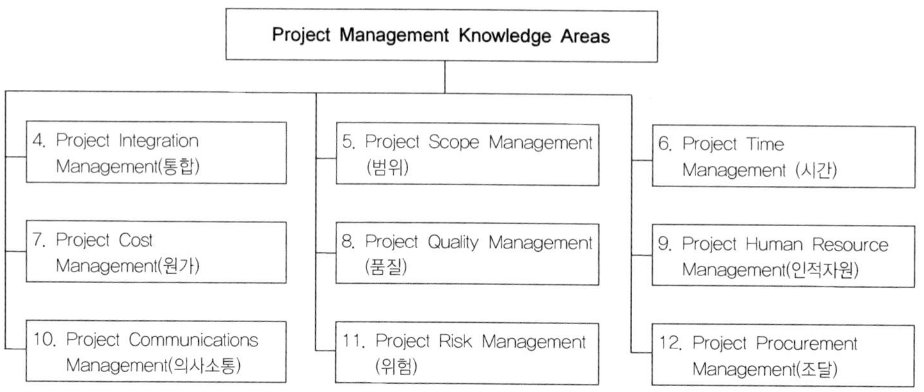

[3. PMI 9개 지식영역과 하위 프로세스]

영역	착수	계획	실행	모니터링/통제	종료
통합관리	·프로젝트현장 개발 ·예비범위기술서	·프로젝트 관리계획 개발	·프로젝트실행 지시 및 관리	·프로젝트 작업감시 및 통제 ·통합변경통제	·프로젝트 종료
범위관리		·범위 계획 ·범위 정의 ·WBS 작성		·범위검증 ·범위통제	
일정관리		·활동정의 ·활동순서 배열 ·활동별 자원산정 ·활동별 기간산정 ·일정개발		·일정통제	
원가관리		·원가산정 ·원가 예산 책정		·원가통제	
품질관리		·품질계획	·품질보증	·품질통제	
인적자원		·인적자원계획	·프로젝트 팀확보 ·프로젝트 팀개발	·프로젝트 팀관리	
의사소통		·의사소통계획	·정보배포	·성과보고 ·이해관계자 정리	
위험관리		·위험 관리계획 ·위험 식별 ·정성적 위험분석 ·정량적 위험분석 ·위험 대응계획		·위험 모니터링/통제	
조달관리		·구매 및 획득계획 ·계약 체결 계획	·제안서 제출 요청 ·공급자 선정	·행정종료	·계약종료

문제 11	프로젝트 위험관리에 있어 의견 수렴 기법으로 가장 많이 활용되는 것을 설명한 것이다. 이들 중에서 설명이 틀린 것은? ① Delphi Method는 조직 내외부에서 전문가를 뽑아 패널을 구성한다. ② Delphi Method는 패널이 모여서 아이디어를 써낸다. ③ Normal Grouping Method는 아이디어들을 보드에 적고 각각의 아이디어에 대해 토론자들이 토의한다. ④ Normal Grouping Method는 각각의 토론자가 아이디어들의 우선순위를 정하고 이를 종합하여 아이디어의 등급을 정한다.

카테고리	프로젝트 관리>위험관리	난이도	중
출제횟수		답	②

[문제풀이]

- Normal Grouping Method는 패널이 모여서 아이디어를 써 낸다.
- 미래를 예측하는 방법론들은 다양하다. 프로젝트 위험관리에서도 의견수렴기법으로많이 사용되는 방법은 제각기 명칭들도 많이 존재하지만, 크게 보면 **델파이 방법볼드**과 시나리오 방법론을 들 수가 있다. 미디어분석을 통한 미래예측도 많이 이루어지고 있는데, 전문성의 부족이라는 약점을 지닐 수 있다. 반면 델파이조사를 통한 미래예측은 **전문가군의 예측과 전망에 초점을 맞춘 것**이다. 델파이를 성공적으로 수행하기 위해서는 전문가군의 설정에서 노력을 많이 기울여야 할 것이며, 진행 단계에서 전문가들과 **피드백**이 원활하게 이루어질 수 있도록 체계적인 계획을 수립해야 할 것이다.

문제 12	프로젝트 계획 수립 방법들을 설명한 것이다. 이들 중 틀린 것은? ① 하향식은 주요 사항에 대해서만 계획을 수립하므로 작성이 쉽고 비용은 적게 들지만 프로젝트의 현실을 잘 반영하기 어렵다. ② 하향식과 상향식의 장점을 절충한 Rolling Wave 방식이 있다. ③ 상향식은 요구사항을 모두 반영하기 때문에 계획의 신뢰성은 높으나 작성 시간이 오래 걸려 장기간의 프로젝트에 활용할 수 있다. ④ 상세한 요구사항을 포함하여 앞으로 프로젝트가 진행될 Milestone으로 활용하는 것은 상향식이다.

카테고리	프로젝트 관리>프로젝트 계획	난이도	중
출제횟수		답	④

[문제풀이]

– 단기적인 계획으로 구체적이며 상세하게 요구사항을 포함하여 현실적인 적용이 가능하게 작성하는 것은 상향식이고, 장기적인 계획으로 주요 사항에 대한 계획을 작성하여 앞으로 프로젝트가 진행할 Milestone으로 활용하는 것은 하향식이다.

❑ 하향식 (Top-down Approach)
  ・상위 수준의 계획수립
  ・비용이나 일정목표를 맞추기 위해 적용
  ・작성이 쉽고 비용이 적게 들지만 현실적이지 못함

❑ 상향식 (Bottom-up Approach)
  ・구체적인 요구사항에 의해 작성되는 상세수준의 계획
  ・계획의 신뢰성은 높으나 시간이 많이 걸림

❑ Rolling Wave 방식
  ・일정상 가까운 계획은 상향식으로 작성하고, 먼 계획은 하향식 접근을 적용함
  ・현실적인 계획수립이 가능하며 경험을 활용한 많은 계획수립 기법을 적용함

	다음 중 프로젝트 통제 단계에서 행하는 주요한 활동이 아닌 것은?
문제 13	① 수익비용분석(Benefit Cost Analysis) ② 성과보고(Performance Reporting) ③ 기성고 분석(Earned Value Analysis) ④ 차이분석(Variance Analysis)

카테고리	프로젝트 관리>프로젝트 통합관리	난이도	
출제횟수		답	①

[문제풀이]

– 통합 프로세스에서는 프로젝트 계획 대비 실적 차이에 대한 모니터링을 수행한다.
  – ② 성과보고(Performance Reporting), ③ 기성고 분석(Earned Value Analysis), ④ 차이분석(Variance Analysis) 등은 모두 프로젝트 계획 대비 실적 분석을 하기 위한 활동이며, 수익성 분석은 주로 착수나 계획수립 단계에서 타당성을 분석하기 위한 활동이다.

문제 14	범위 관리 프로세스는 고객의 요구 사항을 확인하고 이를 충족시키기 위해 해야 할 사항들의 범위 및 한계를 규정하고 관리하는 프로세스이다. 다음 중에서 범위관리 프로세스의 각 단계들에 대한 설명으로 가장 부적합한 것은? ① 새로운 프로젝트의 시작이나 현재 진행되는 프로젝트의 다음 단계로의 진행 승인 ② 프로젝트 작업 기간을 산정하여 절차에 따라 조치 ③ 프로젝트 범위에 대한 고객의 공식적인 승인 ④ 각 단계별 주요 산출물을 관리 가능한 구성 요소들로 세분화

카테고리	프로젝트 관리>범위관리	난이도	하
출제횟수		답	②

[문제풀이]

- 프로젝트 작업기간을 선정하여 절차에 따라 조치하는 활동은 일정관리 영역이다.
- 개시, 범위계획 수립, 범위 확정, 범위 검증, 범위 변경 컨트롤
- 프로젝트 범위 관리(Project Scope Management): 프로젝트에 필요한 모든 작업과 프로젝트 성공에 필요한 작업들이 포함되어 있다는 것을 보장하기 위해 필요한 프로세스를 포함한다.

1) 입문(Initiation): 프로젝트의 다음 단계를 수행하기 위해 조직에 맡긴다.
2) 범위계획(Scope Planning): 차후 프로젝트 결정의 기반으로 범위에 대한 문장 기록을 개발한다.
3) 범위 정의(Scope Definition): 주 프로젝트를 인도 가능하고 보다 관리하기 쉬운 작은 크기의 컴포넌트로 분할한다.
4) 범위 검증(Scope Verification): 프로젝트 범위의 승인을 정형화한다.
5) 범위 변경 제어(Scope Change Control): 프로젝트 범위의 변경을 제어한다.

<table>
<tr><td rowspan="2">문제 15</td><td colspan="4">프로젝트 팀원 중 한 명이 종종 한 시간씩 지각을 한다. X 이론에 입각해서 대응해야 한다면 어떻게 해야 하는가?</td></tr>
<tr><td colspan="4">① 팀원에게 벌칙을 부여한다.
② 자발적으로 시간을 준수할 수 있도록 기회를 준다.
③ 개인의 창의력을 방해할 수 있으므로 이에 대한 언급을 삼가한다.
④ 다른 팀원을 통해 시간을 준수해 줄 것을 간접적으로 부탁한다.</td></tr>
<tr><td>카테고리</td><td>프로젝트 관리>인적자원 관리</td><td>난이도</td><td>하</td></tr>
<tr><td>출제횟수</td><td></td><td>답</td><td>①</td></tr>
</table>

[문제풀이]

[동기부여 이론]

구 분	내 용
McGregor의 X이론, Y이론	X 이론 : 피동적 인간형,통제,명령,상벌 필요,책임회피,안전제일주의 ex)급여인상 Y 이론 : 목표를 행해 전력 ex)목표에 의한 관리
Maslow's theory (욕구 5단계)	하위 욕구가 충족되어야 상위 욕구 추구한다 - 자기실현(self-actualization) : 자아충실, 성장, 학습, 만족 등 - 자아(Esteem) : 성취, 존경, 주목, 감사 - 사회(Social) : 소속, 사랑, 우정, 가족, Affection 등 - 안전(Safety) : 안정, 안전, 보장감 등 - 생리(Physiological) : 의식주, 수면 욕구 등
Herzberg's two factor theory	만족의 반대는 '만족하지 않은 상태' , 불만족이 아니다 불만 야기 요인을 제거하여도 동기 부여되지는 않는다 -위생요인(hygiene factor) : 불만을 야기하는 요인 -동기요인(motivator) : 만족을 유발하는 요인
기대이론 (Expectancy theory)	-동기부여와 직무 만족을 별개로 인식 -보상을 기대하고, 보상이 실제 기대수준과 같으면 더욱 만족하여 동기가 높아진다 -개인이 동기부여를 받기 위한 조건 . 개인이 해당 업무를 성공적으로 수행할 수 있어야 한다 . 성공적으로 수행 시 보상을 받을 수 있다고 믿어야 한다 . 그러한 보상이 개인에게 의미가 있어야 한다

문제 16	WBS(Work Breakdown Structure)의 작성 Benefit을 설명한 것으로 가장 거리가 먼 것은? ① 관련 당사자 간의 프로젝트 범위에 관한 의사소통을 원활하게 한 다. ② 프로젝트 팀의 이해 내용을 문서화할 수 있다. ③ 고객의 요구사항을 충분히 이끌어 낼 수 있다. ④ 일정 수립의 중요한 근간이 될 수 있다.

카테고리	프로젝트 관리〉일정관리	난이도	하
출제횟수		답	③

[문제풀이]
- 산출물에 대한 책임을 명확하게 정의할 수 있다.
- WBS는 프로젝트 관리자가 단독으로 정의하는 것이 아니라 팀원들과 함께 만든다.
  이 과정에서 프로젝트 팀은 과업범위에 대해 충분히 이해하고 프로젝트에서 본인들의
  역할에 대해 명확하게 파악할 수 있다.
- WBS는 일정 및 범위를 명확하게 정의하는 것으로 보편적으로 계획시작일, 계획종료일,
  실적시작일, 실적종료일이 기술되어 있고, 산출물 및 작업 담당자를 지정한다.

- **WBS (Work Breakdown Structure)**
  1) 정의
   - 작업분할체계(WBS)는 프로젝트의 전체 범위를 구성하고 정의하는 프로젝트 요소작업
  들의 산출물 위주의 가계도(product-oriented family tree)임
   - 아래로 단계가 내려갈수록 프로젝트 요소들을 점차적으로 상세히 정의되며 프로젝트
  요소들은 산출물이나 서비스가 됨

  2) 목적
   - 관리측면: 업무단위세분화, 업무계획의 가시성확보, 프로젝트작업표준화
   - 지원측면: 인력, 일정배분의 근거, 비용산정근거 (FP기능 개수 도출 등)

  3) 작성절차

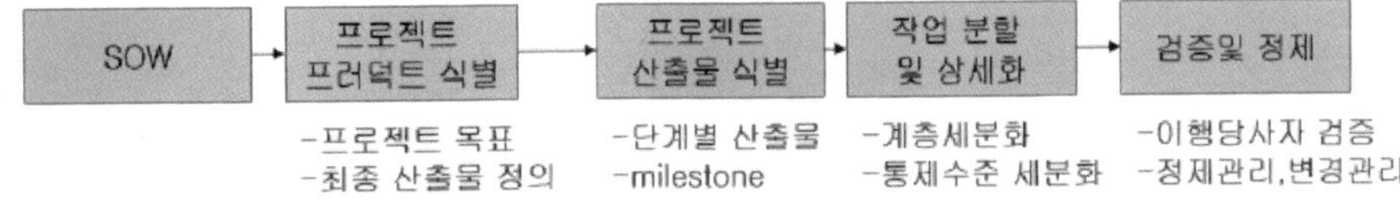

<table>
<tr><td rowspan="2">문제 17</td><td>고객이 원하는 결과물을 도출하기 위해 필요한 자원을 주어진 시간에 맞게 계획하고 실제 작업이 일정에 충실히 수행되도록 관리하는 프로세스가 일정관리이다. 이들 중에서 일정관리의 프로세스들로 가장 부적합한 것은?</td></tr>
<tr><td>① 여러 가지 프로젝트 산출물을 생성하기 위해 수행해야 하는 세부적인 Activity들을 정의한다.
② 각 Activity 간의 선후 관계를 파악하고 문서화한다.
③ 단위 Activity들을 수행하기 위해 필요한 작업 기간 산정한다.
④ 프로젝트 일정 계획은 서비스 내역, 프로젝트의 타당성 등을 분석한다.</td></tr>
</table>

카테고리	프로젝트 관리>일정관리	난이도	
출제횟수		답	④

[문제풀이]

– 프로젝트 일정 계획 수립을 위한 Activity의 순서, 기간, 그리고 요구되는 자원들을 분석한다.

– 일정 관리의 개요
1) 작업분류체계를 기준으로 활동을 정의하고, 활동기간을 산정하며, 스케줄을 작성하고, 납기준수를 위해 일정을 통제하는 행위
2) 궁극적인 목적은 프로젝트의 납기 준수임

영역	착수	계획	실행	모니터링/통제	종료
일정관리		·활동정의 ·활동순서배열 ·활동별 자원산정 ·활동별 기간산정 ·일정개발		·일정통제	

[일정관리의 주요 프로세스]

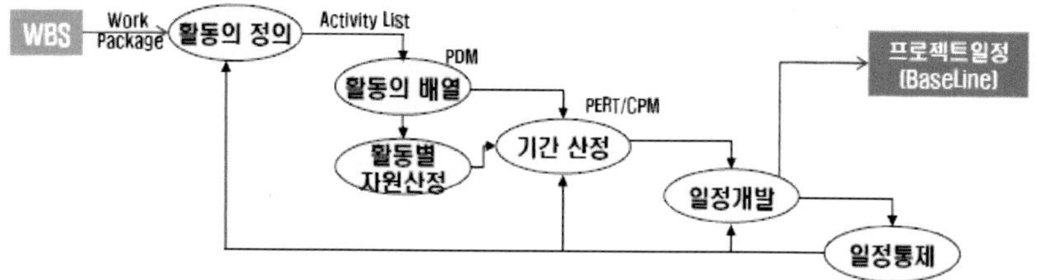

문제 18	CPM(Critical Path Method)을 작성하는 이유로 가장 부적절한 것은? ① 작업 Task들을 논리적으로 배열하고 관계를 도식화할 수 있다. ② 고객과 프로젝트 팀 간의 의사소통의 유용한 도구로 사용이 가능하다. ③ 프로젝트 개발인력과 비용 계산을 위한 상세한 자료가 제공된다 ④ 프로젝트 통제와 진척도 평가를 위한 기본으로 사용한다.

카테고리	프로젝트 관리〉일정관리	난이도	
출제횟수		답	③

[문제풀이]

- 자원 할당을 위한 기초가 되는 기본 바탕을 제공한다.
1) CPM(Critical Path Method)의 정의: 각 작업 기간과 의존 관계를 기준으로 프로젝트의 전체 기간을 계산하는 프로젝트 관리 방법
2) CPM의 특징
- 현재 가장 널리 사용되는 프로젝트관리 기법
- 결정론적(Deterministic) 기법(산술계산)
- 요주의 시점(CP)이란 가장 긴 누계기간을 가진 공정의 순서
3) CPM 적용을 위한 선행 지식
- 작업 목록 및 작업 기간 산출
- 논리적 작업 의존 관계
- 프로젝트 시작 날짜/완료 날짜
- 중요시점(Milestone) 정의

[CPM 일정분석 방법]

- Scheduling(일정분석) 에 대한 이해
1) 작업을 완료하기 위해 가장 긴 시간을 필요로 하는 작업들의 순서
2) 프로젝트를 완료하기 위해 계산된 작업들의 상호작용
3) 전개적인(Evolutionary) 방식으로 진행
4) 일정분석 수행 과정 구분
- 전진 계산(Forward Pass)
- 후진 계산(Backward Pass)
- 전체 여유 시간 계산(Total Float)

전진계산	– 최초개시일(ES)와 최초 종료일(EF)을 통한 일정 계산 – 목표 시작일, 활동작업기간 등이 변수 사용 – 최초 개시일(ES) = 선행 활동 최초 종료일 + 1 – 최초 종료일(EF) = 최초 시작일(ES) + 활동 기간(Duration) − 1
후진계산	– 최종개시일(LS)와 최종 종료일(LF)을 통한 일정 계산 – 목표 완료일, 활동작업기간 등이 변수 사용 – 최종 종료일(LF) = 후행 활동 최종 개시일 − 1 – 최초 시작일(LF) = 최종 종료일(LF) − 활동기간(Duration) + 1
자유여유도 (Free Float)	– 해당 활동의 여유 기간 – 최종 시작일 − 최초 시작일 또는 최종 종료일 − 최초 시작일
총 여유도	– Σ(최종 시작일 − 최초 시작일) 또는 Σ(최종 종료일 − 최초 종료일) – 합의 결과가 Null 또는 Zero인 경우는 CP – 결과가 (−)인 경우는 목표 완료일을 잘못 산정 또는 절대 공기가 부족한 경우 – Fast Tracking 또는 Crashing으로 해결

– 일정 단축 기법 (Crashing / Fast Tracking)
  1) 프로젝트 일정계획 수립시 요구되는 일정보다 Over된 일정을 줄이고자 할 경우
  2) 고객측의 프로젝트 일정 단축 요구 및 프로젝트 예산의 삭감이 요구되는 상황에 적용

구분	Crashing	Fast Tracking
방법	자원을 추가 투입하여 일정을 단축하는 방법	순차적으로 수행하는 Activity 를 병행하여 수행하는 방법
대상	Critical Path 상의 액티비티 중, 최소 비용으로 최대의 단축을 얻을 수 있는 액티비티	연관 관계 중 Mandatory Dependency 를 병행 가능 하다고 판단되는 Activity
상황	예산이 여유있거나, 여유 자원이 있을 경우	예산을 더 투입할 수 없을 때
고려사항	직접비 증가, 원가-일정 Trade-Off	동시 작업 수행으로 위험 증가, 재작업 가능성

<table>
<tr><td rowspan="5">문제 19</td><td>프로젝트가 1,500,000원의 비용과 6개월이 소요될 것으로 추정되었다.
3개월이 지난 후 기성고 분석을 수행한 결과 EV=650,000, PV=750,000,
AC=800,000의 값을 얻었다. SV와 CV를 구하라.</td></tr>
<tr><td>① SV=100,000   CV= 150,000</td></tr>
<tr><td>② SV=−100,000 CV= −150,000</td></tr>
<tr><td>③ SV=−50,000   CV= −100,000</td></tr>
<tr><td>④ SV=50,000   CV= 100,000</td></tr>
</table>

카테고리	프로젝트 관리〉	난이도	
출제횟수		답	②

[문제풀이]

[원가관리의 주요내용]
- 원가 통제를 위한 기성고 [Earned Value Method]
  - 프로젝트의 현재까지 실질적 달성 가치를 산출하여 계획 대비 실적을 관리하고 [일정, 비용] 향후 성과를 예측하는 성과관리 기법

[기성고 측정의 목적]

구분	설명
성과 측정	- 일정, 비용 등의 현재 가치 기준 성과를 정량적으로 측정 - 작업 효율성의 측정, 목표 대비 성과의 파악
미래 예측	- 진행 성과 기준으로 미래의 성과를 예측 [일정, 비용 등] - 예측된 성과를 이용하여 대응 방안 수립

[기성고의 개념]

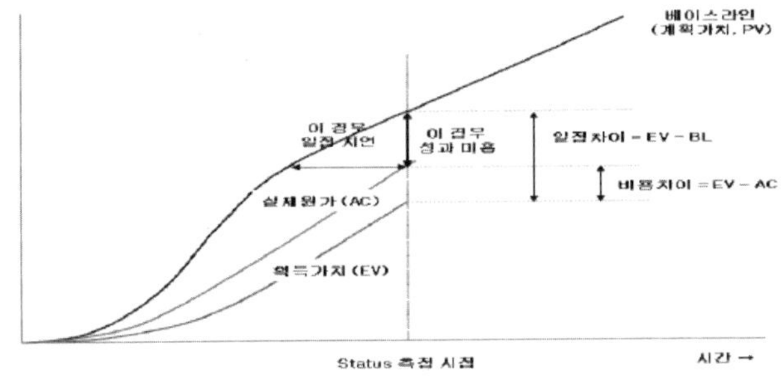

2) **원가 통제를 위한 기성고**(Earned Value Method)

[기성고 측정의 관리 지표 및 실적/예측 지표]

관점	지표	설명
관리지표	PV (Planned Value)	• 계획된 일정상의 작업을 종료하는데 소요되는 예산
	EV (Earned Value)	• 수행된 작업의 량을 화폐 단위로 정량화 한 값
	AC (Actual Cost)	• 수행된 작업에 실제로 투입된 비용
	BAC (Budget at Completion)	• 프로젝트의 완료시점의 전체 예산
실적지표	CV (Cost Variance)	• 비용의 계획과의 차이값 • 산출 : EV-AC • 의미 : 양수 (비용절감), 음수 (비용 초과)
	SV (Schedule Variance)	• 일정의 계획과의 차이값 • 산출 : EV - PV • 의미 : 양수 (일정단축), 음수 (일정단축)
	CPI (Cost Performed Index)	• 비용 성과 지수 • 산출 : EV/AC • 의미 : 1초과 (비용절감), 1미만(비용초과)
	SPI (Schedule Performed Index)	• 일정 성과 지수 • 산출 : EV/PV • 의미 : 1초과 (일정단축), 1미만(일정단축)
예측지표	ETC (Estimate to Completion)	• 남은 작업의 소요 비용 - 산출 : EAC - AC
	EAC (Estimate at Completion	• 현시점 기준으로 예측한 전체 소요 비용 • 산출 : BAC / CPI
	VAC (Variance at Completion)	• 종료단계의 절감 혹은 초과 비용 • 산출 : BAC - EAC

- EV=650,000, PV=750,000, AC=800,000
- SV=EV-PV=650,000- 750,000=-100,000
- SV=EV-AC=650,000- 800,000=-150,000

<table>
<tr><td rowspan="6">문제 20</td><td colspan="2">다음 중 위험식별 시 고려사항으로 적절하지 않은 것은?</td></tr>
<tr><td colspan="2">① 모든 이해당사자가 참가하는 것이 바람직하다.</td></tr>
<tr><td colspan="2">② 빨리 식별할수록 적은 비용으로 위험을 줄일 수 있으므로, 프로젝트 시작 단계에서만 위험 식별을 수행하는 것이 바람직하다.</td></tr>
<tr><td colspan="2">③ 프로젝트 팀원이 위험 식별을 위해 취하는 첫 번째 활동은 문서검토다.</td></tr>
<tr><td colspan="2">④ Checklist를 활용하는 것은 간편하고 빠른 장점이 있지만, 모든 위험을 정리하기 힘든 단점이 있다.</td></tr>
</table>

카테고리	프로젝트 관리>위험관리	난이도	
출제횟수		답	①

[문제풀이]

— 프로젝트 시작에서 종료까지 식별을 수행하여야 한다.

- 위험을 제거하는 것이 아니라, 위험을 일정수준 이하로 줄이는 것이 목표
- 위험예방은 시간과 비용이 필요한 작업이기 때문에 이를 위해, 위험완료에 대한 기준을 사전에 수립
- 모든 위험에 대응하는 것이 아니다. 일정수준 이하 위험은 수용할 수도 있음
- 위험은 상호 연계되어 있어 종합 위험 대응계획을 수립하여야 함
- 위험은 프로젝트 진행 중 지속적으로 변해간다

[위험 대응 전략과 사례 [신기술 채용 위험]]

대응방안	설명	사례
회피 (Avoid)	위험이 프로젝트에 미치는 영향력이 너무 높아 아예 발생하지 않도록 조치를 취하는 것으로 계획의 변경을 통하여 이루어짐	안정화된 기술을 사용
수용 (Accept)	식별된 위험에 대하여 아무런 조치를 취하지 않는 것으로, 예방 조치를 취하지 않는 것이지 문제로 전이 되어도 조치를 하지 않는 것은 아님	신 기술 사용으로 진행
완화 (Mitigate)	위험수준을 줄이기 위한 예방활동을 취하는 것으로 위험을 제거하기 위한 활동은 아님	기술지원 팀의 구성, 파일럿 수행
전가 (Transfer)	위험에 대한 조치 책임을 다른 부서나 사람에게 넘기는 것으로 아웃소싱이 대표적인 예 임.	외주 전문 업체의 역할로 아웃소싱

	위험 식별 프로세스에서 사용되는 정보 수집 기법이 아닌 것은? ① 카이젠 기법 ② 브레인 스토밍 기법 ③ 델파이 기법 ④ 인터뷰
문제 21	

카테고리	프로젝트 관리〉	난이도	
출제횟수		답	①

[문제풀이]

— 카이젠 기법은 프로젝트 팀원과 관리자가 항상 품질 개선 기회를 감시하고 있어야 한다는 품질 기법이다.

3. 위험관리 관련내용
가. 위험식별 방법
a. 문서검토
- 관리계획서,각종 가정들,유사 프로젝트 기록 구조적 검토 등.
- 위험식별을 위한 첫번째 활동
- WBS와 RBS(Risk Breakdown Structure)는 체계적 식별을 위한 유용한 도구

b. 정보 수집 기법
- 브레인스토밍 : 브레인스토밍 목적은 프로젝트 리스크의 전체 목록을 작성하는 것
- 인터뷰, 근본원인 식별, SWOT분석(강점,약점,기회 ,위협)
- 체크리스트 : 조직에 축적된 위험식별 리스트를 활용하여 식별
- 델파이 기법 : 전문가참여/합의도출, 익명참여, 반복적 토의
- 명목집단기법(Nominal group technique)
  - 패널 아이디어 제출/토의/우선순위결정
    - (1) 조직 내 외부 전문가를 뽑아 패널을 구성
    - (2) 패널이 모여 보드에 아이디어 리스트를 적고, 토론
    - (3) 아이디어 우선순위를 정하고 종합하여 등급을 정함
    - (4) 위 과정 반복

| 문제 22 | 프로젝트에서 "요구사항에 대한 무단 변경은 프로젝트 실패에 결정적 요인이다."라는 말이 있는데, 이런 말과 같이 요구사항의 무단 변경으로 초래될 수 있는 결과나 대책으로 가장 거리가 먼 것은?

① 프로젝트의 비용이 초과될 수 있을 뿐만 아니라 일정도 연기될 수 있다.
② 재작업이 증가하게 되지만 프로젝트의 품질과 이익도 증가한다.
③ 변경관리에 대한 절차 수립과 그 적용을 명확히 하고, 승인된 변경을 장려하여야 한다.
④ 고객의 요구사항에 대한 무단변경의 위험성을 개발팀에게 경고하고, 고객의 '선 변경, 후 승인'의 압력이나 회유에 대해서도"No"라고 할 수 있는 분위기를 장려하여야 한다. |

카테고리	프로젝트 관리〉	난이도	
출제횟수		답	②

[문제풀이]

— 재작업(rework)이 증가하고, 품질은 저하되며, 이익은 감소한다.

문제 23	공급업체의 입장에서 원가추정에 상대적으로 많은 노력을 투자해야 할 계약유형은 무엇인가? ① FP(Fixed Price) ② CPPC(Cost Plus Percentage of Cost) ③ FPIF(Fixed Price Incentive Fee) ④ CPIF(Cost Plus Incentive Fee)

카테고리	프로젝트 관리〉조달관리	난이도	중
출제횟수		답	①

[문제풀이]

3. 조달관리의 주요내용
가. 계약 유형과 내용 (세부)

계약 유형		내용	사례
원가정산 (CR)	CPPC (Cost Plus Percentage of Cost)	· 발생한 원가와 원가의 적정이윤을 비율로 보장함 · 발주자 입장에서 위험부담이 가장 높음	· Cost + 10% of Cost
	CPFF (Cost Plus Fixed Fee)	· 발생한 원가와 확정된 이윤을 보장	· Cost + Fee (1000만원)
	CPIF (Cost Plus Incentive Fee)	· 발생한 원가와 목표달성에 대한 인센티브 보장	· Cost + Fee (1000만원) + 조기달성 시 500만원 인센티브
확정가 (FP)	FPIF (Fixed Price Incentive Fee)	· 확정된 금액에 목표달성 인센티브 추가 보장	· 9000 만원 + 조기달성 시 500만원 인센티브
	FP (Fixed Price)	· 확정금액 보장 · 공급자 입장에서 위험부담이 가장 높음	· 확정금액 9000만원
혼합형 (T&M)		· 단가기준	· 20 MM · 단가 600만원

1) 확정가계약(Fixed Price)
- 업무범위가 명확할 때, 잘 알려진 제품이나 서비스 공급계약의 경우 공급자위험부담 가장 높다.
- 제품이 정확히 표기되어 있지 않으면 구매자, 발주자, 협력업체 모두에게 위험하다.
- 업무범위 정의를 위해 공급자의 시간과 비용이 발생한다.
2) 원가정산계약(Cost Reimbursable)
- 실제로 소요된 비용을 청구하는 형태
- 비용(원가)은 직접비와 간접비로 구분하며, 일반적으로 간접비는 직접비에 비한 백분율(%)로 계산한다.

3) 혼합형계약(Time & Material)

- 기본단가(확정)*발생시간(개수), 원가정산과 확정가계약의 혼합형태이다.
- 긴급하게 계약을 체결하여야 하는 경우, 프로젝트 규모가 작을 때 활용한다.

문제 24	프로젝트 팀 내의 공식적인 계통과 수직적인 경로를 통해서 의사전달이 이루어지므로 명령과 권한의 체계가 명확한 공식적인 조직에서 주로 사용되는 의사소통 네트워크는? ① 연쇄형 네트워크(Chain Network) ② 바퀴형 네트워크(Wheel Network) ③ Y자형 네트워크(Y-Network) ④ 원형 네트워크(Circle Network)

카테고리	프로젝트 관리〉		난이도	
출제횟수			답	①

[문제풀이]

- 의사소통 네트워크란 집단 내에 정보가 오가는 길들의 집합 구조를 의미하며 그 유형은 다음과 같다.

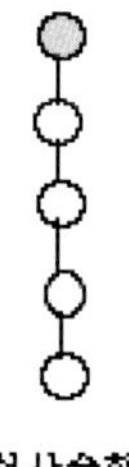
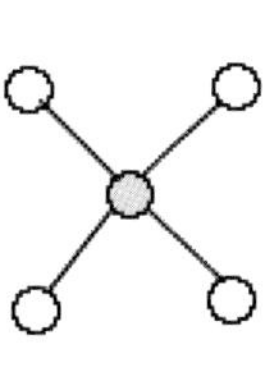
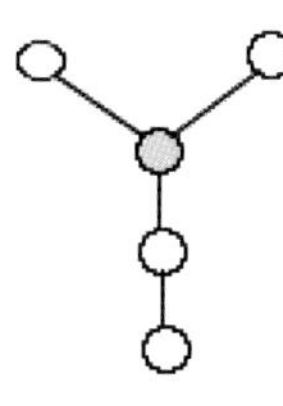
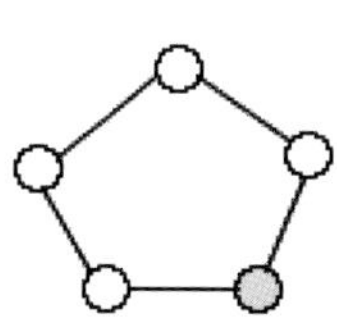
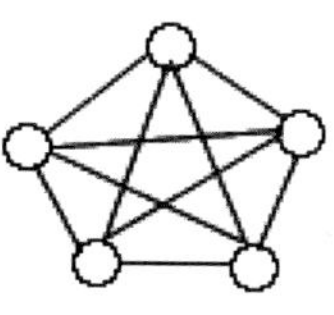

- 경로가 가장 수직적이고 상명 하복 구조의 네트워크 유형은 Chain Network(연쇄형, 쇠사슬형)이다.

문제 25	품질관리에서 CMM(Capability Maturity Model)은 모두 5개의 단계로 구성되어 있는데, 다음 중에서 CMM의 5단계에 속하지 않는 것은? ① 이전에 성공적으로 끝난 task를 프로젝트에서 반복할 수 있다(반복: Repeatable). ② 프로세스의 특징을 확인하고 내용을 통보한다(확인: Confirm). ③ 프로세스가 측정되고 통제된다(관리: Managed). ④ 프로세스 개선에 초점을 맞춘다(최적화: Optimizing).

카테고리	프로젝트 관리>품질관리	난이도	
출제횟수		답	②

[문제풀이]

- 프로세스의 특징이 정의되고 상당히 잘 이해된다(정의: Defined).
- 프로세스 개선과 CMM(Capacity Maturity Model)

1) CMM의 정의
- 소프트웨어 개발과 유지보수에 대한 프로세스 개선과 Capability 향상을 위한 Framework 및 실용 Model
- 미국 케네디 멜론대의 소프트웨어공학연구소가 창안

2) 등장배경
- 소프트웨어 개발조직의 프로세스 성숙도 개선 및 측정을 위한 요구 증가
- 미국 공공프로젝트 참여요건으로 SEI Level 2, Level 3 요구

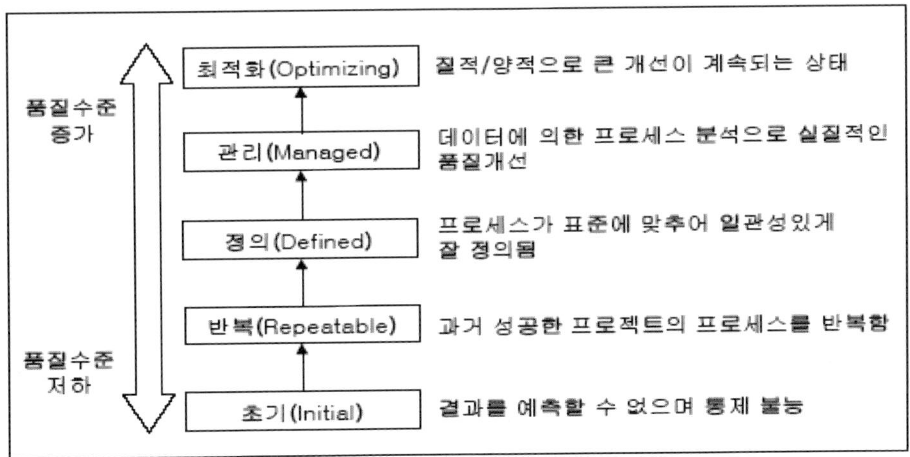

소프트웨어 공학

문제 26	객체와 컴포넌트에 대해서 맞게 설명한 것은? ① 객체의 속성인 "은닉성"과 "Encapsulation"은 같은 의미이다. ② 추상화는 객체의 필수적 속성을 나타내는 것으로 객체가 어떤 기능을 수행하는지보다는 어떻게 구현되는지에 초점을 맞추는 개념이다. ③ 컴포넌트는 인스턴스의 단위가 되고 유일한 식별자가 된다. ④ 독립적인 배치와 배포의 단위가 되는 것이 인스턴스이다.		
카테고리	소프트웨어 공학〉객체	난이도	
출제횟수		답	①

[문제풀이]

- 은닉성과 ENCAPSULATION 은 거의 같은 의미이다.
- 외부적으로 보여지는 상태를 가지는 것은 컴포넌트가 아니고 인스턴스이다.
- 독립적인 배치와 배포의 단위가 되는 것은 컴포넌트이다.

2. 객체지향의 기본 원리

구분	개념	구현방법
캡슐화 (정보은닉)	- 객체의 상세한 내용을 객체 외부에 철저히 숨기고, 단순히 메시지만으로 객체와의 상호작용을 하게 함. - 객체 내부구조와 실체 분리로 내부변경이 프로그램에 미치는 영향 최소화하여 유지보수도 용이 하게 함	- 클래스 선언시 접근지정자를 활용 - public : 외부객체에서 접근 허용 - private : 외부객체에서 접근 불가
상속성	- 수퍼 클래스가 갖는 성질을 서브클래스에 자동으로 부여하는 개념 - 프로그램을 쉽게 확장할 수 있게 하는 강력한 수단	- 구현 클래스를 체계화할 수 있으며, 기존의 클래스로부터 확장이 용이 - 단일/다중 상속, 반복/제한 상속
다형성	- 동일한 인터페이스 서로 다르게 응답할 수 있는 특성 - 연관 클래스를 위한 일관된 매개체를 개발하는 수단	- Overloading : 다중 정의(수평적) - Overriding : 재 정의(수직적)
연관성	- is-a(일반화/특수화) : 자동차vs.승용차 - is-member-of(Association) : 링크개념과 유사 - is-instance-of(Classification):공통특성→클래스화 - is-part-of(Aggregation) : 승용차 vs. 부품 ※ Composition:윈도우vs.판넬(동일수명,cascade옵션)	- 클래스간의 연관관계를 정의하여 일반화
추상화	- 현실세계를 그대로 객체로 표현하기 보다는 문제의 중요한 측면에 주목, 상세내역을 없애 나가는 과정 - 복잡함을 간단하게 해주고 분석의 초점을 명확히 함	- 종류 : 자료, 기능, 제어 추상화

1. 컴포넌트(Component) 개요

　가. SW 위기의 해결 필요성
　　 - 70년대 SW 복잡성에 기인한 SW 위기는 방법론을 이용하여 어느정도 해결 했으나,
　　　 SW 생산성 문제는 해결하지 못함.
　　 - SW 생산성 문제 해결을 위한 객체지향 접근은 SW 모듈의 독립성은 확보했으나,
　　　 소스코드 기반으로 재사용성에 한계점을 가짐

　나. 컴포넌트 정의
　　 - SW 시스템에서 독립적인 업무 또는 기능을 수행하는 모듈로서 교체가 가능한 부품
　　 - 독립적으로 배포할 수 있는 소프트웨어 단위이며, 인터페이스를 사용하여 그 행위적
　　　 기능이 숨겨져 있음

　다. 컴포넌트 요구조건

특 징	내 역	비 고
구 현	실행 시간에 바인딩할 수 있도록 컴파일 완료 상태	실행코드
명세화	컴포넌트의 용도, 유형, 기술표준, Interface 정보	재사용 명세서
표 준	재사용 및 교체 가능한 컴포넌트 개발 표준 준수	EJB, COM+, CCM
패키지화	컴포넌트 관련 문서 + 코드의 패키지화 제공	필요기능 패키지
배포 가능	독립적인 단위 컴포넌트 별 배포 가능	재사용 자원

문제 27	요구사항명세(requirements specification)에 대한 설명 중 옳지 않은 것은? ① 대수적명세는 소프트웨어 시스템간의 인터페이스가 명세되어야 할 때 특히 적합한 기법이다. ② 정형적명세에 연관된 비정형적 서술은 정형적 의미를 좀 더 이해하기 쉽게 한다. ③ 정형적 명세는 정확하고 모호하지 않으며 의문의 여지가 없어야 한다. ④ 비정형적 명세기법의 전형적인 예로 Z 명세기법을 들 수 있다.

카테고리	소프트웨어 공학〉요구사항명세	난이도	
출제횟수		답	④

[문제풀이]
 - Z 명세기법은 모델 기반의 정형 명세기법 언어이다.

| 요구사항
명세기법 | – 정형화 명세기법: 자연어 모호성 줄임, 요구
사항불일치, 불완전, 모호함 발견 자동작업 | – 모델기반언어: Znotation, VDM
– 대수처리기반언어: CSP, CCS, ASM, LOTOS |
| | – 비정형 명세기법: 자연어기반 서술형태,
작업흐름도 등 그림중심 작성 | – 상태중심명세: Finite State Machine, Statecharts,
Petri Nets
– 기능중심명세: Decision tables, Decision trees,
PDL, SDL, RLP
– 객체중심명세: State Chart, Jackson System
Development |

| 문제 28 | 소프트웨어 품질목표에 대한 설명으로 옳지 않은 것은?

① 신뢰성(Reliability): 정확하고 일관된 결과를 얻기 위해 요구된 기능을 수행하는 정도
② 이식성(Protability): 다양한 하드웨어 환경에서도 운용 가능하도록 쉽게 수정될 수 있는 정도
③ 상호운용성(Interoperability): 다른 소프트웨어와 정보를 교환할 수 있는 정도
④ 사용용이성(Usability): 전체나 일부 소프트웨어가 다른 응용목적으로 사용될 수 있는 정도 |

카테고리	소프트웨어 공학>품질특성	난이도	
출제횟수		답	④

[문제풀이]

– 사용용이성(Usablility): SW 사용자가 얼마나 쉽게 SW를 사용할 수 있는지에 대한 특성이다.

주특성	설 명	부특성
기능성 (Functionality)	– 요구되는 기능을 제공할 수 있는 능력 – 사용자가 요구하는 기능을 충족시키는 정도	적합성, 정확성, 상호호 환성, 유연성, 보안성
신뢰성 (Reliability)	– 지정된 수준의 성능을 유지할 수 있는 능력 – 명시된 기간/조건에서 정해진 성능(기능)을 유지하는 능력	성숙성, 오류허용성, 회복성
사용성 (Usability)	– 사용자로 하여금 쉽게 이해하고 사용할 수 있도록 하는 능력	이해성, 운용성, 습득성
효율성 (Efficiency)	– 투입된 자원에 대하여 제공되는 성능의 정도 – 요구되는 기능을 수행하기 위해 필요한 자원의 소요 정도	실행효율성, 자원효율성
유지보수성 (Maintainability)	– 요구사항 및 환경변화에 따라 소프트웨어를 개선, 수정하고자 하는 경우 소프트웨어가 변경될 수 있는 능력 – 변경 및 오류사항의 교정에 대한 노력 정도	해석성, 안전성, 변경용이성, 시험성
이식성 (Portability)	– 소프트웨어가 다른 하드웨어, 소프트웨어 등의 환경으로 옮겨질 수 있는 능력 – 다른 환경으로 이전되는 소프트웨어의 능력의 정도	적응성, 일치성, 이식작업성, 치환성

문제 **29**	SW 아키텍처 평가방안에 대한 설명 중 잘못된 것은? ① SAAM(Software Architecture Analysis Method)는 기능성과 수정용이성을 위주로 SW아키텍처를 평가한다. ② CBAM(Cost Benefit Analysis Method)는 아키텍처에 소요되는 비용과 해당 아키텍처로 인하여 발생되는 편익을 분석한다. ③ ATAM(Architecture Tradeoff Analysis Method)는 품질속성 간 이해상충관계를 평가한다. ④ ARID(Active Reviews for Intermediate Designs)는 전체아키텍처 전반의 균형적인 관점에서 아키텍처를 평가한다.	

카테고리	소프트웨어 공학〉SA 평가	난이도	
출제횟수		답	④

[문제풀이]

1. ADR과 ATAM의 결합, ARID(Active Review for Intermediate Design)

가. ARID 개요

– 전체 아키텍처를 평가하는 ATAM, SAAM, CBAM과 달리 '부분아키텍처(Subsystem)'를 아키텍처 설계 초기(개념적 단계)에 평가하는 방법

– 시나리오 중심 평가 방법인 ATAM, SAAM, 설계 검토 방법인 ADR(Active Design Review)를 혼합한 아키텍처 평가 방법

– ADR과 ATAM 모두 다 초기 설계를 평가하는 데 유용한 특징을 가지고 있지만 단독으로는 완전하지 않다.

2. 소프트웨어 아키텍쳐 평가 모델 ATAM의 프로세스

가. ATAM(Architecture Tradeoff Analysis Method)의 개요
- 시스템 Quality Goal에 초점을 둔 시나리오 기반 아키텍쳐 평가방법
- 아키텍쳐가 품질 속성을 만족 시키는지 판단, 품질 속성들간 상호작용(Tradeoff)를 정의
- 분석 절차의 명확한 정의
- 아키텍쳐 스타일 및 품질 속성 분석, SAAM(Software Architecture Analysis Method)로 부터 많은 영향을 받음

나. ATAM 평가 프로세스

단계	프로세스		활동/참여자
준비	협력관계 구축 및 아키텍쳐 평가 준비		kick-off미팅, 평가팀 구성준비
평가	아키텍쳐 중심 아키텍쳐 정보 발굴 및 분석, 아키텍쳐 평가팀 구성		ATAM평가 (9단계) 아키텍쳐 평가자, 의사결정자, 다양한 이해 관계자
	Phase 1 Step	ATAM소개 Business Driver 소개 결정된 Architecture 소개 Architecture 접근 방식 규명 Quality Attributes Utility Tree 개발 Architecture 접근 방식 분석	
	Phase 2 Step	Scenario 추출을 위한 Brainstorming과 우선 순위 결정 Architecture 접근방식 재분석(반복 분석) 결과 보고	
후속조치	최종 보고서 작성, 산출물 레파지토리 갱신		아키텍쳐 평가팀, 대상조직

3. 소프트웨어 아키텍쳐 평가 모델 CBAM 프로세스

가. CBAM(Cost Benefit)의 개요
- Architecture를 ROI 관점에서 점검(ATAM에서 부족한 경제성 평가 보강한 평가 방법)
- 시스템이 제공하는 품질에서 얻을 수 있는 이익에 대한 경제적 측면 고려
  Architecture중심의 비용과 이익 기반 ROI를 계산하여 수익이 최대로 되는 Architecture를 선정

나. CBAM평가 프로세스

프로세스		구성도
시나리오 수집	ATAM 결과 활용	
시나리오 정제		
시나리오 우선 순위 결정		
선별한 시나리오의 흐름 – 반응값 곡선 작성		
시나리오 담당하는 아키텍쳐 접근법 검색 후 예상 반응값 결정		
아키텍쳐 접근법의 예상 효용을 계산		
아키텍쳐 접근법의 전체 이익 계산		
아키텍쳐 접근법의 ROI 계산, 우선순위 결정		
비용과 일정 고려한 아키텍쳐 접근법 설정 및 결과 검증		

<table>
<tr><td rowspan="6" align="center">문제 30</td><td>UML관련하여 가장 잘 설명된 것은?</td></tr>
<tr><td>① 모든 영역에 있어서 어떤 구조, 즉 복잡도라도 설명할 수 있는 표기와 의미를 표현가능한 모델링 언어의 필요성이 두각된다.</td></tr>
<tr><td>② 객체지향분석/설계개발 방법론의 표준이 기존에 이미 존재한다.</td></tr>
<tr><td>③ UML은 단순 표기법에 집중되어 있다.</td></tr>
<tr><td>④ 객체지향 개발만을 위한 것이므로 다른 모델을 모델링 시는 불가능하다.</td></tr>
</table>

카테고리	소프트웨어 공학〉UML	난이도	
출제횟수		답	①

[문제풀이]

- UML은 객체지향분석/설계 개발 방법론의 표준이 기존이 존재하지 않아서 대두되었고 UML은 단순 표기법에 집중된 것이 아니라 사용하는 형식과 각각의 표기에 의미를 가진 언어이고 객체지향개발만을 위한 것이 아니라 통합모델링이므로 다른 모델을 모델링 시 사용 가능하다.

1. 객체지향 모델링의 표준 UML의 개요

가. UML(Unified Modeling Language)의 이해

- 소프트웨어 시스템을 가시화, 명세화하고, 구축하며 또한 산출물을 문서화하는 데 사용되는 모델링언어

나. UML 구성요소

- 사물, 구조(클래스), 행동(인터페이스), 그룹(패키지), 주해(노트)
- 관계: 의존, 연관, 일반화/상속화, 실체화 구조
- 다이어그램: 유스케이스, 클래스, 시퀀스, 오브젝트, 디플로이 등

2. Class Diagram의 구성요소 및 관계

[Class Diagram의 구성요소]

종 류	설명
Association(연관)	- 하나의 객체와 다른 객체 사이의 관계 - 인스턴트(객체)사이에 메시지 교환 발생
Aggregation(집합)	- Association의 일종. Association 중 전체와 부분의 관계
Composition(집합)	- Aggregation의 한 형태동일 생명주기, 전체에 강한 소속
Implementation(구현)	- 동일한 것에 대한 다른 추상화 레벨에서 기술
Generalization(일반화)	- 추상적인 Class와 구체적인 Class 사이의 관계
Dependency(의존)	- 하나의 특징이 변화함에 따라 다른 하나에 영향을 미칠 때의 관계

- Public: '+', Package: '~'(Class내부, 동일 패키지로부터 접속)

- Private : ' - '(Class 내부에서만 접근 가능)
- Protected : '#'(Class 내부와 Sub Class로부터 접속 가능)

<table>
<tr><td rowspan="5">문제 31</td><td>ISO 12207의 지원공정에 속하는 공정이 아닌 것은?</td></tr>
<tr><td>① 문서화</td></tr>
<tr><td>② 검증</td></tr>
<tr><td>③ 형상관리</td></tr>
<tr><td>④ 교육훈련</td></tr>
</table>

카테고리	소프트웨어 공학>ISO 12207	난이도	하
출제횟수		답	④

[문제풀이]

- ISO 12207의 특징 및 프로세스(공정)

[ISO 12207의 특징]

특징	설명
SW개발 체계화	- 다양한 SW 개발을 위한 Process, Activity, Task
SW관리 효율화	- 조달자, 공급자 간 역할 명확정의, 계약 및 최적화
SW 품질특성	- 일관성(표준준수, 자동화도구), 생산성(자원, 시간)

[ISO 12207의 프로세스(공정)]

조직공정 ------------------> 기본공정 <------------------ 지원공정
　　　　　　관리활동　　　　　　　　　　　　　지원활동

프로세스	주요내용
기본공정	- 획득, 공급, 개발, 운영, 유지보수
지원공정	- 문서화, 형상관리, 품질보증, 검증, 확인, 감사, 문제해결
조직공정	- 관리, 인프라, 개선, 교육

[ISO 12207의 구조]

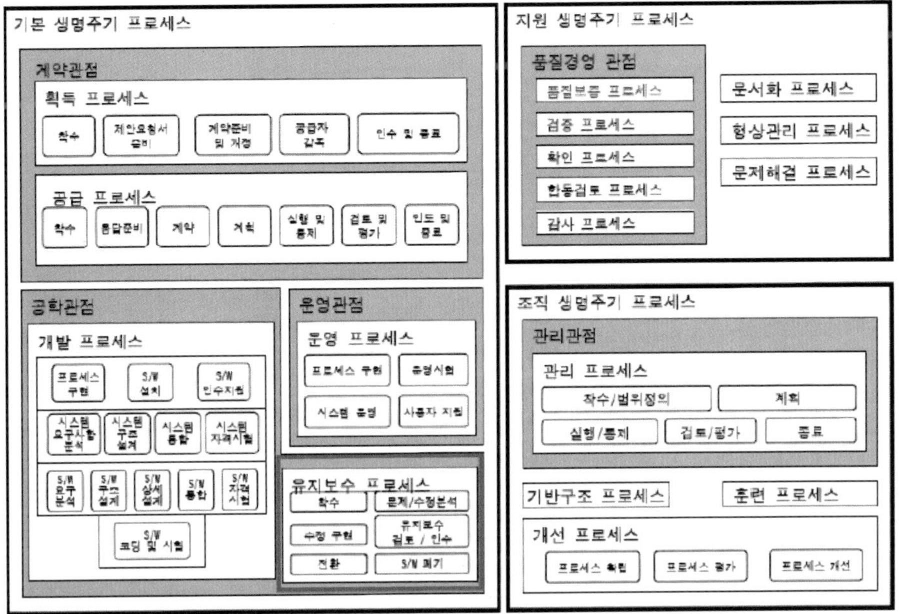

문제 32	조직의 CMMI 성숙도를 단계적으로 표현할 때 "Level 3"로 인정받기 위해 필요한 것은? ① 프로젝트 계획(Project Planning) ② 프로젝트 모니터링 및 제어(Project Monitoring and Control) ③ 요구사항 개발(Requirement Development) ④ 형상관리(Configuration Management)

카테고리	소프트웨어>CMMI	난이도	중
출제횟수		답	③

[문제풀이]

- ① 프로젝트 계획(Project Planning), ② 프로젝트 모니터링 및 제어(Project Monitoring and Control), ④ 형상관리(Configuration Management)은 모두 Level 2에서 인정받기 위한 PA 영역이다.
- CMMI는 성숙도 모델을 제시한다. 성숙도 모델은 각 성숙도를 달성하기 위한 PA(Process Attribute)로 이루진다. 위의 문제는 CMMI 성숙도 단계별로 인증을 위한 PA의 종류를 묻고 있는 것이다.

[CMMI 성숙도 단계별 PA]

성숙도 수준 level	초점 Focus	프로세스 영역 Process
5 최적화 Optimizing	지속적인 프로세스 개선 (Continuous Process Improvement)	조직적 혁신과 배치(Organization Innovation & Deployment) 분석과 해결(Casual Analysis & Revolution)
4 정량적 관리 Quantitatively management	정량적인 관리 (Quantitative management)	조직적 프로세스 성과(Organizational Process Performance) 정량적인 프로젝트 관리(Quantitative Project Management)
3 정의 Defined	프로세스 표준화 (Process standardization)	요구사항 개발 (Requirement Development), 기술적 해결 (Technical Solution) 제품 통합 (Product Integration), 검증 (Verification) 조직적 프로세스 초점 (Organization Process Focus) 조직적 프로세스 정의(Organization Process Definition) 조직적 훈련(Organization Training) 통합된 프로젝트 관리(Integrated Project Management) 통합된 공급자 관리(Integrated Supplier Management) 위험(Risk Management) 결정분석 및 해결(Decision Analysis & Revolution) 통합을 위한 조직적 환경(Organizational Environment for Integration) 통합된 팀 구성(Integrated Teaming)
2 관리 Repeatable	기본적인 프로젝트 관리 (Basic project management)	요구사항 관리(Requirement Management), 프로젝트 계획(Project Planning) 프로젝트 감시 및 제어(Project Monitoring & Control) 공급자 합의 관리(Supplier Agreement Management) 측정과 분석(Measurement & Analysis) 프로세스와 제품 품질 보증(Process & Product Quality Assurance) 형상관리(Configuration Management)
1 실행 Initial		

문제 33	ITGI(IT Governance Institute)에서 제시하는 IT 거버넌스(Governance)의 영역들이다. 다음 중에서 해당되지 않는 것은? ① 전략적 연계(Strategic Alignment) ② 가치 제공(Value Delivery) ③ 위험 관리(Risk Management) ④ 프로그램 관리(Program Management)

카테고리	소프트웨어 품질〉IT 거버넌스	난이도	
출제횟수		답	④

[문제풀이]

[IT 거버넌스 5개 Domain]

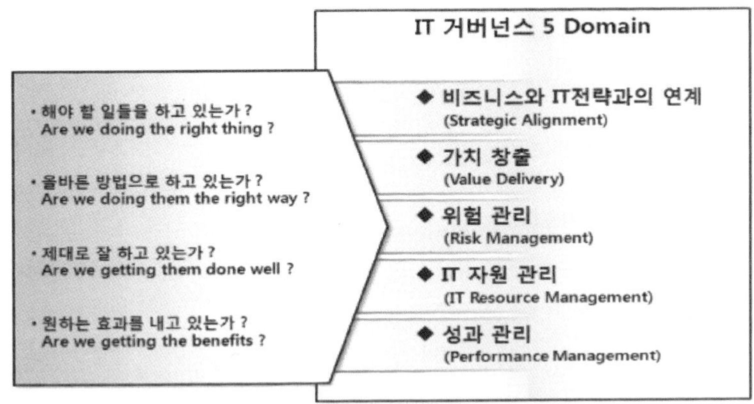

- IT 거버넌스의 목표는 IT 거버넌스 5개 영역(Domain)의 목적이 조직의 경영 목표 및 경영전략에 맞게 달성되었는가에 있으며, 기업은 IT거버넌스의 5개 영역과 관련된 신속한 의사결정을 하기 위하여 이사회와 경영진의 책임과 권한이 명확히 부여된 의사결정체계를 구성해야 한다.
- 5개 영역별 통제 목표는 아래의 참조예시와 같이 수립된다.

가. 통제목표: 1.Strategic Alignment
- 경영자의 경영 철학과 방침에의 정렬
- 전사적 경영 전략과의 정렬
- IT지원실
- 경영 환경과 현실 여건의 검토
- 베스트 프랙티스와의 비교

나. 통제목표: 2.Value Delivery
- 가치 시스템과 조직 구조의 점검
- Value Chain 상의 IT 활동 점검
- Value Chain 활동들 각각의 가치 제공 체계 점검
- 의사 결정 구조 검토
- 베스트 프랙티스와의 비교

다. 통제목표: 3.IT Resource Management
- IT
- 애플리케이션/인프라 자산 관리
- 정보 자산 관리
- 인력 자산 관리
- 베스트 프랙티스와의 비교

라. 통제목표 : 4.Performance Measurement
- IT BSC와 전략 지도
- 측정 지표 관리 정합성
- 서비스 수준 협약과 관리
- 투자 평가와 성과 평가
- IT 포트폴리오 관리

마. 통제목표 : 5.Risk Management
- 법적 준거 등 외적 리스크
- IT 인프라 /서비스 리스크
- 리스크
- 보안과 내부통제

문제 34	다음 중 「정보시스템의 효율적 도입 및 운영 등에 관한 법률」 제6조 (정보기술아키텍처의 도입·운영의 촉진)에 의거하여 정부에서 개발한 "범정부 데이터 참조모형(V1.0)"의 프레임워크 5대 구성요소가 아닌 것은? ① 데이터 표준 ② 데이터 구조 ③ 데이터 분류 ④ 데이터 교환

카테고리	소프트웨어공학〉ITA/EA법〉DRM	난이도	
출제횟수		답	①

[문제풀이]

- ❑ 데이터 참조 모델(DRM, Data Reference Model) 개념
  - ➢ 데이터 아키텍처 기준이 되며, 기관 간에 교환되는 주요 데이터 요소를 분석하여 이를 정의하고 표준화한 참조 모델
  - ➢ 단위는 결국은 데이터를 생성하고 변경하고 참조함

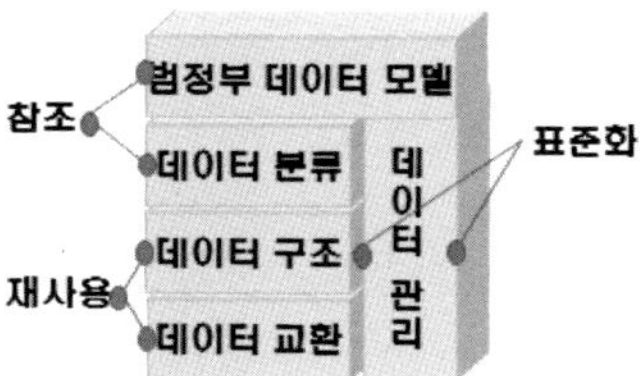

DRM 프레임워크	상세설명
범정부 데이터모델	- 구축 활용되는 데이터 식별, 데이터 영역간 관계 도식화 - 개별기관은 데이터 모델을 참조하여, 범정부에서 구축 및 운영되는 데이터 확인
데이터분류	- 범정부 데이터에 대한 분류기준을 정의한 것 - 데이터 모델의 데이터들은 '데이터 분류'에 따라 그룹핑 되고 분류 체계도 매핑 - 데이터 분류 체계를 활용함으로써 데이터 관리 및 검색이 효율 증대
데이터구조	- 궁극적으로는 주요한 표준 데이터요소를 등록하여 이를 공유 및 재사용 - 데이터 구조에서 다루는 모든 항목들은 실제도 참조-재사용하게 되는 개체들 - 표준화가 적용된 개체들에 대해서 참조-재사용이 가능
데이터교환	- 데이터 요소의 교환을 위하여 교환 메시지 구조 제시, 필요에 따라 교환 내역 관리 - 데이터 교환 블록에서 정의한 데이터 교환 패키지를 통해서 데이터 요소를 참조-재사용
데이터관리	- 데이터 품질, 표준화, 보안 등의 유지를 위한 데이터 관리 원칙과 조직, 절차 가이드

- DRM의 5개 영역은 범정부 데이터 모델, 데이터 분류, 데이터 구조, 데이터 교환, 데이터 관리 부문이다.
- 이는 각각 데이터 참조, 재사용 및 표준화를 위하여 5개 영역으로 프레임워크를 구성하였다.

문제 35 (제9회 기출)	소프트웨어 형상관리(Configuration Management)에 대한 설명으로 가장 적합하지 않은 것은? ① 프로그램 변경을 관리하는 것으로 설계서, 소스코드, 목적코드뿐만 아니라, 프로젝트 계획서, 분석서, 테스트 케이스, 회의록 기안 등이 대상이 된다. ② 형상관리가 제대로 되어 있으면 유지보수가 쉬워진다. ③ 소프트웨어 변경 승인은 개발자가 결정한다. ④ 형상관리는 대상 항목에 대한 베이스라인을 정하여 현재의 상태를 관리한다.

카테고리	소프트웨어 모델>형상관리	난이도	하
출제횟수		답	③

[문제풀이]

1. SW 개발 단계의 무결성 확보 수단 형상관리
가. 형상관리(Configuration Management)의 정의: SDLC의 단계별 산출물을 식별하고 체계적으로 관리하여 SW의 가시성 및 추적성을 부여하여 품질을 향상시키는 기법

나. 형상관리 개념도

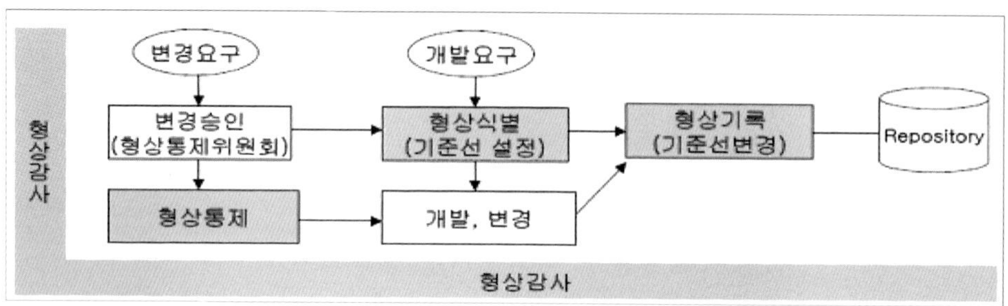

2. 형상관리 기법 및 절차

가. 형상관리 기법

기법	내용
형상식별	형상관리 대상 식별, 관리번호부여(Baseline 설정), 형상관리위원회 조직
형상통제	식별 형상항목의 변경요구 검토, 승인, 반영 통제
형상감사	BaseLine 무결성 평가(V&V)
형상기록	형상 변경관리 기록(Repository)/보고

나. 형상관리 절차

SDLC 단계	기준선	형상관리 항목
계획	기능적 기준선	SW 개발계획서, 시스템명세서, 요구분석서
분석	분배적 기준선	자료흐름도, 자료사전
설계	설계 기준선	기본설계명세서, 상세설계 명세서
구현	시험 기준선	

문제 36	프로젝트 초기에 요구사항이 애매한 시스템 개발에 적용하기에 가장 적합하지 않은 소프트웨어 생명주기 모델은? ① 폭포수(Waterfall) 모델 ② 프로토타입(Prototype) 모델 ③ 나선형(Sprial) 모델 ④ XP(eXtreme Programming)

카테고리	소프트웨어 공학>생명주기모델	난이도	
출제횟수		답	①

[문제풀이]

- 폭포수는 요구사항, 분석, 설계, 구현, 테스트 단계로 순차적으로 이루어진 모델이며 이전 단계의 완벽성을 특징으로 한다. 즉, 설계 수행 중에 분석으로 되돌아갈 수가 없다.
- 그러므로 각 단계는 산출물의 완벽성을 요구한다. 하지만 폭포수는 사용자가 소프트웨어를 볼 수 있는 시점이 완료된 이후이므로 사용자 요구사항 분석이 어려운 문제점을 가지고 있다. 그러므로 신규사업과 같은 프로젝트보다는 이미 경험이 있고 위험 낮은 프로젝트 모델로 적당하다.

문제 37	다음중 McCall의 품질요구척도에서 제품개정(Product revision) 측면에서의 품질인자(Quality factor)에 해당하지 않는 것은? ① 이식성(Portability) ② 유지보수성(Maintainability) ③ 유연성(Flexibility) ④ 시험성(Testability)

카테고리	소프트웨어 공학〉품질모델	난이도	
출제횟수		답	①

[문제풀이]

- 소프트웨어 품질모델의 발전역사는 McCall에 의하여 발전을 하여 ISO 9126까지 발전하여 왔다.

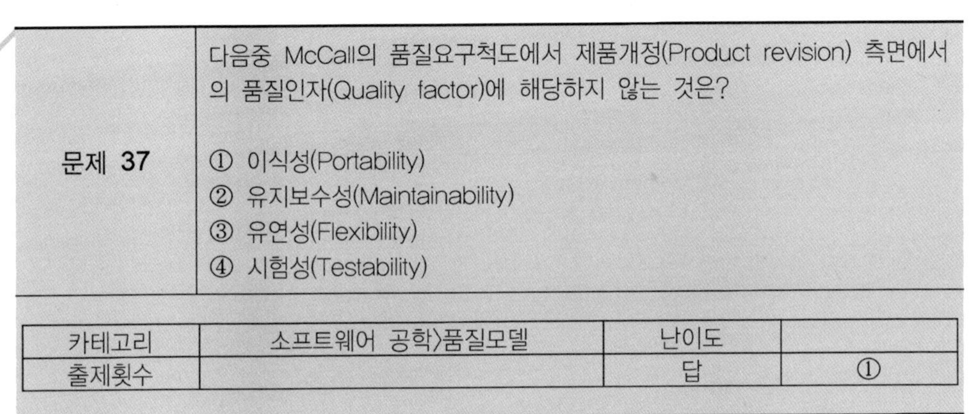

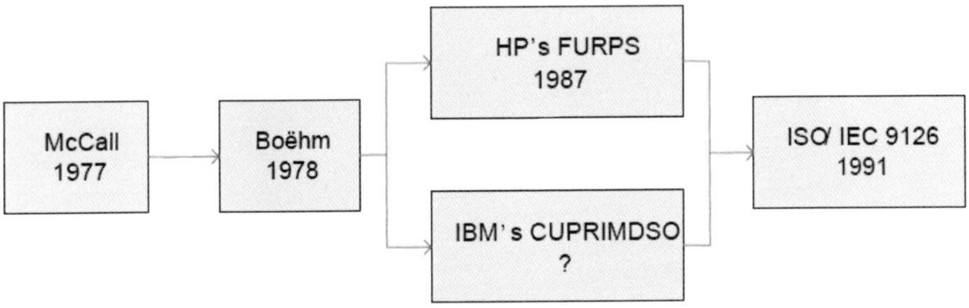

- McCall 품질요구척도 모델에서 3가지 측면으로 접근한다.
1) Product Operation
2) Product Revision
3) Product Transition

품질모델

- McCall 모델

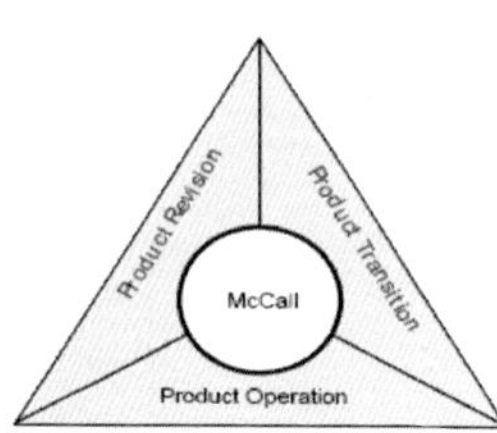

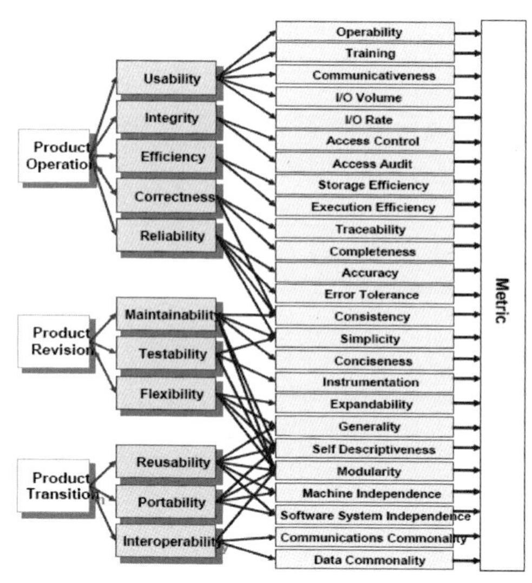

− Product Revision 측면에서 ② 유지보수성(Maintainability), ③ 유연성(Flexibility), ④ 시험성(Testability)에 해당하고, ① 이식성(Portability)은 Product Transition 에 해당한다.

문제 38	ITIL의 서비스 지원 프로세스 설명 중 틀린 것은? ① 서비스 데스크(Service Desk)는 고객과 IT 서비스 관리 사이의 중앙 단일접점 기능(Function)을 제공하며, ITIL의 지원 프로세스에는 속하지 않는다. ② 형상관리(Config)는 통제 범위에 속하는 모든 IT 구성 요소에 대한 확인·기록 및 리포트 기능을 수행한다. ③ 변경관리(Change)는 변경 관련된 인시던트의 영향을 최소화하고 일상 운영을 개선하기 위한 모든 변경을 신속/효율적으로 처리하기 위해 표준화된 방법 및 절차를 사용한다. ④ 인시던트 관리(Incident)는 IT인프라 에러에 의해 발생된 인시던트와 문제의 부정적 영향을 최소화하고 에러와 관련 인시스던트 재발방지를 위해서 근본원인을 찾고 에러를 제거하는 프로세스이다.

카테고리	소프트웨어 공학〉ITIL	난이도	
출제횟수		답	④

[문제풀이]

영역	프로세스 명	기능 및 목적
서비스 제공	서비스수준관리 (Service Level)	- 고객의 비즈니스 목표 달성 및 만족도 증가를 위하여 IT서비스 수준에 대한 합의, 모니터링, 보고, 서비스개선 활동 등과 같은 반복적인 SLM 프로세스를 통하여 IT 서비스 품질을 개선 유지(Point of Contact)
	재무관리(Financial)	- IT자산/자원 효율적 비용사용을 위한 관리(Budgeting,Accounting,Charging)
	용량 관리(Capacity)	- 현재와 미래의 비즈니스 요구 사항에 부합하는 IT 자원의 성능과 용량을 비용 효율적으로 만족시키기 위함(비즈니스용량,서비스용량,자원용량)
	가용성 관리 (Availability)	- 최적의 비용으로 고객의 비즈니스 목표 달성을 위한 가용성 수준을 유지 하기 위한 지원 조직, 서비스 및 IT 인프라의 **Capability**를 최적화(MTBSI)
	IT 서비스 연속성 관리 (IT Service Continuity)	- IT 서비스의 연속성을 저해하는 상황발생시 동의된 시간 및 범위 내에서 IT 서비스의 복구 및 연속성을 보장
서비스 지원	서비스 데스크 기능 (Service Desk)	- 고객과 IT서비스관리 사이의 중앙 단일접점 기능(Function), 인시던트/ 서비스요청 처리. 변경,장애,릴리스,SLM등의 활동을 위한 인터페이스 제공
	인시던트관리(Incident)	- 정상적인 서비스운영의 신속한 복구와 IT운영에 대한 부정적 영향 최소화
	문제 관리(Problem)	- IT인프라 에러에 의해 발생된 인시던트와 문제의 부정적영향을 최소화하고 에러관련 인시스던트 재발방지. 문제관리:근본원인을 찾고 에러제거 활동
	변경 관리(Change)	- 변경 관련 인시던트 영향을 최소화하고 일상 운영을 개선하기 위한 모든 변경을 신속/효율적으로 처리하기 위해 표준화된 방법 및 절차를 사용
	릴리즈 관리(Release)	- 전체적인 IT서비스 변경을 고려, 릴리즈의 기술적인 면과 비기술적인 면이 함께 고려되는지 확인하는 기능
	형상관리(Config)	- 통제 범위에 속하는 모든 IT 구성 요소에 대한 확인. 기록 및 리포트 기능

- 인시던트 관리는 정상적 서비스 운영을 위하여 임시해결책을 동원해서라도 신속한 복구를 통해 부정적 영향을 최소화하는 활동이다. 근본적인 원인(Root Cause)을 찾아 제거하는 활동은 문제관리(Problem) 프로세스이다.

문제 39	모듈의 독립성을 높이는 데는 두 가지 방법이 있다. 하나는 각각의 모듈 내부에서의 관련성이 최대가 되도록 하는 것으로써 모듈의 응집도(Cohesion)를 높이는 것이고, 또 다른 하나는 모듈 사이의 관련성을 최소가 되도록 하는 것으로서 결합도(Coupling)를 낮추는 것이다. 다음 중 모듈의 응집도(Cohesion)에 대한 설명 중 틀린 것은? ① 절차적 응집도(Procedural Cohesion)는 순차적으로 처리되어야 하는 작업들이 순서적으로 모여 있는 경우이다. ② 기능적 응집도(Functional Cohesion)는 한 모듈 내부의 한 기능 요소에 의한 출력자료가 다음 기능 원소의 입력자료로 제공되는 형태이다. ③ 통신적 응집도(Communication Cohesion)는 동일한 입력과 출력을 사용하는 소작업들이 모인 모듈에서 볼 수 있다. ④ 논리적 응집도(Logical Cohesion)는 유사한 성격을 갖거나 특정형태로 분류되는 처리요소들로 하나의 모듈이 형성되는 경우이다.

카테고리	소프트웨어 공학>결합도와 응집도	난이도	
출제횟수		답	②

[문제풀이]

- 한 모듈 내부의 한 기능 요소에 의한 출력자료가 다음 기능 원소의 입력자료로 제공되는 형태의 응집도는 순차적 응집도(Sequential Cohesion)이다.
- 기능적 응집도(Functional Cohesion)는 모듈 내의 모든 요소들이 단일 기능을 수행하는 응집도로서 가장 바람직한 모듈화이다.

1) 응집도의 정의

하나의 모듈 내부의 처리 요소들간의 기능적 연관성을 측정하는 척도

2) 응집도의 특징

- 정보은닉(Information Hiding) 개념의 확장
- 가장 응집도가 높은 모듈은 단지 하나의 기능만을 실행해야 함

3) 응집도의 목표

- 가능한 높은 응집도를 추구하여 유지보수 용이성 확보
- 모듈간의 결합도를 최소화하여 각 모듈은 양호한 응집도 추구

4) 모듈 응집도 스펙트럼

① 기능적 응집도(Functional Cohesion)
 - 모듈내의 모든 요소들이 단일 기능을 수행
② 순차적 응집도(Sequential Cohesion)
 - 모듈내의 한 요소의 출력이 다음 요소의 입력으로 사용
③ 통신적 응집도(Communicational Cohesion)
 - 모듈내의 요소들이 동일한 입출력 자료를 이용하여
   서로 다른 기능 수행
④ 절차적 응집도(Procedural Cohesion)
 - 모듈의 수행 요소들이 반드시 특정 순서대로 수행
⑤ 일시적 응집도(Temporal Cohesion)
 - 모듈 기능 요소들이 같은 시간에 모두 실행
⑥ 논리적 응집도(Logical Cohesion)
 - 논리적으로 유사한 기능을 수행하지만 서로 관계는
   밀접하지 않음
⑦ 우연적 응집도(Coincidental Cohesion)
 - 모듈 내 요소들이 뚜렷한 관계 없이 존재

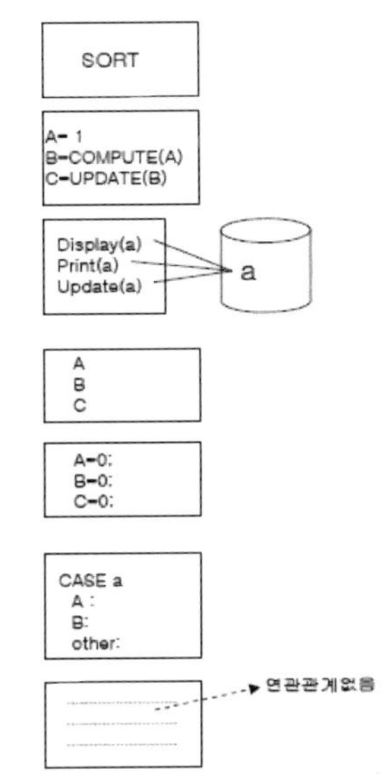

문제 40	SW아키텍처 스타일에 대한 다음 설명 중 틀린 것을 고르시오. ① 비슷한 영역을 공유하는 시스템 간 아키텍처 유사성. 패턴으로서 중요한 아키텍처 종류를 설명한다. ② Repository 모델은 각 서브시스템이 자신의 데이터베이스를 유지한다. 데이터는 서브시스템 사이에 메시지를 전달하여 상호 교환된다. ③ Client Sever 모델은 많은 분산 프로세스를 갖는 네트워크 시스템을 효과적으로 이용 가능케 하는 모델이다. ④ 다양한 아키텍처 스타일 모델을 혼재해서 사용하는 것은 시스템 설계의 복잡성을 증대시키므로 피해야 한다.

카테고리	소프트웨어 공학〉소프트웨어 아키텍처	난이도	
출제횟수		답	①

[문제풀이]
 - 하나의 시스템에 여러 개의 아키텍처 스타일이 혼재되어서 사용되는 것이 일반적이다.

❏ 디자인 패턴
  ❖ **Gang of Four**
  ❖ 코딩의 방법을 기술(how)
❏ 아키텍처 패턴
  ❖ 아키텍처 스타일
  ❖ 구조의 특성을 기술(what)

❏ 일반적인 아키텍쳐 스타일

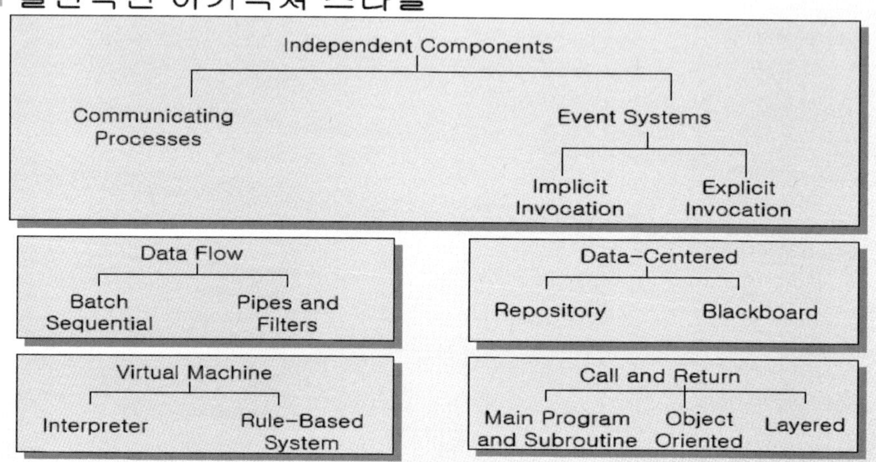

| 문제 41 | GoF 디자인 패턴은 객체생성, 구조개선, 행위개선 유형으로 분류된다. 분류 유형과 디자인 패턴이 잘못 연결된 것은?

① 객체 생성 – Adapter 패턴
② 구조 개선 – Façade 패턴
③ 행위 개선 – Interpreter 패턴
④ 행위 개선 – State 패턴 |

카테고리	소프트웨어 공학〉디지인패턴	난이도	중
출제횟수		답	①

[문제풀이]

GoF패턴 유형별 분류

구분		Creational Pattern (생성패턴)	Structural Pattern (구조패턴)	Behavioral Pattern (행위패턴)
의미		객체의 생성방식을 결정하는 패턴	Object를 조직화하는데 유용한 패턴	Object의 행위를 Organize, Manage, Combine하는 데 사용되는 패턴
범위	클래스	Factory Method	Adapter(Class)	Interpreter, Template Method
	객체	Abstract Factory, Builder, Prototype, Singleton	Adapter(Object), Bridge, Composite, Decorator, Facade, Flyweight, Proxy	Command, Iterator, Mediator, Memento, Observer, State, Strategy, Visitor

문제 42	다음은 소프트웨어 형상관리에서 베이스라인(Baseline)을 설명한 것이다. 틀린 것은? ① 기능적 베이스라인은 사용자의 요구분석 사양서를 검토하는 시점을 말한다. ② 분배적 베이스라인은 기본설계사양서나 이 문서를 검토하는 시점을 말한다. ③ 설계 베이스라인은 설계사양서를 검토하는 시점을 말한다. ④ 제품 베이스라인은 사용자 환경에서 설치 가능한 제품의 품질을 사용자 입장에서 평가하는 시점을 말한다.

카테고리	소프트웨어 공학>형상관리	난이도	
출제횟수		답	④

[문제풀이]

– 사용자 환경에서 설치가능한 제품의 품질을 사용자 입장에서 평가하는 시점은 운영 기준선이다.

개발단계	기준선	설명
계획	**기능적** 기준선	– 요정의서 검토 – 시스템명세서. 개발 계획서
요구분석	**할당** 기준선	– 하위시스템에 할당검토 – 자료흐름도, 자료사전
설계	**설계** 기준선	– 설계명세서 검토 – 자료구조도, 시스템 구조도, 기능설계서
구현	**시험** 기준선	– 코드 및 테스트문서 검토 – 원시/목적/실행 코드, 단위시험 보고서
시험	**제품** 기준선	– 제품 품질 검토 – 통합시험 보고서, 기 /성능 시험 보고서
설치/운영	**운영** 기준선	– 운영시 작동 수준 – 개발된 소프트웨어, 사용자 및 관리자 지침서

@@@@

	다음은 유스케이스(Usecase) 모델이다. 설명이 틀린 것은?
문제 43	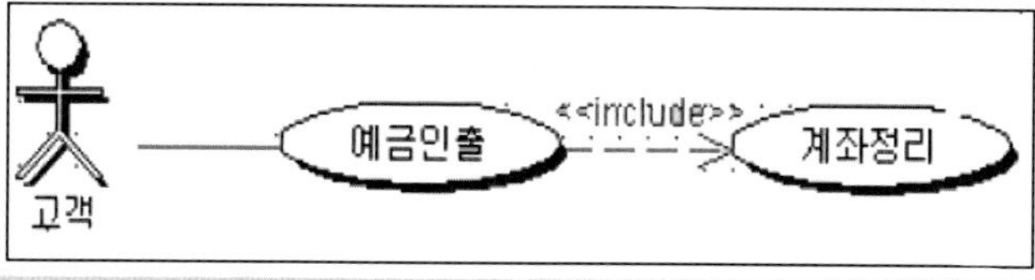 ① include는 확장 유스케이스에서 어떤 조건을 만나면 선택적으로 자신의 행동이 다른 유스케이스 행동으로 이동한다. ② 《 》는 스테레오 타입을 의미하며 구현과 관련된 사항은 언급하지 않고 요소의 역할에 추가적인 정보를 제공한다. ③ 예금인출은 실제로 예금계좌를 갱신하지 않고 계좌정리에게 위임하여 처리한다. ④ 고객과 예금인출은 연관관계이며 행위자와 유스케이스가 메시지를 교환함을 뜻한다.

카테고리	소프트웨어 공학>UML	난이도	
출제횟수		답	①

[문제풀이]

– ①의 설명은 Include가 아니라 Extend에 대한 설명이다.
– UML에는 사용자가 다양하게 정의하여 사용할 수 있는 타입을 지원해 준다. 그것이 스

테레오 타입이다. 스테레오 타입은 《   》로 표시하며 사용자가 정의하여 사용할 수가 있는 것이다.

- 하지만 이러한 스테레오 타입 중에서 미리 예약되어 있는 것이 있는데 그것은 《boundary》, 《control》, 《entity》, 《include》, 《extend》 이런 것이다.
- Include는 한 유스케이스가 다른 유스케이스를 포함하는 관계를 의미한다.
- 즉, 결제라는 유스케이스는 현금결제와 카드결제라는 유스케이스로 이루어질 수 가 있다.
- 하지만 Extend는 특정한 조건을 만족하면 포함하는 관계이다.

- 일반화(Generalization) 관계 : 어떤 Use-case가 다른 Use-case의 역할을 상속받아 구체화될 경우, Use-case 간의 관계를 일반화 관계로 표현

- 포함 (Include) 관계 : 두 개 이상의 Use-case에서 공통으로 이벤트 흐름이 존재할 때, 공통된 이벤트 흐름을 별도의 Use-case로 추출

- 확장 (Extension) 관계 :
  - **Use-case**의 일부분이 선택적일 경우
  - **Use-case**의 일부분이 특정 조건에 의해서 발생할 경우
  - 기존 **Use-case**를 수정하지 않고 새로운 요구사항을 추가로 표현하고자 할 경우

문제 44	화이트 박스 검사라 함은 제품의 내부 작용을 파악하기 위해 제품의 내부 요소들이 명세서에 따라 수행되고 충분히 실행되는가를 보장하기 위한 검사를 말한다. 프로그램 내의 단계적 내용을 자세히 검토하는 데 목적을 두며, 소프트웨어의 논리적인 경로는 특정 조건과 루프를 수행하는 조건을 구하고 이를 이용하여 검사한다. 다음 중 화이트 박스 검사에 해당하지 않는 것은? ① 루프검사 ② 기초경로검사 ③ 조건검사 ④ 동등분할검사

카테고리	소프트웨어 공학〉소프트웨어 테스트	난이도	하
출제횟수		답	④

[문제풀이]

[블랙박스 테스트의 종류]

구분	설명	사례
동등분할기법	다양한 입력값의 동등한 분배	0〉X,0〈X〈100,X〉100
경계값분석기법	경계값 기준으로 결과의 정확성	X=−1, X=100
원인 · 결과그래프	입력값이 결과에 미치는 영향 그래프화	입력과 결과의 그래프
오류예측기법	감각과 경험에 의한 테스트	Enter 입력 시 다운

[화이트박스 테스트의 종류]

구분	설명
구조적기법	프로그램의 논리적인 복잡도를 측정 평가
루프 테스트	프로그램의 루프 구조에 국한하여 실시

문제 45	다음은 프로토타입을 지속적으로 발전시켜 최종 소프트웨어 개발에 이르도록 하기 위한 진화적(Evolutionary) 개발방법인 B. Boehm의 나선형 모델(Spiral Model)의 각 진화단계를 나타낸 것이다. 틀린 것은? ① Planning: 목표, 제약조건을 설정한다. ② Risk Analysis: 위험요소들을 분석하고 관리기술을 통해 해소한다. ③ Implementation: 현 단계의 프로토타입을 개발한다. ④ Customer Evaluation: 개발된 프로토타입을 평가한다.

카테고리	소프트웨어 공학〉생명주기모델(SDLC)	난이도	
출제횟수		답	③

[문제풀이]

– 나선형 모델의 단계별 활동

1) 계획수립(Planning): 목표, 방법, 제약조건의 결정
2) 위험분석(Risk Analysis): 위험 요소들의 분석과 해결
3) 개발(Implementation): 선택된 기능의 개발**(다음 단계의 프로토타입 개발 및 테스트)**
4) 고객평가(Customer Evaluation): 개발된 프로토타입의 평가

– 나선형 모델의 특징

1) 대규모 시스템 개발에 따른 재정적 또는 기술적으로 위험부담이 큰 경우 적합한 모델
2) 비선형적, 반복적 개발 지행으로 소프트웨어 품질 중 강인성을 높일 수 있는 방법

3) 초기 위험분석에서 핵심적인 위험요소가 발견되지 않으면 실패 확률이 높아짐

[SDLC의 유형별 특징]

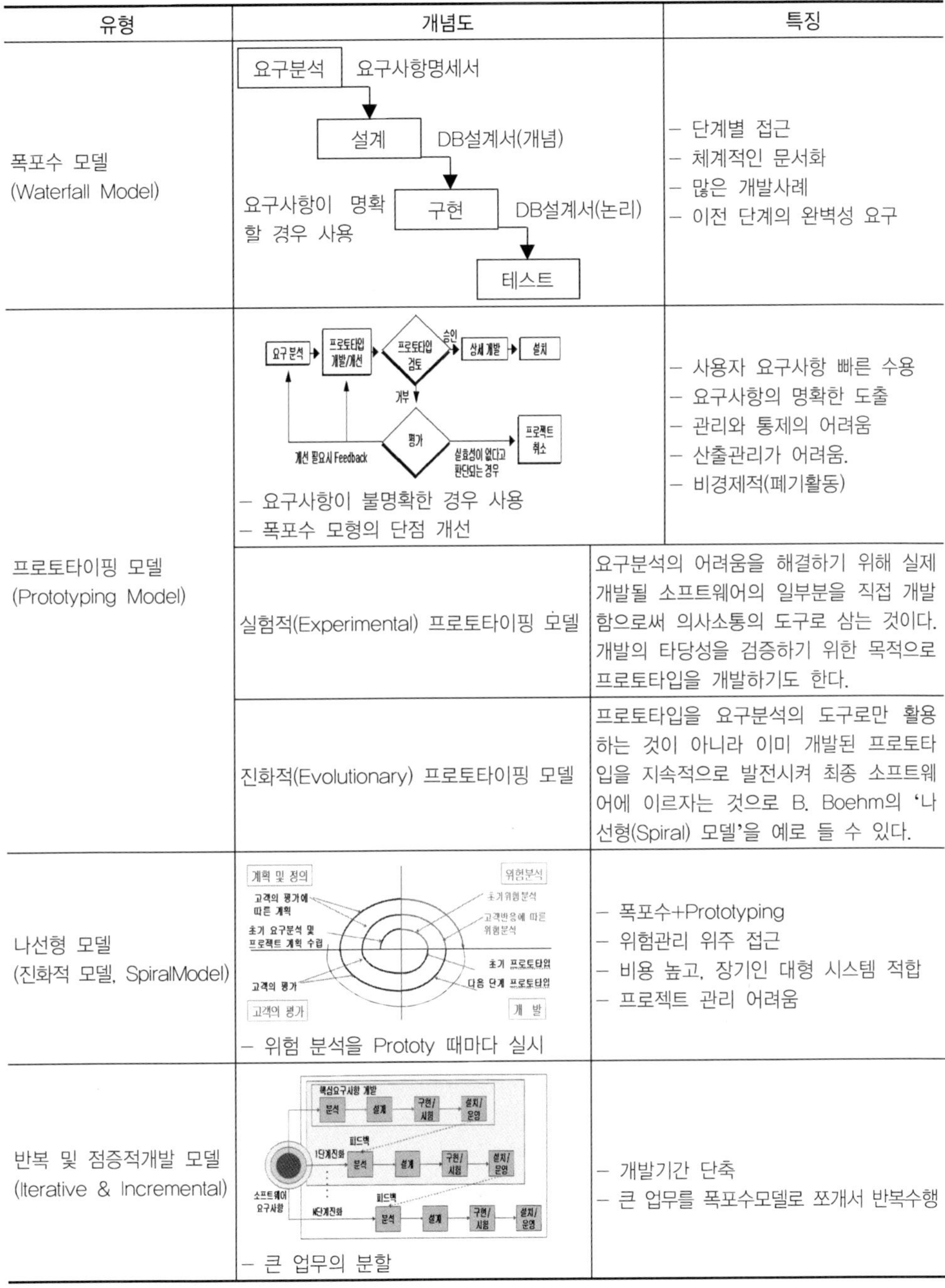

유형	개념도	특징
폭포수 모델 (Waterfall Model)	요구분석 → 요구사항명세서 설계 → DB설계서(개념) 구현 → DB설계서(논리) 테스트 요구사항이 명확할 경우 사용	– 단계별 접근 – 체계적인 문서화 – 많은 개발사례 – 이전 단계의 완벽성 요구
프로토타이핑 모델 (Prototyping Model)	– 요구사항이 불명확한 경우 사용 – 폭포수 모형의 단점 개선 실험적(Experimental) 프로토타이핑 모델 요구분석의 어려움을 해결하기 위해 실제 개발될 소프트웨어의 일부분을 직접 개발함으로써 의사소통의 도구로 삼는 것이다. 개발의 타당성을 검증하기 위한 목적으로 프로토타입을 개발하기도 한다. 진화적(Evolutionary) 프로토타이핑 모델 프로토타입을 요구분석의 도구로만 활용하는 것이 아니라 이미 개발된 프로토타입을 지속적으로 발전시켜 최종 소프트웨어에 이르자는 것으로 B. Boehm의 '나선형(Spiral) 모델'을 예로 들 수 있다.	– 사용자 요구사항 빠른 수용 – 요구사항의 명확한 도출 – 관리와 통제의 어려움 – 산출관리가 어려움. – 비경제적(폐기활동)
나선형 모델 (진화적 모델, SpiralModel)	– 위험 분석을 Prototy 때마다 실시	– 폭포수+Prototyping – 위험관리 위주 접근 – 비용 높고, 장기인 대형 시스템 적합 – 프로젝트 관리 어려움
반복 및 점증적개발 모델 (Iterative & Incremental)	– 큰 업무의 분할	– 개발기간 단축 – 큰 업무를 폭포수모델로 쪼개서 반복수행

문제 46	IBM의 A. J. Albrecht가 소프트웨어 생산성을 측정하기 위하여 개발한 기능점수(Function point) 모형에서 소프트웨어 기능 증대요인에 해당하지 않는 것은? ① 자료입력(입력양식) ② 정보복잡도 ③ 정보출력(출력보고서) ④ 외부 인터페이스

카테고리	소프트웨어 공학〉	난이도	
출제횟수		답	②

[문제풀이]

– 소프트웨어 기능점수

1) Albrecht가 최초로 제안했다.
2) 입출력의 수, 질의문의 수, 파일의 수, 외부 인터페이스의 수들을 집합시켜 소프트웨어가 제공해야 하는 하나의 기능점수로 환산한다.
3) 데이터 복잡도가 낮고 처리 알고리즘이 중요한 소프트웨어에는 적합하지 못하다.

문제 47	다음 중 하향식(Top–Down) 테스트에 대한 설명으로 부적합한 것은? ① 상위모듈부터 테스트한다. ② 중요한 모듈을 먼저 테스트한다. ③ 테스트 드라이버를 작성한다. ④ Menu–driven 화면구성에서 많이 사용한다.

카테고리	소프트웨어 공학〉	난이도	
출제횟수		답	③

[문제풀이]

– 통합테스트 방법 중 하향식과 상향식은 다음과 같다.

1) 하향식 통합
- 시스템의 상위층에서 하위층의 모듈을 점증적으로 통합하면서 시험
- 시험환경의 사용이 분산되고 오류의 발견을 Localize 가능
- 상위층을 먼저 시험
- 부시스템 간의 인터페이스에 대한 조기 시험 가능

- Stub의 사용으로 조기에 시스템의 모습을 사용자에게 제시 가능
- 완성될 시스템의 모습을 조기에 보여줄 수 있는 점이 유리
  (문제점 1) 입출력 수행 모듈이 대부분 최하위에 속해 있으므로 시험 수행에 어려움이 있다.
  (문제점 2) 마지막에 통합이 되므로 시스템 전체의 테스트 케이스 작성이 어렵다.
  (문제점 3) 최하위 계층의 모듈에 대한 시험이 불충분할 수 있다.

2) 상향식 통합

- 시스템의 최하위층에서 상위층의 모듈을 점증적으로 통합하면서 시험
- Stub 필요 없고 드라이버가 필요
- 시험환경의 사용이 분산되고 오류의 발견을 Localize 가능
- 입출력 수행 모듈이 대부분 최하위에 속해 있으므로 시험을 많이 수행하게 됨.
- 하위층에 중요 모듈이 있는 경우 유리한 시험 방법
  (문제점 1) 시험의 초기에 시스템에 대한 골격이 보여지지 않음.
  (문제점 2) 상위층의 중요한 인터페이스도 마지막에 시험이 가능해짐.
  (문제점 3) 개발 의뢰자가 시스템을 사용해 볼 수 있는 기회가 충분치 않게 된다.

가. Test Driver의 개념도

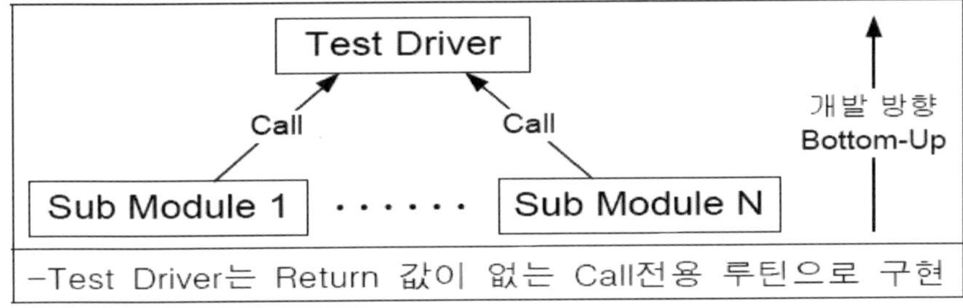

나. Stub의 개념도

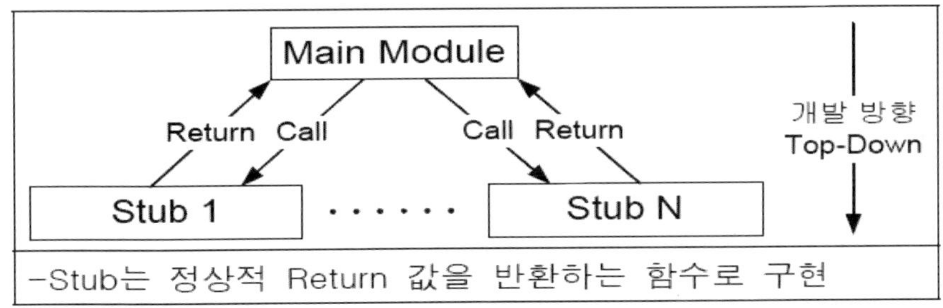

다음 중 요구사항을 개발하는 데 쓰이는 SREM(Software Requirements Engineering Methodology)의 구성요소가 아닌 것은?

문제 48

① RNet(Requirement Network)
② RSL(Requirement Statement Language)
③ REVS(Requirement Engineering and Validation System)
④ RAM(Responsibility Assignment Matrix)

카테고리	소프트웨어 공학>요구사항	난이도	상
출제횟수		답	④

[문제풀이]

- RNet: 도식표기법
- RSL: 기술언어
- REVS: 표기 규칙 및 언어 문법으로 검증하는 도구

「소프트웨어 사업대가의 기준(정보통신부 고시 제2007-39호)」과 관련된 사항 중 틀린 것은?

문제 49

① LOC(Line Of Code) 방법을 이용한 규모 산정시 코드라인수는 프로그램 실행문은 물론이고 프로그램 환경선언, 데이터선언 및 주석 등을 모두 포함하여 산정한다.
② 투입인력의 직접인건비는 한국소프트웨어산업협회가 조사 및 공표하는 「소프트웨어기술자 등급별 노임단가」를 적용하여 산정한다.
③ 소프트웨어사업에 소요되는 직접경비에는 당해 소프트웨어사업에 특별히 필요로 하는 컴퓨터시스템 사용료 혹은 소프트웨어 도구 사용료 등이 포함된다.
④ 소프트웨어 개발비 산정은 기능점수 방법과 LOC(Line Of Code) 방법 등을 이용하고 있다.

카테고리	소프트웨어 공학>소프트웨어 비용대가	난이도	
출제횟수		답	①

[문제풀이]

가. 투입인력의 직접인건비는 「소프트웨어산업진흥법 시행령」 제16조의 규정에 의한 소프
  트웨어기술자 등급별 노임단가를 적용하여 산정함을 원칙으로 한다.

나. 코드라인수 방식

– 코드라인수는 프로그램언어인 COBOL, FORTRAN, JAVA, C++, Assembly, PL/1,
  XML, VB 등의 프로그래밍 언어의 규약에 따라 각종 지시 명령을 기술한 최소 단위로
  서 단문과 유사한 개념으로 각 프로그램 언어별로 특수성이 있다. 코드라인수는 프로그
  램 실행문은 물론이고 프로그램 환경선언, 데이터선언 등을 포함한다.

– 본 기준에서는 코드라인수를 프로그램 중 **주석(comments)문을 제외한** 프로그램의 논
  리적코드라인수(Line of Code)의 의미로 사용한다.

1) 물리적 코드라인수(Physical Lines of Code)는 빈 라인과 주석을 제외한 라인수를 말
  하며 흔히 SLOC(Source Lines Of Code)로 불린다.

2) 논리적 코드라인수(Logical Lines of Code)는 명령어들의 물리적인 형태와는 독립적으
  로 코드상의 논리(Logic)의 양으로 산정한 코드라인수를 말한다.

문제 50	애플리케이션이 사용자에게 제공하는 기능을 측정하기 위한 기능점수분석 (Function Point Analysis)의 기본원칙을 잘못 기술한 것은? ① 구현을 위해 사용되는 기술(Technology)을 반영하는 "how"의 문제이다. ② 사용자가 요청하여 제공되는 기능량(Functionality)을 측정하기 위하여 논리설계(Logical design)에 기초한다. ③ 측정과정의 모호함을 줄이기 위해 측정단위를 아주 상세화한다. ④ 프로젝트 및 조직에 무관한 일관된 기준을 제시한다.

카테고리	소프트웨어 공학〉기능점수	난이도	중
출제횟수		답	①

[문제풀이]

– 기능점수분석은 "how"가 아닌 "what"의 문제이다.

1. 기능중심 매트릭스(FP)의 특성 및 구성요소

가. FP의 특성

– 기능을 중심으로 소프트웨어와 개발과정에 대한 간접척도(양, 질 동시 고려)

– FP(Function Point)는 1979년 Albrecht가 제안한 정보처리규모와 기능적 복잡도에 의
  해 소프트웨어 규모를 사용자의 관점에서 측정

– 프로젝트 완료 후 생산성 평가목적으로 개발되었으나 사전 예측모델로 이용

나. **FP**의 구성요소(5가지 측정 항목)

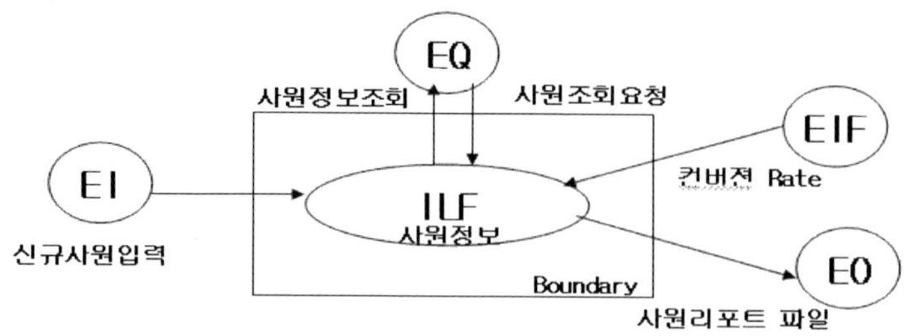

구분	설명
EI(External Input)	외부입력측정(사용자 입력 개수)
EO(External Output)	외부출력측정(사용자 출력 개수)
EQ(External InQuery)	외부조회 측정(사용자 질의 개수)
ILF(Internal Logical File)	내부파일 개수
EIF(External Interface File)	외부 인터페이스 개수

2. 기능중심 매트릭스(FP)의 활용 및 장단점
가. 기능중심 매트릭스(FP)의 활용
- 생산성=FP/노력
- 품질: 오류발생률=오류의 수/FP
- 결함발생률=결함의 수/FP
- 비용 효율성=비용/FP
- 문서화=문서의 페이지수/FP

[기능중심 매트릭스(FP)의 장단점]

장점	프로그래밍 언어와 독립적
단점	- 주관적인 자료에 기초한 계산이며 숙련된 기술 요구 - 정보를 모으기가 어렵고 직접적인 의미를 갖지 못함 - 사용자 관점이므로 감추어진 EI, EQ, EO를 찾기 어렵고, 사용되는 파일 수를 정확히 찾기 어려움

3. 기능중심 매트릭스(FP)의 계산방법

가. 단계 1: **FP** 테이블에 따른 기능수 계산

기능유형	Count	단순	보통	복잡	기능수(FC)
외부입력	[　]*	3	4	6	= [　]
외부출력	[　]*	4	5	7	= [　]
외부조회	[　]*	3	4	6	= [　]
내부논리파일	[　]*	7	10	15	= [　]
외부인터페이스파일	[　]*	5	7	10	= [　]

나. 단계 2: 복잡도 조정값 계산
- 14개 기술적 복잡도 요소에 영향도(0~5의 정수로 표시)를 평가하여 합산
- 총 영향도(0~70)=항목(14개)*영향도(0~5)→ 기술적 복잡도(TCF)=0.65+0.01*총영
  향도
※ 14개 요소(통신, 분산처리, 시스템성능, 사용빈도, 트랜잭션율, 온라인요구, 온라인복잡
  도, 파일갱신, 재사용성, 처리복잡성, 유지보수성, 회복성, 이식성, 분산성)
다. 단계 3: FP 계산
- FP=FC(기능 수)*TCF(기술적 복잡도)
라. 단계 4: 경험 데이터 이용 프로젝트 비용과 개발노력 추정
- 프로젝트비용=FP*FP당 비용(경험치), 개발노력=FP/생산성(경험치)

문제 51	테이블에서 특정 속성에 해당하는 열을 선택하는 데 사용되며 결과로는 릴레이션의 수직적 부분 집합에 해당하는 관계 대수 연산자는? ① Project 연산자 ② Join 연산자 ③ Division 연산자 ④ Select 연산자		

카테고리	데이터베이스>관계대수	난이도	하
출제횟수		답	①

[문제풀이]

– 수직 부분집합: Project 연산

2) 프로젝트(PROJECT)

- 하나의 릴레이션에 원하는 어트리뷰트들만 걸러내는 연산
- 결과 릴레이션은 입력 릴레이션과 어트리뷰트 수는 적고 투플의 수는 같다.
- 실습예제 : '상품' 릴레이션에서 종류와 가격을 나타내어라.
- 명령 : π 종류, 가격(상품) , **SELECT** DISTINCT 종류,가격 **FROM** 상품

상품코드	종류	색상	가격	업체코드
P1	바지	베이지	30000	COM01
P2	바지	불루	30000	COM01
P3	점퍼	그린	85000	COM02
P4	점퍼	불루	85000	COM02

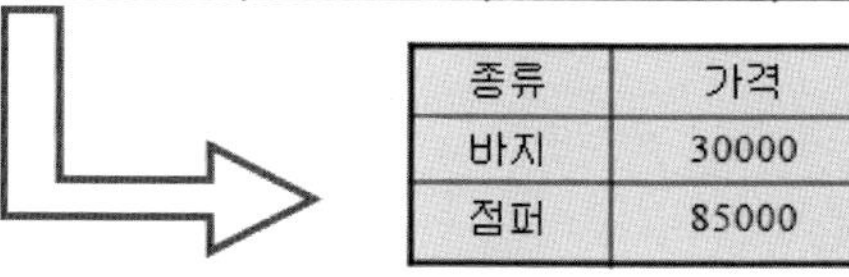

종류	가격
바지	30000
점퍼	85000

(릴레이션의 특성 상 동일한 투플은 제거된다.)

<table>
<tr><td rowspan="2">문제 52</td><td>다음 중 관계 대수 연산 중 자연조인의 결과로 옳은 것은?

① 카디션 프로덕트 후 중복되는 속성을 모두 제거한다.
② 교환법칙이 성립하지 않는다.
③ 카디션 프로더트의 결과 조건에 맞는 튜플을 모두 보여준다.
④ 자연조인의 개념은 조인 어트리뷰트가 둘 이상이 되는 경우에도 적용된다.</td></tr>
</table>

카테고리	데이터베이스〉관계대수		난이도	하
출제횟수			답	④

[문제풀이]

- ① : 조인에 사용된 어트리뷰트 중 중복된 것을 결과에서 제거한다.
- ② : 교환법칙은 성립한다.
- ④ : 둘 이상의 조인 어트리뷰트에도 적용된다.

5) 조인(JOIN)-자연조인

- **실습예제 : '상품' 릴레이션과 '납품업체' 릴레이션을** 자연 조인 **하라.**
- **명령 : 상품 ⋈N 업체코드 = 업체코드 업체**

상품코드	품명	가격	업체코드
P1	바지	30000	COM01
P2	점퍼	85000	COM01
P3	니트	55000	COM02
P4	셔츠	20000	COM02

업체코드	업체명	전화
COM01	㈜협성실업	123-1222
COM02	에드원상사	567-5543
COM03	㈜삼성물산	345-5454

상품코드	품명	가격	업체코드	업체명	전화
P1	바지	30000	COM01	㈜협성실업	123-1222
P2	점퍼	85000	COM01	㈜협성실업	123-1222
P3	니트	55000	COM02	에드원상사	567-5543
P4	셔츠	20000	COM02	에드원상사	567-5543

〈자연 조인 결과〉

<table>
<tr><td rowspan="3" align="center">문제 53</td><td>아래의 트랜잭션에 대하여 회복작업을 수행하려고 할 때 Undo와 Redo의 수행범위에 대한 설명 중 맞는 것은? (단, tc 검사시점, tf 장애시점)

① T_2 : tc 이후에 일어난 부분에 대하여 Redo를 수행한다.
② T_3 : tc 이후에 일어난 부분에 대하여 Undo를 수행한다.
③ T_4 : 트랜잭션 전체를 Undo한다.
④ T_5: 트랜잭션 전체를 Redo한다.</td></tr>
</table>

카테고리	데이터베이스>장애회복	난이도	중
출제횟수		답	①

[문제풀이]

- 검사시점 방법은 시스템 장애가 일어났을 때 로그 전체를 조사해서 시간이 너무 많이 걸리는 것을 개서한 회복기법이다.
- 위 그림에서 tc는 검사시점이다.
- 트랜잭션 T_1은 검사시점 이전에 완료되어 회복작업에서 제외된다. 문제의 트랜잭션은 T_2, T_3, T_4, T_5이다.
- 회복관리자는 장애 발생 후 시스템이 재가동되면 〈Checkpoint L〉 레코드를 로그에서 찾아 이 시점에서부터 검사를 하면서 후진 회복과 전진 회복을 수행한다.
- T_2는 검사시점 이후의 트랜잭션에 대해서 Redo 수행을 한다. T_3과 T_5는 Undo를 수행해야 한다. 주의할 점은 T_3는 Checkpoint 이전 범위도 Undo를 수행해야 한다. T_4는 전체를 Redo 한다.
- 회복 작업의 세부 사항은 지연 갱신 방법을 쓰느냐, 즉시 갱신 방법을 쓰느냐에 따라 다양해질 수 있다.

문제 54	데이터 중복성과 관련이 가장 적은 사항은? ① 일관성 ② 종속성 ③ 보안성 ④ 무결성

카테고리	데이터베이스〉데이터중복성	난이도	하
출제횟수		답	①

[문제풀이]

가. 데이터 중복으로 인해 유지하기 힘든 것

– 데이터 종속성(Data Dependency)

1) 응용 프로그램과 데이터 간의 상호 의존관계이다.

2) 데이터에 대한 응용 프로그램의 의존도가 높다.

3) 파일구조가 바뀌면 응용 프로그램도 바꿔야 한다.

4) 데이터 저장방법이나 접근방법이 변경되면 관련된 응용 프로그램도 같이 변경해야 한다.

5) 물리적 데이터 구조에 대해 알아야 응용 프로그램에 구현할 수 있다.

– 데이터 중복성(Data Redundancy)

1) 내용이 같으면서도 구조가 다른 데이터가 많이 존재한다.

2) 한 시스템 내에서 같은 내용의 데이터가 중복되어 저장·관리한다.

※ 파일시스템의 가장 큰 문제점

– 데이터 중복으로 인한 문제: 일관성 없음, 보안성 결여, 경제성 저하, 무결성 유지곤란

– 데이터 종속으로 인한 문제: 독립성 결여

<table>
<tr><td rowspan="2">문제 55</td><td colspan="4">다음 두 릴레이션을 세미 조인한 결과로 옳은 것은?</td></tr>
</table>

다음 두 릴레이션을 세미 조인한 결과로 옳은 것은?

A	B	C
a1	b1	c1
a2	b1	c1
a3	b1	c2
a4	b2	c3

R

B	C	D
b1	c1	d1
b1	c1	D2
b2	c3	d3

S

A	B	C
a1	b1	㉠
㉡	㉢	c1
㉣	b2	㉤

R 세미조인 S

	㉠	㉡	㉢	㉣	㉤
①	d1	a1	b1	a4	d3
②	d1	a2	b1	a4	d3
③	c1	a2	b1	a4	c3
④	c1	a2	b1	a3	c3

카테고리	데이터베이스>관계대수	난이도	하
출제횟수		답	③

[문제풀이]

- 자연조인의 변형으로 세미조인과 외부조인이 있다. 세미조인은 조인 어트리뷰트로 S를 프로젝트한 결과를 R에 자연조인 시킨 것이다. 이것은 결국 R과 S를 자연조인한 결과에서 R의 어트리뷰트로 프로젝트한 것과 같다.

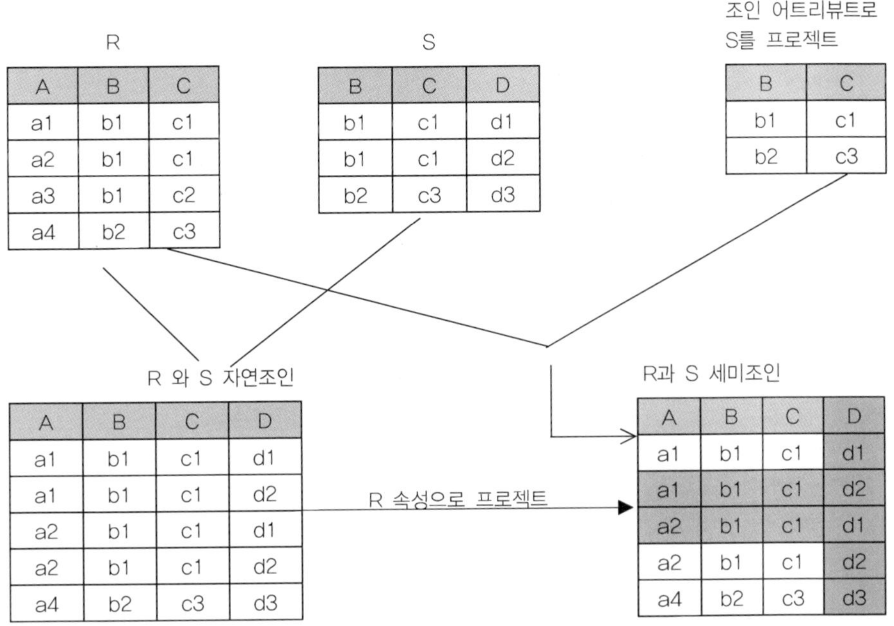

6) 조인(JOIN)-세미조인

- **실습예제 : '상품' 릴레이션과 '납품업체' 릴레이션을 세미 조인 하라.**
- **명령 : 상품 ⋉ 업체코드 = 업체코드 업체**

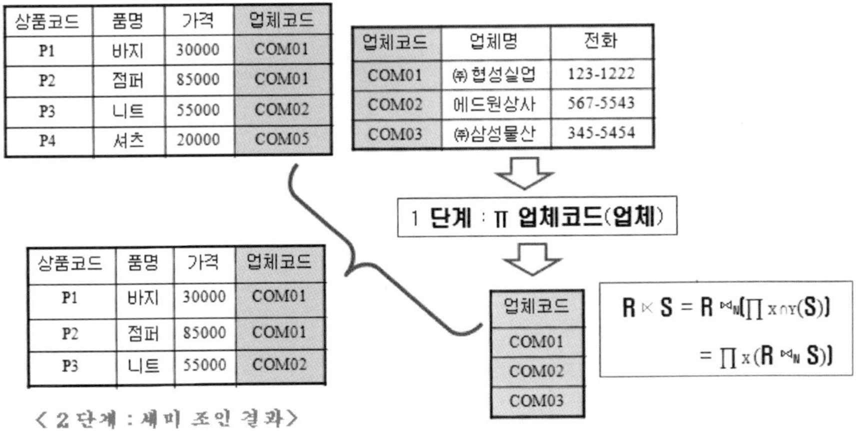

$$R \ltimes S = R \bowtie_N [\Pi_{X \cap Y}(S)]$$
$$= \Pi_X(R \bowtie_N S)$$

문제 56	기관이 필요로 하는 정보를 생성하기 위한 모든 데이터 객체들에 대한 정의뿐만 아니라 데이터베이스 접근권한, 보안정책, 무결성 규칙에 관한 명세를 기술한 것은? ① 외부 스키마 ② 개념 스키마 ③ 내부 스키마 ④ 서브 스키마

카테고리	데이터베이스>3계층 구조	난이도	하
출제횟수		답	②

[문제풀이]

– 개념 스키마

1) 조직 전체의 DB 구조
2) 접근 권한, 보안 정책,
3) 무결성 규칙
4) 명세 포함한 스키마

타. 3 단계 데이터베이스의 구조

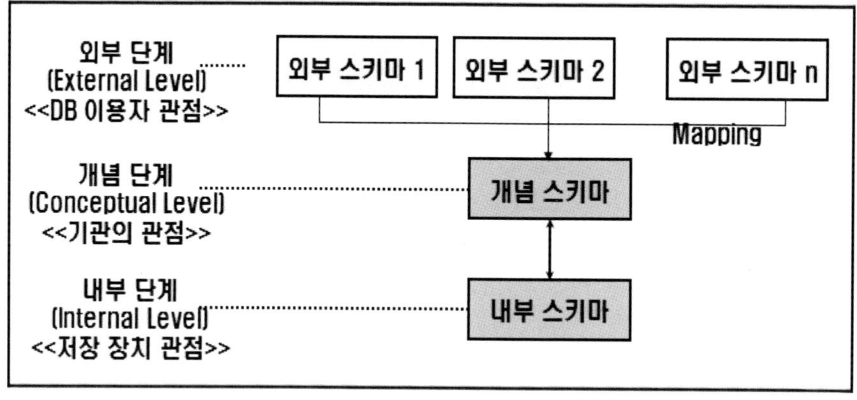

문제 57	다음 질의문의 실행 결과는? SELECT 가격 FROM 도서가격 WHERE 책번호 = (SELECT 책번호 FROM 도서 WHERE 책명 = "운영체제");

도서 Table

책번호	책명
1111	운영체제
2222	세계지도
3333	생활영어

도서가격 Table

책번호	가격
1111	15000
2222	23000
3333	7000
4444	5000

① 15000
② 23000
③ 7000
④ 5000

카테고리	데이터베이스〉SQL	난이도	하
출제횟수		답	③

[문제풀이]

- 위 SQL문에서 하단의 IN LINE SQL문이 먼저 실행이 된다.
- SELECT 책번호 FROM 도서 WHERE 책명 = "운영체제"를 실행한 결과 '1111' 값
  이 주 문장 SQL의 WHERE절에 값으로 입력이 되어 결국은 SELECT 가격 FROM 도
  서가격 WHERE 책번호 = '1111'인 문장과 같은 결과가 되므로 실행 결과는 15000
  이다.

문제 58	물리적 데이터베이스 설계를 수행할 때 결정할 사항으로 거리가 먼 것은? ① 어떤 인덱스를 만들 것인지에 대한 고려 ② 성능 향상을 위한 개념 스키마의 변경 여부 검토 ③ 빈번한 질의와 트랜잭션들의 수행 속도를 높이기 위한 고려 ④ 개념스키마와 외부스키마 설계

카테고리	데이터베이스〉데이터베이스 설계	난이도	중
출제횟수		답	④

8. 물리적 데이터베이스 모델링

가. 주요 절차

- 논리적 데이터베이스 모델링에서 얻어진 DB스키마를 실제 DBMS의 특성에 맞게 실제 DB 내의 개체들을 정의하는 단계
- 사용하고자 하는 DBMS의 종류를 결정
- 논리적 모델링 단계에서 얻어진 정규화된 모델을 기반으로 이들의 어트리뷰트 (컬럼/필드) 들의 데이터 타입과 크기를 정의
- 릴레이션(테이블)과 컬럼의 제약조건들을 정의
- 데이터 사용량 분석과 사용자의 업무 프로세스를 분석함(가장 주요한 부분임)
- 효율적인 DB관리를 위해 인덱스를 정의 함
- 저장레코드의 양식설계, 저장장치에 레코드들의 물리적인 집중화 접근경로 설계가 포함
- 응답시간, 저장 공간의 효율화, 트랜잭션 처리도(throughput) 등을 고려하여 설계

문제 59	다음 SQL문 중 오류가 없는 것은? ① SELECT 부서번호 FROM 직원 HAVING COUNT(*) 〉 3 GROUP BY 부서번호; ② SELECT 이름 FROM 직원 JOIN 부서 ON(직원.부서번호 = 부서.부서번호) WHERE 부서명 = '인사과'; ③ SELECT 전화번호 FROM 직원 GROUP BY 전화번호 WHERE 전화번호 = '777'; ④ SELECT 번호, 이름 FROM 직원 WHERE 부서번호 = NULL;

카테고리	데이터베이스〉SQL	난이도	하
출제횟수		답	②

[문제풀이]

– GROUP BY 다음에 HAVING 절이 나와야 한다.
– WHERE 절 다음에 GROUP BY가 나와야 한다.
– NULL 비교는 IS NULL 형태로 해야 한다.

문제 60	로그이용 회복 중 즉시 갱신(Immediate) 기법에 설명이 아닌 것은? ① 회복 시 Redo나 Undo를 실행한다. ② 로그 데이터는 〈트랜잭션 id, 데이터 아이템, 변경된 값〉 형식을 취한다. ③ 트랜잭션 실행 중 발생하는 변경내용을 데이터베이스에 즉시 반영하는 방법이다. ④ 시스템 붕괴나 트랜잭션에 대한 장애 발생 시 트랜잭션이 시행된 이전 상태의 데이터 값으로 디스크의 데이터를 복원한다.		
카테고리	데이터베이스〉회복기법	난이도	중
출제횟수		답	②

[문제풀이]

– 트랜잭션의 로그 포맷 형태는 〈트랜잭션 id, 데이터 아이템, 변경 전 값, 변경된 값〉 형식을 따른다.

문제 61	로킹(Locking)에 대한 설명 중 틀린 것은? ① 로킹은 병행수행 기법이다. ② 2단계 로킹 규약은 교착상태를 일으키지 않는다. ③ 시간스탬프 기법에서는 연쇄 복귀의 문제점이 발생한다. ④ 확인 기법은 트랜잭션이 실행되는 동안에 아무런 검사를 실시하지 않는다.		
카테고리	데이터베이스〉로킹	난이도	하
출제횟수		답	②

[문제풀이]

– 2단계 로킹 규약(2PL: 2 Phase Locking)은 스케줄이 로킹규약에 의해 허용되는 어떤 임의의 직렬 스케줄과 동등함으로써 직렬 가능·직렬성이 보장되나 교착상태에 빠질 수 있다.

<table>
<tr><td rowspan="6">문제 62</td><td colspan="3">다음과 같이 어떤 릴레이션 R과 그 릴레이션에 존재하는 종속성이 주어졌을 때 릴레이션 R은 몇 정규형인가?</td></tr>
<tr><td colspan="3">R(A, B, C) 기본키: (A, B)
함수적 종속성: {A, B} → C, C → B</td></tr>
<tr><td colspan="3">① 제1정규형
② 제2정규형
③ 제3정규형
④ 보이스 코드 정규형</td></tr>
</table>

카테고리	데이터베이스〉정규화	난이도	중
출제횟수		답	③

[문제풀이]

– BCNF 정규형이 아니므로 BCNF 정규화를 해야 할 필요성이 있는 경우로 제3정규형이다.

1) 정의

: 모든 결정자가 후보키(candidate key) 인 관계

: Boyce-Codd 정규화로 BCNF 라고 함, 강한 제 3 정규형 이라고도 함.

2) 3NF 이면서 BCNF 가 아닌 경우

<전제조건>

- 복수의 후보키를 가지고 있고
- 후보키들이 복합 애트리뷰트로 구성되어 있고
- 후보키들이 서로 중첩된다.

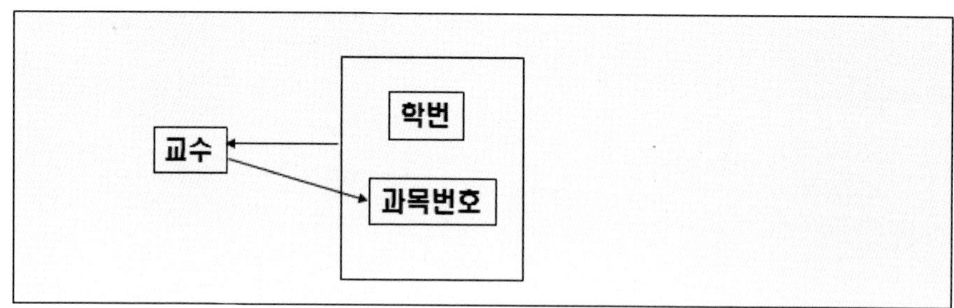

<table>
<tr><td rowspan="2">문제 63</td><td colspan="3">"데이터의 중복은 일반적으로 여러 부작용을 초래할 수 있다. 그러나 실제로 효율성 때문에 일부 데이터의 중복을 허용하기도 한다."는 데이터베이스의 특징 중 무엇에 관한 설명인가?</td></tr>
<tr><td colspan="3">① 통합된 데이터
② 저장된 데이터
③ 운영 데이터
④ 공용데이터</td></tr>
<tr><td>카테고리</td><td>데이터베이스〉데이터 용어</td><td>난이도</td><td>하</td></tr>
<tr><td>출제횟수</td><td></td><td>답</td><td>①</td></tr>
</table>

[문제풀이]
– 통합 데이터: 최소의 중복 혹은 통제된 중복의 의미를 파악한다.

2. 데이터베이스의 정의
: 한 조직의 여러 응용시스템이 공용(shared)하기 위해 최소의 중복으로 통합(Integrated), 저장(Stored) 된 운영(Operational) 데이터의 집합

- 통합된 데이터(Integrated Data) : 원칙적으로 중복되지 않았음을 의미.
  현실적으로 중복을 허용, 최소의 중복, 통제된 중복 데이터의 집합.
- 저장된 데이터(Stored Data) : 책상서랍이나 캐비닛에 들어 있는 데이터가 아니라
  컴퓨터 시스템을 이용해 접근 가능한 매체에 저장된 데이터 집합
- 운영 데이터(Operational Data) : 특정기관의 의사결정이나 고유한 기능을 수행
  하기 위해 필요한 데이터의 집합.
- 공용 데이터(Shared Data) : 조직 전체의 응용시스템이 공동으로 이용하고
  소유하며 유지 가능한 데이터

<< 정리>>
위 특성으로 인해 데이타베이스는 일반적으로 데이터의 양이 대형화되고, 그 구조가 복잡하게 되는 것이 보통임.

문제 64	다음 ER 다이어그램에 대한 설명 중 거리가 먼 것은? 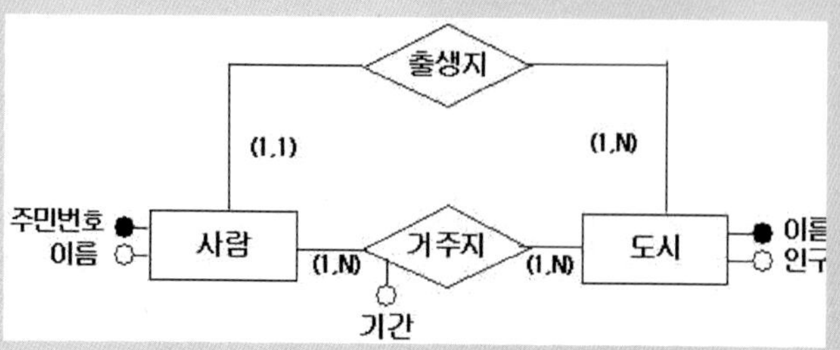 ① 개체 사람의 기본키는 주민등록번호이다. ② 사람과 도시 사이의 주거지 관계는 다대다 관계이다. ③ 거주지 관계를 관계 데이터 모델로 표현할 때 별도의 릴레이션으로 모델링하는 것이 일반적이다. ④ 출생지 관계를 관계 데이터 모델로 표현할 때 별도의 릴레이션으로 모델링한다면 기본키는 주민번호와 도시 이름이 되어야 한다.

카테고리	데이터베이스>ERD	난이도	중
출제횟수		답	④

[문제풀이]

- 1 대 N은 별도의 릴레이션으로 모델링하지 않는다.

라. 개체의 변환

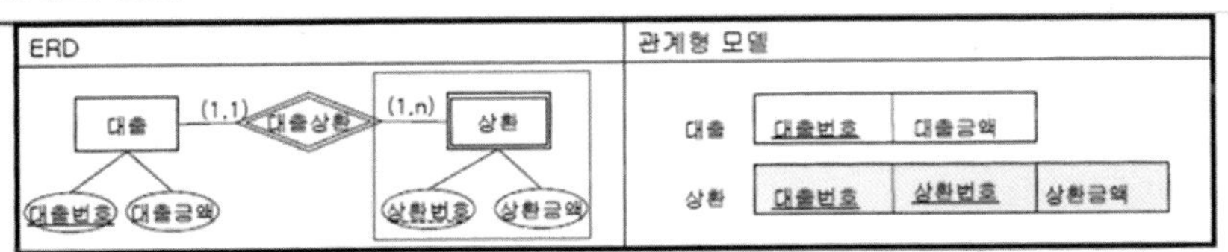

약한 개체(Weak Entity)는 부모개체의 기본 키를 포함하는 릴레이션으로 변환함
※ 약한 개체 : 자기 자신의 속성만으로는 키를 명세할 수 없는 개체 타입
관계 타입의 전환
- 다 대 다(m:n) 관계의 변환
  속성을 포함하는 m:n의 이진 관계는 독립적인 릴레이션으로 설계한다.
  이 때 설계 릴레이션에는 이진 관계로 참여하는 개체들의 기본키를 포함한다.

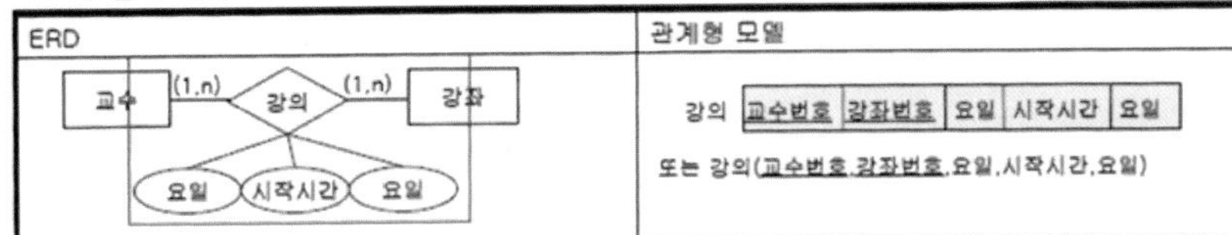

- 일반화 관계(is-a)의 변환
  A is-a B 의 일반화 관계 성립 시 B가 수퍼 클래스, A가 서브 클래스에 해당함
  수퍼 클래스와 서브 클래스를 각각 독립적인 릴레이션으로 설계함
  서브 클래스에 해당하는 릴레이션은 수퍼 클래스의 기본키를 포함함

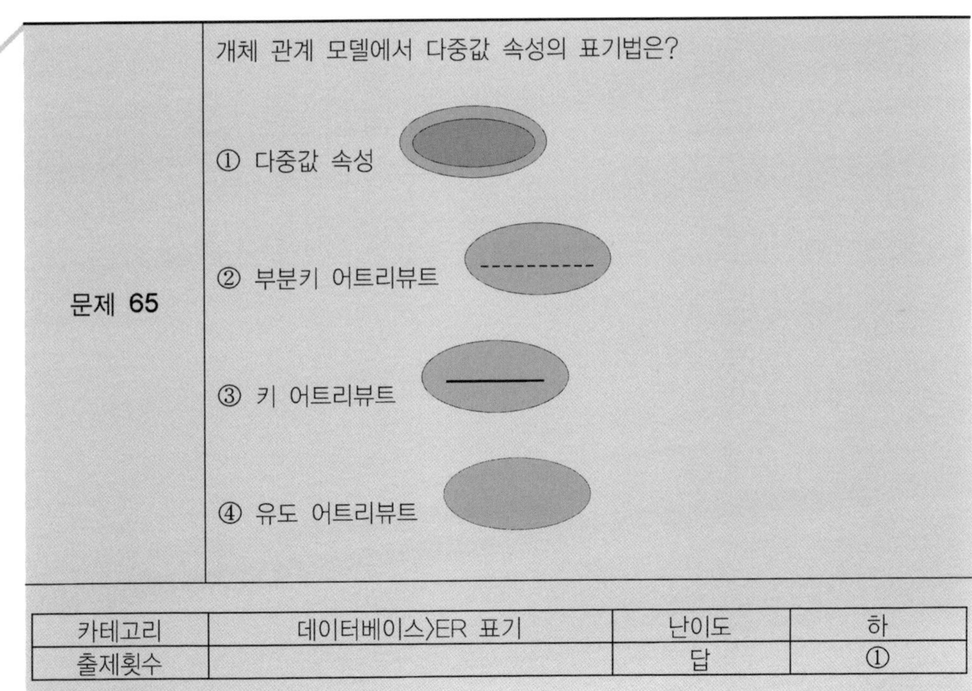

문제 65	개체 관계 모델에서 다중값 속성의 표기법은? ① 다중값 속성 ② 부분키 어트리뷰트 ③ 키 어트리뷰트 ④ 유도 어트리뷰트

카테고리	데이터베이스>ER 표기	난이도	하
출제횟수		답	①

[문제풀이]

② 부분키 어트리뷰트
③ 키 어트리뷰트
④ 유도 어트리뷰트

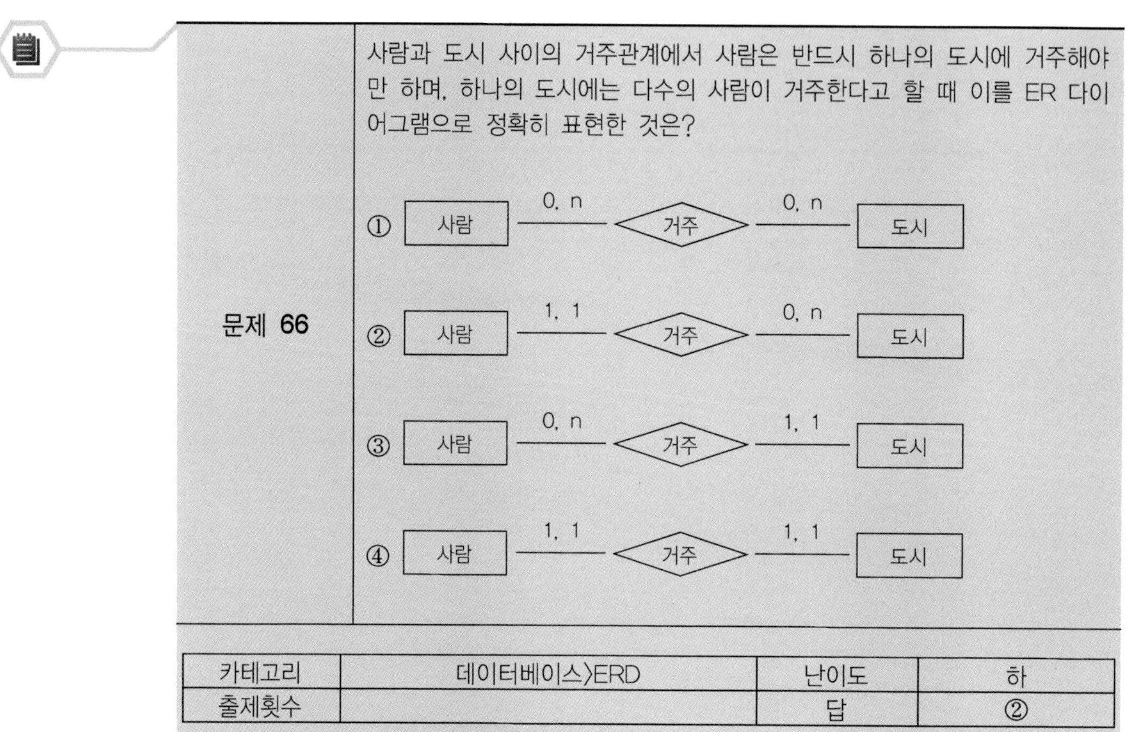

문제 66

카테고리	데이터베이스〉ERD	난이도	하
출제횟수		답	②

[문제풀이]

– 사람은 반드시 거주해야 하므로 (1,1) 필수, 도시에는 여러 명이 거주하고, 반드시는 없
으므로 (0,n)

<table>
<tr><td rowspan="5">문제 67</td><td>탐색키에 따라 버켓 주소의 집합을 고정시킨다. 따라서 현재 파일이나 미래 파일의 크기를 고려하여 해싱함수를 선택하게 되는 해싱기법은?</td></tr>
<tr><td>① 이중해싱기법</td></tr>
<tr><td>② 정적해싱기법</td></tr>
<tr><td>③ 동적해싱기법</td></tr>
<tr><td>④ 폐쇄해싱기법</td></tr>
</table>

카테고리	데이터베이스〉해싱기법	난이도	중
출제횟수		답	②

[문제풀이]

- 정적해싱은 고정된 크기이다.

3. 정적 해싱 (Static Hashing) 기법

가. 정적 해싱 (Hashing) 기법의 정의
- 버켓 주소의 집합을 고정시켜 처리하는 해싱 기법임.

나. 정적 해싱 기법의 특징
- 현재의 파일 크기에 근거하여 해싱 함수를 선택함.
- 미래의 특정 시점의 파일 크기를 예상하여 해싱 함수를 선택함.
- 파일의 크기가 커짐에 따라 주기적으로 해싱 구조를 재구성해야 함.

다. 정적 해싱 함수 대표적 종류

구분	내용
Mid-Square	- 키 값을 제곱한 후에 중간에 몇 비트를 취해서 해쉬 테이블의 버킷 주소를 생성 - 버킷 주소가 고르게 분포
Division	- 키 값을 소수로 나누어 나머지를 Hash Address로 사용 - 현재로서는 가장 좋은 방식
Folding	- 키 값을 동일한 길이의 여러 부분으로 분할해 분할된 부분을 더해서 Hash Address로 사용

5. 동적 해싱(Dynamic Hashing)

 가. 개념
- 데이터베이스가 확장 또는 축소되는 데에 맞추어 해싱 함수를 동적으로 변경시키는 해싱 기법임.
- 키 값을 사용하여 이진 트리를 동적으로 변화시킴.
- 데이터베이스가 커지면서 버킷들을 쪼개거나 합치는 것이 동적 해싱의 기본 개념

 cf) 확장 해싱 (Extendible Hashing) 의
: 동적 해싱 (Dynamic Hashing) 의 한 형태이며 트리의 깊이가 2인 특별한 경우임.

 나. 동적 해싱의 등장이유
: 정형 해싱(conventional hashing)의 문제점
: 버킷(bucket)의 크기가 고정되어 있어 아래와 같은 문제 발생
- 현재의 데이터베이스 파일 크기에 알맞은 해쉬함수를 선택하기 때문에, 데이터베이스 확장시 성능이 낮아진다.
- 나중에 DB에서 사용하게 될 만한 파일 크기를 산출하여 해쉬함수를 선택하면 초기에 디스크 낭비가 심해진다.

문제 68	다음 중 ORDB(객체관계 DB)의 기능에 들지 않는 것은? ① 기존의 RDBMS 기능 ② 사용자 정의 함수의 사용 ③ 상위 클래스 속성에 대한 비상속화 ④ 사용자 정의 데이터 타입의 사용		
카테고리	데이터베이스〉ORDB	난이도	중
출제횟수		답	③

[문제풀이]
- 하위 클래스는 상위 클래스로부터 구조와 행위를 모두 상속받는다.

| 문제 69 | 다음 중 데이터 웨어하우스 설계 및 사용상 유의점이 아닌 것은?

① 운영환경에서 필요한 요소들이 통합되었는지 확인한다.
② 의사결정 지원에 필요한 데이터만을 운영 DB에서 추출하여 저장한다.
③ 항목의 이름은 설계자에게 편리하도록 정한다.
④ 테이블, 인덱스 및 최적화를 위한 사항은 의사결정지원을 위해 설계한다. |

카테고리	데이터베이스>데이터웨어하우스	난이도	중
출제횟수		답	③

[문제풀이]
- 사용자에게 의미있도록 정하여야 한다.

| 문제 70 | 분산 데이터베이스의 장점이 아닌 것은?

① 특정사이트가 고장나도 일부는 계속 수행하므로 신뢰도가 증가한다.
② 자신의 데이터를 지역적으로 제어하여 자치성을 높인다.
③ 데이터베이스가 사이트에 분산되어 있어 구조 및 관리가 간단하다.
④ 기존 시스템에 새로운 사이트 추가가 용이하다. |

카테고리	데이터베이스>분산데이터베이스	난이도	중
출제횟수		답	③

[문제풀이]
- ③: 분산되어 있어 구조나 관리가 더 어렵다.

문제 71	다중 사용자 DBMS에서 데이터베이스에 연결해 사용하려면 GRANT (　　　　) 명령을 통해 권한을 받아야 하고, 테이블을 생성하려면 GRANT (　　　　) 명령을 통해 권한을 받아야 한다. ① RESOURCE, TABLE ② CONNECT, TABLE ③ CONNECT, RESOURCE ④ RESOURCE, DBA

카테고리	데이터베이스>데이터 보안	난이도	하
출제횟수		답	③

[문제풀이]

- 테이블 생성은 GRANT RESOURCE로 받는다.

문제 72	다음 중 조인(Join) 연산을 수행하는 방법이 아닌 것은? ① 정렬 병합(Sort Merge) 방법 ② 해시 조인(Hash Join) 방법 ③ 중첩 루프(Nested Loop) 방법 ④ 카티션 루프(Cartesian Loop) 방법

카테고리	데이터베이스>조인 연산	난이도	하
출제횟수		답	③

[문제풀이]

- 데이터베이스 조인은 첫 번째 인덱스를 조회하고 조인 되는 테이블의 인덱스를 검색하는 중첩루프 방식과 동시에 조인되는 테이블 읽어 정렬하는 방식을 수행 하는 정렬병합이 있다.
- 또한 해시 함수를 활용하여 메모리 내의 해시 테이블에서 데이터를 검색하는 해시 조인이 있다.
- 카티션 루프는 관계형 데이터베이스에서 조인 시에 카티션 곱을 발생하여 사용할 수가 없다.
- Sort Merge Join은 양쪽의 테이블을 각자 Access하여 범위를 줄이고 조인 컬럼을 기준으로 정렬을 수행한 후에 조인하는 방식이다.

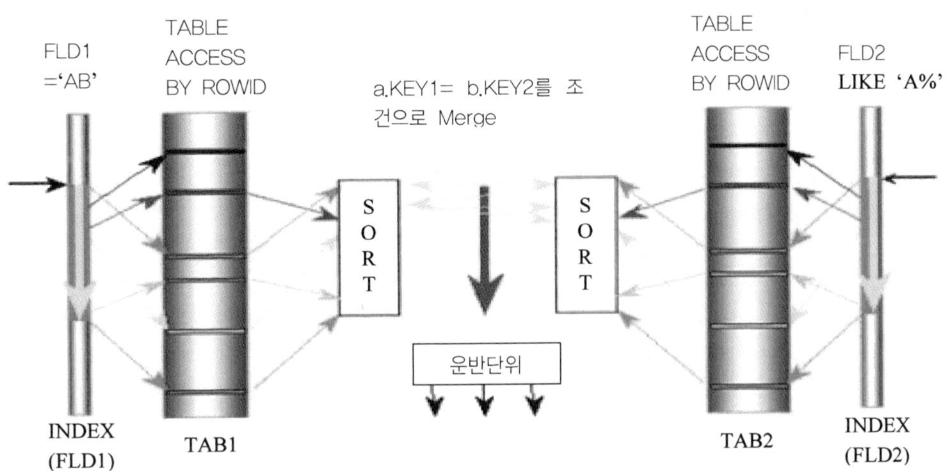

문제 73	뷰(View)에 대한 설명 중 가장 거리가 먼 것은? ① 뷰는 원칙적으로 하나 이상의 기본 테이블로부터 유도된 이름을 가진 가상 테이블을 말한다. ② 기본 테이블은 물리적으로 구현되어 데이터가 실제로 저장되지만 뷰는 물리적으로 구현되어 있지 않다. ③ 뷰는 근본적으로 기본 테이블로부터 유도되지만 일단 정의된 뷰가 또 다른 뷰의 정의에 기초가 될 수도 있다. ④ 뷰의 정의만 시스템 내에 저장하였다가 필요 시 실행시간에 테이블을 구축하므로 시스템 검색에 있어서 뷰와 기본 테이블 사이에 약간의 차이가 있다.

카테고리	데이터베이스〉함수적 종속성	난이도	중
출제횟수		답	④

[문제풀이]

★ VIEW 특징
- 구조가 기본테이블과 거의 유사
- 물리적으로 구현되지 않았다.
- 논리적 독립성 제공
- 필요한 데이터로만 구성 -> 관리 수월, 명령 간단
- 데이터 보호 효율적 -> 자동 보안
- 삽입, 삭제, 갱신 연산이 가능하지만 제한적이다.
- 다른 VIEW 정의에 기초
- 하나의 VIEW를 삭제 -> 그 VIEW를 기초로 만들어진 VIEW도 자동 삭제
- 독립적인 인덱스를 가질 수 없다.
- 뷰에 대한 검색은 일반 테이블과는 같다.
- VIEW의 정의 변경(Alter VIEW) 불가

문제 74	릴레이션 R(A, B, C)의 기본키를 {A, B}라 하고, A→C인 함수적 종속성이 있을 때 릴레이션 R을 또 다른 두 릴레이션 S(A, B)와 릴레이션 T(A, C)로 분해하도록 규정한 정규형은? ① 1NF ② 2NF ③ 3NF ④ 4NF

카테고리	데이터베이스>정규화	난이도	하
출제횟수		답	②

[문제풀이]
- 정규화
1) 1NF: 원자값이 아닌 도메인을 분해
2) 2NF: 부분함수종속이 없고, 완전함수종속
3) 3NF: 이행함수종속이 없다.
4) BCNF: 강한 3NF라고도 하며, 결정자가 후보키가 아닌 함수종속 제거
5) 4NF: 함수종속이 아닌 다치종속 제거된 상태
6) 5NF: 조인 종속이 없는 상태

정규화의 절차	주 요 내 용
제1 정규화	. 애트리뷰트의 원자성 . 이것은 원자 값이 아닌 애트리뷰트를 분해하는 과정이다. . 즉, 엔터티를 대표하는 식별자를 선정하며 이것은 유일성을 만족해야 한다.
제2 정규화	. 부분함수 종속성 제거 . 우선 제2 정규화는 제1 정규화 결과 엔터티 중에서 식별자가 2개 이상인 엔터티만 대상으로 한다. . 부분함수 종속성이란 식별자를 제외한 모든 애트리뷰트는 식별자에 종속해야한다 라는 원칙이다.
제3 정규화	. 이행함수 종속성 제거 . 즉, 식별자를 제외하고 애트리뷰트 간의 종속성을 확인하여 애트리뷰트 간의 종속성이 있는 경우 분해해야 한다.

BCNF	. Boyce-Codd Normalization
	. BCNF는 릴레이션 R이 제3 정규화를 만족하고, 릴레이션 R의 모든 식별자가 후보키의 역할을 수행
	. 예)
	    이러한 경우 수강과목 = {<u>학생</u>, <u>과목</u>, 교수}
	    학교_교수={<u>학생</u>, <u>교수</u>}, 교수_과목={<u>교수</u>, <u>과목</u>}

제4 정규화	. BCNF를 만족하면서 다중값 종속을 제거
제5 정규화	. 제4 정규화를 만족하면서 결합 종속을 제거

문제 75	최종사용자가 대규모 데이터에 직접 접근하여 정보분석이 가능하게 하는 도구인 OLAP(Online Analytical Processing) 도구에 대한 설명 중 틀린 것은? ① OLAP은 데이터의 접근 유형이 조회 중심이다. ② OLAP은 데이터 특징으로 주제 중심적으로 발생한다. ③ OLAP은 실시간이 아닌 장기적으로 누적된 데이터 관리이다. ④ OLAP은 정형화된 구조만의 데이터를 사용한다.		

카테고리	데이터베이스〉OLAP	난이도	하
출제횟수		답	④

[문제풀이]

– OLAP은 정형 및 비정형 데이터 구조를 모두 사용할 수가 있다. 그래서 예문이 "정형화된 구조만의 데이터를 사용한다." 식으로 변경되어야 좀 더 문제가 정확하다.
– 정형은 이미 정해진 보고서를 의미하며 비정형은 사용자가 조건을 정의하여 분석을 할 수 있는 것을 의미한다.

시스템 구조 및 보안

문제 76	웹 2.0 등과 관련하여 대화식 웹 애플리케이션의 제작을 위해 다양한 기술 조합을 이용하는 웹 개발 기술인 AJAX(Asynchronous JavaScript and XML)에 대한 설명으로 가장 거리가 먼 것은? ① 데이터 표현 정보를 위해 HTML과 CSS를 사용한다. ② 동적인 화면 출력 및 표시 정보와의 상호작용을 위해 DOM, JavaScript를 사용한다. ③ 웹서버와 비동기적으로 데이터를 교환하고 조작하기 위해 XML을 사용한다. ④ 빠른 속도와 강력한 기능을 제공하지만, 클라이언트에 자바 가상머신을 설치해야 하는 문제가 있다.

카테고리	시스템 구조>컴퓨팅플랫폼>웹	난이도	중
출제횟수		답	④

[문제풀이]

- AJAX는 웹 브라우저 이미 탑재되어 있는 기존의 웹 기술들을 결합/통합하여 사용 하며, 웹 애플리케이션 사용성을 강화, 비동기 데이터 교환으로 네트워크 트래픽을 감소, 그리고 사용자 응답 시간을 개선 등의 특징을 지닌다.

[AJAX 요소기술]

요소기술	설명
HTML/CSS	표준기반의 데이터 표현
DOM	동적, 상호작용적 화면 출력
XML/XSLT	데이터 교환 및 조작
XMLHttpRequest	비동기적 데이터 획득
Java Script	전체 스크립트 수행

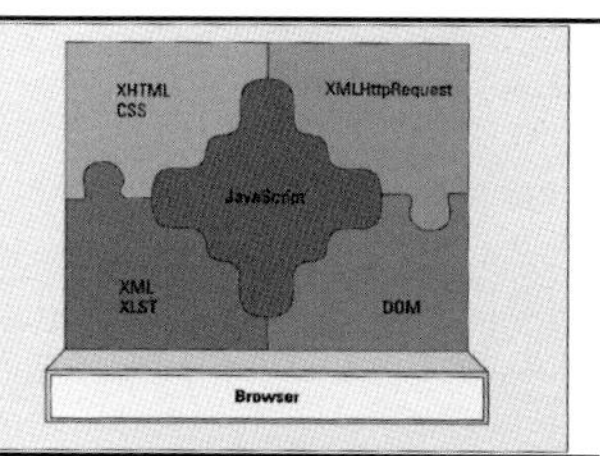

[AJAX의 처리방식]

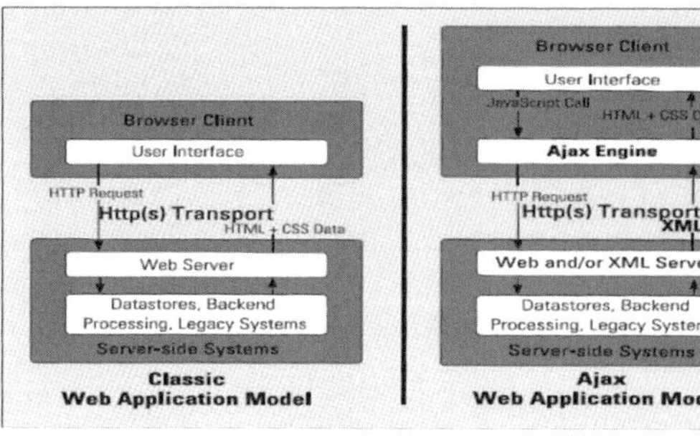

- AJAX 엔진은 사용자 인터페이스를 제외한 브라우저의 모든 기능을 총칭하고 사용자 인터페이스는 브라우저 내의 AJAX 엔진과 연결되고 AJAX 엔진이 서버와 연결

<table>
<tr><td rowspan="2">문제 77</td><td>웹 서비스의 주요 사양과 기술에서는 서비스 기반 개발에 대한 요구 사항으로 해당되지 않는 것은?</td></tr>
<tr><td>① 프로세스를 표시하는 방법
② 확장 가능한 공용 메시지 형식
③ 확장 가능한 공용 서비스 설명 언어
④ 특정 웹 사이트에서 서비스를 찾는 방법</td></tr>
</table>

카테고리	시스템 구조〉웹 서비스	난이도	하
출제횟수		답	①

[문제풀이]

− 웹 서비스의 5가지 요구사항

1) 데이터를 표시하는 표준 방법
2) 확장 가능한 공용 메시지 형식
3) 확장 가능한 공용 서비스 설명 언어
4) 특정 웹 사이트에서 서비스를 찾는 방법
5) 서비스 공급자를 찾는 방법

<table>
<tr><td rowspan="2">문제 78</td><td>EAI 분야에서 4가지 형태의 통합으로 요약에 해당되지 않는 것은?</td></tr>
<tr><td>① 서비스 레벨: 웹 서비스는 오브젝트를 사용하여 애플리케이션을 수행함으로써 웹서비스 실행
② 애플리케이션 레벨: 통합은 메시지, API 같은 애플리케이션 입력/출력에 의해 직접적으로 수행
③ 데이터 레벨: 통합은 데이터의 추출, 데이터 변환 및 애플리케이션에서 사용되는 데이터의 라우팅 및 갱신에 의해 수행
④ 사용자 인터페이스 레벨: 애플리케이션의 사용자 인터페이스는 입력/출력 포인트로서 작동, 이 레벨의 통합은 부분적으로 전용 시스템을 사용할 때 유용</td></tr>
</table>

카테고리	시스템 구조〉통합〉EAI	난이도	중
출제횟수		답	①

[문제풀이]

- EAI 분야에서 4가지 형태의 통합으로 요약할 수 있다.

1) 데이터 레벨: 통합은 데이터의 추출, 데이터 변환 및 애플리케이션에서 사용되는 데이터의 라우팅 및 갱신에 의해 수행된다.

2) 애플리케이션 레벨: 통합은 메시지, API 같은 애플리케이션 입력/출력에 의해 직접적으로 수행된다.

3) 비즈니스 로직 레벨: 분산 비즈니스 오브젝트를 사용하여 각각 다른 시스템에서 실행되는 기업의 비즈니스 플로우를 관리하여 수작업 없이 비즈니스 프로세스가 완성되도록 한다.

4) 사용자 인터페이스 레벨: 애플리케이션의 사용자 인터페이스는 입력/출력 포인트로서 작동하고, 이 레벨의 통합은 부분적으로 전용 시스템을 사용할 때 유용하다.

문제 79	웹 시스템을 개발한 업체가 보안 테스트를 수행하고 있다. 이러한 보안 테스트에서 입력 창에 스크립트 언어를 입력할 수 있는 것을 발견했다. 이러한 경우 수행 가능한 해킹 기법은 무엇인가? ① SQL Injection ② DrDOS ③ XSS ④ 피싱

카테고리	보안〉해킹기법	난이도	
출제횟수		답	②

[문제풀이]

- XSS(Cross Site Scripting)는 웹 시스템에서 자바스크립트의 취약점을 이용한 공격기법이다.

다음은 가장 기본적으로 XSS를 테스트 하는 방법입니다.
글 내용에 삽입할수도 잇고, 글제목, URL 등등 사용자의 입력을 받는 곳에
<Script>alert("환영합니다!! owasp 2007 Seminar-SecurityPlus");</Script>
입력을 한후 글을 읽고 난후에 반응을 봅니다.

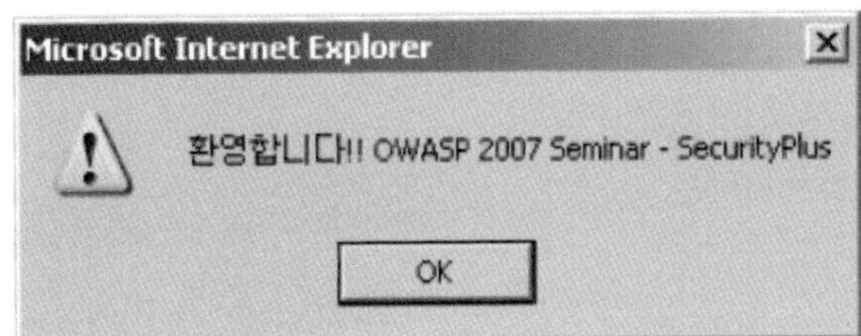

아래와 같이 alert 창이 뜬다면 입력값 검증 미흡으로 xss 취약점이 있을 확률이 높습니다.

문제 80	저전력, 저속의 가정용 무선 PAN(Personal Area Network) 규격으로 Home RF와 IEEE 802.15.4를 혼합한 구조를 무엇이라고 하는가? ① Mobile Ad-hoc Network ② ZigBee ③ UWB(Ultra Wide Band) ④ Bluetooth

카테고리	시스템 구조)무선 네트워크	난이도	중
출제횟수		답	②

[문제풀이]

- ZigBee는 근거리 무선통신 기술(WPAN)로 IEEE 802.15.4 표준이다. ZigBee는 저속, 저전력의 특성으로 USN의 센서 네트워크의 무선 프로토콜이기도 하다. 250kbps의 속도와 거리는 30m 반경까지 통신이 가능하다

[Wireless Network 구분: 거리기반]

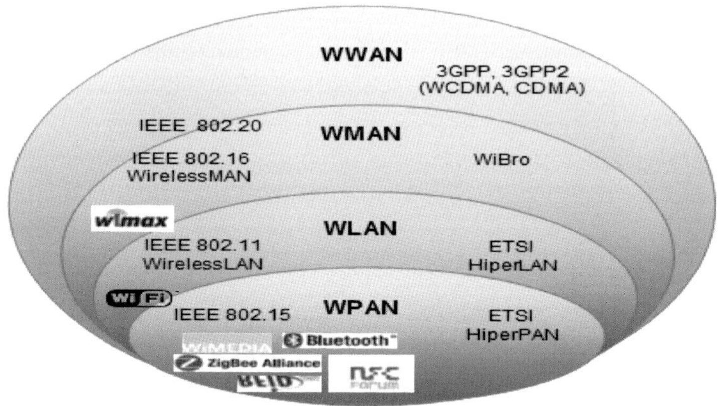

문제 81	SOAP은 XML 기반으로 SOAP Enveloper와 SOA Body로 구성되어 HTTP 프로토콜을 사용하여 Web Service를 호출하는 데 사용할 수가 있다. 이러한 SOAP보다 분산 자원에 호출 및 응답을 빠르게 수행할 수 있는 방법은 무엇인가? ① REST ② HTTP ③ RSS ④ ATOM		

카테고리	시스템 구조〉웹서비스	난이도	
출제횟수		답	①

[문제풀이]

- REST(Representational State Transfer): WWW와 같은 분산 하이퍼미디어를 위한 소프트웨어 아키텍처 기반의 네트워크 아키텍처 원리 모음을 말한다.
- REST의 기능
1) HTTP를 사용하지 않고 소프트웨어 설계 가능

2) XML과 HTTP 인터페이스를 사용해서 설계가능
3) 클라이언트/서버, 계층화, 무상태(Stateless), 캐시처리 지원
- OWL: 문서에 포함된 정보를 애플리케이션을 사용해서 자동적으로 처리를 하기 위한
  언어로 임의의 어휘를 구성하는 용어의 의미와 용어들 간의 관계를 명시적으로 표현하
  는 온톨로지 언어이다(DAML+OIL 온톨로지 언어에서 파생).
- RSS(Really Simple Syndication): 사이트에 올라온 글을 쉽고 빠르게 읽을 수 있는
  XML 기반 표준(RSS 리더기 사용). 즉 사이트가 RSS를 제공한다면 신규 혹은 변경된
  컨텐츠를 일일이 사이트에 들어가서 확인할 필요 없이 RSS 리더기를 통하여 쉽고 빠
  르게 확인이 가능하다.

[e-Mail과 RSS 처리방식 차이점]

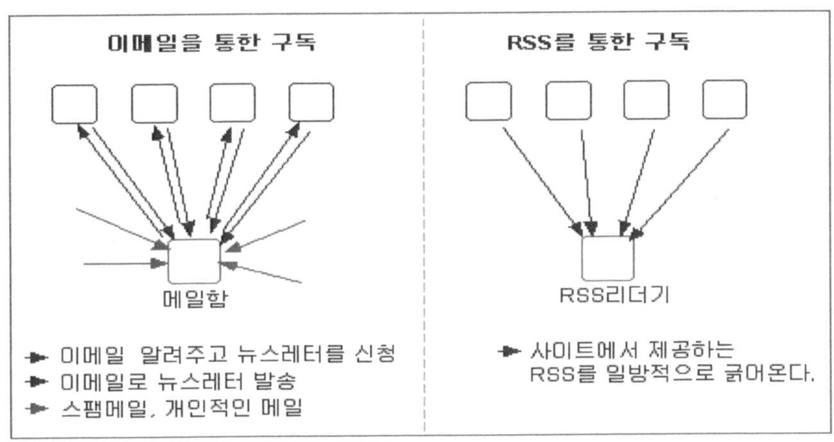

- ATOM도 RSS와 마찬가지로 Syndication을 해주기 위한 웹2.0 핵심기술이다.

가. SOAP(Simple Object Access Protocol)의 정의
- XML과 HTTP를 사용해 플랫폼에 독립적으로 서비스하거나 분산 객체를 액세스할 수
  있도록 한 프로토콜

- 인터넷의 기존 인프라를 그대로 활용(HTTP)하면서 보안상의 문제를 야기하지 않고 원
  격 애플리케이션을 원할하게 지원하기 위한 Message Based Protocol(MS, IBM, 로
  터스에서 공동 개발)

나. 최근 SOAP 추진 배경
- HTTP의 보안상 문제점 해결(Header에 방화벽 통과 여부 정보를 탑재)

- CORBA, DCOM 등과 같은 <u>분산객체</u> 기술의 보안문제 <u>해결</u>(방화벽 통과)
- 구현이 간단하고 원격 애플리케이션간의 <u>상호작용</u> 능력 필요
- 기존의 분산객체 호출 방법은 상호 운영성이 없다.

구분	CORBA	DCOM	JAVA	비고
액세스 형태	IDL을 이용하나 서로 다름		타입정보	방법의 차이
통신메커니즘	IIOP	DEC RPC	RMI	공통점 없음

*DCOM: Distributed Component Object Model
IIOP: Internet Inter ORB Protocol
RMI: Remote Method Invocation

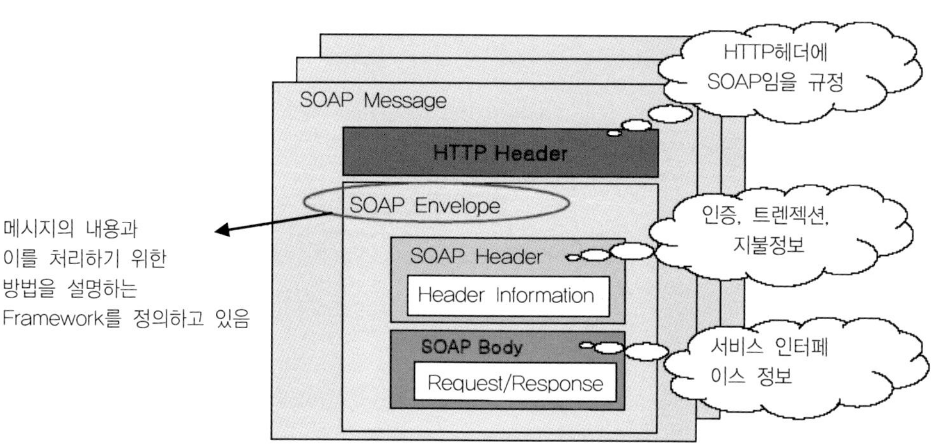

문제 82	XML 프로세싱을 위해서 DOM & SAX API가 존재한다. DOM & SAX API에 대한 설명으로 틀린 것은? ① DOM은 DOM Tree를 활용하여 랜덤 접근이 가능하다. ② DOM은 XML 문서 전체를 메모리에 적재하므로 메모리 적재 후에는 접근 성능이 우수하지만, 메모리 적재에 대한 시간이 필요하다. ③ SAX는 SAX API 호출 시에 순차적으로 XML 문서에 접근하고 재사용이 가능하다. ④ 대용량의 XML 문서에 접근하기 위해서는 SAX를 사용한다.

카테고리	시스템 구조〉XML	난이도	
출제횟수		답	②

[문제풀이]

– Web Processing은 API를 통하여 XML 문서에 접근하여 조작하는 방법을 제공한다. 이 중에서 W3C 표준적인 방법이 DOM과 SAX API를 사용하는 것이다.
– DOM은 XML 문서전체를 DOM Tree를 작성하여 메모리적 적재하는 방식으로 XML 문서를 사용한다. 또한 SAX는 Application에서 XML 문서 접근 Event를 발생할 때 순차적으로 XML 문서에 접근한다.

[DOM 처리방식]

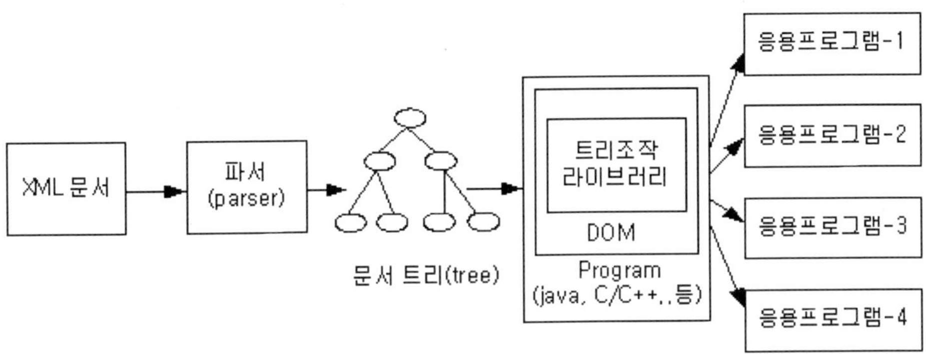

[SAX 처리방식]

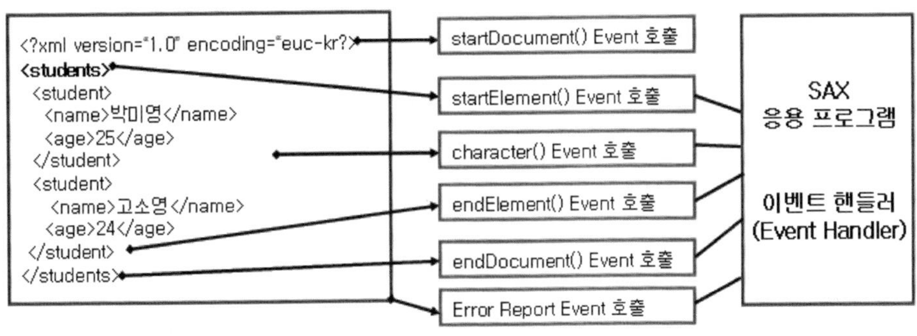

[DOM과 SAX의 차이점]

비교항목	DOM	SAX
파싱 기반	트리 기반	이벤트 기반
데이터 접근	랜덤	순차
메모리 사용	데이터 크기에 비례	일정 메모리 사용
적합한 데이터	경량 데이터	경량 및 대용량
데이터 재사용	가능	불가능

* 또한 JAVA 계열에서 DOM과 SAX의 장점을 결합한 JDOM이 존재하며 이것은 표준은 아니다.

<table>
<tr><td rowspan="2">문제 83</td><td>분산 컴포넌트 호출 기술은 MS의 DCOM(COM+), OMG의 CORBA, JAVA 계열의 RMI가 존재한다. 이러한 분산 컴포넌트 기술의 기술 종속성 발생으로 각 기술 간의 상호운영성을 제약한다. 이러한 문제를 해결하기 위해서 제시된 방법으로 틀린 것을 선택하시오.</td></tr>
<tr><td>① 분산 컴포넌트 호출 시에 약 결합 아키텍처를 구성
② WSDL
③ XML 기반
④ 드라이버를 통한 연동 제공</td></tr>
</table>

카테고리	시스템 구조>분산컴포넌트	난이도	
출제횟수		답	④

[문제풀이]

<table>
<tr><td rowspan="2">문제 84</td><td>다음 무선 랜(LAN) 기술을 위한 802.11 표준과 관련된 설명 중 틀린 것은?</td></tr>
<tr><td>① 802.11 표준은 802.11a, 802.11b, 802.11d, 802.11g 등이 있다.
② 802.11b, 802.11a와 802.11g는 모두 CSMA/CA라는 동일한 매체 액세스 프로토콜을 사용한다.
③ 802.11g의 데이터 전송속도는 11Mbps로 광대역 케이블이나 DSL 인터넷 액세스를 지닌 대부분의 홈 네트워크에서 필요로 하는 것보다 빠르다.
④ 802.11a는 고주파에서 동작하므로 전력 수준이 동일할 경우 전송 거리가 더 짧고 다중경로 전파의 영향을 더 많이 받는다.</td></tr>
</table>

카테고리	시스템 구조>네트워크	난이도	
출제횟수		답	③

[문제풀이]
- IEEE 803.11g는 54Mbps의 전송속도를 가진다.

[Wireless LAN 표준 기술]

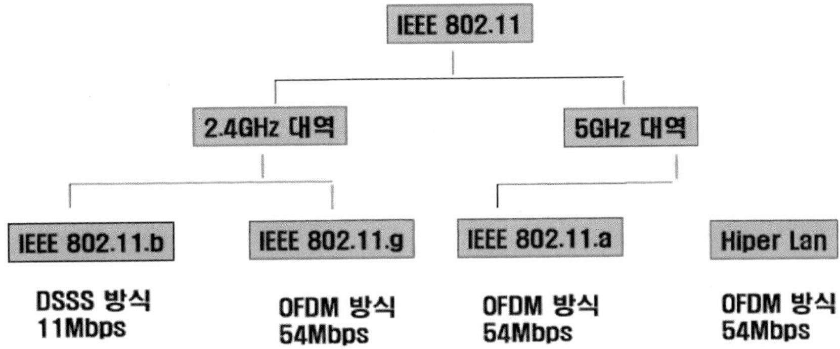

[IEEE Wireless LAN 종류별 특징]

비교항목	802.11b	802.11a	802.11g
주파수	2.4GHz	5GHz	2.4GHz
속도	11Mbps	54Mbps	54Mbps
변조방식	DSSS	OFDM	OFDM
멀티캐스트	지원	지원	지원
Wi-Fi	인증	비인증	인증
암호화	40Bit RC4	40Bit RC4	40Bit RC4

문제 85	고정길이의 Label를 통하여 고속의 포워딩이 가능한 백본 네트워크 기술은 무엇인가? ① ATM ② MPLS ③ Datagram network ④ ISDN

카테고리	시스템 구조〉네트워크	난이도	
출제횟수		답	②

[문제풀이]

1. ATM(Asynchronous Transfer Mode)
가. ATM의 정의: 전송할 정보를 셀(cell)이라 부르는 48byte 크기의 고정블록으로 분할하고, 각 셀에 수신인 등의 제어정보를 포함한 5byte의 헤더를 부가하여 전송하는 방법
나. ATM의 특징
- 모든 정보를 고정 크기의 셀로 처리함으로써 서비스 추가에 유연성을 가짐과 동시에 고속 및 병렬 처리가 가능하다.
- 정보의 전송량에 따라 셀을 동적으로 할당함으로써 전송망의 사용 효율 증대하고 고정 및 가변속도의 서비스 수용이 가능하다.
- 망 내에서의 프로토콜을 간략화하여 셀 헤더의 가상채널번호(VCI)와 가상경로번호(VPI)를 이용한 라우팅, 다중화 등의 기능을 하드웨어적으로 처리한다.
- 흐름제어와 에러제어 등의 기능을 단말 간에 처리토록 함으로써 고속전송을 실현한다.
- ATM 접속회선은 연결방법에 따라 PVC(Permanent Virtual Circuit)와 SVC(Switched Virtual Network)로 구분된다.
다. ATM의 셀 구조
- 53Byte(옥텟)의 고정 크기 패킷
- 5Byte의 헤더와 48Byte의 데이터로 구성
- 헤더는 경로배정, 셀의 종류, 셀 포기 순위 등에 관한 제어정보 제공

2. MPLS(Multiprotocol Label Switching): 네트워크 컨버젼스를 위한 차세대 인터넷 기술
가. MPLS(Multiprotocol Label Switching)의 정의
- Layer 2의 스위칭 속도와 Layer 3의 라우팅 기술을 Label을 이용한 Label 스위칭 방식
나. MPLS의 특징
- IP 주소기반이 아닌 Labeⅼ 기반의 스위칭 - 데이터패킷이 Layer 2에서 Label을 참조 고속 스위칭 - 다양한 프로토콜 수용(ATM, IP망, 프레임 릴레이 등)
다. MPLS의 구조 및 구성요소

3. MPLS 구조 및 구성요소
   [MPLS의 구조(★ ★)]

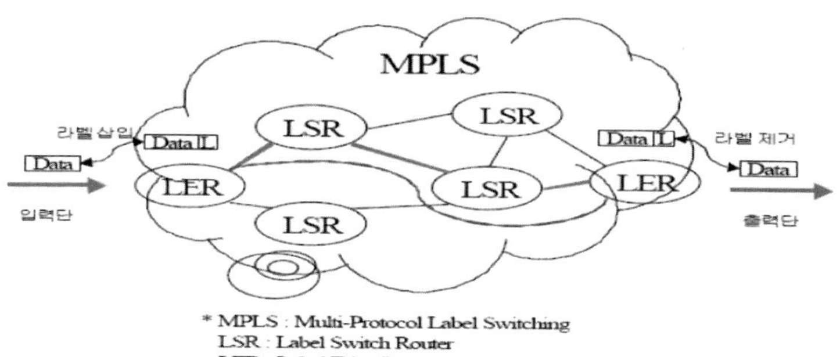

* MPLS : Multi-Protocol Label Switching
LSR : Label Switch Router
LER : Label Edge Router

문제 86	Web 2.0의 주요 기술인 AJAX(Asynchronous Javascript and XML)에 대한 설명 중 틀린 것은? ① 대화식 웹 애플리케이션의 제작을 위해 HTML, CSS, XML, DOM 등의 조합을 이용하는 웹 개발 기법이다. ② 보통 SOAP이나 XML 기반의 웹 서비스 프로토콜을 사용한다. ③ 웹 브라우저와 웹 서버 간에 교환되는 데이터량의 감소로 응답성은 좋아지나 웹 서버의 처리량은 증가한다. ④ 웹 서버의 응답을 처리하기 위해 클라이언트에서는 자바스크립트를 사용한다.

카테고리	시스템 구조〉Web	난이도	
출제횟수		답	③

[문제풀이]

- AJAX(Asynchronous JavaScript XML)은 대표적인 RIA기술로 JavaScript, XML를 활용하여 Web Page 전체를 불러오지 않고 특정 부분만을 비동기적으로 처리하는 Page Reload 기술이다.
- Web Page Reload 시간을 줄이고 Interaction한 처리를 지원한다.

[AJAX의 처리방식]

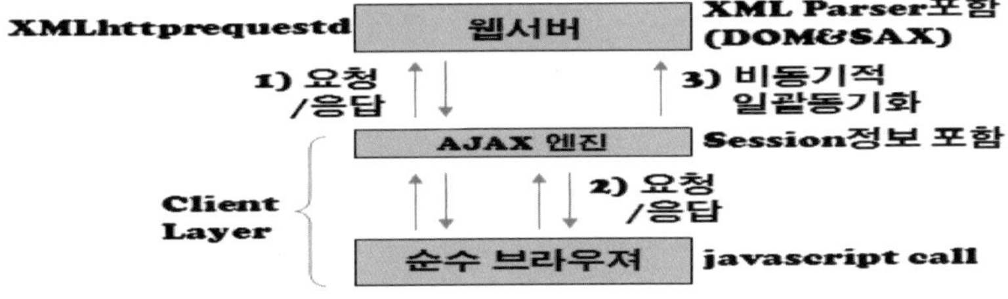

문제 87	6LoWPAN은 IPv6 over Low Power WPAN(무선 개인Network)의 약칭으로 최근 WPAN 기술에 IPv6 기술을 적용한 것이다. 다음 중 설명 중에 틀린 것은? ① IEEE 802.15.4 MAC계층과 IPv6계층 사이에 적응계층 기능을 제공하였다. ② 저전력 배터리로 동작하도록 설계되어 토폴로지는 버스형태로만 구성할 수 있다. ③ ZigBee나 기타 경쟁기술에 비해 유연한 확장성을 가진다. ④ 250kbps 이하 적은 대역폭을 가진다.

카테고리	시스템 구조〉WPAN 기술	난이도	
출제횟수		답	③

[문제풀이]

❏ **6LoWPAN**
- 6LoWPAN은 IPv6 over Low Power WPAN(무선 개인Network)의 약칭으로 WPAN기술에 IPv6를 적용한 기술로, IPv6용 적응계층 기술표준으로 저전력 WPAN, IEEE 802.15.4 MAC계층과 IPv6계층 사이에 적응계층 기능을 제공함.

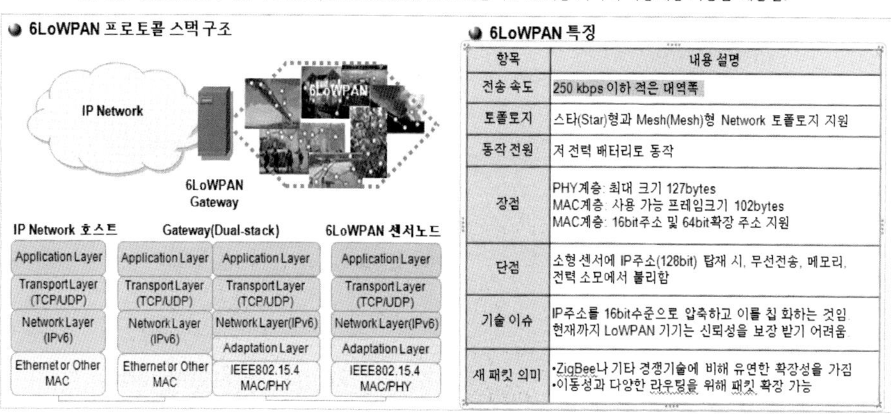

문제 88	ITIL에서 Service Support에 대한 설명으로 틀린 것은 무엇인가?(2 개) ① IT 운영에 대한 가이드 라인으로 Service Desk, Incident Management, Problem Management 등으로 구성된다. ② Service Desk는 단일 접점을 제공한다. ③ 장애 발생 시에 장애 원인에 대한 근본적인 분석은 Incident Management에서 수행한다. ④ Service Support는 Service Delivery와 완전히 독립한다.

카테고리	시스템 구조〉ITIL	난이도	
출제횟수		답	③, ④

[문제풀이]

- ITIL은 IT 운영조직에 대한 Best Practices를 포함하는 책자이다. ITIL은 Service Delivery와 Service Support로 나누어진다.

[ITIL Version 2.0 구조]

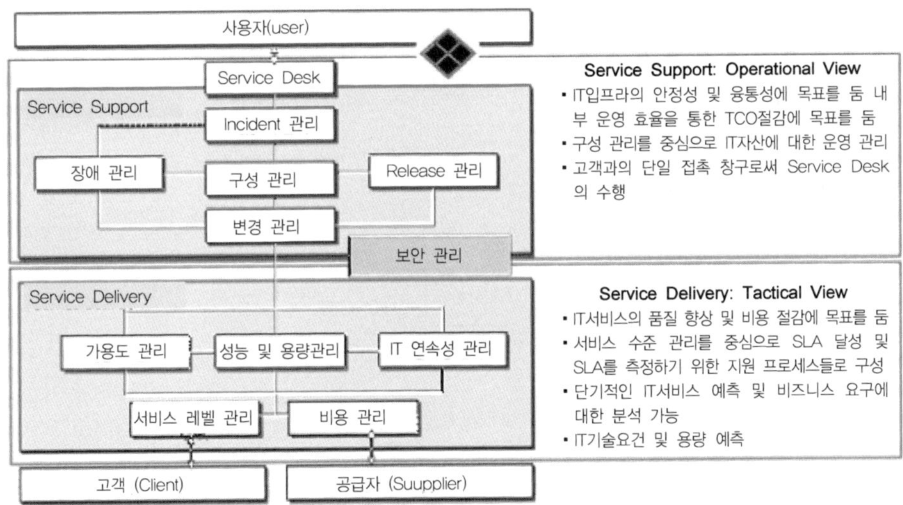

	다음 중 RFID(Radio Frequency IDentification) 관련 기술에 대한 설명으로 틀린 것은?
문제 89	① RFID 리더기는 태그의 정보를 읽거나 기록할 수 있다. ② RFID 태그는 배터리 내장 유무에 따라 능동형과 수동형으로 구분된다. ③ EPC(Electronic Product Code)는 태그에 부여되는 고유한 식별코드이다. ④ RFID 미들웨어는 다수의 태그가 리더기에 반응했을 때 충돌을 방지하는 역할을 한다.

카테고리	시스템 구조>최신기술	난이도	
출제횟수		답	④

[문제풀이]

- RFID는 RFID Tag에 저장되어 있는 RFID Code를 읽고 판독이 가능한 전자태그이다. RFID Tag는 읽기전용, 읽기/쓰기 종류로 분류되고 RFID Tag에 부여된 코드체계를 EPC Global이라는 곳에서 De-facto Standard로 규정했고 그 코드가 EPC Code이다.
- 또한 RFID는 전원여부에 따라 전원을 보유한 능동형 태크와 전원을 보유하지 않는 수동형 태크로 분류된다.

[RFID 시스템 구조]

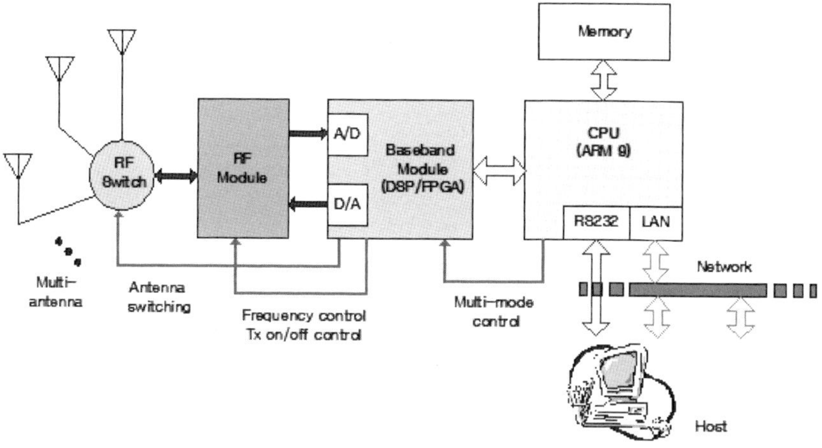

<table>
<tr><td rowspan="5">문제 90</td><td>RTE의 3가지 개념적 요건에 해당되지 않는 것은?</td></tr>
<tr><td>① 지속적인 변화관리를 통한 경쟁력 유지</td></tr>
<tr><td>② 기업 내외부 업무프로세스의 수평적 통합</td></tr>
<tr><td>③ 미래의 정보기술에 대한 전략적 가치 사용</td></tr>
<tr><td>④ 업무처리와 의사결정 프로세스간의 수직적 통합</td></tr>
</table>

카테고리	시스템 구조)RTE(실시간 경영)	난이도	
출제횟수		답	③

[문제풀이]

- RTE의 3가지 개념적 요건
1) 지속적인 변화관리를 통한 경쟁력 유지
2) 기업 내외부 업무프로세스의 수평적 통합
3) 업무처리와 의사결정 프로세스 간의 수직적 통합
- RTE의 정의: 현실적인 인식을 바탕으로 정보기술의 전략적 가치라는 측면에서 2002년 Gartner가 공식적으로 사용하기 시작한 것이 바로 RTE(Real Time Enterprise; 실시간 기업)라는 개념이다.
- 국내의 경우 일반 RFID를 위해서 433MHz 주파수를 사용하고 CDMA 폰에 RFID 리더기를 탑재한 모바일 RFID(일명: 모비온)의 경우 900MHz 주파수를 사용한다.
- 해외의 경우 노키아에서 상용화한 NFC는 13.56MHz의 주파수를 사용한다.

<table>
<tr><td rowspan="5">문제 91</td><td>비즈니스 연속성 계획 시에 핵심이 되는 것은 무엇인가?</td></tr>
<tr><td>① 모의 테스트</td></tr>
<tr><td>② BIA</td></tr>
<tr><td>③ DRS</td></tr>
<tr><td>④ 복구전략</td></tr>
</table>

카테고리	시스템 구조)비즈니스 연속성	난이도	
출제횟수		답	②

[문제풀이]

- 정보시스템의 위험분석은 먼저 자산을 식별해서 관리하고 통제해야 할 자산을 명확히 해야 한다.

[정보시스템 위험분석 방법: BCP(Business Continuity Planning)]

위험관리 프로세스	주요 내용
위험관리계획 수립	– 예산, 일정을 고려하여 범위규정, 관리업무를 포함한 계획수립, 관리대상 식별(자산 식별)
업무분석 및 영향	– 사건 재해환경 고려한 잠재적 손실 최소화 및 방지를 위한 업무 분석 및 평가 – Business Impact Analysis(업무 영향분석) – 주요 업무 프로세스 식별, 우선순위, 재해 시 업무 중단에 따른 비용분석, 업무 프로세스별 복구 목표시간 산출
복구전략 개발	– 복구대책 업무, 복구 운영, 전략 선택(전략수립, 문서화) – 상세 계획수립(상세 DRP 수립 포함)
승인 및 훈련	– BCP 계획승인, 대응책 구현, 이행관리, 기술향상
테스트 및 유지보수	– 업무 프로세스가 변경되면 BCP도 변경 – 비상사태 대비 평가, 모의훈련, 모니터링 및 비상체계 준비

문제 92	시스템 가용성 개념 및 가용성을 확보하기 위한 방안으로 틀린 것은?(2개 선택) ① 단일 시스템으로 SSO 구축한다. ② 가용성은 24시간 365일 서비스를 지원한다. ③ 가용성은 정당한 사용자의 요구에 서비스를 지원함을 의미한다. ④ HA 서버 구성은 가용성 확보를 위한 기술이다.

카테고리	시스템 구조>가용성	난이도	
출제횟수		답	①, ②

[문제풀이]

– 단일시스템 및 SSO은 Single Point of Failure(SPOF)로서 가용성을 떨어뜨리는 가장 큰 요인이다.

| 문제 93 | LDAP(Lightweight Directory Access Protocol)에 대한 다음 설명 중 틀린 것은?

① 네트워크상의 자원들을 식별하고 사용자와 응용 프로그램들이 자원에 접근할 수 있도록 해주는 네트워크 서비스이다.
② 특정 자원의 물리적 연결 구성을 몰라도 그 자원에 접근 가능하도록 하는 수단을 제공한다.
③ DUA(Directory User Agent)와 DSA(Directory Service Agent) 간의 프로토콜은 DSP(Directory Service Protocol)이다.
④ 두 DSA(Directory Service Agent) 간에 관리적인 동작 관계가 설정되어 있는 경우, 이들 DSA 간의 통신을 위해서 사용하는 프로토콜은 DOP(Directory Operational Binding Management Protocol)이다. |

카테고리	시스템 구조〉레파지토리〉디렉토리 서비스	난이도	
출제횟수		답ㅈ	③

[문제풀이]

- DAP(Directory Access Protocol)은 지역적으로 분산된 정보자원의 식별, 접근이 가능한 분산 검색 서비스이다. DAP에는 ISO에서 표준화한 X.500과 인터넷에서 사용하기 위해서 X.500을 경량화한 LDAP(Lightweight Directory Access Protocol)이 존재한다.

[디렉토리 서비스 구성요소]

- DUA(Directory User Agent): Client로 사용자의 요구를 DSA에 전달하는 인테페이스 역할 담당
- DSA(Directory Service Agent): DUA의 명령 및 요구를 실행하고 결과를 DUA에게 전달
- DAP(Directory Access Protocol): DUA와 DSA 간의 Protocol
- DOP(Directory Operational Binding Management Protocol): 여러 개의 DSA 간의 동작관계를 제어하기 위해서 DSA 간의 프로토콜
- DISP(Directory Information Shadow Protocol): DSA가 보유하는 정보를 다른 DSA에게 전달하기 위해서 사용하는 프로토콜

[디렉토리 서비스의 종류]

비교항목	X.500(DAP)	LDAP
프로토콜	OSI 응용계층	TCP/IP 4계층
표준화	ISO/IEC 9594	IETF RFC 2251
사용주소	디렉토리 서버 주소	URL 주소체계
플랫폼	종속성	독립성
성능	느림.	우수
구조	복잡	단순
보안	SSL 미지원	SSL 지원
연산자 중복	연산자 중복존재	중복 최소화
데이터 표현방식	ANSI.1 코드 및 BEF(Basic Encoding Rule)	String 코드

문제 94	정보보안을 관리하기 위해서 일반적으로 보안을 분류하는 기준이 아닌 것은 무엇인가? ① 물리적 보안 ② 기술적 보안 ③ 정책 보안 ④ 관리적 보안

카테고리	시스템 구조>보안 기준	난이도	
출제횟수		답	③

[문제풀이]

[정보보안의 체계]

구성요소	보안방안
물리적 보안	-환경, 물리적 접근 , 물리적 가용성 등에 대한 정보보호 위험 예방 -정보 시스템 컴퓨터실 또는 관련시설에 출입통제 시설을 설치
관리적 보안	-행정적, 조직적, 인적 정보보호 위험 예방 -정보보호의 지침이나 기준 등을 규정한 보안정책 수립
컴퓨터 보안	-컴퓨시스템에 다양한 보안위협으로 부터 사전 예방 -기본 시스템, 응용시스템, 데이터베이스 보안
네트워크 보안	-LAN, WAN, PSTN, Internet 등과 같은 네트워크를 통한 보안위협 방지 -Open Network의 보안강화

문제 95	다음 RSA(Rivest, Shamir, Adleman) 암호알고리즘에 대한 설명 중 틀린 것은?(2개 선택) ① 국내 금융거래 등에서 전자서명에 사용된다. ② 518비트, 768비트, 1024비트의 키를 사용할 수 있다. ③ 안전성은 이산대수 문제의 어려움에 근거를 두고 있다. ④ 대칭키 암호알고리즘의 하나이다.

카테고리	시스템 구조>보안>암호화	난이도	
출제횟수		답	③, ④

[문제풀이]
- RSA는 비대칭 키(공개키) 암호화 알고리즘으로 소인수 분해의 어려움을 근거로 한다.

[암호화 개념]

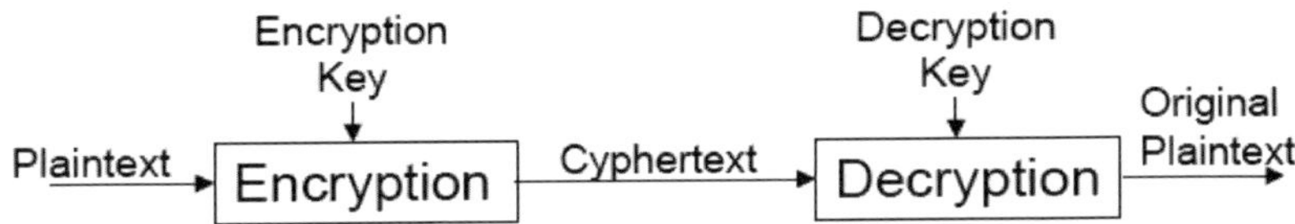

- 암호화는 평문(Plaintext)을 암호화 알고리즘과 암호화 키(Encryption Key)를 사용하여 암호문(Cyphertext)을 만들고 다시 복호화 키(Decryption Key)를 사용해서 평문을 만들어 낸다.
- 이때 암호화 키와 복호화 키가 동일한 것을 대칭키 혹은 비밀키 암호화 알고리즘이라고 하고 그 종류는 DES, 3DES, SEED, AES 등이 존재한다.
- 암호화 키와 복호화 키가 다른 것을 비대칭키(공개키) 알고리즘이라고 하고 그 종류는 RSA, ECC 등이 존재한다.
- 또한 암호화 알고리즘 방식에 따라 이산대수 및 소인수 분해 방식이 있으며 이산대수 방식은 ECC, 소인수 분해 방식은 RSA가 존재한다.

[대칭키 암호화 기법(비밀키 암호화) 종류]

종류	블록크기	키 크기	Round 수	주요 내용
DES	64Bit	64(54)Bit	16	– 호환성 좋음, 키 길이가 작아 해독 용이
3DES	64Bit	192(168) Bit	48	– DES 호환, Round 수를 늘려 보안성 강화, 대부분의 레거시 시스템에서 활용
AES	128Bit	128, 192, 256Bit	10, 12, 14	– 2000년 NIST에서 DES를 대처할 차세대 대칭키 암호화 알고리즘 – 미국 표준 암호화 알고리즘
IDEA	64Bit	128Bit	8	– 암호화 강도가 DES보다 강하고 2배 빠름
SEED	128Bit	128Bit	16	– 국내개발(KISA, ETRI), 국내 보안 SW, HW에서 사용 – 2005년 ISO/IEC, IETF 표준지정

[비대칭키 암호화 기법(공개키 암호화)의 종류]

구분	특징
DH	– 최초 공개키 알고리즘, 키 분배 전용 알고리즘 – 키 분배에 최적화, 키는 필요 시에만 생성하고 따로 저장 불필요 – 암호모드로 사용 불가(인증불가), 위조에 취약 – 이산대수 문제
RSA	– 1978년 ITU, ANSI 등 대부분의 공개 키 암호화 표준 – 상용으로 가장 많이 사용, 특허 2000년 만료, 여러 라이브러리 존재 – 컴퓨터 속도 발전으로 키의 길이 점점 증가 – 소인수 분해 어려움
DSA	– NIST 개발, 전자서명 알고리즘 표준 – 간단한 구조(Yes Or No 결과만 가짐), 전자서명 전용 – 암호화 키 교환 불가 – 이산대수 문제
ECC	– 짧은 키로 높은 암호강도, PDA, 스마트폰, 핸드폰에 사용 – 오버헤드 적고 163 키가 RSA의 1024키의 강도를 가짐 – 키 테이블(20K Bytes) 필요 – 타원곡선 알고리즘

문제 96	다음 전자서명에 대한 설명 중 틀린 것은? ① 서명하는 사람이 동일하면, 서명되는 메시지가 다르더라도 전자서명 값은 같다. ② 전자서명 알고리즘에는 RSA(Rivest, Shamir, Adleman), DSA(Digital Signature Algorithm) 등이 있다. ③ 전자서명만을 사용하여 메시지의 기밀성(Confidentiality)을 제공할 수는 없다. ④ 전자서명은 서명한 사람이 서명한 사실을 부인하지 못하게 하는 부인봉쇄의 기능을 제공한다.		
카테고리	시스템 구조>보안>PKI>전자서명	난이도	
출제횟수		답	①

[문제풀이]

– 전자서명(Digital Signature)은 전자문서를 작성한 자의 신원 및 전자문서 변경 여부를 확인할 수 있도록 비대칭 암호화 방식을 사용하여 생성키로 생성한 정보를 말한다.

[전자서명 처리방식]

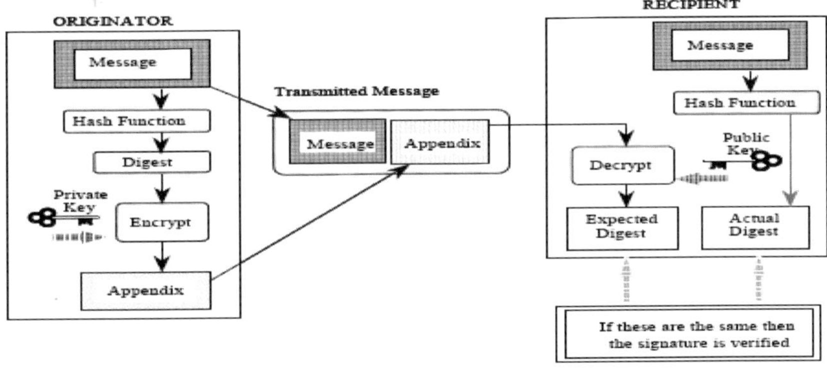

문제 97	영국에서 만든 정보보호 시스템에 대한 국제표준으로 틀린 것은 무엇인가? ① ISO 27000 ② BS 7799 ③ ISO 17799 ④ ISO 12207

카테고리	시스템 구조〉	난이도	
출제횟수		답	②

[문제풀이]

- ISO 12207은 소프트웨어 프로세스 표준이다.

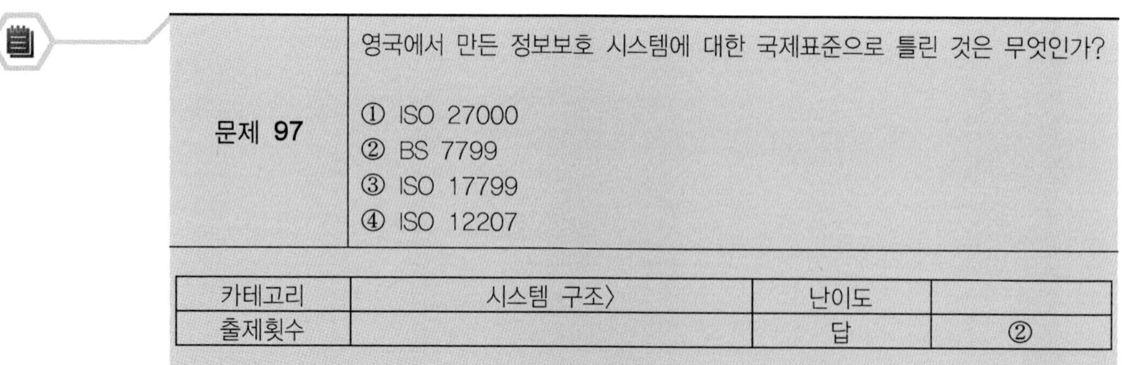

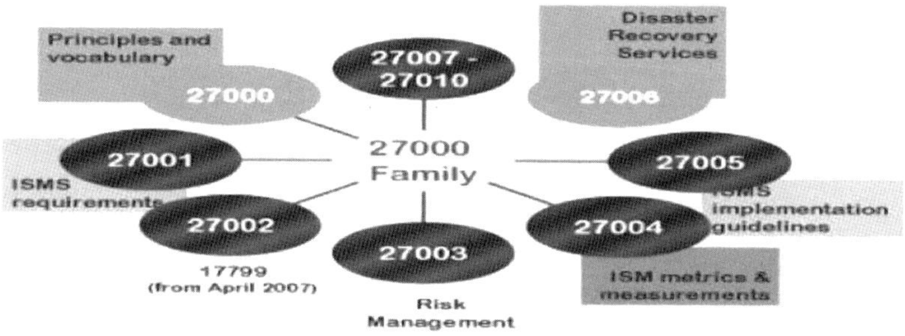

문제 98	해시(Hash) 함수의 요구 조건으로 맞는 것은? ① 해시 함수는 역으로 계산이 가능해야 한다. ② 해시 함수는 가변적인 크기의 출력을 만든다. ③ 해시 함수는 강력한 충돌 회피성이 제공되어야 한다. ④ 해시 함수는 고정 크기의 데이터 블록에만 적용된다.

카테고리	시스템 구조〉PKI〉해시	난이도	
출제횟수		답	③

[문제풀이]

- 해시함수의 특징은 임의의 길이의 입력으로 동일한 길이의 출력이 제공되고, One Way Function으로 출력값으로 다시 입력값을 만들 수가 없다는 점이 있다.

– 그래서 전자서명에서 메시지 다이제스트를 만들고 그것을 통한 무결성 보장 방법에 사용된다.

문제 99	CC 인증에 대한 설명으로 틀린 것은? ① CC는 상호인증으로 국내에서 인증받은 제품은 미국으로 수출할 경우 추가 인증이 필요 없다. ② 국내 K시리즈 인증은 Firewall과 IDS 및 일부 VPN 제품에 한정되지만 CC는 모든 보안제품에서 사용 가능하다. ③ 토고에서 인증받은 보안제품은 미국에 수출할 경우 추가 인증이 필요 없다. ④ 인증비용 감소 및 EAL 평가단계를 포함한다.

카테고리	시스템 구조〉	난이도	
출제횟수		답	③

[문제풀이]

– 0CC(Common Criteria)는 미국의 TCSEC과 유럽 ITSEC의 보안표준을 기반으로 작성된 정보보호 제품의 객관적인 평가를 위해서 제정한 정보보호 기능에 대한 ISO 15408 국제표준이다.
– CC는 모든 보안 제품에 대한 평가가 가능하고 EAL(Evaluation Access Level) 평가등급으로 EAL0~EAL7이 존재한다.
– CC는 CCRA 가입국 간의 상호인증을 통해서 인증의 편리성과 인증비용을 감소시키는 장점을 가진다.

[CC 평가 프로세스]

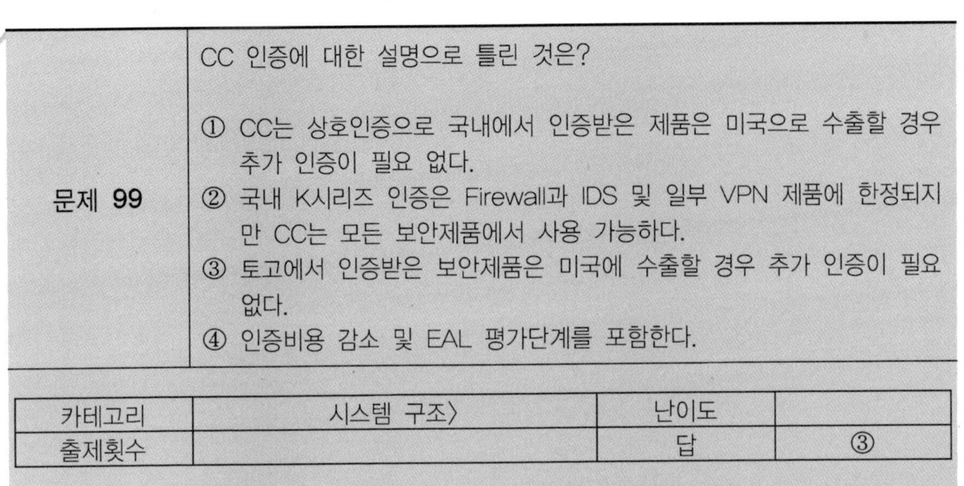

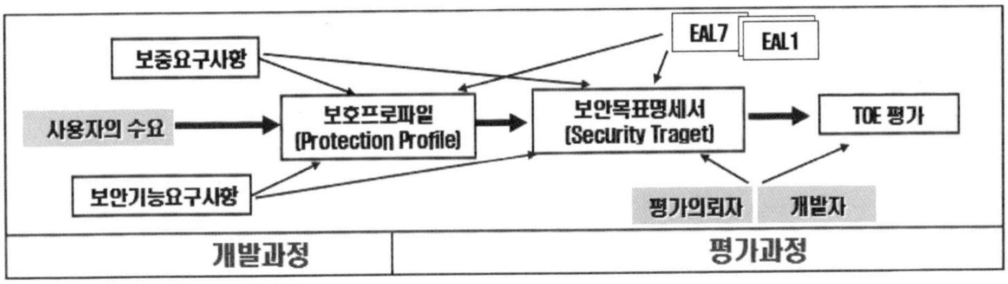

문제 100	대칭키 알고리즘과 공개키 알고리즘의 차이에 대한 아래 설명 중 틀린 것은? ① 대칭키 알고리즘은 공개키 알고리즘에 비하여 계산 속도가 빠르다. ② 대칭키 알고리즘은 통신의 참여자들이 동일한 키를 공유하고 있어야 한다. ③ 공개키 알고리즘은 통신의 참여자들이 동일한 키를 공유하지 않아도 된다. ④ 공개키 알고리즘은 메시지에 대한 기밀성을 제공하지만. 대칭키 알고리즘은 그렇지 못하다.

카테고리	시스템 구조〉보안〉암호화	난이도	
출제횟수		답	④

[문제풀이]
- 대칭키 및 비 대칭키 모두 기밀성을 제공한다.

[대칭키 암호화 기법과 비 대칭키 암호화 기법]

비교항목	대칭키	비 대칭키
키 보관	- 개인 비밀키 보관	- 개인키: 비밀리 보관 - 공개키: 외부 공개
키 교환	- 키 교환이 어렵고 위험	- 공개키 교환은 용이
암호화/복호화 속도	- 매우 빠름	- 매우 느림
평문길이	- 제한 없음	- 제한, 대용량 평문은 시간 및 연산 제약
보안기능	- 기밀성 제공 - 무결성, 인증, 부인방지 기능이 없음	- 기밀성, 인증, 부인방지 기능 제공 - 무결성 제공하지 않음
사용분야	- 평문 암호화, 네트워크에서 송수신	- 키 교환, 메시지 인증(전자서명)

2. 실전 핵심문제 테스트

www.serigamrisa.com

문제 1

프로젝트 관리의 효율적인 관리를 수행하기 위한 프로젝트 통합관리의 주요 프로세스에 해당되지 않는 것은 무엇인가?

① 프로젝트 계획수립
② 프로젝트 계획 실행
③ 통합 변경 통제
④ 프로젝트 인증

카테고리	사업관리>프로젝트 관리	난이도	하
		답	④

문제 2

프로젝트 선정기법은 이익측정 기법과 제약조건 하의 최적화 기법으로 구분된다. 다음 중에서 이익측정 기법이 아닌 것은 무엇인가?

① 비교 접근법
② 점수모델
③ 경제모델
④ 정수 계획법

카테고리	사업관리>프로젝트 관리	난이도	하
		답	④

문제 3

의사소통 채널이 7명에서 9명으로 증대되면 의사소통 채널은 기존보다 얼마나 더 증대되는가?

① 6
② 10
③ 15
④ 20

카테고리	사업관리>프로젝트 관리	난이도	하
		답	③

문제 4	경험은 없고 불확실성이 큰 작업계획을 추정하는 일정관리 방법은 무엇인가? ① CPM ② PERT ③ GANNT ④ PDM

카테고리	사업관리>프로젝트 관리	난이도	하
		답	②

문제 5	보험가입과 같은 방법으로 위험에 대응하는 위험대응방법은 무엇인가? ① 회피 ② 전이 ③ 완화 ④ 수용

카테고리	사업관리>프로젝트 관리	난이도	하
		답	②

문제 6	획득가치(EV)가 6억이고 계획가치(PV)가 7억, 실제비용(AC)가 8억인 경우 일정차이(SV)의 값은 무엇인가? ① +0.5억 ② +1억 ③ − 1억 ④ − 0.5억

카테고리	사업관리>프로젝트 관리	난이도	하
		답	③

문제 7	조달관리에서 구매자가 초과되는 원가를 부담하게 하여 공급자에게 유리한 계약은 무엇인가 ① Fixed Price ② Lump Sum ③ Cost Reimbursable ④ Time & Material

카테고리	사업관리〉프로젝트 관리	난이도	하
		답	③

문제 8	조직 유형 중에서 기능부서 관리자에게 권한이 많이 부여되고 프로젝트 인력은 기능부서에 남아 있는 조직형태는 무엇인가? ① 기능조직 ② 약한 매트릭스 ③ 강한 매트릭스 ④ 프로젝트

카테고리	사업관리〉프로젝트 관리	난이도	하
		답	②

문제 9	일정계획 수립을 위한 프로젝트 활동을 정의하기 위해서 가장 합리적인 방법은 무엇인가? ① Critical Path ② WBS ③ 범위명세서 ④ 프로젝트 계획서

카테고리	사업관리〉프로젝트 관리	난이도	하
		답	②

조달관리에서 공급자 선택 시 평가기준에 있어 수치적인 가산점으로 평가
하는 방법은 무엇인가?

문제 10

① Screening System
② Weighting System
③ Independent estimates
④ Contract negotiation

카테고리	사업관리>프로젝트 관리	난이도	하
		답	②

하나의 작업 패키지를 완료하는 데에 50주가 필요하다. 만약 순조롭게 진
행되면 40주면 완료할 수 있으나 최악의 경우 180주가 걸릴 수 있다. 이
작업 패키지의 예상 지속기간을 PERT로 측정하시오.

문제 11

① 50주
② 60주
③ 70주
④ 80주

카테고리	사업관리>프로젝트 관리	난이도	하
		답	③

프로젝트 비용평가 방법 중에서 Work package 단위로 세부적으로 비용
을 평가할 수 있는 방법은 무엇인가?

문제 12

① Top down estimating
② Bottom up estimating
③ Analogous estimating
④ Parametic estimating

카테고리	사업관리>프로젝트 관리	난이도	하
		답	②

문제 13	매슬로우의 욕구계층 이론에 포함되지 않는 것은 무엇인가? ① 금전적 욕구 ② 사회적 욕구 ③ 존경 욕구 ④ 신체적 욕구

카테고리	사업관리>프로젝트 관리	난이도	하
		답	①

문제 14	다음 중에서 프로젝트 타당성 조사에 해당되지 않는 것은 무엇인가? ① 기술적 타당성 ② 경제적 타당성 ③ 문화적 타당성 ④ 조직적 타당성

카테고리	사업관리>프로젝트 관리	난이도	하
		답	④

문제 15	프로젝트 품질에 대한 최종 책임은 누구에게 있는가? ① 프로젝트 엔지니어 ② 프로젝트 매니저 ③ 품질보증 매니저 ④ 프로젝트 발주자

카테고리	사업관리>프로젝트 관리	난이도	하
		답	②

소프트웨어 공학

문제 1	소프트웨어 공학에 대한 설명으로 옳지 않은 것은 무엇인가? (2001년 기술고시) ① 공학적 지식을 소프트웨어 설계와 제작에 응용하고 이를 개발, 운영 및 유지보수하는 데 필요한 문서화 과정 ② 비교적 큰 규모의 소프트웨어 시스템을 대상으로 함. ③ 개개의 프로그래머에 의해 소프트웨어 시스템을 공학적인 원리로 개발하는 것을 의미 ④ 소프트웨어 제품의 체계적 생산과 유지보수에 관련된 기술적, 관리적인 원리

카테고리	소프트웨어 공학>개요	난이도	중
		답	③

문제 2	수행방법에 따른 소프트웨어 분류 방법이 아닌 것은? (2000년 기술고시) ① 계산방법 ② 정보처리 중심 ③ 절차중심 ④ 규모

카테고리	소프트웨어 공학>개요	난이도	중
		답	④

문제 3	소프트웨어 개발이 어려운 점으로 타당하지 않는 것은 무엇인가? (1999년 서울시) ① 제어결핍 ② 도구 부족 ③ 복잡도 ④ 의사소통

카테고리	소프트웨어 공학>개요	난이도	중
		답	②

문제 4	소프트웨어 생명주기 순서로 올바른 것은 무엇인가? (2000년 기술직)
	① 요구사항 분석 → 시스템 정의 → 설계 → 코딩
	② 시스템 정의 → 요구사항 분석 → 설계 → 코딩
	③ 시스템 정의 → 설계 → 분석 → 코딩
	④ 요구사항 분석 → 설계 → 코딩 → 시스템 정의

카테고리	소프트웨어 공학〉SDLC	난이도	중
		답	①

문제 5	소프트웨어 생명주기 중 요구분석 단계에서 이루어지는 것은? (2000년 기술직)
	① 기능정의
	② 일정계획
	③ 비용산정
	④ 모듈정의

카테고리	소프트웨어 공학〉SDLC	난이도	중
		답	①

문제 6	PROCESS 모델 중 위험분석과 사용자 평가를 행하는 프로세스 모델은 무엇인가? (1999년 서울시)
	① RAD
	② Waterfall
	③ Spiral
	④ Prototype

카테고리	소프트웨어 공학〉SDLC	난이도	하
		답	③

문제 7	RAD 4가지에 포함되지 않는 것은 무엇인가? (1999년 국가직) ① 비즈니스 모델 ② 프로세스 모델 ③ 애플리케이션 모델 ④ 인터페이스 모델

카테고리	소프트웨어 공학〉SDLC	난이도	중
		답	④

문제 8	ISO/IEC 9126 표준에서 정의한 소프트웨어 품질요구 척도로 짝지어진 것은 무엇인가? (2000년 기술고시) ① 신뢰성, 유지 보수성, 이식성, 사용성 ② 신뢰성, 유지 보수성, 이식성, 생산성 ③ 신뢰성, 재사용성, 이식성, 생산성 ④ 유지보수성, 이식성, 사용성, 생산성

카테고리	소프트웨어 공학〉소프트웨어 품질	난이도	하
		답	①

문제 9	소프트웨어 프로세스 계획, 관리, 구조, 절차 및 자원, 문서화에 대한 표준과 품질보증 및 개선을 위한 소프트웨어 생명주기 전반에 관한 여러 기준을 규정한 것은 무엇인가? (2002년 서울시) ① ISO 9000 ② ISO 9126 ③ ISO 15504 ④ ISO 12207

카테고리	소프트웨어 공학〉소프트웨어 품질	난이도	중
		답	④

| 문제 10 | 다음 소프트웨어 매트릭스 중에서 연산자, 피연산자의 개수에 의한 제품 크기를 측정하는 모델은 무엇인가? (1998년 기술고시)

① PUTNAM
② COCOMO
③ Function Point
④ Halstead 소프트웨어 과학 매트릭스 |

카테고리	소프트웨어 공학>소프트웨어 품질 측정	난이도	중
		답	④

| 문제 11 | 소프트웨어 측정을 직접측정과 간접측정으로 나누어 볼 수 있는데, 이들에 대한 설명으로 틀린 것은? (2005년 국가고시)

① 직접측정들에는 기능성, 비용, 노력이 해당된다.
② 직접측정들에는 코드 라인수, 메모리 크기, 오류 수 등이 있다.
③ 간접측정들에는 효율성, 품질, 복잡도, 유지보수성 등이 해당된다.
④ 소프트웨어 측정은 품질척도에 쓰인다. |

카테고리	소프트웨어 공학>소프트웨어 품질 측정	난이도	중
		답	②

| 문제 12 | 다음 중 제어흐름에 대한 그래프에서 영역의 수를 계산하여 품질을 측정하는 방법은 무엇인가? (2004년 국가고시)

① Halstead 소프트웨어 사이언스
② McCabe 복잡도
③ Knot 카운트
④ Chen 프로그램 복잡도 |

카테고리	소프트웨어 공학>소프트웨어 품질 측정	난이도	중
		답	②

문제 13	시스템 가용도를 계산하는 식으로 올바른 것은 무엇인가? (2000년 기술고시) ① MTTR/(MTTF+MTTR)*100 ② MTTF/(MTTF+MTTR)*100 ③ MTBR/(MTTF+MTTR)*100 ④ MTTR/MTTF*100

카테고리	소프트웨어 공학〉소프트웨어 품질 측정	난이도	중
		답	②

문제 14	형상관리에 대한 설명으로 모두 올바른 것은 무엇인가? (2000년 기술고시) (1) 소프트웨어 개발 과정 중 산출된 모든 문서들은 형상관리 항목이 될 수 있다. (2) 시험 케이스 및 그에 대한 결과들은 형상관리 항목이 될 수 있다. (3) 개발기간 중 사용된 각 종 CASE 도구들은 형상관리 항목이 될 수 있다. (4) 유지보수 관련 문서는 개발 완료 후 발생하는 것이므로 형상관리 항목에서 제외된다. ① (1) ② (1), (2) ③ (1), (2), (3) ④ (1), (2), (3), (4)

카테고리	소프트웨어 공학〉형상관리	난이도	하
		답	①

| 문제 15 | 복잡한 문제를 세분화하여 세분화된 부분영역으로 해결하는 구조적 분석 원리는 무엇인가? (1999년 서울시)

① Divide Size
② Divide Partition
③ Divide And Control
④ Divide And Conquer |

카테고리	소프트웨어 공학>구조적 분석 기법	난이도	하
		답	④

| 문제 16 | 다음의 요구사항 중 기능적 요구사항이 아닌 것만을 모두 나열한 것은 무엇인가? (2003년 기술고시)

(1) 사용자가 "지불" 버튼을 누른 후 5초 이내에 응답이 있어야 한다.
(2) 제품 구입이 수행된 후 재고 데이터베이스가 즉각 수정되어야 하며 해당 품목의 수량이 미리 정한 값 이하로 떨어지면 경고 메시지를 보여 주어야 한다.
(3) 사용자는 자신의 개인정보가 유출되지 않도록 구매를 완료 후에는 로그아웃 하여야 한다.

① (1)
② (1), (2)
③ (1), (2), (3)
④ (1), (3) |

카테고리	소프트웨어 공학>요구사항	난이도	중
		답	④

문제 17	다음 중에서 구조적 분석 기법이 아닌 것은 무엇인가? (2005년 국가직) ① 자료흐름도 ② 구조도 ③ 자료사전 ④ 소단위명세서

카테고리	소프트웨어 공학>구조적 분석 기법	난이도	하
		답	②

문제 18	다음 중에서 요구명세서에 포함될 사항과 거리가 먼 것은 무엇인가? (2005년 국가직) ① 기능적 요구 ② 설계제약 ③ 외부 인터페이스 ④ 소프트웨어 구조

카테고리	소프트웨어 공학>요구사항	난이도	하
		답	④

문제 19	요구사항명세에 대한 설명 중 옳지 않은 것은 무엇인가? (2002년 기술고시) ① 대수적 명세는 소프트웨어 시스템 간의 인터페이스가 명세되어야 할 때 특히 적합한 기법이다. ② 정형적 명세에 연관된 비정형적 서술은 정형적 의미를 좀 더 이해하기 쉽게 한다. ③ 정형적인 시스템 명세는 비정형적 명세 기법에 상호 보완적이다. ④ 비정형적 명세기법의 전형적인 예로 Z 명세기법이 있다.

카테고리	소프트웨어 공학>요구사항	난이도	중
		답	④

문제 20	다음 보기 내용들이 포함되는 요구분석 명세서의 항목은 무엇인가? (2003년 기술고시) 〈보기〉 ● 시간적 요구: 반응시간, 처리 소요시간, 처리율 등 ● 효율적 요구: 기억장치 규모, 통신 대역폭 등 ● 기타: 보안성, 신뢰성 등 ① 개발운영 및 유지보수 환경 ② 기능 요구사항 ③ 성능 요구사항 ④ 변경 및 개선 예정사항

카테고리	소프트웨어 공학〉요구사항	난이도	중
		답	③

문제 21	소프트웨어 설계는 소프트웨어 공학 프로세스의 핵심이다. 다음 중 소프트웨어 설계단계가 아닌 것은 무엇인가? (2002년 기술고시) ① 데이터 설계 ② 아키텍처 설계 ③ 인터페이스 설계 ④ 테스팅 설계

카테고리	소프트웨어 공학〉설계	난이도	중
		답	④

문제 22	소프트웨어 설계 중심 원리가 아닌 것은 무엇인가? (1998년 기술고시)
	① 단계적 정제
	② 문서화
	③ 모듈화
	④ 추상화

카테고리	소프트웨어 공학〉설계	난이도	하
		답	②

문제 23	모듈 내에 포함된 정보(절차와 자료)를 이러한 정보가 필요로 하지 않은 다른 모듈이 접근할 수 없도록 하기 위한 소프트웨어 설계 원칙은 무엇인가? (1998년 국가직)
	① 모듈화
	② 추상화
	③ 정보은폐
	④ 단계적 정제

카테고리	소프트웨어 공학〉설계	난이도	하
		답	③

문제 24	자료 추상화에 대한 설명으로 틀린 것은 무엇인가? (2002년 국가직)
	① 정보은닉 효과가 있다.
	② What보다는 How를 고려한다.
	③ 부작용을 최소로 하기 위한 설계원리이다.
	④ 자료와 알고리즘이 결합된 형태이다.

카테고리	소프트웨어 공학〉설계	난이도	하
		답	②

<table>
<tr><td rowspan="2">문제 25</td><td>다음 중에서 결합도가 좋은 것은 무엇인가? (2002년 국가직)

① 제어 결합도
② 내용 결합도
③ 스탬프 결합도
④ 자료 결합도</td></tr>
</table>

카테고리	소프트웨어 공학>설계	난이도	하
		답	④

<table>
<tr><td rowspan="2">문제 26</td><td>객체지향 설계에 대한 설명으로 옳은 것은 무엇인가? (1996년 국가직)

① 시스템을 이루는 객체들을 연산과 완전 분리하여 설계 상의 간결성을 유지하는 효율적인 방식으로서 함수적 설계 방식과 구별된다.
② Top down 설계방식에 명령해법을 가미한 설계방식이다.
③ 시스템을 그 시스템에서 벌어지는 일들의 모임으로 보는 것이 아니라 메시지를 주고받는 객체들의 모임으로 모델링한다.
④ 시스템은 그 시스템에서 행해지는 연산들의 순차적 기술에 의해 결정된다고 본다.</td></tr>
</table>

카테고리	소프트웨어 공학>객체지향	난이도	중
		답	③

<table>
<tr><td rowspan="2">문제 27</td><td>객체지향적 개발 방법의 장점으로서 올바르지 않은 것은? (1998년 국가직)

① 재사용성
② 신속한 설계
③ 실행 효율성
④ 확장성</td></tr>
</table>

카테고리	소프트웨어 공학>객체지향	난이도	중
		답	③

문제 28	상위 클래스는 하위 클래스로 상속이 가능한데 이런 관계성을 무엇이라고 하는가? (2000년 기술고시) ① 일반화 ② 집단화 ③ 연관성 ④ 패키지화

카테고리	소프트웨어 공학>객체지향	난이도	중
		답	①

문제 29	다음이 의미하는 것은 무엇인가? (1997년 서울시) 데이터 부분과 그 데이터를 조작하기 위한 연산을 하나로 묶는 것을 말하며 항목에 대한 정보를 외부에 감출 수 있다. ① Encapsulation ② Instance ③ 모듈화 ④ 상속성

카테고리	소프트웨어 공학>객체지향	난이도	중
		답	①

문제 30	다음은 요구사항 분석기법의 모델링 시작과 각 기법을 연결하고 있다. 그 중 연결이 옳지 않은 것은 무엇인가? (2003년 국가직) ① 기능모델링: Data Flow Diagram - Function Primitive - Data Dictionary ② 정보모델링: Entity Relationship Diagram - Context Diagram-Z ③ 동적 모델링: Finite State Machine - State Transition Diagram - State Event Matrix ④ 객체모델링: Use Case Diagram - Class Diagram - State Transition Diagram

카테고리	소프트웨어 공학>객체지향	난이도	중
		답	④

문제 1	데이터베이스의 정의로 가장 적합한 것은 무엇인가? (2007년 기사시험) ① 공용 데이터, 통합 데이터, 통신 데이터, 운영 데이터 ② 공용 데이터, 색인 데이터, 통신 데이터, 운영 데이터 ③ 공용 데이터, 색인 데이터, 저장 데이터, 운영 데이터 ④ 공용 데이터, 통합 데이터, 저장 데이터, 운영 데이터

카테고리	데이터베이스>개요	난이도	하
		답	④

문제 2	데이터 파일이 보조 기억장치에 저장되는 방법이나 저장된 데이터의 접근 방법이 각 응용 프로그램의 논리에 명시되어 있어서 데이터의 구성방법이나 접근방법을 변경할 때는 자연히 이것을 기초로 한 응용 프로그램도 같이 변경시켜야 한다. 이와 같은 성질을 무엇이라고 하는가? (2002년 서울시) ① 데이터 독립성 ② 데이터 중복성 ③ 데이터 종속성 ④ 프로그램 가변성

카테고리	데이터베이스>개요	난이도	하
		답	④

문제 3	3단계 데이터베이스 설명으로 틀린 것은 무엇인가? (2000년 행자부) ① 내부 스키마, 개념 스키마, 외부 스키마로 나눌 수 있다. ② 외부 스키마는 사용자나 응용 프로그래머가 접근할 수 있는 데이터베이스를 정의한 것이다. ③ 개념 스키마는 데이터베이스 전체를 기술한 것이기 때문에 여러 개 존재하고 사용자나 응용 프로그램은 개념 스키마의 일부를 사용한다. ④ 내부 스키마는 실제로 저장될 내부 레코드 형식, 인덱스 유무, 저장 데이터 항목의 표현방법, 내부 레코드의 물리적 순서를 나타낸다.

카테고리	데이터베이스>3층 스키마	난이도	하
		답	③

문제 4	다음 공간 데이터베이스를 위한 공간 인덱싱 기법 중에서 점뿐만 아니라 선, 다각형 객체를 모두 지원 할 수 있는 것은 무엇인가? ① R- 트리 ② Matrix X Quadtree ③ K-D 트리 ④ K-D-B 트리

카테고리	데이터베이스>트리	난이도	하
		답	①

문제 5	어떤 릴레이션 내의 동일한 어트리뷰트에 대한 인덱스를 B- 트리와 B+ 트리를 사용하여 각각 구성한다고 하자. 다음 설명 중에서 옳지 않은 것은 무엇인가? (2007년 행자부) ① B 트리, B+ 트리 모두 루트노드를 제외한 내부노드는 최소 [m/2]개의 트리 포인터를 갖는다. (단, m은 차수이다) ② B 트리, B+ 트리에서 모두 리프노드는 갖은 레벨이다. ③ 범위검색 성능은 B+ 트리가 우수하다. ④ 두 트리 모두 내부노드와 리프 노드 구조가 동일하다.

카테고리	데이터베이스>트리	난이도	중
		답	④

문제 6	다음 파일 구성방식 중에서 순차탐색과 직접탐색을 함께 효율적으로 수행할 수 있는 파일구성방식은 무엇인가? (1997년 행자부) ① Direct File ② Sequential File ③ B+ 트리 File ④ Extendable hashing File

카테고리	데이터베이스>트리	난이도	중
		답	③

문제 7

직접파일의 적재밀도를 바르게 나타낸 항은 무엇인가? (2006년 방통대)

적재밀도 = (   )/(   )

① (저장 가능한 레코드)/(저장 공간 크기)
② (저장된 레코드)/(저장 가능한 레코드)
③ (저장 가능한 레코드)/(저장 공간의 인덱스 수)
④ (저장된 레코드)/(저장 공간의 인덱스 수)

카테고리	데이터베이스>파일 시스템	난이도	중
		답	②

문제 8

개체관계 모델에서 두 개체 집합 A와 B 사이의 대응 수 중에서 다음 설명에 맞는 것은 무엇인가?(1995년 행자부)

- A에 속하는 한 개체에 대해 B의 여러 개체가 관련될 수 있다.
- 그러나 B에 속하는 한 개체에 대해서는 A의 한 개체만 관련된다.

① 일대일 대응
② 일대다 대응
③ 다대일 대응
④ 다대다 대응

카테고리	데이터베이스>데이터모델링	난이도	중
		답	②

문제 9

개체 Y가 있어야만 개체 X가 존재할 때 X는 Y에 (   )되었다고 한다. (   )에 적합한 내용은 무엇인가? (2002년 방통대)

① 논리가 일반화
② 개체가 세분화
③ 개체종속
④ 존재종속

카테고리	데이터베이스>데이터모델링	난이도	중
		답	④

문제 10	ER 도표에서 아래와 같은 표시가 의미하는 것은 무엇인가? (2002년 방통대) 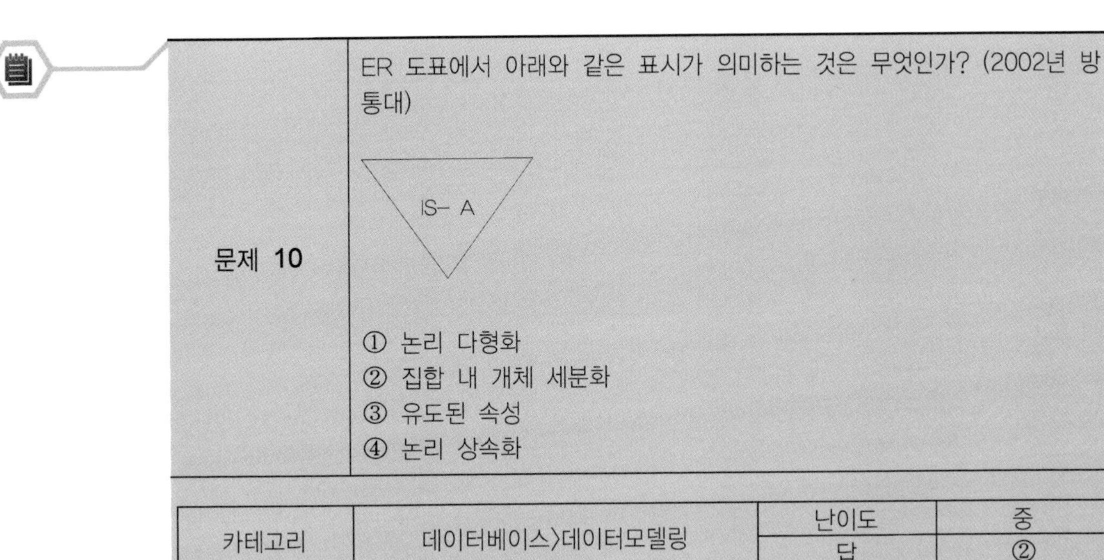 ① 논리 다형화 ② 집합 내 개체 세분화 ③ 유도된 속성 ④ 논리 상속화

카테고리	데이터베이스>데이터모델링	난이도	중
		답	②

문제 11	다음 중 ER 모델의 일반화에 대한 설명으로 틀린 것은 무엇인가? ① 동일한 기능을 공유하는 여러 개체 집합을 상위단계 개체집합으로 결합하는 것을 의미한다. ② 세분화와 일반화는 서로가 단순한 역 관계이다. ③ 여러 속성들을 묶어 구조의 단순성을 제공한다. ④ 슈퍼그룹을 두어 서브 클래스가 공유할 수 있는 구조를 제공한다.

카테고리	데이터베이스>데이터모델링	난이도	중
		답	③

문제 12	다음은 관계형 데이터베이스의 키에 대한 설명이다. 괄호 안에 가장 적합한 용어는 무엇인가? 릴레이션 R1의 어트리뷰트 집합의 한 부분집합을 A라고 하고 A가 어떤 릴레이션 R2의 기본 키가 된다고 할 때, A를 릴레이션 R1의 ( )라고 한다. ① 대체키 ② 후보키 ③ 외래키 ④ 슈퍼키

카테고리	데이터베이스〉데이터모델링	난이도	중
		답	③

문제 13	관계대수에서 피연산인 두 릴레이션이 서로 합병가능이어야 하는 연산자는 무엇인가? (1994년 행자부) ① Cartesian Product ② Union ③ Division ④ Join

카테고리	데이터베이스〉데이터모델링	난이도	하
		답	②

| 문제 **14** | 테이블을 생성하기 위한 SQL문에 대한 설명으로 옳지 않은 것은 무엇인가? (2006년 행자부)

CREATE TABLE EMPLOYEE(
NAME VARCHAR(15) NOT NULL,
SSN CHAR(9),
DNO INT,
PRIMARY KEY (SSN),
FOREIGN KEY (DNO) REFERENCES DEPARTMENT(DNUMBER));

① NAME 속성은 NULL값을 가질 수 없다.
② 서로 다른 두 튜플은 동일한 SSN 속성값을 가질 수 없다.
③ SSN 속성은 NULL값을 가질 수 없다.
④ DNO 속성은 NULL값을 가질 수 없다. |

카테고리	데이터베이스)SQL	난이도	하
		답	④

| 문제 **15** | 다음과 같이 주어진 두 개의 함수적 종속 관계에서 추론될 수 없는 종속 관계는 무엇인가?

A→{B, C, D, E, F} F→{G, H}

① B→F
② F→G
③ A→A
④ A→{G, H} |

카테고리	데이터베이스)정규화	난이도	하
		답	①

| 문제 16 | 다음과 같이 어떤 릴레이션 R과 그 릴레이션에 존재하는 종속성이 주어졌을 때 릴레이션 R은 몇 정규화인가?(2003년 기사)

R(A, B, C, D) 기본키: (A, B)
함수적 종속성: {A, B} → C, D C→D

① 제1정규화
② 제2정규화
③ 제3정규화
④ 제4정규화 |

카테고리	데이터베이스>정규화	난이도	중
		답	③

| 문제 17 | 릴레이션 R(A, B, C, D, E)이 두 개의 비단순 함수종속 {A→B, C→D}를 가지고 있고 복합 키 (A, C)가 후보키라고 가정한다. R을 R1(A, B), R2(C, D), R3(A, C, E)의 세 개의 릴레이션으로 분해하였을 때 옳지 않은 것은 무엇인가?(2008년 행자부)

① R은 BCNF가 아니다.
② R1, R2, R3는 BCNF이다.
③ R을 R1, R2, R3으로 분해한 것은 무손실 조인 분해가 아니다.
④ R을 R1, R2, R3으로 분해한 것은 종속보존 분해이다. |

카테고리	데이터베이스>정규화	난이도	중
		답	③

문제 18	데이터베이스 설계 단계에서 DBMS 독립적 내용인 것은 무엇인가? (2003년 방통대) ① 물리적 설계 ② 개념적 설계 ③ 트랜잭션 구현 ④ 응용 프로그램 설계

카테고리	데이터베이스>설계	난이도	중
		답	②

문제 19	데이터베이스 설계는 사용자의 요구조건으로부터 데이터베이스 구조를 도출해 내는 과정을 의미한다. 설계단계를 다음과 같이 5단계로 구분할 때 그 순서로 맞는 것은 무엇인가? (1999년 서울시) (1) 요구조건 분석 단계 (2) 물리적 설계 단계 (3) 개념적 설계 단계 (4) 논리적 설계 단계 (5) 구현 단계 ① (1), (3), (4), (2), (5) ② (1), (2), (3), (4), (5) ③ (1), (4), (3), (2), (5) ④ (1), (5), (3), (4), (2)

카테고리	데이터베이스>설계	난이도	중
		답	①

문제 20	다음은 DB 시스템에서의 고급 질의어 처리 단계를 나타낸 것이다. 바르게 나타낸 것은 무엇인가? (2005년 행자부) ① 파서 – 질의어 최적기 – 런타임 DB 처리기 – 질의코드 생성기 ② 파서 – 질의어 최적기 – 질의코드 생성기 – 런타임 DB 처리기 ③ 파서 – 질의 코드 생성기 – 런타임 DB처리기 – 질의어 최적기 ④ 파서 – 질의코드 생성기 – 질의어 최적기 – 런타임 DB처리기

카테고리	데이터베이스>질의어	난이도	중
		답	②

문제 21	은행계좌 거래, 항공권 예약, 주문내용 입력, 지불내용 기록 등을 지원하기 위한 OLTP 시스템의 성능평가를 위한 벤치마크 기준으로 옳은 것은 무엇인가? (2008년 행자부) ① TPC–H ② TPC–C ③ TPC–W ④ TPC–D

카테고리	데이터베이스>질의어	난이도	하
		답	②

문제 22	트랜잭션의 특성 중 아래 내용에 해당되는 것은 무엇인가? (2003년 기사) ● 시스템이 가지고 있는 고정요소는 트랜잭션 수행 전과 트랜잭션 수행 완료 후에 같아야 한다. ① 원자성 ② 일관성 ③ 격리성 ④ 영속성

카테고리	데이터베이스>트랜잭션	난이도	하
		답	②

<table>
<tr><td rowspan="2">문제 23</td><td colspan="2">트랜잭션에 대한 장애와 회복기법 중에서 즉시갱신 회복에 필요한 연산은 무엇인가?

① Redo
② Redo, Undo
③ Undo
④ Rollback</td></tr>
</table>

카테고리	데이터베이스>트랜잭션	난이도	하
		답	②

<table>
<tr><td rowspan="2">문제 24</td><td colspan="2">세 개의 트랜잭션 T1, T2, T3가 있다.
T1: A에 1을 더한다.
T2: A에 2을 곱한다.
T3: A를 출력하고 A를 1로 맞춘다.
(다만, A는 임의의 변수이다.)
A의 초기값이 0일 때, 세 개의 트랜잭션을 수행함에 있어 다음 중 A의 결과값이 될 수 없는 것은 무엇인가? (2008년 경기도)

① 2
② 3
③ 4
④ 5</td></tr>
</table>

카테고리	데이터베이스>동시성 제어	난이도	중
		답	④

문제 25	트랜잭션의 교착상태 문제에 대한 해결책이 아닌 것은 무엇인가? (2001년 행자부) ① 회복 ② 비선점 ③ 예방 ④ 탐지

카테고리	데이터베이스>동시성 제어	난이도	하
		답	②

문제 26	임의적 접근 제어(Discretionary Access Control)에 대한 설명으로 옳지 않은 것은 무엇인가? (2008년 행자부) ① 일반적으로 사용자는 각기 다른 객체에 대하여 다른 접근권한을 가진다. ② 여러 사용자들은 동일한 객체에 대하여 각자 다른 접근 권한을 가질 수 있다. ③ 데이터 객체는 다단계 보안에서의 적절한 보안등급을 가진 사용자에게 의해서만 접근될 수 있다. ④ 강제적 접근제어 방법에 비해 융통성이 있다.

카테고리	데이터베이스>DB 보안	난이도	중
		답	③

문제 27	아래의 SQL문은 어떤 무결성 규정의 SQL문인가? CREATE TABLE TEST (Product_Code VARCHAR(20) CONSTRAINT CON_CD CHECK(VALUE (1,2,3,4,5))) ① 릴레이션 무결성 ② 업무 무결성 ③ 참조 무결성 ④ 도메인 무결성

카테고리	데이터베이스>무결성	난이도	중
		답	④

문제 28	XML에 대한 것 중 옳지 않은 것은 무엇인가? (2004년 행자부) ① XML로 문서 표현하면 원래보다 파일 크기가 감소한다. ② XML DTD보다 XML 스키마가 더 많은 자료형을 제공한다. ③ XML문서는 XSLT를 통해 웹 브라우저 문서로 변환이 가능하다. ④ XML은 SGM L이후에 개발된 마크업 언어로 SGML의 부분집합이다.

카테고리	데이터베이스>XML	난이도	중
		답	①

문제 29	객체 속성과 메속드가 뷰 상에서 은닉된 것을 무엇이라고 하는가? (2002년 방통대) ① 버전 ② 복합객체 ③ 상속 ④ 캡슐화

카테고리	데이터베이스>객체지향DB	난이도	중
		답	④

문제 30	총 1,000개의 트랜잭션을 가진 장바구니 데이터로부터 연관규칙 'print → toner'를 얻었다. 이 트랜잭션 중 printer와 toner는 각각 600개와 500개의 트랜잭션에서 구매되었고 printer와 toner가 동시에 구매된 트랜잭션 수가 300개였을 경우 이 연관규칙 지지도와 신뢰도로 옳은 것은 무엇인가? (2008년 행자부) 　　지지도　　신뢰도 ①　30　　　50 ②　50　　　60 ③　50　　　50 ④　30　　　60

카테고리	데이터베이스>데이터마이닝	난이도	중
		답	①

문제 1

소프트웨어 프로젝트의 핵심적 관리대상과 관계가 적은 것은? (2001년 국가직)

① 사람
② 문제
③ 제품
④ 과정

카테고리	소프트웨어 공학>프로젝트 관리	난이도	하
		답	③

문제 2

"지연되고 있는 프로젝트에 보다 많은 프로그래머를 투입할수록 더 지연된다."라는 것은 F. Brooks가 관찰한 사실이며 이를 Brooks의 법칙이라고 한다. 이 법칙이 적용되는 이유에 대한 설명으로 옳지 않은 것은? (2001년 기술고시)

① 소프트웨어 모듈 사이의 상호작용에 대한 복잡도가 증가하기 때문이다.
② 프로그래머, 프로젝트 관리자 및 고객 사이의 의사소통이 증가하기 때문이다.
③ 소프트웨어 개발 프로세스들이 병렬적으로 발생하기 때문이다.
④ 프로젝트에 신규 투입된 프로그래머에게 교육이 필요하기 때문이다.

카테고리	소프트웨어 공학>프로젝트 관리	난이도	중
		답	③

문제 3

소프트웨어 계획 수립 시에 일정계획을 나타내기 위해서 사용되는 것은? (2001년 기술고시)

① 나씨–슈나이더만 도표
② 자료흐름도
③ 흐름도
④ 간트차트

카테고리	소프트웨어 공학>프로젝트 관리	난이도	중
		답	④

| 문제 4 | 소프트웨어 프로젝트 개발비 산정 시 고려되어야 하는 프로젝트의 자체 요소로 적합하지 않은 것은? (1994년 국가직)

① 문제 복잡도
② 시스템 규모
③ 시스템 신뢰도
④ 개발자 능력 |

카테고리	소프트웨어 공학>프로젝트 관리	난이도	중
		답	④

| 문제 5 | 비용예측방법에서 COCOMO에 의한 방법 중 트랜잭션 처리 시스템이나 운영체제, 테이터베이스 관리 시스템 등의 30만 라인 이하의 소프트웨어를 개발하는 유형은? (2003년 국가직)

① Organic 프로젝트
② Semidetached 프로젝트
③ Embedded 프로젝트
④ Organic, Embedded 프로젝트 |

카테고리	소프트웨어 공학>프로젝트 관리	난이도	중
		답	②

| 문제 6 | COCOMO 비용승수에 대한 설명으로 옳지 않은 것은? (2004년 기술고시)

① 제품속성에는 신뢰도, 데이터베이스 크기, 제품 복잡도가 포함된다.
② 컴퓨터 속성들은 하드웨어 플랫폼에 의해서 소프트웨어에 부과된 제한 조건들이다.
③ 개인적 속성들은 프로젝트에 참여하는 사람들의 경험을 고려한 승수들이다.
④ 일정에 대한 속성은 요구된 개발 일정이 개인적 속성들에 얼마나 부합하는지에 대한 척도이다. |

카테고리	소프트웨어 공학>프로젝트 관리	난이도	중
		답	④

<table>
<tr><td rowspan="2">문제 7</td><td>기능점수를 계산하기 위해서는 소프트웨어를 사용자 관점에서 다섯가지의 기능 요소로 구분한 후, 각 요소의 복잡도를 계산해야 한다. 다섯 가지 기능요소에 해당하지 않는 것은? (2004년 기술고시)

① 외부입력
② 외부출력
③ 내부논리파일
④ 외부논리파일</td></tr>
</table>

카테고리	소프트웨어 공학>프로젝트 관리	난이도	중
		답	④

<table>
<tr><td rowspan="2">문제 8</td><td>Unadjusted Function Point는 100이고 TDI(Total Degree of Influence)는 35일 때 최종적인 Adjusted Function Point는? (2004년 기술고시)

① 100
② 114
③ 135
④ 165</td></tr>
</table>

카테고리	소프트웨어 공학>프로젝트 관리	난이도	중
		답	①

<table>
<tr><td rowspan="2">문제 9</td><td>소프트웨어 유지보수 용이성을 나타내는 품질인자가 아닌 것은?
(2006년 국가직)

① 사용용이성
② 시험용이성
③ 이식성
④ 이해성</td></tr>
</table>

카테고리	소프트웨어 공학>품질	난이도	중
		답	①

문제 10	CMMI에서는 24개 프로세스 영역을 4개 범주로 분할한다. 다음 중 4개 범주 이름이 아닌 것은? (2007년 국가직) ① 프로세스 관리 ② 프로젝트 관리 ③ 프로덕트 관리 ④ 지원

카테고리	소프트웨어 공학>품질	난이도	중
		답	③

문제 11	소프트웨어 품질관리를 위한 주요 활동에 해당하지 않는 것은? (2006년 국가직) ① 품질보증 ② 품질계획수립 ③ 품질제어 ④ 품질예측

카테고리	소프트웨어 공학>품질	난이도	중
		답	④

문제 12	시스템 고장 간의 평균시간을 나타내는 신뢰도 척도는? (2007년 국가직) ① POFOD ② ROCOF ③ MTTF ④ AVAIL

카테고리	소프트웨어 공학>품질	난이도	중
		답	③

	좋은 소프트웨어에 대한 기준은 보는 관점에 따라 다르다. 관점과 가장 밀접한 품질특성들로 짝지어지지 않는 것은? (2004년 기술고시)
문제 13	① 개발자 관점 – 모듈 응집성, 기능 완벽성, 처리 효율성 ② 사용자 관점 – 재사용성, 통합성, 상호운영성 ③ 유지보수자 관점 – 유지보수성, 테스트용이성, 이식 ④ 발주자 관점 – 성능, 생산성, 융통성

카테고리	소프트웨어 공학〉품질	난이도	중
		답	②

	McCall의 소프트웨어 품질평가 항목이 아닌 것은? (1999년 서울시)
문제 14	① 효과성 ② 정확성 ③ 무결성 ④ 재사용성

카테고리	소프트웨어 공학〉품질	난이도	중
		답	①

	소프트웨어의 프로세스 계획, 관리, 구조, 절차 및 자원, 문서화에 대한 표준과 품질보증 및 개선을 위한 소프트웨어 생명주기 전반에 관한 여러 기준을 규정한 것은? (2002년 서울시)
문제 15	① ISO 9000 ② ISO 9126 ③ ISO 15504 ④ ISO 12207

카테고리	소프트웨어 공학〉품질	난이도	중
		답	④

<table>
<tr><td rowspan="2">문제 16</td><td colspan="4">소프트웨어 프로세스 평가모델이 아닌 것은?

① CMM
② Trillium
③ Boot Stap
④ COCOMO</td></tr>
<tr><td>카테고리</td><td>소프트웨어 공학〉품질</td><td>난이도
답</td><td>중
④</td></tr>
</table>

문제 16	소프트웨어 프로세스 평가모델이 아닌 것은? ① CMM ② Trillium ③ Boot Stap ④ COCOMO

카테고리	소프트웨어 공학〉품질	난이도	중
		답	④

문제 17	주어진 요구사항에 대해 만족함을 보장하고 좋은 품질의 소프트웨어를 만들어가는 관리 활동에 해당하는 것은? (2002년 서울시) ① 검증 ② 확인 ③ 검토 ④ 공인

카테고리	소프트웨어 공학〉품질	난이도	중
		답	④

문제 18	소프트웨어 형상관리의 활동으로 가장 적절하지 않은 것은? (2008년 국가직) ① 형상관리 항목 식별 ② 버전제어 ③ 형상항목 생성 ④ 형상 상태보고 및 감사

카테고리	소프트웨어 공학〉품질	난이도	중
		답	③

문제 19	Jackson 다이어그램의 특징과 거리가 먼 것은? (2001년 국가직) ① 프로그램은 트리구조를 나타낸다. ② 연속, 선택, 반복요소 등으로 구성된다. ③ 자료구조에서 프로그램 구조를 유도한다. ④ 논리 또는 파일 시스템 등의 데이터베이스 시스템을 다루는 데 용이하다.

카테고리	소프트웨어 공학>분석/설계	난이도	중
		답	④

문제 20	소프트웨어의 계층적 구조에서 파악할 수 있는 추상화 중에서 입력자료를 출력자료로 변환하는 과정의 추상화를 무엇이라고 하는가? ① 논리 추상화 ② 제어 추상화 ③ 자료 추상화 ④ 기능 추상화

카테고리	소프트웨어 공학>분석/설계	난이도	중
		답	④

문제 21	소프트웨어 설계 표기법에서 구조도의 설명으로 옳지 않은 것은? (2002년 기술고시) ① 자료의 흐름을 파악할 수 있다. ② 하위모듈의 호출순서가 표시되지 않는다. ③ 계층구조를 문서화한다. ④ 알고리즘 형식이다.

카테고리	소프트웨어 공학>분석/설계	난이도	중
		답	④

문제 **22**	다른 모듈 간의 결합에 있어서 모듈 간의 인터페이스로 배열이나 레코드 등의 자료구조가 전달되는 경우의 결합성은? (1997년 서울시) ① 스탬프 결합도 ② 공유 결합도 ③ 자료 결합도 ④ 공통 결합도

카테고리	소프트웨어 공학〉분석/설계	난이도	중
		답	①

문제 **23**	소프트웨어 설계는 소프트웨어 공학 프로세스의 핵심기술이다. 다음 중 소프트웨어 설계단계가 아닌 것은? (2002년 기술고시) ① 데이터 설계 ② 아키텍처 설계 ③ 인터페이스 설계 ④ 테스팅 설계

카테고리	소프트웨어 공학〉분석/설계	난이도	중
		답	④

문제 **24**	소프트웨어로 해결하고자 하는 문제는 그 정보영역이 자료흐름, 자료내용, 자료구조를 포함하게 된다. 이때 자료구조에 초점을 맞추어 분석하는 기법은? ① DFD ② DD ③ Warinier—Orr 도표 ④ Mini—spec

카테고리	소프트웨어 공학〉분석/설계	난이도	중
		답	③

문제 25	소프트웨어 유지보수는 기능개선, 하자보수, 환경적응, 예방조치를 목적으로 소프트웨어의 수명을 연장시키는 작업이다. 다음 중 유지보수 단계에서 필요한 작업이 아닌 것은? (2000년 국가직) ① 고도화 ② 적응 ③ 수정 ④ 구현

카테고리	소프트웨어 공학〉유지보수	난이도	중
		답	④

문제 26	Re-structure은 어디에 해당하는가? (2000년 국가직) ① Reverse Engineering ② Re-engineering ③ Remodling ④ Renovation

카테고리	소프트웨어 공학〉3R	난이도	중
		답	②

문제 27	UML 다이어그램에 대한 설명 중 적합하지 않은 것은? ① 유스케이스(Use Case) 다이어그램은 사용자 요구사항을 분석하기 위한 도구이다. ② 시퀀스(Sequence) 다이어그램은 시간이 지남에 따른 클래스 간의 상호작용을 기술한다. ③ 클래스(Class) 다이어그램은 시스템이 갖는 정적인 정보들의 관계를 설명해 준다. ④ 상태(State) 다이어그램은 객체가 보유하는 상태와 상태가 전이하는 제어흐름을 표현해 준다.

카테고리	소프트웨어 공학〉객체지향 방법론〉UML	난이도	중
		답	②

	소프트웨어 설계에 사용되는 방법 중 설명이 틀린 것은?
문제 28	① Structure Chart: 프로그램 구조의 표현 ② State Transition Diagram: 주요 클래스의 상태 변화 ③ UseCase Diagram: 요구의 표현 ④ Nassi-Shneiderman 도표: 객체지향 설계

카테고리	소프트웨어 방법론>구조적 방법론	난이도	
		답	④

	다음의 특징에 맞는 개발 접근방식(Approach)은?
문제 29	가. 고객이 개발의 우선순위를 결정 나. 최소한의 문서화 다. 숙련된 개발자들이 빠르게 개발 라. 2주~4주에 한 번씩 릴리즈 생산 마. 빠르게 개발하고 단위 시험으로 검증하는 것이 핵심 ① 정보공학 개발 ② 객체지향 개발 ③ 컴포넌트 기반 개발 ④ Agile Programming

카테고리	소프트웨어 공학>방법론>Agile Process	난이도	중
		답	④

| 문제 30 | 소프트웨어 개발 프로젝트의 작업 소요기간을 정할 때 CPM(Critical Path Method: 임계경로방법)을 사용한다. 아래의 CPM 소작업 리스트를 보고 총 작업완료 소요기간에 영향을 미치지 않으면서 시작에서부터 소작업 G 까지 완료하는 데 걸리는 최대 소요 시간은? |

[보기] CPM 소작업 리스트

소작업	선행 작업	소요되는 시간
A	–	8
B	A, C	2
C	–	5
D	B	7
E	B	9
F	E	4
G	D, E	11
H	F	2
I	G, H	5

① 35

② 33

③ 30

④ 28

카테고리	소프트웨어 공학〉프로젝트 관리〉일정관리	난이도	중
		답	③

시스템 구조 및 보안

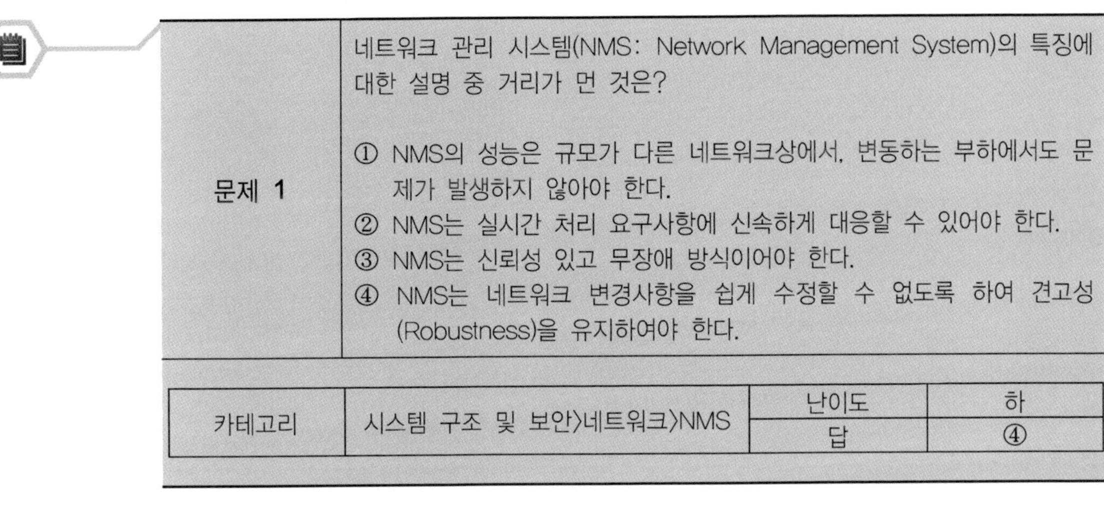

| 문제 1 | 네트워크 관리 시스템(NMS: Network Management System)의 특징에 대한 설명 중 거리가 먼 것은?

① NMS의 성능은 규모가 다른 네트워크상에서, 변동하는 부하에서도 문제가 발생하지 않아야 한다.
② NMS는 실시간 처리 요구사항에 신속하게 대응할 수 있어야 한다.
③ NMS는 신뢰성 있고 무장애 방식이어야 한다.
④ NMS는 네트워크 변경사항을 쉽게 수정할 수 없도록 하여 견고성(Robustness)을 유지하여야 한다. |

카테고리	시스템 구조 및 보안>네트워크>NMS	난이도	하
		답	④

| 문제 2 | TPC-D에서 발전하여 데이터웨어하우스와 같은 의사결정 시스템의 TPC 평가는 무엇인가?

① TPC-C
② TPC-E
③ TPC-H
④ TPC-W |

카테고리	시스템 구조 및 보안>시스템 구조>컴퓨팅플랫폼>시스템용량관리	난이도	중
		답	③

| 문제 3 | Virtual Circuit을 기반으로 End-to-End 구간 간의 Voice, Video, Data 전송을 고속으로 수행하고 QoS를 지원하는 것은 무엇인가?

① X.25
② Frame Relay
③ ISDN
④ ATM |

카테고리	시스템 구조 및 보안>네트워크>전송망이론	난이도	하
		답	④

문제 4

다음은 어떤 장비에 대한 설명인가?

> 인터넷의 한 사이트에서 여러 개의 프락시 서버가 클러스터로서 하나의 네트워크로 연결되어 있고, 이 클러스터는 하나의 가상 IP 주소를 가지고, 외부의 클라이언트가 이 사이트로부터의 프락시 서비스를 요청할 때, 이 가상 IP 주소를 사용한다고 하자. 이때, 클라이언트 들로부터의 모든 요청을 인터셉트하여 각각을 프락시 서버에게 균등하게 분배(Load Balancing)한다.

① L2 스위치 ② L3 스위치 ③ L4 스위치 ④ 라우터(Router)

카테고리	사업관리>프로젝트 관리	난이도	하
		답	③

문제 5

IPv6의 전송방식에 해당되지 않는 것은 무엇인가?

① Unicast
② Multicast
③ Broadcast
④ Anycast

카테고리	시스템 구조 및 보안>네트워크>IPv6	난이도	중
		답	③

문제 6

최근 모바일 IP 기술 중에서 HA와 FA의 간의 핸드오버 실패를 해결하고 FA에 이동한 모바일 노드의 등록실패를 해결하기 위한 기술은 무엇인가?

① MIPv4, MIPv6
② Dual Stack, Gateway 변환
③ SCTP, TCP
④ HMIPv6, FMIPv6

카테고리	시스템 구조 및 보안>네트워크>Mobile IP	난이도	중
		답	④

문제 7	WAP 2.0에서 사용하는 유무선 통합 마크업 언어는 무엇인가?
	① WML ② SyncML ③ SMIL ④ xHTML

카테고리	시스템 구조 및 보안>네트워크>WAP	난이도	중
		답	④

문제 8	특정한 민원서비스를 처리하는 정보시스템의 서비스에 대한 가용성(Availability) 목표를 98%로 정했다고 하자. 이러한 목표를 달성하려면 1년간 허용할 수 있는 최대 서비스 중지시간은 얼마인가?
	① 29.2시간 ② 43.8시간 ③ 87.6시간 ④ 175.2시간

카테고리	시스템 구조 및 보안>고가용성	난이도	중
		답	④

문제 9	최근에는 웹 응용시스템 개발요구와 인터넷을 이용한 웹 트래픽의 증가에 따른 웹 서버의 적정 용량을 산출하기 위하여 SPECweb96의 표준화된 벤치마킹인 웹 서버 용량 산정식을 사용하고 있는데 괄호 안에 들어가야 하는 항목은? 웹 서버 용량산정=[동시사용자]*[100/SPECweb96 Class1,2,3비율]*[ ] *[네트워크 보정]*[피크타임보정]*[시스템 여유율] ① 평균 애플리케이션수 ② 평균 노드수 ③ 평균 세션수 ④ 평균 페이지뷰

카테고리	시스템 구조 및 보안〉컴퓨팅플랫폼〉 시스템용량관리	난이도	중
		답	③

문제 10	다음은 TCP와 UDP에 대한 설명으로 틀린 것은 무엇인가? (2개 선택) ① TCP는 Connection Service를 지원하고 UDP는 Connectionless 서비스를 지원한다. ② TCP는 순서제어를 수행하지만, UDP는 수행하지 않는다. ③ TCP는 Error Control를 수행하지만, UDP는 Error Control을 전혀 수행하지 않는다. ④ TCP는 혼잡제어를 수행하고 100Mbps의 대역을 가져도 초기에 100Mbps로 데이터를 전송하지 않는다.

카테고리	시스템 구조 및 보안〉네트워크〉TCP/IP	난이도	중
		답	①, ③

문제 11	다음 중 QoS(Quality of Service)를 지원하기 위한 프로토콜과 관련이 없는 것은? ① RSVP(Resource Reservation Protocol) ② Multiprotocol Label Switching ③ RTCP(RTP Control Protocol) ④ IGMP(Internet Group Management Protocol)

카테고리	시스템 구조 및 보안>네트워크>QoS	난이도	중
		답	④

문제 12	QoS 기법 중에서 InterServ 기법으로 라우터의 대역을 예약하고 해제할 수 있는 프로토콜은 무엇인가? ① SCTP ② RTP ③ RTCP ④ RSVP

카테고리	시스템 구조 및 보안>네트워크>QoS	난이도	하
		답	④

문제 13	Error Control 기법 중에서 Forward Error Control 기법은 무엇인가? ① Go-N-Back ② Stop & Wait ③ CRC ④ 캐싱

카테고리	시스템 구조 및 보안>네트워크>OSI 7	난이도	중
		답	③

문제 14	ITIL Service Support Process 중에서 근본적인 원인분석을 수행하는 프로세스는 무엇인가? ① Service Desk ② Incident Management ③ Problem Management ④ Change Management

카테고리	IT관리>ITSM	난이도	하
		답	③

문제 15	다음의 디자인 패턴에 관한 설명 중 틀린 것은? ① Adaptor: 복잡하거나 생성하는 데 시간이 걸리는 객체를 조금 더 간단한 객체로 나타내기 위해 사용하는 패턴이다. ② Factory: 객체 생성을 위한 인터페이스를 정의하기 위하여 어떤 클래스가 인스턴스화될 것인지를 서브클래스가 결정하도록 하는 것이다. ③ Observer: 1:N의 객체의존 관계를 정의한 것으로 한 객체가 상태를 변화시킬때 의존관계에 있는 다른 객체들에게 자동적으로 통지하고 변경시킨다. ④ Composite: 새롭게 동적으로 생성된 복합객체와 이미 정의된 기본객체를 동일한 방식으로 사용할 수 있도록 설계하기 위해 적용한다.

카테고리	소프트웨어공학>디자인패턴	난이도	중
		답	①

대용량 데이터를 저장하기 위해서 SAN 스토리지를 사용한다. 하지만 SAN 은 고가에 거리제약이 발생한다. 이러한 경우 원거리의 데이터를 핵심 업무에 대한 저장만 수행하고 비용을 낮추기로 했다. 이러한 경우 가장 알맞은 것은 무엇인가?

문제 16

① DAS
② NAS
③ IP Storage
④ Power Path

카테고리	시스템 구조 및 보안〉고가용성〉스토리지	난이도	중
		답	③

현재 국내에서 사용하는 RFID에 대한 설명으로 틀린 것은 무엇인가?

문제 17

① RFID는 전원 보유유무에 따라 능동형, 수동형 RFID로 분류된다.
② 국내의 경우 433MHz와 900MHz를 사용한다.
③ 인식률을 높이기 위해서 MIMO 안테나를 활용한다.
④ 국내의 경우 CDMA 단말기에 RFID 리더기를 포함하고 433MHz를 사용하는 것을 Mobile RFID라고 한다.

카테고리	시스템 구조 및 보안〉네트워크〉RFID	난이도	중
		답	④

XML Processing을 위해서 DOM & SAX를 활용한다. DOM & SAX에 대한 설명으로 틀린 것은 무엇인가?

문제 18

① DOM은 XML 문서를 메모리에 모두 적재하여 DOM Tree를 형성한다.
② SAX는 EVENT기반으로 순차접근만 가능하지만 DOM은 RANDOM Access가 가능하다.
③ 대용량 XML 문서를 처리하기 위해서 DOM를 많이 사용한다.
④ DOM과 SAX의 장점을 결합한 것이 JDOM이다.

카테고리	시스템 구조 및 보안〉컴퓨팅플랫폼〉XML	난이도	중
		답	③

문제 19

Voip를 활용하여 불특정 다수에게 전화를 걸어 개인정보를 유출하는 신종 해킹기법을 무엇이라고 하는가?

① 피싱
② 파밍
③ 랜섬웨어
④ 비싱

카테고리	시스템 구조〉보안〉해킹	난이도	중
		답	④

문제 20

BCP는 기업의 비즈니스 연속성을 보장하기 위한 계획이다. 이러한 BCP 계획 수립 시에 가장 먼저 수행해야 하는 것은 무엇인가?

① Critical Business와 Non—Critical Business 식별
② BIA
③ RTO
④ 복구계획수립

카테고리	시스템 구조〉보안〉관리적 보안〉BCP	난이도	중
		답	①

문제 21

IDS는 이상 및 오용탐지 기능을 수행한다. 이러한 IDS 기능과 더불어 능동적 대응을 수행할 수 있는 보안 솔루션은 무엇인가?

① HIDS
② Firewall
③ ESM
④ IPS

카테고리	시스템 구조〉보안〉기술적 보안	난이도	중
		답	④

| 문제 22 | SSL에서 핸드셰이크 프로토콜이 수행되는 절차이다. 순서가 올바른 것은?

A. 보안능력(프로토콜버전, 암호화방식 등) 협상
B. 서버인증 또는 키교환
C. 클라이언트 인증 또는 키교환
D. 협상된 보안 알고리즘에 따른 메시지 교환

① A–B–C–D
② A–C–B–D
③ A–B–D–C
④ A–C–D–B |

카테고리	시스템 구조>보안>기술적보안> 보안프로토콜>SSL	난이도	하
		답	①

| 문제 23 | 해킹기법 중에서 TCP 연결방식을 이용해서 Server 쪽의 접속을 못 하게 하는 DOS 공격기법은 무엇인가?

① DDoS
② DrDoS
③ TCP Sync Flooding
④ Smurfing |

카테고리	시스템 구조>보안>해킹	난이도	중
		답	③

문제 24	Web 2.0의 요소기술 중에서 유선과 무선의 컨텐츠를 같이 사용할 수 있는 기술과 W3C에서 추진하고 있는 모바일 컨텐츠 표준은 무엇인가? ① 풀브라우징, MobileOK ② xHTML, Mobile Working Group ③ xHTML, MobileOK ④ xHTML, X-INTERNET

카테고리	시스템 구조〉WEB 요소기술	난이도	중
		답	①

문제 25	WEB에 있는 메타데이터 간의 상호운영성을 확보하기 위해서 방법으로 묶은 것은 무엇인가? ① RDF, OWL ② OWL, 더블린코어 ③ PICS, 더블코어 ④ RDF, MDR

카테고리	시스템 구조〉메터데이터	난이도	중
		답	④

문제 26	ITA/EA의 범 정부참조 모델에서 KPI와 같은 지표를 제공하는 참조 모델은 무엇인가? ① DRM ② SRM ③ TRM ④ PRM

카테고리	시스템 구조〉ITA/EA	난이도	중
		답	④

| 문제 27 | 다음은 DTD와 XML Schema에 대한 설명이다. 틀린 것은 무엇인가?

① DTD는 EBNF 문법을 사용하여 XML 문서의 구조를 정의하는 언어이다.
② DTD는 W3C 표준으로 XML 문서 구조와 내용을 포함한다.
③ DTD는 외부DTD, 내부DTD, 혼합DTD로 분류되고 일반적으로 외부 DTD를 많이 사용한다.
④ XML Schema는 XML Namespace를 사용할 수 있으며 사용자 정의 타입을 지원한다. |

카테고리	시스템 구조>XML	난이도	중
		답	②

| 문제 28 | 가용성을 지원하기 위한 HA의 3가지 유형이 아닌 것은 무엇인가?

① Hot-Standby
② Mutual TakeOver
③ Clustering
④ Concurrent Access |

카테고리	시스템 구조>고가용성	난이도	중
		답	③

| 문제 29 | Open Standard 기반의 벤더 독립적이면서 Web Service를 가장 쉽게 연결할 수 있는 미들웨어 솔루션은 무엇인가?

① EAI
② Tuxedo
③ ESB
④ Point-to-Point |

카테고리	시스템 구조>미들웨어	난이도	하
		답	③

<table>
<tr><td rowspan="2">문제 30</td><td>EJB에서 Bean의 생명주기를 관리하는 기능은 무엇이 하는가?

① Stub & Skeleton
② Home Interface
③ Remote Interface
④ EJB Server</td></tr>
</table>

카테고리	시스템 구조〉J2EE〉EJB	난이도	하
		답	②

정보시스템감리사
교육정보

- www.serigamrisa.com 세리 정보시스템감리사 공식 홈 페이지
- 정보시스템감리사 학습에 필요한 기본정보 제공

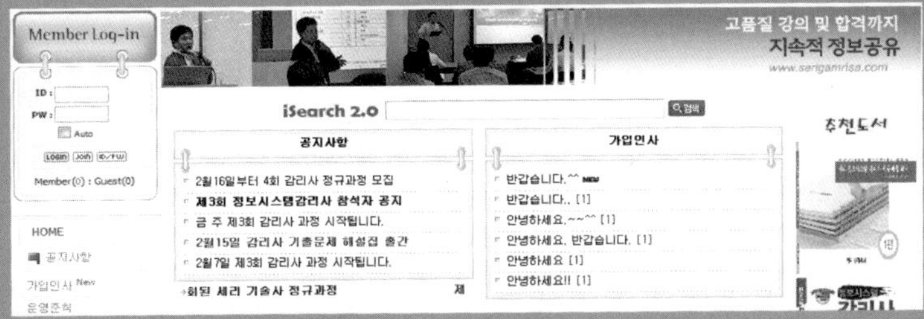

www.serigamrisa.com

세미나 참석 대상
– 초보자 대상: 정보시스템감리사를 취득하고자 하는 분
– IT 품질관리 전문 기술을 학습하려고 하는 분

세미나 일정
– 주말과정(토요일/일요일)

시간 및 교육비용
– 오전 9시 ～ 오후 18시까지
– 총 교육비용 55만원(VAT 포함)

세미나 내용(관련 정보: **www.serigamrisa.com**에서 정보시스템감리사 정규과정 메뉴 참조)

회차	과목	주요 내용
1주차	정보시스템 감리사 수검전략 소프트웨어 공학 구조	– 개요, 범위, 학습방법, 합격후기, 추천교재 – 소프트웨어 공학 전체 마인드 맵
2주차	소프트웨어 공학 상세	– 개발 방법론, 품질관리 및 품질표준 – 소프트웨어 공학 50문제 TEST 실시
3주차	데이터베이스	– 데이터베이스 구조, 모델링, DW 및 기타 DB – 소프트웨어 공학 50문제 TEST 실시
4주차	종합 모의고사 실시	– 소프트웨어 공학 및 데이터베이스 – 두 과목 집중 테스트 및 강평
5주차	시스템 구조 및 보안	– 보안개요, 암호화, 해킹기법, 보안시스템 – 보안 컨설팅 및 보안관련 표준 – 데이터베이스 50 문제 TEST 실시
6주차	시스템 구조 및 보안	– 네트워크 기술: OSI 7계층, TCP/IP, IPv6 등 – 최신기술: Web 관련 기술 및 경영(ISP, EA, SOA, IT Governance 등)
7주차	사업관리	– PMI 프로젝트 관리(PMP), 범위, 일정, 비용, 품질, 인력, 의사소통, 조달, 통합 프로세스
8주차	감리	– 감리해설서 및 감리 Framework – 전자법(감리법개정) 항목 설명
9주차	종합 모의고사 실시	– 시스템 구조 및 보안, 사업관리 및 감리 두 과목 집중 테스트 및 강평
10주차	종합 모의고사 및 정리	– 정보처리 기사 문제, 감리사 기출문제 – PMP 및 CISA, CISSP, 7급 공무원 문제에 대한 핵심문제 테스트 및 풀이

– 보너스 강의: SQL 및 JAVA 관련

관련사이트	사이트 설명	추천
http://www.serigamrisa.com	세리 정보시스템 감리사 정규과정	★
http://www.seri.org/forum/gisulsa	정보처리기술사, 감리사를 위한 사이트	★
http://www.serigisulsa.com	세리 정보처리기술사 정규과정, 스터디	★
http://www.itfind.or.kr	정보통신연구진흥원(각종 협회 발표자료)	
http://www.dbguide.net	한국데이터베이스진흥센터	★
http://www.kiss.or.kr	한국정보과학회(학회지)	★
http://www.kips.or.kr	한국정보처리학회	★
http://www.dt.co.kr	디지털타임즈	★
http://www.etimesi.com	전자신문	★
http://www.inews24.com	아이뉴스	★
http://www.hitech.co.kr/	하이테크정보	
http://www.kyungcom.co.kr	경영과 컴퓨터	
http://www.imaso.co.kr	마이크로소프트(마소)	★
http://www.ciokorea.com/index.jsp	CIO 매거진	
http://www.kfpug.or.kr/M2/S1.asp	FP교육	
http://www.sten.or.kr	소프트웨어 테스트관련	
http://www.etri.re.kr	ETRI	
http://www.metadb.net	IT839 전문사이트	
http://www.mic.go.kr/index.jsp	정보통신부홈페이지〉u- IT자료〉기술자료〉신기술	★
http://www.nca.or.kr	한국정보사회진흥원(메뉴: 정보광장〉영상강의)	
http://www.cseric.or.kr/new_Cseric/yungoo/jungbo/search_jungbo.asp	정보과학회지 DOWN - 실시간 올라오진 않음	★
http://www.kisa.or.kr/index.jsp	한국정보보호 진흥원	
http://www.elancer.co.kr/eTimes/page/index.html	IT정보광장	
http://spic.kaist.ac.kr/work2.html	CMMI, 6시그마, PSP/TSP, 테스트기법 등등	

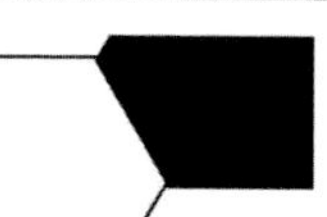

정보처리기술사 합격전략서

최근 합격 패러다임의 전달

- 세리기술사 합격전략 오프라인 강의 CD 제공
- 시작부터 채점 및 자격증 수령까지 전 과정의 정보 제공
- 합격 노하우 및 기술사 합격 후기
- 최근 기술사들이 말하는 토픽 및 학습전략
- 실전 세리 모의고사 풀이

정보처리기술사 보안(security) 3.0

세리기술사 비공개 노하우 및 모의고사 동영상 CD 제공

- 초보자를 위한 상세한 설명과 최근 정보보호에 대한 모든 이슈 수록
- 정보처리기술사 교재를 위한 답안형태 구조 및 설명형 구조 제시
- 각 주제별 키워드 제시 및 기출문제 제시
- 정보처리기술사 합격자 답안분석을 통한 최고답안 제시
- 실전 정보보안 모의고사 문제 제공

정보처리기술사 데이터베이스 3.0

세리기술사 비공개 노하우 및 모의고사 동영상 CD 제공

- 초보자를 위한 상세한 설명과 최근 정보보호에 대한 모든 이슈 수록
- 정보처리기술사 교재를 위한 답안형태 구조 및 설명형 구조 제시
- 각 주제별 키워드 제시 및 기출문제 제시
- 정보처리기술사 합격자 답안분석을 통한 최고답안 제시
- 실전 정보보안 모의고사 문제 제공

정보처리기술사 기출문제 해설집 1편

- 초보자를 상세한 해설
- 기출문제 분석방법 및 준비방법 제시
- 정보처리기술사 문제풀이를 통한 예상문제 제시
- 기술사들이 제시한 기출문제를 통한 합격전략 분석
- 고득점 기술사들의 합격방법 및 합격 후기

정보처리기술사 기출문제 해설집 2편

- 초보자를 상세한 해설
- 기출문제 분석방법 및 준비방법 제시
- 정보처리기술사 문제풀이를 통한 예상문제 제시
- 기술사들이 제시한 기출문제를 통한 합격전략 분석
- 고득점 기술사들의 합격방법 및 합격 후기

정보처리기술사 핵심문제 해설집 1편

- 초보자를 위한 핵심 주제 상세 설명 및 답안 제시
- 정보처리기술사 수검전략 및 오프라인 동영상 제공
- 최근(86회) 기술사가 말하는 합격후기
- 4개월 만에 1% 합격률 시험에 합격하는 방법 및 조언
- 정보처리기술사 핵심문제 및 답안, 상세한 설명 제시
- 정보처리기술사 실제 답안 제시 및 본인 답안과 비교 분석

정보처리기술사 핵심문제 해설집 2편

- 초보자를 위한 핵심 주제 상세 설명 및 답안 제시
- 정보처리기술사 수검전략 및 오프라인 동영상 제공
- 최근(86회) 기술사가 말하는 합격후기
- 4개월 만에 1% 합격률 시험에 합격하는 방법 및 조언
- 정보처리기술사 핵심문제 및 답안, 상세한 설명 제시
- 정보처리기술사 실제 답안 제시 및 본인 답안과 비교 분석

정보처리기술사 핵심문제 해설집 3편

세리기술사 비공개 노하우 및 모의고사 동영상 CD 제공

- 초보자를 위한 핵심 주제 상세 설명 및 답안 제시
- 4개월 만에 1% 합격률 시험에 합격하는 방법 및 조언
- 정보처리기술사 핵심문제 및 답안, 상세한 설명 제시
- 정보처리기술사 실제 답안 제시 및 본인 답안과 비교 분석
- 정보처리기술사 서브노트 제공

정보시스템감리사 합격전략서

[주요 구성]
- 초보자를 위한 정보시스템감리사 합격방법 제시
- 최근 출제동향 및 출제패턴 분석
- 최단기간 합격을 위한 합격방법론
- 정보시스템감리사 기출문제 풀이
- 정보시스템감리사 예상문제 풀이
- www.serigamrisa.com 참조

정보시스템감리사 기출문제 해설집 **1편**

[주요 구성]
- 정보시스템감리사 기출문제 및 해설 수록(1~6회)
- 초보자 중심의 상세한 설명
- 각 문제별 Check List를 통한 학습범위 제시
- www.serigamrisa.com 참조

정보 시스템 감리사 기출문제

해설집 2편

초 판 인 쇄 | 2011년 12월 1일
초 판 발 행 | 2011년 12월 1일

지 은 이 | 임호진 · 박봉구
펴 낸 이 | 채종준
펴 낸 곳 | 한국학술정보㈜
주   소 | 경기도 파주시 문발동 파주출판문화정보산업단지 513-5
전   화 | 031) 908-3181(대표)
팩   스 | 031) 908-3189
홈 페 이 지 | http://ebook.kstudy.com
E - m a i l | 출판사업부 publish@kstudy.com
등   록 | 제일산-115호(2000. 6. 19)

ISBN   978-89-268-0766-8 14560 (Paper Book)
         978-89-268-0767-5 18560 (e-Book)
         978-89-268-0762-0 14560 (Paper Book Set)
         978-89-268-0763-7 18560 (e-Book Set)

 는 한국학술정보(주)의 지식실용서 브랜드입니다.